面向新工科的电工电子信息基础课程系列教材

教育部高等学校电工电子基础课程教学指导分委员会推荐教材

新一代信息通信技术
新兴领域
"十四五"高等教育系列教材

国家精品课程、国家精品资源共享课、国家级一流本科课程配套教材

湖南省优秀教材

新形态教材

信号与系统分析

（第四版）

吴 京 **主编**

金 添 安成锦 周剑雄 **编著**

清华大学出版社

北京

内 容 简 介

本书系统阐述确定性信号的时域和频域分析，线性时不变系统的描述与特性，以及信号通过线性时不变系统的时域分析与变换域分析；深入论述信号与系统的基本概念、理论与分析方法；简要介绍信号与系统的基本理论和方法在通信系统、雷达系统中的应用。内容包括信号与系统的时域分析、频域分析、复频域分析、z 域分析，全书共 7 章。本书根据信息技术发展趋势，结合近年教育教学改革的成果，按照连续与离散并行，先时域后变换域，三种变换域分析并列的结构体系，对教材内容进行较大篇幅的更新。在内容上更突出基本理论、基本概念和基本方法；在结构上易于对比和学习掌握，模块化搭建学习内容；淡化计算技巧，引入计算机仿真工具作为信号与系统分析的工具；注重案例分析，增编了应用性和综合设计性的章节、例题、提高/拓展题和自测题，并提供了对应的云教材。

本书可作为电子信息类、自动化类、计算机类等相关专业的"信号与系统"课程的教材，也可供相关领域的科技人员学习参考。

图书在版编目（CIP）数据

信号与系统分析：第四版/吴京主编；金添，安成锦，周剑雄编著. -- 2 版. -- 北京：清华大学出版社，2025.1(2025.3 重印). --（面向新工科的电工电子信息基础课程系列教材）. -- ISBN 978-7-302-68136-6

Ⅰ. TN911.6

中国国家版本馆 CIP 数据核字第 2025JW0222 号

责任编辑：文　怡
封面设计：王昭红
责任校对：申晓焕
责任印制：沈　露

出版发行：清华大学出版社
　　　　网　　　址：https://www.tup.com.cn，https://www.wqxuetang.com
　　　　地　　　址：北京清华大学学研大厦 A 座　　　邮　　编：100084
　　　　社　总　机：010-83470000　　　　　　　　邮　　购：010-62786544
　　　　投稿与读者服务：010-62776969，c-service@tup.tsinghua.edu.cn
　　　　质量反馈：010-62772015，zhiliang@tup.tsinghua.edu.cn
　　　　课件下载：https://www.tup.com.cn，010-83470236
印　装　者：三河市龙大印装有限公司
经　　　销：全国新华书店
开　　　本：185mm×260mm　　　　印　张：24.5　　　　字　数：566 千字
版　　　次：2021 年 9 月第 1 版　　2025 年 1 月第 2 版　　印　次：2025 年 3 月第 2 次印刷
印　　　数：1501～3000
定　　　价：89.00 元

产品编号：107502-01

习近平总书记强调,"要乘势而上,把握新兴领域发展特点规律,推动新质生产力同新质战斗力高效融合、双向拉动。"以新一代信息技术为主要标志的高新技术的迅猛发展,尤其在军事斗争领域的广泛应用,深刻改变着战斗力要素的内涵和战斗力生成模式。

为适应信息化条件下联合作战的发展趋势,以新一代信息技术领域前沿发展为牵引,本系列教材汇聚军地知名高校、相关企业单位的专家和学者,团队成员包括两院院士、全国优秀教师、国家级一流课程负责人,以及来自北斗导航、天基预警等国之重器的一线建设者和工程师,精心打造了"基础前沿贯通、知识结构合理、表现形式灵活、配套资源丰富"的新一代信息通信技术新兴领域"十四五"高等教育系列教材。

总的来说,本系列教材有以下三个明显特色:

(1)注重基础内容与前沿技术的融会贯通。教材体系按照"基础—应用—前沿"来构建,基础部分即"场—路—信号—信息"课程教材,应用部分涵盖卫星通信、通信网络安全、光通信等,前沿部分包括 5G 通信、IPv6、区块链、物联网等。教材团队在信息与通信工程、电子科学与技术、软件工程等相关领域学科优势明显,确保了教学内容经典性、完备性和先进性的统一,为高水平教材建设奠定了坚实的基础。

(2)强调工程实践。课程知识是否管用,是否跟得上产业的发展,一定要靠工程实践来检验。姚富强院士主编的教材《通信抗干扰工程与实践》,系统总结了他几十年来在通信抗干扰方面的装备研发、工程经验和技术前瞻。国防科技大学北斗团队编著的《新一代全球卫星导航系统原理与技术》,着眼我国新一代北斗全球系统建设,将卫星导航的经典理论与工程实践、前沿技术相结合,突出北斗系统的技术特色和发展方向。

(3)广泛使用数字化教学手段。本系列教材依托教育部电子科学课程群虚拟教研室,打通院校、企业和部队之间的协作交流渠道,构建了新一代信息通信领域核心课程的知识图谱,建设了一系列"云端支撑,扫码交互"的新形态教材和数字教材,提供了丰富的动图动画、MOOC、工程案例、虚拟仿真实验等数字化教学资源。

序

教材是立德树人的基本载体，也是教育教学的基本工具。我们衷心希望以本系列教材建设为契机，全面牵引和带动信息通信领域核心课程和高水平教学团队建设，为加快新质战斗力生成提供有力支撑。

国防科技大学校长

中国科学院院士

新一代信息通信技术新兴领域

"十四五"高等教育系列教材主编

2024 年 6 月

　　"信号与系统"课程是高等学校电子信息类等相关专业的一门重要的专业基础课程，也是新一代信息技术的理论基础。课程组在课程建设中勇于创新、追求卓越，不断优化课程教学体系、完善教学内容、丰富教学资源，本课程被评为国家级一流课程（头歌实践教学平台）、国家精品资源共享课（爱课程）和国家精品课程。近些年，随着信息技术的发展、教学空间的多维度和教学方法的多元化，课程组进行了信息技术与纸质教材深度融合的新形态教材建设。

　　编者结合多年的科研和教学实践，适应时代发展，对第三版进行了修订，出版了第四版新形态教材。本书进一步突出"信号分解，响应合成"的教学内涵，优化课程教学体系和内容，突显培养以"频谱"思维分析解决工程应用的能力，使得本书的编排更加合理、资源更加丰富、特色更加鲜明，更适合不同层次的读者需求。

　　本版教材的主要特色如下：

　　(1) **重塑编排章节，优化教学内容。**重塑了信号与系统的时域分析结构，由6章改为7章，章节编排更加科学，便于不同专业、层次的读者使用。去除了每章的计算机仿真计算内容，与已出版的《信号与系统仿真教程及实验指导》实验教材形成无缝衔接。

　　(2) **紧跟时代发展，编写通感一体应用案例。**对第三版中以雷达系统为应用背景的案例进行了修订，新增了通感一体背景下的应用案例，贯穿全书，并配有微课和动画。加强了对信号与系统理论及新一代信息通信技术应用的理解，同时通过通感一体应用案例，促进了与后续通信、雷达等专业课程的衔接。

　　(3) **依托信息手段，丰富教学资源。**以"练、拓、测"为目的，重新调整了各章习题，新增自测题（每章近40题）。更新了教学大纲、知识图谱、教学课件、教学视频、重/难点知识点动图或动画。新增了全书例题计算机求解（148道），微课、动画8个，逐级进阶式实训6个。此部分内容均可通过扫码获取或线上实操。

　　本书由吴京主编，金添、安成锦和周剑雄参与了本书的编写工作，其中吴京负责全书主体编写、整理和统稿；金添、周剑雄负责每章案例的编写，安成锦完成了第5～7章自测题的部分编写及附录修订。"信号与系统"课程组的杨威、范崇祎、乔木、黄源、张新禹、汪璞、陈军、李卫星等老师参与了云教材编写。编者在此表示衷心感谢。

　　限于编者水平，书中错误和不妥之处在所难免，恳请读者批评指正。

编　者

2024 年 12 月

大纲＋课件＋教学视频

目录

目录

目录

目录

目录

目录

目录

第 1 章

信号与系统导论

导图

1.1 信号与系统概述

信号与系统分析的任务是研究信号与系统分析的基本理论与方法。随着信息技术的发展，信号与系统的分析方法已广泛应用于许多领域和学科，如电子、通信、信息、计算机、语音和图像处理、自动控制、声学、地震学、光学等。

信号总是表现为某种物理量（如声、光、电等）的变化。在自然界中存在各种各样的信号，它们的物理表象各不相同，但是都有一个共同点，即或多或少都包含有一定的意义。此处所说的"一定的意义"，是指人类社会和自然界中需要传送、交换、存储和提取的抽象内容，也就是通常所说的"信息"。有时会得到一个莫名其妙的信号，并不是它本身没有意义，而是还没有识别它。信号就是信息的载体，是信息的物理体现。按照物理量的不同，信号可以分为声音信号、光信号、电信号等，例如汽车喇叭声是声音信号，十字路口的红绿灯亮光是光信号，电路中的电压和电流、电视天线从天空中接收到的电磁波是电信号，等等。

自古以来，人类一直在寻求各种方法，通过信号实现信息的传输、记忆、处理、转化与留传。从结绳记事和狼烟报警，到信息的语言表达和文字表示，再到现在遍及全球的电话、电报、广播、电视等电信号通信，人类在信息技术领域取得了一次又一次的长足进步。要产生信号，要对信号进行存储、转化、传输和处理，需要一定的物理装置，这样的物理装置称为系统。系统在接受一个输入信号时，会产生一个或多个信号。输入信号称为激励，输出信号称为响应。从信号与系统分析的角度看，系统就是一个信号变换器，与信号密不可分。

研究信号的信号理论涉及面很广，内容十分丰富。主要包括两方面：研究信号的解析表示、信号有用性能的数值特征、信号的变换和处理（信号分析）；针对系统给定的要求设计或选择信号的最佳形式（信号综合）。信号分析与信号综合两方面既有区别，又相互联系。信号分析是信号综合的基础，本书侧重讨论信号分析。

系统研究的主要问题是：对于给定的系统，研究系统对输入激励所产生的输出响应（系统分析）；对于特定信号及处理要求，研究系统应具有的功能和特性，并据此设计所需的系统（系统综合）。本书对系统的研究侧重于系统分析，而且重点研究实际应用中经常遇到的线性时不变系统。这是因为由定义这类系统的线性和时不变性所引出的一套概念和分析方法在实践上具有重要工程应用意义，在理论上也是完整的。而且许多不具备线性时不变特性的系统在限定的范围内与一定的条件下仍遵从线性时不变系统的规律，从而也能用线性时不变系统的分析方法进行研究。

1.2 信号的描述与分类

导图

信号按物理属性可以分为电信号与非电信号两类。在一定条件下，它们是可以相互转换的。电信号很常见，容易产生，便于控制，易于传输处理。本书主要研究电信号（简称为信号）。

电信号通常是随时间变化的电压或电流，由于是随时间变化，在数学上常用时间的函数来表示信号，故本书中"信号"和"函数"这两词有时会交替使用。在本书的后续章节中，信号还可以表示成频率或复频率函数，既然是函数，也就可用函数表达式描述也可用图形来描述。

信号的形式多种多样，可以从不同的角度进行分类，根据信号和自变量的特性，信号可以分为确定性信号和随机性信号、连续时间信号和离散时间信号、周期信号和非周期信号、功率有限信号和能量有限信号等。

1.2.1 确定性信号和随机性信号

按照信号是否存在随机性可以将信号分为随机性信号和确定性信号。

随机性信号在某一时刻的取值具有不可预知的不确定性，只能通过大量试验测出它在某一时刻取值的概率分布。这类信号是随机信号分析的研究对象。确定性信号可以表示为时间函数（或序列），且它的参量都确定，给定的某一时刻的取值是完全确定的，其所包含的信息的不同就体现在取值随时间的不同变化规律上。例如正弦函数描述的交流电信号就是确定性信号。本书只讨论确定性信号。

1.2.2 连续时间信号和离散时间信号

按照信号自变量取值的连续性，信号分为连续时间信号和离散时间信号。

连续时间信号是指在信号存在的定义域内，除有限个间断点外，任意时刻都有确定的函数值的信号，如图 1.2.1(a)所示。本书一般以 $x(t)$ 表示连续时间信号。

离散时间信号是指自变量取值不连续，信号只在一些离散的时刻才有定义。这里的"离散"是指信号的定义域（时间）是离散的，它只取某些规定的值，离散时间信号定义在一些离散时刻 $t_n(n=0,\pm1,\pm2,\cdots)$，在其余的时间信号没有定义，时刻 t_n 与 t_{n+1} 之间的间隔 $T_n=t_{n+1}-t_n$ 可以是常数，也可以随 n 变化。本书只讨论 T_n 是常数的情况。若令相继时刻 t_n 与 t_{n+1} 的间隔为 T，则离散信号只在均匀离散时刻 $t=\cdots,-2T,-T,0,T,2T,\cdots$ 时有定义。本书一般以 $x(nT)$（其中 n 为整数）表示离散时间信号，简记为 $x(n)$。故离散时间信号也常称为序列，如图 1.2.1(b)所示。

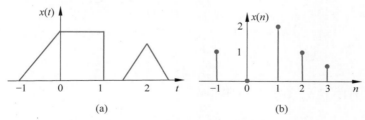

图 1.2.1 连续时间信号和离散时间信号

离散信号的自变量只取离散时刻,其取值可以是连续变化的,也可以是离散的。自变量和取值均为连续的信号常又称为模拟信号,自变量和取值均为离散的信号称为数字信号。在实际应用中,连续信号与模拟信号两个名词常常不予区分,一般在研究理论问题时常采用"连续""离散"二词,而讨论具体的实际应用问题时常采用"模拟"、"数字"二词。

1.2.3　周期信号和非周期信号

按照信号的周期性,信号可以分成周期信号和非周期信号。

一个定义在$(-\infty,\infty)$区间的连续时间信号$x(t)$,如果存在一个最小的正值T,有

$$x(t)=x(t+mT),\quad m=0,\pm 1,\pm 2,\cdots \tag{1.2.1}$$

则称$x(t)$为周期信号,其周期为T,否则称$x(t)$为非周期信号。

一个定义在$(-\infty,\infty)$区间的离散时间信号$x(n)$,如果存在一个最小的正整数N,有

$$x(n)=x(n+mN),\quad m=0,\pm 1,\pm 2,\cdots \tag{1.2.2}$$

则称$x(n)$为周期信号,其周期为N,否则称$x(n)$为非周期信号。

图1.2.2和图1.2.3分别给出了周期信号和非周期信号的实例。

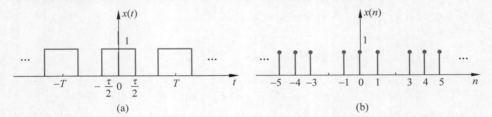

图 1.2.2　周期信号

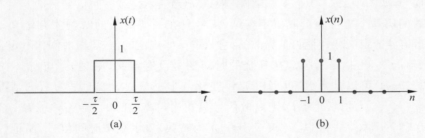

图 1.2.3　非周期信号

可见,周期信号每隔一定时间(周期),按相同规律重复变化。而非周期信号不具有这种周期重复性,其波形在有限的时间范围内不会重复出现,因此也可把非周期信号看成周期为无穷大的周期信号。

1.2.4　功率有限信号和能量有限信号

按信号的可积性,信号可分为功率有限信号和能量有限信号。

如果信号 $x(t)$ 看作随时间变化的电压或电流,则当 $x(t)$ 加在 1Ω 电阻两端时,将提供给该电阻大小为 $|x(t)|^2$ 的瞬时功率,在 $(-T,T)$ 区间提供的能量为 $\int_{-T}^{T}|x(t)|^2\mathrm{d}t$,在 $(-T,T)$ 区间的平均功率为 $\dfrac{1}{2T}\int_{-T}^{T}|x(t)|^2\mathrm{d}t$。

连续时间信号 $x(t)$ 在时间区间 $(-\infty,\infty)$ 的能量(用符号 E 表示)定义为

$$E=\lim_{T\to\infty}\int_{-T}^{T}|x(t)|^2\mathrm{d}t=\int_{-\infty}^{\infty}|x(t)|^2\mathrm{d}t \tag{1.2.3}$$

离散时间信号 $x(n)$ 在时间区间 $(-\infty,\infty)$ 的能量 E 定义为

$$E=\sum_{n=-\infty}^{\infty}|x(n)|^2 \tag{1.2.4}$$

连续时间信号 $x(t)$ 和离散时间信号 $x(n)$ 在时间区间 $(-\infty,\infty)$ 的平均功率(用符号 P 表示)分别定义为

$$P=\lim_{T\to\infty}\frac{1}{2T}\int_{-T}^{T}|x(t)|^2\mathrm{d}t \tag{1.2.5}$$

$$P=\lim_{N\to\infty}\frac{1}{2N+1}\sum_{n=-N}^{N}|x(n)|^2 \tag{1.2.6}$$

如果信号的能量 E 满足 $0<E<\infty,P=0$,则称信号为能量有限信号(简称能量信号);如果信号的功率满足 $0<P<\infty,E\to\infty$,则称信号为功率有限信号(简称功率信号)。

1.2.5　因果信号和非因果信号

若连续时间信号满足

$$x(t)=0,\quad t<0 \tag{1.2.7}$$

这类信号称为因果信号,若不满足,则称为非因果信号。即在 $t=0$ 时观测信号,$t<0$ 时,信号函数值为零或不存在,$t>0$ 时,信号函数值非零或存在,如图 1.2.4(a)、(b)所示信号就是因果信号,图 1.2.4(c)~(g)所示均是非因果信号。

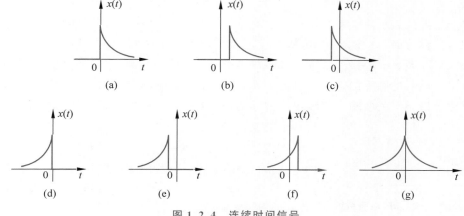

图 1.2.4　连续时间信号

若正好相反，$t>0$ 时，信号函数值为零或不存在，$t<0$ 时，信号函数值非零或存在，这类信号可以说是非因果信号，但这种特殊情况通常称为反因果信号，如图 1.2.4(d)、(e) 所示信号就是反因果信号。

在实际运用中，观测时刻可以为任意 t_0 时刻，若 $t>t_0$，信号函数值为非零或存在，称这类信号为右边信号，反之称为左边信号，若两边都存在称为双边信号，如图 1.2.4(a)～(c) 所示均是右边信号，图 1.2.4(d)～(f) 所示均是左边信号，图 1.2.4(g) 所示是双边信号。

对离散时间信号有类似结论。

1.3　系统及其分类

1.3.1　系统定义和表示

正如在 1.1 节中提到的，系统用于处理信号，以求改变信号或从信号中提取另外的信息。一个系统可以由物理元件（硬件实现）组成，也可以由某算法组成（软件实现），从输入信号计算出输出信号。

要对系统进行表示，就是对系统的输入信号与输出信号间的关系进行表示，这是系统分析的第一步。如果只对系统的端口特性（外部特性）进行分析，可以用图 1.3.1 表示，其中 $x(t)$ 和 $x(n)$ 分别代表连续时间系统和离散时间系统的输入信号（又称激励），$y(t)$ 和 $y(n)$ 分别代表连续时间系统和离散时间系统的输出信号（又称响应）。对于单输入-单输出系统又可表示为

$$y(t)=T[x(t)]　　或　　y(n)=T[x(n)]$$

也可将系统的输入输出关系用一个箭头表示出来，这是最直观的表示方法。

$$x(t) \rightarrow y(t)　　或　　x(n) \rightarrow y(n)$$

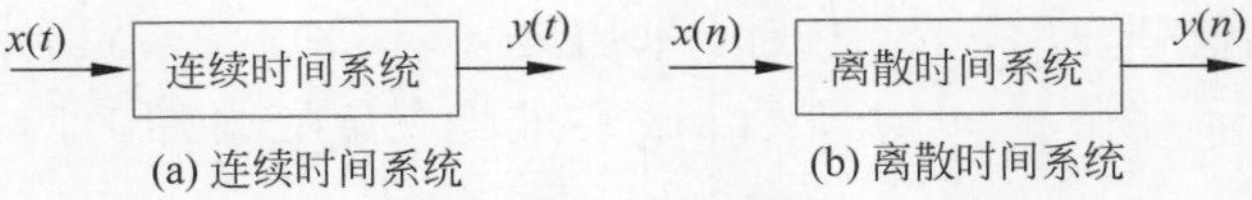

$x(t)$ → | 连续时间系统 | → $y(t)$　　$x(n)$ → | 离散时间系统 | → $y(n)$

(a) 连续时间系统　　　　　　　　(b) 离散时间系统

图 1.3.1　连续时间系统和离散时间系统

以上系统的表示法是系统输入输出关系的一般表示，并未具体指明系统激励与响应关系究竟怎样。简单地说，一个物理系统是由若干互联元件构成的，这些互联元件都由各自的端口关系表征，另外，系统要受各种互联定律的制约，例如电路系统，这些端口关系是电阻、电容、电感等的电压与电流关系，以及互联定律（如基尔霍夫定律）制约，利用这些定律可以导出关联输入与输出的数学方程，这些方程可以代表系统，反映了输入与输出的关系。

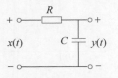

图 1.3.2　一阶 RC 电路系统

在图 1.3.2 所示的一阶 RC 电路系统中，$x(t)$ 是输入的电压信号，$y(t)$ 是电容器两端的电压，以此为系统的输出信号。根据电路分析中的一些互联定律可得出描述该系统的一阶微分方程为

$$\frac{\mathrm{d}}{\mathrm{d}t}y(t)+\frac{1}{RC}y(t)=\frac{1}{RC}x(t) \tag{1.3.1}$$

电容器和电感器的端口方程都可以用微分或积分形式来表示,因此可用积分器来模拟储能元件。而电阻元件的端点方程是代数形式,因此电阻器可以用倍乘器来模拟。

将式(1.3.1)两边积分,得

$$y(t)+\frac{1}{RC}\int_{-\infty}^{t}y(\tau)\mathrm{d}\tau=\frac{1}{RC}\int_{-\infty}^{t}x(\tau)\mathrm{d}\tau$$

经整理得

$$y(t)=\frac{1}{RC}\int_{-\infty}^{t}\left[x(\tau)-y(\tau)\right]\mathrm{d}\tau \tag{1.3.2}$$

由式(1.3.2)可将该系统用框图形式表示,如图 1.3.3 所示,该框图称为系统的时域模拟框图,它也是一种系统的输入输出关系的具体表示。

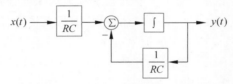

图 1.3.3　一阶 RC 电路系统的模拟框图

常用加法器、倍乘器、乘法器、延时器等基本运算元件构成系统模拟框图,在图 1.3.4 中列出这几种基本运算元件的符号及其运算关系。

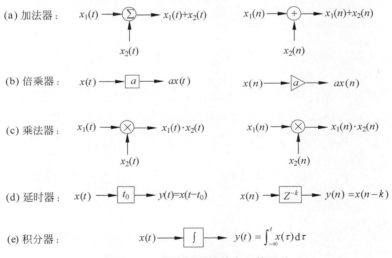

图 1.3.4　系统模拟的基本运算元件

1.3.2　系统的分类和特性

系统的特性大体上可以从它的数学模型上看出来。按照系统特性的不同,可以将系统划分成不同的类型,如线性系统与非线性系统,时变系统与时不变系统,因果系统与非因果系统,稳定系统与不稳定系统,有记忆系统与无记忆系统等。

1. 连续与离散系统

连续系统是处理连续时间信号的系统,描述连续系统的数学模型一般为微分方程。离散系统是处理离散时间信号的系统,描述离散系统的数学模型一般为差分方程。对于连续系统和离散系统,在分析方法和分析思路方面,有很多类似之处,故在学习中采用对照两种系统的学习方法有利于记忆和理解。

2. 因果与非因果系统

在实际的物理系统中,激励是产生响应的原因,响应是激励引起的后果,这种性质称为系统的因果性。响应不出现于激励之前的系统称为因果系统或物理可实现系统,否则称为非因果系统或物理不可实现系统。具体地说,因果系统在任何瞬时的输出响应与未来的输入无关,只与当前或以前时刻的输入有关;非因果系统的响应可以领先于输入,即输出响应还与未来的输入有关。例如由方程 $y(t)=x(t-1)$ 和 $y(n)=x(n)-x(n-1)$ 所代表的系统都是因果系统,而由方程 $y(t)=x(t+1)$ 和 $y(n)=x(n)-x(n+1)$ 所代表的系统都是非因果系统。

一般而言,实际运行的系统都是因果系统,不满足因果律性的非因果系统在实际中是不存在的,但对它的研究有理论意义。

3. 有记忆系统与无记忆系统

如果系统的输出只与当前时刻的输入有关,系统就称为无记忆系统。纯电阻电路就是一个无记忆系统。

如果系统的输出不仅与当前时刻的输入有关,而且与它过去的工作状态有关,系统就称为有记忆系统,又称动态系统。含有记忆元件(如电容、电感、磁芯、寄存器、存储器等)的系统都是有记忆系统。例如方程 $y(t)=\dfrac{1}{2}\displaystyle\int_{-\infty}^{t}x(\tau)\mathrm{d}\tau$ 和 $y(n)=\displaystyle\sum_{k=-\infty}^{n}x(k)$ 代表的系统都是有记忆系统。有记忆系统的数学模型可用微分方程或差分方程表示。

4. 线性与非线性系统

线性系统是指具有线性特性的系统。线性特性包括齐次性和可加性。

对一个连续时间系统,若　　　　　$x(t)\rightarrow y(t)$

则　　　　　　　　　　　　　　　$ax(t)\rightarrow ay(t)$　　　　　　　　　　　(1.3.3)

式中,a 为常数,式(1.3.3)说明系统满足齐次性。

若　　　　　　　　$x_1(t)\rightarrow y_1(t),\quad x_2(t)\rightarrow y_2(t)$

则　　　　　　　　　　$x_1(t)+x_2(t)\rightarrow y_1(t)+y_2(t)$　　　　　　　　(1.3.4)

式(1.3.4)说明系统满足可加性。

同时具有齐次性和可加性的系统才可以称为具有线性性。可表示为

若　　　　　　　　$x_1(t)\rightarrow y_1(t),\quad x_2(t)\rightarrow y_2(t)$

则 $$a_1x_1(t)+a_2x_2(t)\rightarrow a_1y_1(t)+a_2y_2(t) \tag{1.3.5}$$
式中，a_1、a_2 为任意常数。

类似地，对离散时间系统而言，

若 $$x_1(n)\rightarrow y_1(n), \quad x_2(n)\rightarrow y_2(n)$$

则 $$a_1x_1(n)+a_2x_2(n)\rightarrow a_1y_1(n)+a_2y_2(n) \tag{1.3.6}$$
式中，a_1，a_2 为任意常数，该系统具有线性性。

具有上述线性性质的系统称为线性系统。否则，称为非线性系统。

对于动态系统，其响应不仅取决于系统的激励 $x(t)$，而且与系统的初始状态 $y(t_0)$ 有关。可以将初始状态看作系统的另一种激励。这样，根据线性特性，线性系统的响应可理解为输入信号 $x(t)$ 与初始状态 $y(t_0)$ 单独作用所引起的响应之和。

若令输入信号为零，由初始状态 $y(t_0)$ 引起的响应，称为零输入响应，记作 $y_{zi}(t)$，即
$$y(t_0), \quad x(t)=0 \rightarrow y_{zi}(t) \tag{1.3.7}$$

若令初始状态为零，由输入信号 $x(t)$ 引起的响应，称为零状态响应，记作 $y_{zs}(t)$，即
$$y(t_0)=0, \quad x(t)\rightarrow y_{zs}(t) \tag{1.3.8}$$

若系统的响应是由输入信号 $x(t)$ 和初始状态 $y(t_0)$ 共同作用产生的，称为系统的全响应，记作 $y(t)$，即
$$y(t_0), \quad x(t)\rightarrow y(t)=y_{zi}(t)+y_{zs}(t) \tag{1.3.9}$$

线性系统这一性质，即可以把由初始状态和输入信号引起的响应分开，可称为分解特性。单凭分解特性还不足以判断系统是线性系统，因为当系统具有多个输入信号或多个初始状态时，它必须满足对所有的输入信号和初始状态分别呈现线性性质。

故此，线性系统又可定义为：凡是具有分解性、零输入响应线性和零状态响应线性的系统就称为线性系统。线性系统的三个条件缺一不可，否则系统就是非线性系统。对于离散时间系统，同样有上述结论成立。

例 1.3.1 判断下述方程所表示系统中哪些是线性系统？（其中 $x(t)$ 和 $x(n)$ 代表系统输入，$y(0)$ 代表系统唯一的初始状态，$y(t)$ 和 $y(n)$ 代表系统输出）。

(1) $y(t)=y(0)+x(t)+y(0)x(t)$

(2) $y(t)=y^2(0)+x(t)$

(3) $y(t)=y(0)+|x(t)|$

(4) $y(t)=2y(0)+\dfrac{1}{2}\displaystyle\int_{-\infty}^{t}x(\tau)\mathrm{d}\tau$

(5) $y(n)=\displaystyle\sum_{k=-\infty}^{n}x(k)$

(6) $y(n)=\dfrac{1}{2M+1}\displaystyle\sum_{k=-M}^{M}x(n-k)$

解：按照线性系统的定义，方程(4)、(5)、(6)所表示的系统是线性系统。而方程(1)不满足分解性，方程(2)的零输入响应不满足线性特性，方程(3)的零状态响应不满足线性特性，从而都是非线性系统。

例 1.3.2　讨论 $y(t)=2x(t)+3$ 所代表的系统是否是线性系统？式中 $y(t)$ 代表系统输出，$x(t)$ 代表系统输入。

解：该系统的全响应可以分解为两部分：$y_{zi}(t)=3$ 和 $y_{zs}(t)=2x(t)$ 之和，系统具有零状态响应线性特性，但无法讨论其零输入响应线性特性，这样的系统可以归并到所谓的增量线性系统中。增量线性系统是这样一类系统，其输出响应对输入响应的"变化"是线性的，也就是说，对一增量线性系统而言，它对任意两个输入的响应之差是两个输入差的线性函数，即满足"差"的齐次性和可加性。增量线性系统可以看作图 1.3.5 所示系统。这就是说，一个增量线性系统的响应等于一个线性系统的响应和一个不受输入影响的响应之和（对本例，$y_{zi}(t)=3$）。

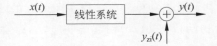

图 1.3.5　增量线性系统图示

类似地，方程 $y(n)=2x(n)+3$ 所代表的离散时间系统也可看作增量线性系统。

5. 时不变系统与时变系统

时不变系统的参数不随时间而变化。描述这种系统的数学模型是常系数微分方程或常系数差分方程。

时不变系统有一个很重要的特性，它对于一个有时移的输入信号，产生一个与之相应的时移输出信号，即

$$x(t-t_0) \rightarrow y(t-t_0) \tag{1.3.10}$$

或

$$x(n-n_0) \rightarrow y(n-n_0) \tag{1.3.11}$$

其中，t_0，n_0 是常数，分别取实数和整数。

由此可知，只要初始状态不变，时不变系统的响应形式仅取决于输入信号形式，而与输入信号的时间起点无关。图 1.3.6 所示是一个时不变连续系统的输入输出关系示意图。

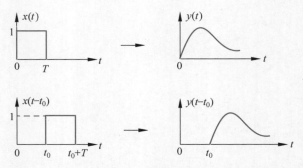

图 1.3.6　时不变连续系统的输入输出关系示意图

时不变系统的另一特性是描述其系统的参数不随时间而变化。例如,如图 1.3.7 所示系统,电阻 $R(t)$ 是时变电阻,输入信号为电压源 $x(t)$,输出为回路电流 $i(t)$,可用下列微分方程来描述该系统,即

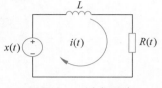

图 1.3.7 时变系统

$$L\frac{\mathrm{d}i(t)}{\mathrm{d}t}+R(t)i(t)=x(t) \qquad (1.3.12)$$

式(1.3.12)清楚地表明了时变系统的数学模型是变系数微分方程。因此,对于线性时不变系统可用常系数微分方程来描述。

同样,对离散线性时不变系统可用常系数差分方程来描述。

例 1.3.3 判断下列系统是否为线性时不变系统。

(1) $y(t)=\cos(x(t))$

(2) $x(n)=nx(n)$

解:(1) 设输入信号分别为 $x_1(t)$ 和 $x_2(t)$,相应的输出为 $y_1(t)$ 和 $y_2(t)$,则

$$y_1(t)=T[x_1(t)]=\cos[x_1(t)], \quad y_2(t)=T[x_2(t)]=\cos[x_2(t)]$$

当输入为 $\alpha x_1(t)+\beta x_2(t)$ 时,相应的输出为

$$y_3(t)=T[\alpha x_1(t)+\beta x_2(t)]=\cos[\alpha x_1(t)+\beta x_2(t)]\neq\cos[\alpha x_1(t)]+\cos[\beta x_2(t)]$$

即 $y_3(t)\neq y_1(t)+y_2(t)$,故该系统为非线性系统。

又设输入延时 t_0,则相应输出为 $y(t)=\cos[x(t-t_0)]=y(t-t_0)$,故该系统为时不变系统。

(2) 同理,根据线性系统线性性可判断 $y(n)=nx(n)$ 为线性系统。

根据时不变系统的特性有

$$x(n-n_0)\to nx(n-n_0)\neq(n-n_0)x(n-n_0)=y(n-n_0)$$

故该系统为时变系统。

6. 其他的系统分类

根据研究角度的不同,对于系统还有其他多种分类。例如,输入、输出都可以用确定性信号表示的系统称为确定性系统,而输入、输出都必须用随机信号来描述的系统称为不确定系统或随机系统。系统对任何一个有界输入,其系统的输出也有界,该系统为稳定系统;反之,如果系统的输入有界,输出无界,则该系统称为不稳定系统。

本书主要讨论线性时不变(linear time-invariant,LTI)系统,对于这类系统的因果性和稳定性可利用系统的冲激响应和系统函数来判断,这些内容在后续章节中将详细讨论。

1.3.3 系统的状态变量

先看一个简单的例子。如图 1.3.8 所示,在光滑的平台上有一质量块(质量为 M),它一直受着水平向右的推力 $x(t)$ 的作用,但对 $x(t)$ 在 $t<t_0$ 以前的情况不清楚。在此系统中,推力 $x(t)$ 是输入,而加速度 $a(t)$、速度 $v(t)$ 和位置 $y(t)$ 都可以看作输出。

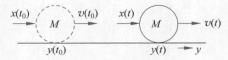

图 1.3.8　力-质量块系统

若以 $a(t)$ 作为输出，按牛顿第二定律有 $x(t)=Ma(t)$，即

$$a(t)=\frac{1}{M}x(t), \quad t>t_0 \tag{1.3.13}$$

这里除以 M 的运算就是上述的箭头、方框或算子等系统表示的具体化，对应的力-加速度系统是一个简单的比例系统（放大器或衰减器）。

式(1.3.13)中规定 $t>t_0$，是因为对于 $t<t_0$ 的情况是不清楚的。

若以 $v(t)$ 作输出，考虑到 $\frac{\mathrm{d}}{\mathrm{d}t}v(t)=a(t)$，则有

$$v(t)=\frac{1}{M}\int_{-\infty}^{t}x(\tau)\mathrm{d}\tau \tag{1.3.14}$$

这里的积分并除以 M 的运算也是上述箭头、方框或算子等系统表示的具体化，对应的力-速度系统是一个简单的积分。当然，由于对 $t<t_0$ 以前的 $x(t)$ 的情况不清楚，应避免 $(-\infty,t_0)$ 区间的积分。为此，还需要对式(1.3.14)进行变形，

$$v(t)=v(t_0)+\frac{1}{M}\int_{t_0}^{t}x(\tau)\mathrm{d}\tau, \quad t>t_0 \tag{1.3.15}$$

$$v(t_0)=\frac{1}{M}\int_{-\infty}^{t_0}x(\tau)\mathrm{d}\tau$$

式(1.3.15)第一项是质量块在 $t=t_0$ 时刻的速度。显然，现在无须关心 $x(t)$ 在 $t<t_0$ 以前的情况，只要以 $t=t_0$ 时刻作为时间起点进行积分运算，就可以得出系统输出 $v(t)$ 在 $t>t_0$ 以后任意时刻的值，条件是必须知道 t_0 时刻系统的状态，即 $v(t_0)$。因为 $v(t_0)$ 代表了输入推力 $x(t)$ 在整个 $(-\infty,t_0)$ 区间对质量块速度的作用结果。

可见，在描述系统时，不仅要包含系统的输入和输出，还要包含系统的状态。如果采用系统的算子表示法，本例的力-速度系统可表示成

$$v(t)=T[v(t_0);x(t)], \quad t>t_0 \tag{1.3.16}$$

解决系统问题所需要的系统状态，有时不是一个而是一组。例如，再考虑质量块的位置 $y(t)$。由于 $\frac{\mathrm{d}}{\mathrm{d}t}y(t)=v(t)$，故有

$$
\begin{aligned}
y(t)&=\int_{-\infty}^{t}v(\tau)\mathrm{d}\tau\\
&=\int_{-\infty}^{t_0}v(\tau)\mathrm{d}\tau+\int_{t_0}^{t}v(\tau)\mathrm{d}\tau\\
&=y(t_0)+\int_{t_0}^{t}\left[v(t_0)+\frac{1}{M}\int_{t_0}^{\xi}x(\tau)\mathrm{d}\tau\right]\mathrm{d}\xi\\
&=y(t_0)+v(t_0)(t-t_0)+\frac{1}{M}\int_{t_0}^{t}\int_{t_0}^{\xi}x(\tau)\mathrm{d}\tau\mathrm{d}\xi, \quad t>t_0
\end{aligned}
\tag{1.3.17}
$$

可见,已知 $t>t_0$ 以后的输入推力 $x(t)$,为了求得 $t>t_0$ 以后的位置 $y(t)$,还需要知道系统在 $t=t_0$ 时刻的状态 $y(t_0)$ 和 $v(t_0)$。这时如果以算子 T 代表式(1.3.17)的运算关系,相应的力-位置系统可以表示成

$$y(t) = T[y(t_0);v(t_0);x(t)], \quad t>t_0 \tag{1.3.18}$$

一般而言,系统在某一时刻的状态,是描述该系统所必需的数目最少的(设为 n,不同系统的 n 值可能不同)一组数 $x_1(t_0),x_2(t_0),\cdots,x_n(t_0)$,根据这组数和 $t \geq t_0$ 时的给定输入就可以唯一地确定在 $t>t_0$ 的任意时刻 t 的状态 $x_1(t),x_2(t),\cdots,x_n(t)$,根据系统在时刻 t 的状态和输入就能唯一地确定在时刻 t 的系统输出。$x_1(t),x_2(t),\cdots,x_n(t)$ 描述了系统状态随时间的变化,称为系统的状态变量。用这几个状态变量作分量构成的矢量 $\boldsymbol{x}(t) = [x_1(t),x_2(t),\cdots,x_n(t)]$ 称为系统的状态矢量。状态变量在某一时刻的取值共同表示了系统在该时刻的状态。系统在初始观察时刻的状态称为系统的初始状态,有时称为系统的初始条件。由各个初始状态作分量构成的矢量,称为初始状态矢量。

在上面的例子中,对力-速度系统,质量块的速度 $v(t)$ 既是系统的输出,又是系统的状态变量,系统初始状态为 $v(t_0)$(初始观察时刻为 t_0);对力-位置系统,质量块的速度 $v(t)$ 和位置 $y(t)$ 是系统的状态变量,初始状态为 $y(t_0)$ 和 $v(t_0)$,初始状态矢量为 $[y(t_0),v(t_0)]$。

上面是以连续系统为例讨论了系统的状态和状态变量,如果把连续时间变量 t 换成离散时间变量 n,同样适用于离散系统。

最后指出,对单输入单输出系统通常可以像上面的例子,用简单的表达式来表示输入输出关系,多输入输出系统的输入输出关系一般需要采用状态方程和输出方程表示,有关内容在第 6、7 章的状态变量分析中详述。

1.4 信号与系统分析方法与理论应用

1.4.1 系统分析方法概述

系统分析的主要任务是对给定的系统,求出它对给定激励的响应。系统分析分建立系统模型(作出系统的表示)、求解系统模型和对系统模型的解作出物理解释三大步骤。

系统模型的建立有赖于一些基本物理定律的知识,其目的总是要得到系统中各变量之间的关系,大多数情况下,这种关系是通过数学方程式表示的。按照所关心的系统变量来分,系统模型分为只关心输入输出变量的输入输出模型和不仅关心输入输出变量也关心系统内部状态的状态变量模型两类。输入输出模型建立了激励与响应之间的直接关系,而状态变量模型描述了系统的输入、输出以及系统的状态变量之间的关系。与系统模型对应,系统模型的求解方法有输入输出分析法和状态变量分析法。

输入输出法是基础,它的主要概念和方法在状态变量法中都要用到。输入输出法按照信号的不同分解形式又分为时域分析和变换域(频域、复频域、z 域)分析。在时域分析中,将输入信号分解为基本信号(单位冲激信号或单位样值序列)的叠加,求出系统的基

本响应（单位冲激响应或单位样值响应），线性时不变系统的输出则可以分解为基本响应的叠加（卷积积分或卷积和）。在频域分析中，将输入信号分解为基本信号（虚指数信号）的叠加，线性时不变系统的输出则可以分解为基本响应的叠加。复频域分析和 z 域分析以复指数信号作为基本信号，将输入信号分解为复指数信号的叠加，线性时不变系统的输出则可以分解为复指数响应的叠加。虚指数信号是一种复指数信号，因此复频域分析和 z 域分析又可看作广义的频域分析。变换域方法可以将时域分析中的微分方程或差分方程转化为代数方程，或将卷积积分或卷积和转化为乘法运算，从而给分析问题带来许多方便。输入输出法对研究常见的由微分方程或差分方程描述的单输入输出系统特别有用。

状态变量法是随着计算技术的发展而产生的系统分析方法。它揭示了系统的内部结构以及系统的输入、输出变量和系统内部变量之间的关系，对于分析线性时不变系统，特别是对分析由状态方程和输出方程描述的多输入多输出系统具有重要意义。状态变量法也分时域和变换域两种方法，很适合用计算机求解，同时它可以推广应用于时变系统和非线性系统。

需要指出的是，输入输出法和状态变量法没有本质的区别，状态变量法把系统内部变量与激励和响应的关系鲜明地揭示出来，而在输入输出法这些关系隐含在分析过程之中。这两种方法各有其特点和适用范围。

本书采用信号分析与系统分析并重的原则，逐章讨论信号与线性时不变系统的时域分析（第 2、3 章）、频域分析（第 4、5 章）、复频域分析（第 6 章）、z 域分析（第 7 章）。

1.4.2　信号与系统分析理论的应用

20 世纪 50 年代，美国麻省理工学院总结了第二次世界大战以来在通信、雷达和控制等领域广泛应用的基础理论，为二、三年级的大学本科生开设了"信号与系统"课程，它以全新的面貌改变了电子电气课程体系，形成了这门课的雏形。这一历史渊源说明，信号与系统的原理方法在现代电子装备中有广泛而重要的应用。将理论方法与应用实例结合起来，不但能提高学习兴趣，还能帮助建立起从技术视角认识装备系统的思考习惯。

例如通信感知一体作为 5G 后续增强版本 5G-A 阶段的关键技术和 6G 六大应用场景之一，使得移动通信第一次进入超越连接的领域。通感一体化系统充分利用通信系统和雷达系统在硬件、信息处理等方面高度趋同的特性，希望达到通信系统和雷达系统的完美融合。通感一体化可以感知目标的距离、方位、速度等信息，实现对目标的检测、定位、跟踪。相比独立的通信系统，通感一体化系统提供感知层面的信息可辅助通信实现更高的速率、更可靠的信息传递。

通感一体化融合了通信和感知两个功能，使系统同时具有通信和感知能力。根据通信和感知的相互作用，可分为感知辅助通信和通信辅助感知。感知辅助通信以通信业务为主，感知为通信提供信道信息、目标特征等先验信息，提高通信质量和速率。通信辅助感知以感知业务为主，通信为感知提供信息传递渠道。目前感知辅助通信是当前业界研究的重点。通感一体为移动通信网络发展带来蓬勃驱动。通感一体技术通过复用一套设备构建两张网络。实现通信和感知两种业务深度融合,拓展通信网络的功能边界,亦为感知业务的普遍化应用奠定基础。

  本书从通感一体化系统涉及的系统架构、信息处理等方面提炼应用案例,并且根据每一章的知识点对案例进行了裁剪,读者仅运用对应章节的知识就可以理解这些案例的基本原理。

习　　题

基础题

1-1　试确定题图 1-1 所示各信号类型。

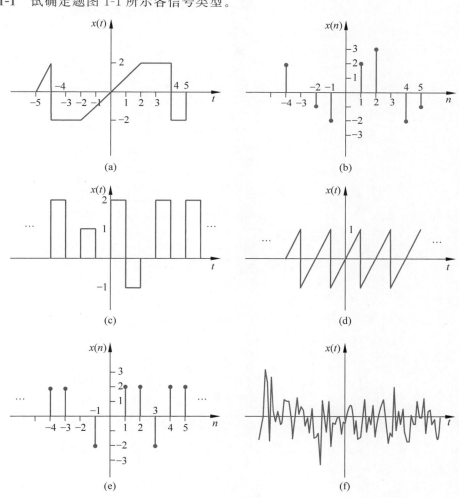

题图 1-1

1-2 判断下列信号的周期性。若是周期的,试确定其基本周期。

(1) $\cos\left(2t+\dfrac{\pi}{3}\right)$ (2) $\sin 2\pi t+\sin 3\pi t$ (3) $\sin t+\sin\pi t$

(4) $\cos(10n)$ (5) $\cos(3\pi n)$ (6) $e^{j\frac{\pi}{2}n}$

1-3 计算下列信号的能量和功率,并判断哪些是能量信号,哪些是功率信号。

(1) $\sin t$ (2) $x(t)=2\sin 2\pi t+2\sin 3\pi t$ (3) $x(t)=\begin{cases}8e^{-4t} & t\geqslant 0,\\ 0, & t<0\end{cases}$

(4) $e^{j\frac{\pi}{2}n}$ (5) $x(n)=\begin{cases}2^{-n}, & n\geqslant 0\\ 0, & n<0\end{cases}$

1-4 系统的输入、输出和初始状态的关系如下,判断它们是否为线性系统,并说明原因。其中 $y(t_0)$ 和 $y(n_0)$ 代表系统的初始状态, $x(t)$ 和 $x(n)$ 代表系统输入, $y(t)$ 和 $y(n)$ 代表系统输出。

(1) $y(t)=y(t_0)+x(t)$ (2) $y(t)=\ln y(t_0)+3t^2 x(t)$

(3) $y(t)=y(t_0)+x^2(t)$ (4) $y(t)=y(t_0)x(t)$

(5) $y(t)=\dfrac{\mathrm{d}}{\mathrm{d}t}[x(t)]$ (6) $y(t)=\sin(t)\cdot x(t)$

(7) $y(n)=y(n_0)+nx(n)$ (8) $y(n)=y^2(n_0)$

(9) $y(n)=x^2(n)$ (10) $y(n)=y^2(n_0)+x^2(n)$

(11) $y(n)=\sin\left(\dfrac{n\pi}{2}\right)\cdot x(n)$ (12) $y(n)=ny(n_0)+\displaystyle\sum_{k=n_0}^{n}x(k)$

1-5 已知系统的输入和输出关系如下,判断它们是否为时不变系统,并说明原因。其中 $x(t)$、$x(n)$、$y(t)$、$y(n)$ 的意义同上。

(1) $y(t)=x^2(t)$ (2) $y(t)=x(t)\cdot x(t-1)$

(3) $y(t)=\dfrac{\mathrm{d}}{\mathrm{d}t}[x(t)]$ (4) $y(t)=\displaystyle\int_{-\infty}^{t}x(\tau)\mathrm{d}\tau$

(5) $y(t)=tx(t)$ (6) $y(t)=\displaystyle\int_{-\infty}^{3t}x(\tau)\mathrm{d}\tau$

(7) $y(n)=\displaystyle\sum_{k=-5}^{5}x(n-k)$ (8) $y(n)=x(n)\cdot x(n-1)$

(9) $y(n)=\sin\left(\dfrac{n\pi}{2}\right)\cdot x(n)$ (10) $y(n)=|x(n)-x(n-1)|$

(11) $y(n)=x^2(n)$ (12) $y(n)=-nx(n)$

1-6 已知系统输入输出关系如下,判断它们是否为因果系统,并说明原因。其中 $x(t)$、$x(n)$、$y(t)$、$y(n)$ 意义同上。

(1) $y(t)=e^{x(t)}$ (2) $y(t)=x(-t)$

(3) $y(t)=x(t-c)$, c 为实常数   (4) $y(n)=\displaystyle\sum_{k=n-2}^{n+4}x(k)$

（5）$y(n) = x^2(n)$　　　　　　　　（6）$y(n) = x(n) \cdot x(n-2)$

1-7　某线性时不变系统在相同的初始状态下，当输入为 $x(t)$ 时，全响应为 $y(t) = 2e^{-t} + \cos 2t$；当输入为 $2x(t)$ 时，全响应为 $y(t) = e^{-t} + 2\cos 2t$。求在相同的初始条件下，输入为 $4x(t)$ 时的全响应 $y(t)$。

提高/拓展题

T1-1　若 $x_1(t)$ 和 $x_2(t)$ 是周期分别为 T_1 和 T_2 的周期信号，试证明 $x(t) = x_1(t) + x_2(t)$ 是周期为 T 的周期信号需满足的条件是 $mT_1 = nT_2 = T$，其中 m、n 为正整数。

T1-2　若 $x_1(n)$ 和 $x_2(n)$ 是周期分别为 N_1 和 N_2 的周期序列，试证明 $x(n) = x_1(n) + x_2(n)$ 是周期为 N 的周期序列需满足的条件是 $mN_1 = nN_2 = N$，其中 m、n 为正整数。

T1-3　已知正弦信号 $x(t) = 2\cos\left(20t + \dfrac{\pi}{3}\right)$，

（1）对 $x(t)$ 等间隔采样，求使 $x(n) = x(nT_s)$ 为周期序列的采样间隔 T_s；

（2）如果 $T_s = 0.01\pi$，求出 $x(n) = x(nT_s)$ 的基本周期 N。

T1-4　已知连续时间系统有如下输入-输出关系。

$$y(t) = T[x(t)] = \sum_{n=-\infty}^{\infty} x(t)\delta(t - nT_s), \quad \text{其中 } T_s > 0 \text{ 常数}$$

试确定该系统是否为（1）线性系统；（2）时不变系统；（3）因果系统。

T1-5　某线性时不变系统的输入、输出信号如题图 T1-1（a）所示。如果输入题图 T1-1（b）的信号，画出其输出信号的波形。

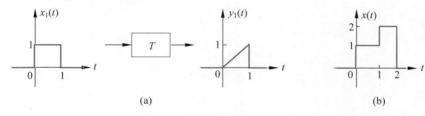

（a）　　　　　　　　　　　　　　　　　　　　（b）

题图 **T1-1**

T1-6　已知一连续 LTI 系统，当系统的初始状态 $y(0^-) = 3$ 时，系统的零输入响应 $y_{zi}(t) = 3e^{-2t}$，$t > 0$，而在初始状态 $y(0^-) = 6$ 以及输入激励 $x(t)$ 共同作用下产生的系统全响应 $y_1(t) = 4e^{-2t} + 7e^{-t}$，$t > 0$，试求：

（1）系统的零状态响应 $y_{zs}(t)$；

（2）系统在初始状态 $y(0^-) = 1$ 以及输入激励为 $x(t-1)$ 共同作用下产生的系统全响应 $y_2(t)$。

第 2 章

信号的时域分析

本章介绍信号与系统分析中常用的基本信号、基本运算和基本分解。连续时间基本信号包含直流信号、实指数信号、虚指数信号、正弦信号、单位冲激信号、单位阶跃信号和常用的普通信号等,离散时间基本信号包含实指数序列、虚指数序列、正弦序列、单位样值序列、单位阶跃序列和基本序列等。讨论这些信号的解析式、特性、波形图以及相互关系,注重信号参数对信号的影响以及连续时间信号与离散时间信号之间的差别与联系。连续时间信号的基本运算包括相加、相乘、微分、积分、翻转、平移、展缩等。离散时间信号的基本运算包括相加、相乘、差分、求和、翻转、平移、抽取、内插等。基本信号和基本运算是进行信号描述的基础,本章侧重其数学和物理概念的描述。信号可以分解成不同信号组合,如奇信号和偶信号,实部信号和虚部信号。对于连续时间信号可以分解成冲激信号 $\delta(t)$ 的加权叠加,离散时间信号可以表示成样值序列 $\delta(n)$ 的加权叠加,这是信号时域分析的基石。

通过基本信号、基本运算和基本分解,可以将对复杂信号的分析转化为对基本信号的分析,这是信号分析与运算的基本思想,基本信号也是信号频域分析和复频域分析的基础,通过这些基本信号的时域、频域和复频域的对应关系分析,有助于我们深入理解信号时域与变换域的对应关系和特性。因此本章是后续章节内容学习的基础。

2.1 连续时间基本信号

在第 1 章中,已讨论过信号的定义、分类,确定性连续时间信号应当在任意时刻都具有确定的数值,并且可以由一个确定时间函数表示。信号的时域描述就是用一个时间函数表示信号随时间变化的特性。

本节介绍几个重要的连续时间信号,由于这些信号经常用到,而且是构成其他很多信号的基本单元,故把它们统称为基本信号。基本信号还可以归纳成两类:一类是普通信号;另一类是奇异信号,下面分别讨论这两类信号的时域特性。

2.1.1 常用的普通信号

1. 实指数信号和直流信号

实指数信号表示式为

$$x(t) = k e^{\sigma t}, \quad -\infty < t < \infty \quad (2.1.1)$$

其中,k,σ 为实数,σ 表征了信号的幅度随时间变化的情况。若 $\sigma > 0$,信号幅度随时间而增长;若 $\sigma < 0$,信号幅度随时间而衰减;若 $\sigma = 0$,$x(t) = k$,就是直流信号。实指数信号波形如图 2.1.1 所示。

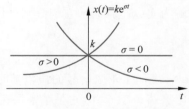

图 2.1.1 实指数信号

2. 虚指数信号和正弦信号

虚指数信号表示式为

$$x(t) = K e^{j\omega_0 t}, \quad -\infty < t < \infty \quad (2.1.2)$$

其中,ω_0 为实数,K 一般为实数,也可以是复数。该信号是具有单一频率的周期信号,周期为 $T=2\pi/\omega_0$。根据欧拉公式:

$$e^{j\omega_0 t} = \cos\omega_0 t + j\sin\omega_0 t \tag{2.1.3}$$

式(2.1.2)可写成

$$x(t) = K\cos\omega_0 t + jK\sin\omega_0 t, \quad -\infty < t < \infty \tag{2.1.4}$$

式(2.1.4)中的实部和虚部还可以分别写为

$$\mathrm{Re}[K e^{j\omega_0 t}] = K\cos\omega_0 t, \quad -\infty < t < \infty \tag{2.1.5}$$

$$\mathrm{Im}[K e^{j\omega_0 t}] = K\sin\omega_0 t, \quad -\infty < t < \infty \tag{2.1.6}$$

式(2.1.5)和式(2.1.6)分别称为余弦信号和正弦信号,由于二者仅相位相差 $\pi/2$,故统称为正弦信号。

若 K 为复数 $k e^{j\theta}$,k、θ 为实数,则式(2.1.5)可写成

$$\mathrm{Re}[K e^{j\omega_0 t}] = \mathrm{Re}[k e^{j\theta} \cdot e^{j\omega_0 t}] = k\cos(\omega_0 t + \theta), \quad -\infty < t < \infty \tag{2.1.7}$$

这是正弦信号的一般表达式,其中 k 表示振幅,ω_0 表示振荡角频率,θ 为初相位,其波形如图 2.1.2 所示。

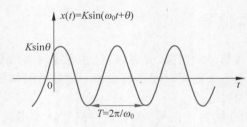

图 2.1.2　正弦信号

3. 复指数信号

复指数信号表示式为

$$x(t) = K e^{st}, \quad -\infty < t < \infty \tag{2.1.8}$$

其中,复数 $s=\sigma+j\omega_0$,K 一般为实数,也可以是复数。当 $\sigma \neq 0$,$\omega_0 \neq 0$ 时复指数信号也可分解为实、虚两部分,它们分别是增长(或衰减)的正弦信号,

$$\mathrm{Re}[K e^{st}] = K e^{\sigma t}\cos\omega_0 t, \quad -\infty < t < \infty \tag{2.1.9}$$

$$\mathrm{Im}[K e^{st}] = K e^{\sigma t}\sin\omega_0 t, \quad -\infty < t < \infty \tag{2.1.10}$$

σ 表征了正弦信号的振幅随时间变化的情况。当 K 取实数,用 k 表示,若 $\sigma>0$,它是增幅振荡;若 $\sigma<0$,它是减幅振荡,其波形如图 2.1.3(a)、(b)所示。

若 $\sigma \neq 0$,$\omega_0=0$,则复指数信号变成实指数信号;若 $\sigma=0$,$\omega_0 \neq 0$,则复指数信号变成虚指数信号;若 $\sigma=0$,$\omega_0=0$,则复指数信号变成直流信号。

可以很方便地将复数 s 表示在一个复平面(又称 s 平面)上。如图 2.1.4 所示,水平轴是实轴(σ 轴),垂直轴是虚轴($j\omega$ 轴)。根据复数 s 取值不同,s 平面(图 2.1.4)可划分为两部分:对应于指数衰减信号的左半平面和对应于指数增长信号的右半平面(RHP)。

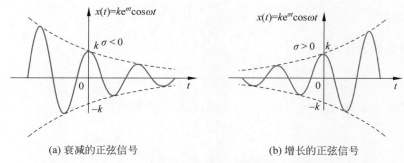

(a) 衰减的正弦信号   (b) 增长的正弦信号

图 2.1.3 衰减的正弦信号和增长的正弦信号

虚轴将两个区域分开,并对应于等幅振荡的信号。

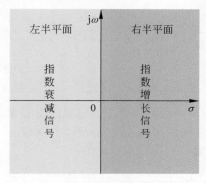

图 2.1.4 复平面(s 平面)

4. 门信号和三角信号

门信号的表示式为

$$G_\tau(t) = \begin{cases} 1, & |t| < \tau/2 \\ 0, & |t| > \tau/2 \end{cases} \tag{2.1.11}$$

波形如图 2.1.5(a)所示。门信号又称为矩形脉冲信号。

三角信号的表示式为

$$\Lambda_{2\tau}(t) = \begin{cases} 1 - |t|/\tau, & |t| < \tau \\ 0, & |t| > \tau \end{cases} \tag{2.1.12}$$

波形如图 2.1.5(b)所示。三角信号又称为三角脉冲信号。

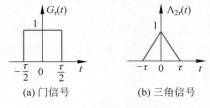

(a) 门信号   (b) 三角信号

图 2.1.5 门信号和三角信号

5. 抽样函数 Sa(t)和辛格函数 sinc(t)

抽样函数的表示式为

$$Sa(t) = \frac{\sin t}{t} \tag{2.1.13}$$

波形如图 2.1.6(a)所示。该函数的另一种形式称为辛格函数,其表达式为

$$sinc(t) = \frac{\sin \pi t}{\pi t} \tag{2.1.14}$$

波形如图 2.1.6(b)所示。

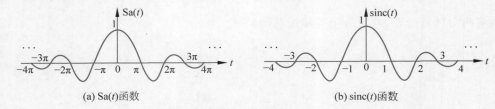

(a) Sa(t)函数   (b) sinc(t)函数

图 2.1.6 Sa(t)函数和 sinc(t)函数

因为 Sa(t)函数和 sinc(t)函数的因子 $1/t$ 随时间增加而减小,而其中正弦项又是振荡的,所以这两个函数均为衰减振荡的。以 sinc(t)为例,在 $t=0$ 时,sinc(t)函数是不定式 0/0,利用洛必达法则,可得

$$\lim_{t \to 0} \left(\frac{\sin \pi t}{\pi t} \right) = \lim_{t \to 0} \left(\frac{\pi \cos \pi t}{\pi} \right) = 1 \tag{2.1.15}$$

所以在 $t=0$ 上 sinc(t)是连续的。由图 2.1.6(b)可见,sinc(t)具有偶对称性,且在原点具有单位高度;其主瓣位于原点两侧的第一个零点之间,旁瓣向正、负两个方向逐渐衰减;定义中的参数 π 使得 sinc(t)函数近似具有单位面积,且使得零点($t = \pm 1, \pm 2, \cdots$ 时)之间为单位距离。sinc(t)函数具有如下特点:

$$\begin{cases} (1) \ sinc(t) \text{ 是偶函数} \\ (2) \ sinc(t) = 0, \quad t \text{ 为不为零的整数} \\ (3) \ \lim_{t \to 0} sinc(t) = 1 \\ (4) \ \int_{-\infty}^{\infty} sinc(t) dt = 1 \end{cases} \tag{2.1.16}$$

2.1.2 奇异信号

在信号与系统分析中常用到一类信号,它们的数学表达式属于奇异函数,即在函数或函数的导数或高阶导数中出现趋于无穷的奇异值。这类信号包括冲激信号、阶跃信号、斜波信号、冲激偶信号等。

1. 冲激信号

1）定义

冲激信号以符号 $A\delta(t)$ 表示，A 为实数。冲激信号的一般定义为

$$\begin{cases} A\delta(t)=0, & t\neq 0 \\ A\delta(t)\to\infty, & t=0 \\ \displaystyle\int_{-\infty}^{\infty} A\delta(t)\mathrm{d}t=A \end{cases} \qquad (2.1.17)$$

冲激信号是一个特殊的信号，它在 $t=0$ 处的数值趋于无穷，而在其他时刻数值均为零，且在 $(-\infty,\infty)$ 时间域内的积分值为 A。由普通函数的观点来看，式（2.1.17）中的积分是没有意义的。为此，还应给出冲激信号更加严谨的定义，即泛函数定义

$$\int_{-\infty}^{\infty} A\delta(t)\varphi(t)\mathrm{d}t=A\varphi(0) \qquad (2.1.18)$$

式中，$\varphi(t)$ 为任意一个在 $t=0$ 处连续的普通信号，在数学上称为测试函数。泛函数定义利用 $A\delta(t)$ 对另一信号的作用所表现出的性质来规定它，表明 $A\delta(t)$ 是可以使任意连续信号 $A\varphi(t)$ 映射为确定数值 $A\varphi(0)$ 的一种信号，从而避免涉及它难以理解的取值问题。

冲激信号具有强度，其强度就是信号对时间的积分。例如，$A\delta(t)$ 表示冲激信号的强度为 $A=\displaystyle\int_{-\infty}^{\infty} A\delta(t)\mathrm{d}t$。当强度 $A=1$ 时，$A\delta(t)=\delta(t)$ 称为单位冲激信号。本书中，冲激信号在波形图中以箭头表示，箭头右侧括号中的数值代表冲激信号的强度，冲激信号的波形如图 2.1.7 所示。

为便于更直观地理解冲激信号，可以将其视为某种工程模型的极限。这种工程模型应满足：在 $t=0$ 处的数值极大；所占的时间极短；其对时间的积分值（即面积）为 A。满足这些条件的 $A\delta(t)$ 工程模型有很多，图 2.1.8 就是 $A\delta(t)$ 的一个工程模型。

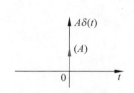

图 2.1.7 冲激信号 $A\delta(t)$

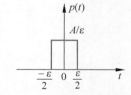

图 2.1.8 冲激信号的近似表示

动画

$p(t)$ 是一个普通信号，符合上述条件，一旦令 $\varepsilon\to0$，$p(t)$ 即成为 $A\delta(t)$，即有 $\lim\limits_{\varepsilon\to0}p(t)=A\delta(t)$。这一点可以通过将 $\lim\limits_{\varepsilon\to0}p(t)$ 代入式（2.1.18）来验证：

$$\int_{-\infty}^{\infty}\lim_{\varepsilon\to0}p(t)\varphi(t)\mathrm{d}t=\lim_{\varepsilon\to0}\int_{-\varepsilon/2}^{\varepsilon/2}\frac{A}{\varepsilon}\varphi(t)\mathrm{d}t=\lim_{\varepsilon\to0}\frac{A}{\varepsilon}\int_{-\varepsilon/2}^{\varepsilon/2}\varphi(t)\mathrm{d}t=A\varphi(0)$$

以上表明，冲激信号有着坚实的数学基础和明确的物理意义。

此外，冲激信号的作用可以出现在任意 t_0 时刻，以符号 $A\delta(t-t_0)$ 表示，其波形如图 2.1.9 所示，定义式为

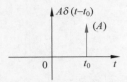

图 2.1.9 移位的冲激信号 $A\delta(t-t_0)$

$$\begin{cases} A\delta(t-t_0)=0, & t\neq t_0 \\ A\delta(t-t_0)\to\infty, & t=t_0 \\ \displaystyle\int_{-\infty}^{\infty}A\delta(t-t_0)\mathrm{d}t=A \end{cases} \tag{2.1.19}$$

同样,其泛函定义为

$$\int_{-\infty}^{\infty}A\delta(t-t_0)\varphi(t)\mathrm{d}t=A\varphi(t_0) \tag{2.1.20}$$

2)特性

下面讨论冲激信号的几个运算特性,不失一般性,设强度为1。

(1)筛选特性

根据冲激信号的定义,显然有

$$x(t)\delta(t-t_0)=x(t_0)\delta(t-t_0) \tag{2.1.21}$$

其中,$x(t)$ 为任意的连续时间信号,这表明 $\delta(t-t_0)$ "筛出"了 $x(t)$ 在 $t=t_0$ 的值,起到了筛选作用。

当 $t_0=0$ 时,式(2.1.21)变为

$$x(t)\delta(t)=x(0)\delta(t) \tag{2.1.22}$$

(2)取样特性

根据冲激信号的泛函定义,显然有

$$\int_{-\infty}^{\infty}x(t)\delta(t-t_0)\mathrm{d}t=x(t_0) \tag{2.1.23}$$

其中,$x(t)$ 为任意的连续时间信号,这表明冲激信号 $\delta(t-t_0)$ 与一个连续时间信号 $x(t)$ 相乘,并在 $(-\infty,\infty)$ 区间积分,其结果为 $x(t)$ 在 $t=t_0$ 的取值 $x(t_0)$。

当 $t_0=0$ 时,式(2.1.23)变为

$$\int_{-\infty}^{\infty}x(t)\delta(t)\mathrm{d}t=x(0) \tag{2.1.24}$$

(3)展缩特性

$$\delta(at+b)=\frac{1}{|a|}\delta\left(t+\frac{b}{a}\right) \tag{2.1.25}$$

证明:分别考虑以下两种情况:

当 $a>0$ 时,对 $g(t)\delta(at+b)$ 作积分

$$\int_{-\infty}^{\infty}g(t)\delta(at+b)\mathrm{d}t=\int_{-\infty}^{\infty}g\left(\frac{p-b}{a}\right)\delta(p)\frac{\mathrm{d}p}{a}=\frac{1}{a}g\left(\frac{-b}{a}\right)$$

当 $a<0$ 时,对 $g(t)\delta(at+b)$ 作积分,得

$$\int_{-\infty}^{\infty}g(t)\delta(at+b)\mathrm{d}t=\int_{-\infty}^{\infty}g\left(\frac{p-b}{a}\right)\delta(p)\frac{\mathrm{d}p}{|a|}=\frac{1}{|a|}g\left(-\frac{b}{a}\right)$$

于是

$$\int_{-\infty}^{\infty}g(t)\delta(at+b)\mathrm{d}t=\frac{1}{|a|}g\left(-\frac{b}{a}\right)$$

而由式(2.1.20)可知

$$\int_{-\infty}^{\infty} g(t) \frac{1}{|a|} \delta\left(t + \frac{b}{a}\right) dt = \frac{1}{|a|} g\left(-\frac{b}{a}\right)$$

从而

$$\int_{-\infty}^{\infty} g(t) \delta(at+b) dt = \int_{-\infty}^{\infty} g(t) \frac{1}{|a|} \delta\left(t + \frac{b}{a}\right) dt$$

按照广义函数相等的准则,$\delta(at+b) = \frac{1}{|a|} \delta\left(t + \frac{b}{a}\right)$,式(2.1.25)得证。

当 $a = -1, b = 0$ 时,式(2.1.25)变为

$$\delta(-t) = \delta(t) \tag{2.1.26}$$

可见,冲激函数 $\delta(t)$ 是偶函数。

2. 阶跃信号

阶跃信号以符号 $Au(t)$ 表示,A 为实数,其定义为

$$Au(t) = \begin{cases} A, & t > 0 \\ 0, & t < 0 \end{cases} \tag{2.1.27}$$

其波形如图 2.1.10(a)所示,当 $A = 1$ 时,$Au(t) = u(t)$,称为单位阶跃信号。阶跃信号在 $t = 0$ 处是不连续的,发生跳变,此点的值可以定义为 0、1/2 或 1。从信号处理的角度看,两连续时间信号在有限个孤立时刻上的有限数值差别不会导致信号能量的差异,从而不会导致处理结果的不同。

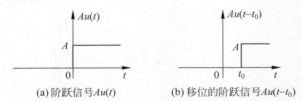

(a) 阶跃信号 $Au(t)$ (b) 移位的阶跃信号 $Au(t-t_0)$

图 2.1.10 阶跃信号 $Au(t)$ 和移位的阶跃信号 $Au(t-t_0)$

由于

$$\int_{-\infty}^{t} A\delta(\tau) d\tau = Au(t) \tag{2.1.28}$$

即阶跃信号 $Au(t)$ 是冲激信号 $A\delta(t)$ 的积分,所以,冲激信号 $A\delta(t)$ 是阶跃信号 $Au(t)$ 的导数,即

$$A\delta(t) = \frac{d}{dt}[Au(t)] \tag{2.1.29}$$

这说明,在对信号微分时,在信号取值的间断点处会出现冲激,强度为跃变的幅度。

与冲激信号类似,阶跃信号的跳变可发生在任意时刻 t_0,记作 $u(t-t_0)$,其波形如图 2.1.10(b)所示,定义式为

$$Au(t-t_0) = \begin{cases} A, & t > t_0 \\ 0, & t < t_0 \end{cases} \tag{2.1.30}$$

3. 斜波信号

斜波信号以符号 $Ar(t)$ 表示，A 为实数，其定义为

$$Ar(t) = \begin{cases} At, & t > 0 \\ 0, & t < 0 \end{cases} \tag{2.1.31}$$

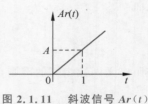

图 2.1.11　斜波信号 $Ar(t)$

其波形如图 2.1.11 所示，当 $A = 1$ 时，$Ar(t) = r(t)$，称为单位斜波信号。

由于

$$\int_{-\infty}^{t} Au(\tau)\mathrm{d}\tau = Ar(t) \tag{2.1.32}$$

即斜波信号 $Ar(t)$ 是阶跃信号 $Au(t)$ 的积分，所以阶跃信号 $Au(t)$ 是斜波信号 $Ar(t)$ 的导数，即

$$Au(t) = \frac{\mathrm{d}}{\mathrm{d}t}[Ar(t)] \tag{2.1.33}$$

4. 冲激偶信号

1）定义

对单位冲激信号逐次求时间导数，会得到一系列新的奇异信号，即高阶冲激信号：$\delta^{(n)}(t) = \dfrac{\mathrm{d}^n}{\mathrm{d}t^n}\delta(t)$。泛函数定义为

$$\int_{-\infty}^{\infty} x(t)\delta^{(n)}(t)\mathrm{d}t = (-1)^n \left[\frac{\mathrm{d}^n}{\mathrm{d}t^n}x(t)\right]\bigg|_{t=0} \tag{2.1.34}$$

这里假定信号 $x(t)$ 在 $t = 0$ 处一阶、二阶、…、n 阶导数值 $x'(0)$、$x''(0)$、…、$x^{(n)}(0)$ 都是存在的。

当 $n = 1$ 时，$\delta^{(n)}(t) = \delta'(t) = \dfrac{\mathrm{d}}{\mathrm{d}t}\delta(t)$，称为冲激偶信号。其泛函数定义为

$$\int_{-\infty}^{\infty} x(t)\delta'(t)\mathrm{d}t = -\left[\frac{\mathrm{d}}{\mathrm{d}t}x(t)\right]\bigg|_{t=0} = -x'(0) \tag{2.1.35}$$

同样，可以用工程模型的方法认识冲激偶信号，如图 2.1.12 所示。

其中，图 2.1.12(a)采用幅度为 $1/\varepsilon$ 的窄脉冲 $p(t)$ 作为 $\delta(t)$ 的工程模型，图 2.1.12(b)为 $p'(t)$ 的波形。显然，根据定义有

$$\delta'(t) = \lim_{\varepsilon \to 0} p'(t) \tag{2.1.36}$$

图 2.1.12(c)为 $p'(t)$ 取 $\varepsilon \to 0$ 时的极限，即上下对偶的强度为 $1/\varepsilon$ 的冲激信号，故称冲激偶信号。为了简便，本书以图 2.1.12(d)表示冲激偶信号。

冲激信号的高阶导数的定义可以仿照冲激偶信号加以类推。

2）特性

（1）筛选特性

$$x(t)\delta'(t - t_0) = x(t_0)\delta'(t - t_0) - x'(t_0)\delta(t - t_0) \tag{2.1.37}$$

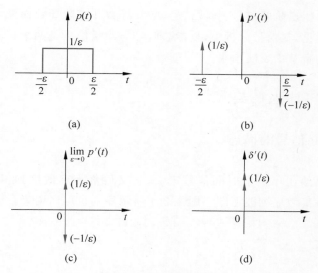

图 2.1.12　冲激偶信号

证明：对式(2.1.21)$x(t)\delta(t-t_0)=x(t_0)\delta(t-t_0)$两边微分,得到
$$x'(t)\delta(t-t_0)+x(t)\delta'(t-t_0)=x(t_0)\delta'(t-t_0)$$
从而有　　　　$x(t)\delta'(t-t_0)=x(t_0)\delta'(t-t_0)-x'(t)\delta(t-t_0)$

再由式(2.1.21),$x'(t)\delta(t-t_0)=x'(t_0)\delta(t-t_0)$,式(2.1.37)得证。

（2）取样特性
$$\int_{-\infty}^{\infty}x(t)\delta'(t-t_0)\mathrm{d}t=-x'(t_0) \tag{2.1.38}$$

证明：利用式(2.1.37),得

$$\int_{-\infty}^{\infty}x(t)\delta'(t-t_0)\mathrm{d}t=\int_{-\infty}^{\infty}x(t_0)\delta'(t-t_0)\mathrm{d}t-\int_{-\infty}^{\infty}x'(t_0)\delta(t-t_0)\mathrm{d}t$$

$$=x(t_0)\delta(t-t_0)\Big|_{-\infty}^{\infty}-x'(t_0)\int_{-\infty}^{\infty}\delta(t-t_0)\mathrm{d}t$$

$$=-x'(t_0)$$

这表明冲激偶信号 $\delta'(t-t_0)$ 与一个连续时间信号 $x(t)$ 相乘,并在$(-\infty,+\infty)$区间积分,其结果为 $x(t)$ 的一阶导数在 $t=t_0$ 的取值的反号。

（3）展缩特性
$$\delta'(at+b)=\frac{1}{a\,|\,a\,|}\delta'\left(t+\frac{b}{a}\right) \tag{2.1.39}$$

式(2.1.39)可仿照式(2.1.25)的证明方法得出,此处从略。当 $a=-1,b=0$ 时,式(2.1.39)成为
$$\delta'(-t)=-\delta'(t) \tag{2.1.40}$$

可见,冲激偶函数 $\delta'(t)$ 是奇函数。

综上所述,基本信号分为普通信号和奇异信号两类。普通信号以复指数信号加以概括,从而派生出直流信号、指数信号、正弦信号等,而奇异信号以冲激信号为基础,取其积

分和二重积分而派生出阶跃信号、斜波信号,取其导数和高阶导数而派生出冲激偶信号、高阶冲激信号。可见,在信号分析中,复指数信号与冲激信号是两个核心信号,它们的重要作用将在以后的章节中反映出来。

2.2 离散时间基本信号

2.2.1 离散时间信号的描述

在第 1 章中已给出了离散时间信号定义,它又可称为离散序列,可以用图形表示,图 2.2.1 所示为一离散序列波形图。图 2.2.1 所示序列也可以用集合形式表示,如

$$x_1(n) = \{\cdots, -1, 1, 0, 2, 1, 2, -1, \cdots\} \tag{2.2.1}$$

$$x_2(n) = \{1, 2, 0, 1, \cdots\}_1 \tag{2.2.2}$$

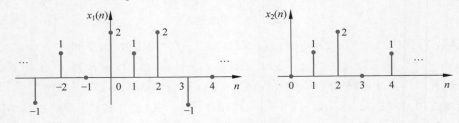

图 2.2.1 离散序列波形图

式(2.2.1)中箭头指的是 $n=0$ 时的序列值。也可用式(2.2.2)表示,集合右下角的数字表示集合第一个非零序列值对应的起始序号。当然离散序列也可以表示为解析式,例如

$$x_1(n) = 2(-1)^n, \quad n = 0, \pm 1, \pm 2, \cdots \tag{2.2.3}$$

$$x_2(n) = n\left(\frac{1}{2}\right)^n, \quad n = 0, 1, 2, \cdots \tag{2.2.4}$$

$$x_2(n) = (2)^n, \quad -1 \leqslant n \leqslant 2 \tag{2.2.5}$$

根据离散序列 n 的取值范围,离散序列可以分双边序列、单边序列和有限长序列等。若离散序列存在于 $-\infty < n < \infty$ 范围内,称为双边离散序列,如式(2.2.3)表示的 $x_1(n)$ 是双边离散序列;若离散序列存在于 $n \geqslant k$ 或 $n < k$ 范围内,称为单边离散序列;若离散序列存在于 $k \leqslant n \leqslant m$ 范围内,称为有限长离散序列,如式(2.2.5)表示的 $x_3(n)$ 是有限长离散序列。对于单边序列,若离散序列存在于 $n \geqslant k$ 范围内,又称为右边序列;若 $k=0$,即 $n \geqslant 0$ 时,该右边序列又可称为因果序列,如式(2.2.4)表示的 $x_2(n)$ 是因果序列;反之,对于单边序列,若离散序列存在于 $n < k$ 范围内,又称为左边序列,若 $k=0$,即 $n < 0$,该左边序列又可称为反因果序列。

2.2.2 基本离散信号

1. 单位样值信号

单位样值信号的定义式为

$$\delta(n)=\begin{cases}0, & n\neq 0\\ 1, & n=0\end{cases} \tag{2.2.6}$$

单位样值信号 $\delta(n)$ 又称为单位样值序列、单位脉冲序列或单位冲激序列。将 $\delta(n)$ 移位 k 个单位(k 可正可负),则有移位信号

$$\delta(n-k)=\begin{cases}0, & n\neq k\\ 1, & n=k\end{cases} \tag{2.2.7}$$

式(2.2.6)和式(2.2.7)的波形如图 2.2.2 所示。

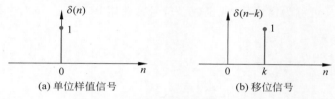

(a) 单位样值信号　　　　　　(b) 移位信号

图 2.2.2　单位样值信号和移位信号

2. 单位阶跃信号

单位阶跃信号的定义式为

$$u(n)=\begin{cases}0, & n<0 \text{ 的整数}\\ 1, & n\geqslant 0 \text{ 的整数}\end{cases} \tag{2.2.8}$$

单位阶跃信号 $u(n)$ 也可称为单位阶跃序列,其移位信号 $u(n-k)$ 为

$$u(n-k)=\begin{cases}0, & n<k \text{ 的整数}\\ 1, & n\geqslant k \text{ 的整数}\end{cases} \tag{2.2.9}$$

式(2.2.8)和式(2.2.9)的波形如图 2.2.3 所示。

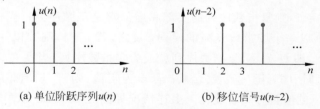

(a) 单位阶跃序列$u(n)$　　　　　　(b) 移位信号$u(n-2)$

图 2.2.3　单位阶跃序列 $u(n)$ 和移位信号 $u(n-2)$

观察 $\delta(n)$ 序列与 $u(n)$ 序列的定义式,可以看出两者之间的关系为

$$u(n)=\delta(n)+\delta(n-1)+\delta(n-2)+\cdots \tag{2.2.10}$$

$$\delta(n)=u(n)-u(n-1) \tag{2.2.11}$$

故单位样值信号 $\delta(n)$ 与单位阶跃信号 $u(n)$ 之间的关系可用差分关系来描述。

3. 斜波信号 $nu(n)$

斜波信号的定义式为

$$nu(n) = \begin{cases} 0, & n < 0 \text{ 的整数} \\ n, & n \geqslant 0 \text{ 的整数} \end{cases} \tag{2.2.12}$$

斜波信号 $nu(n)$ 也可称为斜波序列或斜变序列,其图形如图 2.2.4 所示。

4. 矩形序列 $R_k(n)$

矩形序列 $R_k(n)$ 的定义式为

$$R_k(n) = \begin{cases} 1, & 0 \leqslant n \leqslant k-1 \\ 0, & \text{其他} \end{cases} \tag{2.2.13}$$

矩形序列 $R_k(n)$ 又可称为窗序列(或函数),符号常改用 $W_k(n)$。矩形序列 $R_4(n)$ 的图形如图 2.2.5 所示。

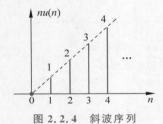

图 2.2.4　斜波序列　　　　　　图 2.2.5　$R_4(n)$ 矩形序列

5. 复指数序列

复指数序列定义为

$$x(n) = z^n, \quad -\infty < n < \infty \tag{2.2.14}$$

式中,$z = re^{j\Omega}$,r 为复数 z 的模,Ω 为复数 z 的辐角,r、Ω 均为实数。

利用欧拉公式,式(2.2.14)可写成

$$x(n) = r^n \cos(\Omega n) + jr^n \sin(\Omega n) \tag{2.2.15}$$

式(2.2.15)中若 $r=1$,则复指数序列的实部和虚部都是正弦序列;若 $r<1$,则其实部和虚部为正弦序列乘以一个按指数衰减的序列;反之,若 $r>1$,则乘以一个按指数增长的序列;若 z 是实数,即 Ω 为零,复指数序列就成为实指数序列,当 $|z|>1$ 时,序列随 n 指数增长,当 $|z|<1$ 时,序列随 n 指数衰减;若 z 为正值,则 z^n 所有值都具有统一符号;若 z 为负值,则 z^n 的值符号交替变化。上述情况如图 2.2.6(a)～(f)所示。可见,一个复指数序列也可概括许多常用序列。

离散复指数序列 z^n 与连续复指数信号 e^{st} 是相对应的,两者之间的对应关系为

$$e^{st} = e^{(\sigma + j\omega)t}$$

令 $t = nT$ 有

$$e^{(\sigma + j\omega)nT} = e^{(\sigma T + j\omega T)n} = e^{\sigma Tn} \cdot e^{j\omega Tn}$$

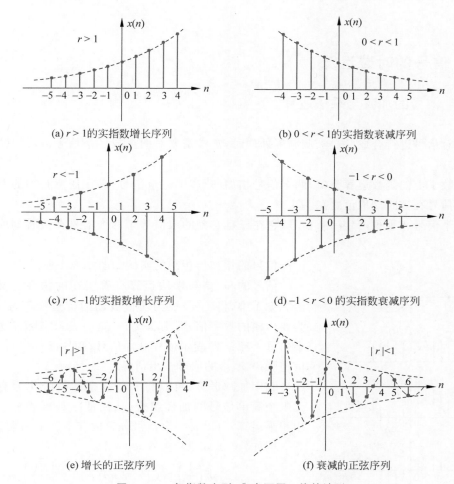

图 2.2.6 复指数序列 z^n 在不同 z 值的波形

而 $z^n = (r\,\mathrm{e}^{\mathrm{j}\Omega})^n = r^n (\mathrm{e}^{\mathrm{j}\Omega})^n$ ，可得

$$r = \mathrm{e}^{\sigma T} \qquad \Omega = \omega T \qquad\qquad (2.2.16)$$

对于每个复数 z ，都唯一对应复平面（实部为横轴，虚部为纵轴）上一点，该复平面又称为 z 平面，图 2.2.7 所示为 s 平面与 z 平面之间的映射关系。

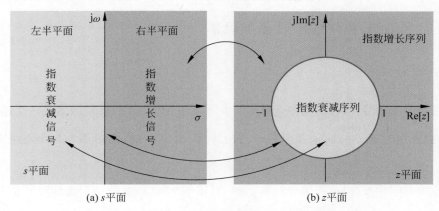

图 2.2.7 s 平面、z 平面及它们之间的映射

2.3 信号的时域运算

2.3.1 信号的加减与乘法运算

当对信号进行合成、取样、调制等处理时,常常需要对两个或多个信号进行加减或乘法运算。

与数学上的函数运算类似,两个信号相加/减产生一个信号,它在任意时刻的取值等于两个信号在该时刻取值之和/差。

两个信号相乘也产生一个信号,它在任意时刻的取值等于两个信号在该时刻取值的乘积。

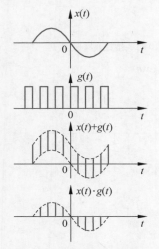

图 2.3.1 信号的相加与相乘

信号的相加与相乘的实例如图 2.3.1 所示。

信号的和/差与乘法运算有着实在的物理意义。在图 2.3.1 中,将 $x(t)$ 视为缓慢波动的信道噪声,$g(t)$ 视为要传输的数字信号,则 $x(t)+g(t)$ 表示实际发送的数字信号;若 $g(t)$ 表示取样脉冲信号,则 $x(t)\cdot g(t)$ 表示信道噪声 $x(t)$ 的取样输出信号。

利用加减运算,可以将一些复杂的信号化为有限或无限个简单信号的加性组合,从而便于处理和分析。应用相乘运算,可以将一个信号分解成若干因子的乘积。

例如:(1) $\operatorname{sgn}(t)=2u(t)-1$

(2) $n\left(\dfrac{1}{2}\right)^n u(n)=\left[nu(n)\right]\cdot\left[\left(\dfrac{1}{2}\right)^n u(n)\right]$

(3) $x(t)=\displaystyle\sum_{k=-\infty}^{\infty} X_k \mathrm{e}^{jk\omega_0 t}$

(4) $x(t)=a_0+\displaystyle\sum_{k=1}^{\infty}(a_k\cos k\omega_0 t+b_k\sin k\omega_0 t)$

2.3.2 信号的微/积分与差分/累加运算

1. 连续时间信号的微积分运算

对连续时间信号 $x(t)$ 的积分运算 $\displaystyle\int_{-\infty}^{t} x(\tau)\mathrm{d}\tau$(记作 $x^{(-1)}(t)$)产生另一个连续时间信号,它的任意时刻 t 的取值是从 $-\infty$ 到 t 时间内 $x(t)$ 的波形图与时间轴所包围的面积。

对连续时间信号 $x(t)$ 的微分运算 $\dfrac{\mathrm{d}}{\mathrm{d}t}x(t)$(记作 $x'(t)$)也是一个连续时间信号,表示

信号随时间的变化率。图 2.3.2 和图 2.3.3 分别画出了两个信号的积分和微分波形。

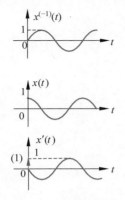

图 2.3.2　信号的积分与微分（一）

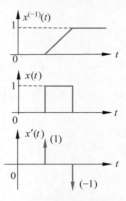

图 2.3.3　信号的积分与微分（二）

由于引入了奇异信号的概念，不仅普通连续时间信号可以微分，具有第一类间断点的信号也可以微分，它们在间断点的一阶微分是一个冲激信号，强度为原信号在该时刻的跃变增量，而它们在其他连续区间的微分就是常规意义上的导数。

例 2.3.1　求图 2.3.4 所示信号 $x(t)$ 的微分信号。

解：由于 $t=1$ 是 $x(t)$ 的间断点，故 $x'(t)$ 在 $t=1$ 处应出现一个冲激，由于 $x(1^-)=1$，$x(1^+)=0$，冲激的强度为 $x(1^+)-x(1^-)=-1$，因此有

$$x'(t)=g(t)-\delta(t-1)$$

其中

$$g(t)=\begin{cases}1, & t\in[0,1)\\ 0, & \text{其他}\end{cases}$$

波形如图 2.3.5 所示。

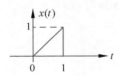

图 2.3.4　例 2.3.1 $x(t)$ 波形图

图 2.3.5　$x'(t)$ 波形图

2. 离散时间信号的差分/累加运算

与连续时间信号微积分运算相对应，离散时间信号有差分与累加运算。信号的累加定义为

$$y(n)=\sum_{k=-\infty}^{n}x(k)\tag{2.3.1}$$

例 2.3.2　已知 $x(n)$ 如图 2.3.6(a) 所示，试画出其累加序列 $y(n)$ 的波形图。

解：由式(2.3.1)可知

当 $n\leqslant-2$ 时，$y(n)=0$，$n=-1$，$y(-1)=\sum_{k=-1}^{-1}x(k)=x(-1)=-3$

仿真求解

当 $n=0$ 时，$y(0)=\displaystyle\sum_{k=-1}^{0} x(k)=x(-1)+x(0)=y(-1)+x(0)=-3+1=-2$

当 $n=1$ 时，$y(1)=\displaystyle\sum_{k=-1}^{1} x(k)=x(-1)+x(0)+x(1)=y(0)+x(1)=-2+$
$3.5=1.5$

以此类推得 $\quad y(n)=y(n-1)+x(n)$

所以

$$y(2)=\sum_{k=-1}^{2} x(k)=y(1)+x(2)=1.5+1.5=3$$

$$y(3)=\sum_{k=-1}^{3} x(k)=y(2)+x(3)=3+2=5$$

$$\vdots$$

根据以上各值可以画出 $y(n)$ 如图 2.3.6(b)所示。

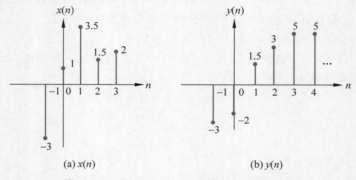

(a) x(n)   (b) y(n)

图 2.3.6 例 2.3.2 $x(n)$ 及其累加序列 $y(n)$

序列 $x(n)$ 的一阶前向差分 $\Delta x(n)$ 定义为

$$\Delta x(n)=x(n+1)-x(n) \tag{2.3.2}$$

一阶后向差分 $\nabla x(n)$ 定义为

$$\nabla x(n)=x(n)-x(n-1) \tag{2.3.3}$$

以此类推，二阶前向差分为

$$\Delta[\Delta x(n)]=\Delta^2 x(n)=\Delta x(n+1)-\Delta x(n)$$
$$=x(n+2)-2x(n+1)+x(n) \tag{2.3.4}$$

二阶后向差分为

$$\nabla[\nabla x(n)]=\nabla^2 x(n)=\nabla x(n)-\nabla x(n-1)$$
$$=x(n)-2x(n-1)+x(n-2) \tag{2.3.5}$$

序列的差分依然是一个序列。当序列本身不便进行研究时(如不收敛时)，可改为研究其差分(其差分可能收敛)。

2.3.3 信号波形的翻转、展缩与平移

在变换、分析等信号处理中,常用到三种信号运算:平移、展缩和翻转。因为在信号描述中自变量是时间,所以讨论的这些运算又称为时移、展缩和翻转。不过,本节讨论对于不是时间为自变量(如频率)的函数也是成立的。

1. 时移

信号的时移运算就是将信号 $x(t)$ 转换为 $x(t+t_0)$ 的过程,即 $x(t) \to x(t+t_0)$。信号可以沿时间轴左移或右移。当 $t_0 > 0$ 时,信号波形图左移;当 $t_0 < 0$ 时,信号波形图右移。

例 2.3.3 试画出图 2.3.7(a)所示信号 $x(t) = e^{-5t}u(t)$ 延时 1s 和超前 1s 的波形图。

解:根据信号的时移运算,延时 1s,即可将原信号 $x(t)$ 右移 1s 得 $x(t-1)$,波形图如图 2.3.7(b)所示;超前 1s,即可将原信号 $x(t)$ 左移 1s 得 $x(t+1)$,波形图如图 2.3.7(c)所示。

仿真求解

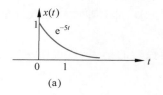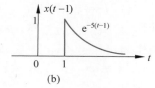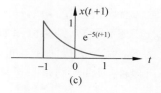

图 2.3.7 例 2.3.3 的波形图

2. 展缩

信号时间展缩运算(又称为时间尺度变换)就是将信号 $x(t)$ 转换成新的信号 $x(at)$,即 $x(t) \to x(at)$,其中 a 是不为零的实数,称为展缩系数。若 $|a| > 1$,则将 $x(t)$ 的波形压缩为 $1/|a|$;若 $|a| < 1$,则将 $x(t)$ 的波形扩展到 $1/|a|$ 倍。

例 2.3.4 试画出图 2.3.8(a)所示信号 $x(t)$ 的展缩信号 $x(2t)$ 和 $x(t/2)$ 的波形图。

仿真求解

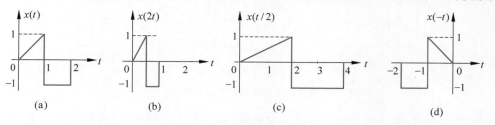
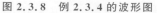

图 2.3.8 例 2.3.4 的波形图

解:以自变量 $2t$ 代替 $x(t)$ 中的变量,此时展缩系数 $a=2$,因此所得 $x(2t)$ 的波形图是将原信号 $x(t)$ 波形沿时间轴 t 压缩为 $1/2$,如图 2.3.8(b)所示;同理,以新的自变量

$t/2$ 代替 $x(t)$ 中的变量,此时展缩系数 $a=1/2$,因此所得 $x(t/2)$ 的波形图是将原信号 $x(t)$ 波形沿时间轴 t 扩展 2 倍,如图 2.3.8(c)所示。

3. 翻转

信号翻转运算就是将信号 $x(t)$ 转换成新的信号 $x(-t)$ 的过程,或者说是信号展缩运算 $x(at)$ 中 $a=-1$ 时的特例。其实质就是将原信号 $x(t)$ 的波形相对于纵轴作翻转。图 2.3.8(a)中 $x(t)$ 翻转后的 $x(-t)$ 波形如图 2.3.8(d)所示。

以上讨论的是信号三种基本运算形式。在有些复杂的运算中需要同时应用几种基本运算。涉及同时进行三种基本运算形式是 $x(at+b)$。在同时含有信号的多种运算时,与信号基本运算顺序无关,每一步骤只参与一种基本运算,逐步完成。

例 2.3.5 已知 $x(t)$ 的波形如图 2.3.9(a)所示,试画出 $x(3-2t)$ 的波形图。

解:本例题包含信号的三种基本运算,在这三种运算中可以看到最终结果与运算先后顺序无关。下面将采用两种不同运算过程进行讨论。

第一种情况:由 $x(t) \rightarrow x(2t) \rightarrow x(-2t) \rightarrow x(3-2t)$,即对原信号先进行压缩,再进行翻转和右移,结果分别如图 2.3.9(b)、(c)和(d)所示。

$$x(t) \xrightarrow{\text{波形压缩为}1/2} x(2t) \xrightarrow{\text{波形翻转}} x(-2t) \xrightarrow{\text{波形右移}3/2} x(3-2t)$$

第二种情况:由 $x(t) \rightarrow x(t+3) \rightarrow x(2t+3) \rightarrow x(-2t+3)$,即对原信号先进行左移,再进行压缩和翻转,结果分别如图 2.3.9(e)、(g)和(h)所示。

显然对信号进行两种不同顺序的操作过程,并不影响最后的结果,这说明对信号同时进行多种运算时,与信号运算顺序无关。

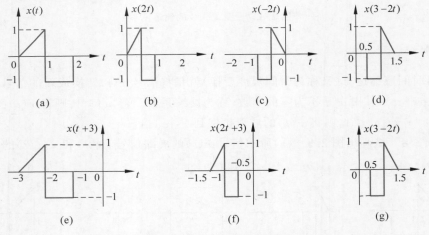

图 2.3.9 例 2.3.5 的波形图

信号的翻转、展缩与平移同样适用于离散信号,其中,翻转和平移的方法与连续信号相同,而展缩变换却有所不同,其原因在于离散信号中的自变量 n 只能取整数。例如在图 2.3.10 中,分别画出了某一离散信号 $x(n)$ 及其经过展缩变换后得到的 $x(2n)$、$x(n/2)$ 的波形,从图 2.3.10 上可见,与连续信号的展缩变换相比,$x(2n)$ 并不是 $x(n)$ 经过时间轴压缩 1/2 的结果,而是从 $x(n)$ 中抽取 n 为偶数的样点值构成;$x(n/2)$ 也不是 $x(n)$ 经过时间轴上扩展 2 倍后的结果,而是由 $x(n)$ 中 n 处样点值变成 $2n$ 处样点值构成的。一般地讲,当 $a>1$ 且为整数时,$x(an)$ 是由 $x(n)$ 中抽取 n 为 a 的整数倍的一些样点值(包括 $n=0$)组成;$x(n/a)$ 是由 $x(n)$ 中 n 处样点值变为 an 处的一些样点值(包括 $n=0$)组成。

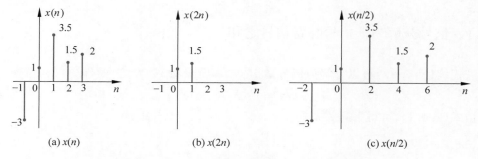

图 2.3.10 　$x(n)$ 及其 $x(2n)$ 和 $x(n/2)$ 的波形

需要特别指出的是,因为冲激信号只出现在某一孤立时刻,而不是一个时间区间,所以对冲激信号不存在波形的扩展和压缩。在涉及乘积信号的变换时,应善于利用其展缩特性式(2.1.25),即 $\delta(at+b)=\dfrac{1}{|a|}\delta\left(t+\dfrac{b}{a}\right)$。

例 2.3.6　已知信号 $x(1-2t)$ 波形如图 2.3.11 所示,求 $x(t)$,并画出其波形图。

解:由图 2.3.11,得

$$x(1-2t)=2\delta(t-1)$$

令　$1-2t=t'$,即 $t=\dfrac{1-t'}{2}$

则　$x(t')=2\delta\left(\dfrac{1-t'}{2}-1\right)=2\delta\left(-\dfrac{t'}{2}-\dfrac{1}{2}\right)$

由展缩特性　　　　　　　　$x(t')=4\delta(t'+1)$

用 $t=t'$,则　　　　　　　　$x(t)=4\delta(t+1)$

$x(t)$ 的波形图如图 2.3.12 所示。

图 2.3.11 　$x(1-2t)$ 的波形　　　　　　图 2.3.12 　$x(t)$ 的波形

信号的运算和变换不仅存在于时域中,还存在于频域中。更重要的是,如果某个信号在时域中进行了某种运算或变换,则这种运算或变换一定会在频域的相应信号中有所反映;反之亦然,如果信号在频域中进行了某种运算或变换,则其在时域中的相应信号也一定会有所反映。关于这方面的内容将在后续章节中详细讨论。

2.4　信号的分解

在对信号进行分析和处理时,常常需要将信号分解为不同的分量,以便于分析信号中不同分量的特性,下面讨论几种常用的信号分解方法。

2.4.1　信号分解为偶信号与奇信号之和

一连续信号 $x(t)$ 可以分解为偶分量 $x_e(t)$ 和奇分量 $x_o(t)$ 之和,即

$$x(t) = x_e(t) + x_o(t) \tag{2.4.1}$$

由式(2.4.1),可得下列关系式

$$x_e(t) = \frac{1}{2}[x(t) + x(-t)] \tag{2.4.2}$$

$$x_o(t) = \frac{1}{2}[x(t) - x(-t)] \tag{2.4.3}$$

例 2.4.1　已知信号 $x(t)$ 波形如图 2.4.1(a)所示,画出 $x_e(t)$ 和 $x_o(t)$ 的波形图。

解:由式(2.4.2)和式(2.4.3)可知,要想求出 $x_e(t)$ 和 $x_o(t)$,必须先求出信号 $x(t)$ 的翻转信号 $x(-t)$,如图 2.4.1(b)所示,进一步作 $x(t)$ 和 $x(-t)$ 代数相加减的运算,即可得,波形图如图 2.4.1(c)、(d)所示。

仿真求解

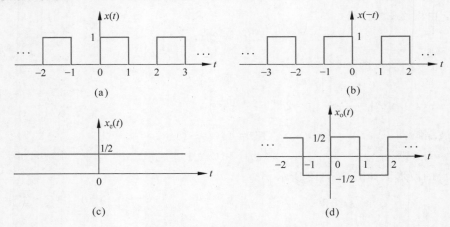

图 2.4.1　例 2.4.1 的波形图

2.4.2　信号分解为基本信号的有限项之和

前面讨论过的常用信号,在信号分析中有专门的分析研究,若将信号分解成它们的有限项和式,则信号本身的分析结果也就基本清楚了,举几个例子来对这种分解情况进行说明。如图 2.4.2 所示信号,可分解为

$$x(t) = tu(t) - (t-1)u(t-1) - u(t-2)$$

单位三角信号： $\Lambda_2(t) = (t+1)u(t+1) - 2tu(t) + (t-1)u(t-1)$

单位门信号： $G_\tau(t) = u\left(t + \dfrac{\tau}{2}\right) - u\left(t - \dfrac{\tau}{2}\right)$

矩形序列： $R_4(n) = u(n) - u(n-4)$

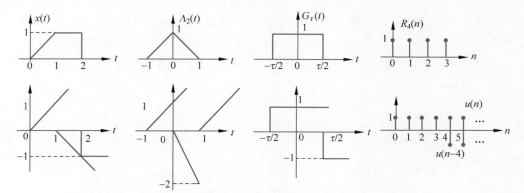

图 2.4.2　信号分解为有限个常用信号之和

2.4.3　信号的因子分解

将信号分解成若干因子的乘积，这在第 4 章中求信号的频谱时会经常用到。由信号的表达式作因子分解是比较容易的，比如符号函数可以分解成两个信号 $|t|$ 和 $1/t$ 的积，即

$$\mathrm{sgn}(t) = |t| \cdot \frac{1}{t}$$

又如 $te^{-t}u(t) = tu(t) \cdot e^{-t}u(t)$，$e^{-t}\sin(t)u(t) = e^{-t}u(t) \cdot \sin(t)$ 等。

图 2.4.3 所示信号的波形图可作信号因子分解的例子，可表示为

$$x_a(t) = \Lambda_{2\tau}(t)\cos\left(\frac{2\pi}{\tau}t\right)$$

$$x_b(t) = \Lambda_{2\tau}(t)P_T(t)$$

其中 $P_T(t)$ 表示周期为 T 的对称方波串。

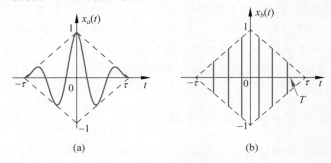

(a)   (b)

图 2.4.3　信号的因子分解

2.4.4 确定信号的时域分解

1. 连续时间信号可分解为冲激信号的加权

任一连续信号 $x(t)$ 可以分解成一系列矩形窄脉冲,如图 2.4.4 所示,将时间坐标分成许多相等的时间间隔 $\Delta\tau$,则从零时刻起第一个脉冲为 $x(0)[u(t)-u(t-\Delta\tau)]$,第二个脉冲为 $x(\Delta\tau)[u(t-\Delta\tau)-u(t-2\Delta\tau)]$,…,将这一系列矩形脉冲相叠加得

$$x(t) \approx \cdots + x(0)[u(t)-u(t-\Delta\tau)] + x(\Delta\tau)[u(t-n\Delta\tau)-u(t-2\Delta\tau)] + \cdots$$

$$= \sum_{n=-\infty}^{\infty} x(n\Delta\tau) \cdot \{u(t-n\Delta\tau)-u[t-(n+1)\Delta\tau]\}$$

$$= \sum_{n=-\infty}^{\infty} x(n\Delta\tau) \frac{u(t-n\Delta\tau)-u[t-(n+1)\Delta\tau]}{\Delta\tau} \Delta\tau \qquad (2.4.4)$$

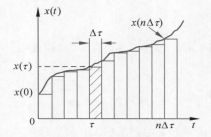

图 2.4.4　用矩形脉冲逼近信号 $x(t)$

在 $\Delta\tau \to 0$ 的极限情况下,$\Delta\tau$ 变为 $d\tau$,$n\Delta\tau$ 变为 τ,而式(2.4.4)则变成

$$x(t) = \lim_{\Delta\tau \to 0} \sum_{n=-\infty}^{\infty} x(n\Delta\tau)\delta(t-n\Delta\tau)\Delta\tau$$

即

$$x(t) = \int_{-\infty}^{\infty} x(\tau)\delta(t-\tau)d\tau \qquad (2.4.5)$$

式(2.4.4)表明,时域里任意信号可近似地分解为一系列矩形窄脉冲之和。式(2.4.5)表明,当上述矩形脉冲的脉宽趋于无限小时,信号可分解成无数冲激信号的叠加,即任意连续时间信号可以分解成冲激信号的加权叠加,这是一个非常重要的结论。当求解信号 $x(t)$ 通过系统产生的零状态响应时,只需求解冲激信号 $\delta(t)$ 通过系统产生的响应,然后利用系统的线性时不变特性,进行叠加和延时就可求得对信号 $x(t)$ 产生的零状态响应。因此,任意连续信号表示为冲激信号的加权叠加是连续时间线性时不变系统时域分析的基础。

2. 离散时间信号可分解为样值信号的加权

对任意离散时间信号可以将其用单位样值信号和移位的单位样值信号的加权表示为

$$x(n) = \cdots + x(-1)\delta(n+1) + x(0)\delta(0) + x(1)\delta(n-1) + \cdots + x(k)\delta(n-k) + \cdots$$

即

$$x(n) = \sum_{k=-\infty}^{\infty} x(k)\delta(n-k) \tag{2.4.6}$$

式(2.4.6)表明任意离散时间信号可以分解成样值信号的加权叠加,这是一个非常重要的结论,其作用和意义与连续信号相同。当求解信号 $x(n)$ 通过系统时,只需求解样值信号 $\delta(n)$ 通过系统产生的响应,然后利用系统的线性时不变特性,进行叠加和移位就可求得对信号 $x(n)$ 产生的零状态响应。因此,任意离散时间信号表示为样值信号的加权叠加是离散时间线性时不变系统时域分析的基础。

2.4.5 信号分解成正交信号分量之和

连续信号可分解成一系列正交分量之和。例如,一个对称矩形脉冲信号可以用各次谐波的正弦与余弦信号的叠加近似表示,如图 2.4.5 所示。各次谐波的正弦、余弦信号就是此矩形脉冲信号的正交分量。有关信号分解为正交分量的理论方法将在第 4 章详细讨论。

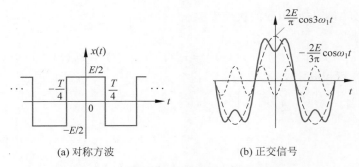

(a) 对称方波　　　　　　　(b) 正交信号

图 2.4.5　信号分解为一系列正交分量之和

2.5 信号的卷积运算

2.5.1 连续信号的卷积积分

在信号的时域分析中,一个重要的数学工具是一种特殊的积分,称为卷积积分。

设 $x_1(t)$ 和 $x_2(t)$ 是定义在 $(-\infty, +\infty)$ 区间上的两个函数,则将积分

$$\int_{-\infty}^{\infty} x_1(\tau)x_2(t-\tau)\mathrm{d}\tau$$

称为 $x_1(t)$ 和 $x_2(t)$ 的卷积积分,简记为 $x_1(t) * x_2(t)$,则有

$$x_1(t) * x_2(t) = \int_{-\infty}^{\infty} x_1(\tau)x_2(t-\tau)\mathrm{d}\tau \tag{2.5.1}$$

式中,τ 为虚设积分变量,积分的结果为另一个新的时间函数。

1. 卷积积分的性质

卷积积分作为一种数学运算,具有某些特殊的有用性质。利用这些性质不仅可使卷积积分运算本身得以简化,还可给信号与系统分析提供不少方便。

1) 卷积代数

作为一种数学运算,卷积积分遵守代数运算的某些规律。

(1) 交换律

$$x_1(t) * x_2(t) = x_2(t) * x_1(t) \qquad (2.5.2)$$

证明:将式(2.5.2)中积分变量 τ 置换为 $t-\lambda$,于是

$$x_1(t) * x_2(t) = \int_{-\infty}^{\infty} x_1(\tau) x_2(t-\tau) \mathrm{d}\tau$$

$$\stackrel{\tau=t-\lambda}{=} -\int_{\infty}^{-\infty} x_1(t-\lambda) x_2(\lambda) \mathrm{d}\lambda$$

$$= \int_{-\infty}^{\infty} x_2(\lambda) x_1(t-\lambda) \mathrm{d}\lambda$$

$$= x_2(t) * x_1(t)$$

这表明卷积积分结果与两函数的次序无关。

(2) 分配律

$$x_1(t) * [x_2(t) + x_3(t)] = x_1(t) * x_2(t) + x_1(t) * x_3(t) \qquad (2.5.3)$$

证明:由卷积积分定义有

$$x_1(t) * [x_2(t) + x_3(t)] = \int_{-\infty}^{\infty} x_1(\tau)[x_2(t-\tau) + x_3(t-\tau)] \mathrm{d}\tau$$

$$= \int_{-\infty}^{\infty} x_1(\tau) x_2(t-\tau) \mathrm{d}\tau + \int_{-\infty}^{\infty} x_1(\tau) x_3(t-\tau) \mathrm{d}\tau$$

$$= x_1(t) * x_2(t) + x_1(t) * x_3(t)$$

实际上这个结果也是线性叠加特性的体现。

(3) 结合律

$$[x_1(t) * x_2(t)] * x_3(t) = x_1(t) * [x_2(t) * x_3(t)] \qquad (2.5.4)$$

证明:由卷积积分定义有 $[x_1(t) * x_2(t)] * x_3(t)$

$$= \int_{-\infty}^{\infty} \left[\int_{-\infty}^{\infty} x_1(\tau) x_2(\eta-\tau) \mathrm{d}\tau \right] x_3(t-\eta) \mathrm{d}\eta$$

先交换上式的积分次序,再将 $\eta-\tau$ 置换为 x,则

$$[x_1(t) * x_2(t)] * x_3(t) = \int_{-\infty}^{\infty} x_1(\tau) \left[\int_{-\infty}^{\infty} x_2(\eta-\tau) x_3(t-\eta) \mathrm{d}\eta \right] \mathrm{d}\tau$$

$$= \int_{-\infty}^{\infty} x_1(\tau) \left[\int_{-\infty}^{\infty} x_2(x) x_3(t-\tau-x) \mathrm{d}x \right] \mathrm{d}\tau$$

$$= \int_{-\infty}^{\infty} x_1(\tau) x_{23}(t-\tau) \mathrm{d}\tau = x_1(t) * [x_2(t) * x_3(t)]$$

其中 $\qquad x_{23}(t-\tau) = \int_{-\infty}^{\infty} x_2(x) x_3(t-\tau-x) \mathrm{d}x$

即
$$x_{23}(t) = \int_{-\infty}^{\infty} x_2(x) x_3(t-x) \mathrm{d}x$$
$$= x_2(t) * x_3(t)$$

2）奇异信号的卷积积分特性

奇异信号具有特殊的卷积积分特性，这些特性对于信号系统分析有重要的意义。

（1）$\delta(t)$ 是卷积积分的单位元

$$x(t) * \delta(t) = x(t) \tag{2.5.5}$$

这可由卷积积分的交换律和 $\delta(t)$ 的采样特性直接得出。

$$x(t) * \delta(t) = x(t) * \delta(t)$$
$$= \int_{-\infty}^{\infty} \delta(\tau) x(t-\tau) \mathrm{d}\tau$$
$$= x(t-\tau) \big|_{\tau=0} = x(t)$$

（2）$\delta(t-t_0)$ 是 t_0 秒的延时器

$$x(t) * \delta(t-t_0) = \int_{-\infty}^{\infty} x(\tau) \delta(t-t_0-\tau) \mathrm{d}\tau = x(t-t_0)$$

即
$$x(t) * \delta(t-t_0) = x(t-t_0) \tag{2.5.6}$$

当然这里 t_0 也可以是负常数，这样 $\delta(t-t_0)$ 实现的就是信号的超前操作而不是延时。由式（2.5.6）可得出如下的有益推论

$$x(t-t_1) * g(t-t_2) = x(t) * \delta(t-t_1) * g(t) * \delta(t-t_2)$$
$$= x(t) * g(t) * \delta(t-t_1-t_2) \tag{2.5.7}$$
$$= x(t-t_1-t_2) * g(t) \tag{2.5.8}$$
$$= x(t) * g(t-t_1-t_2) \tag{2.5.9}$$

（3）$\delta'(t)$ 是微分器

$$\delta'(t) * x(t) = \int_{-\infty}^{\infty} \delta'(\tau) x(t-\tau) \mathrm{d}\tau$$
$$= \delta(\tau) x(t-\tau) \Big|_{-\infty}^{\infty} + \int_{-\infty}^{\infty} \delta(\tau) x'(t-\tau) \mathrm{d}\tau$$
$$= 0 + x'(t-\tau) \big|_{\tau=0} = x'(t)$$

即
$$\delta'(t) * x(t) = x'(t) \tag{2.5.10}$$

不难推广到

$$\delta^{(n)}(t) * x(t) = x^{(n)}(t), \quad n = 1, 2, \cdots \tag{2.5.11}$$

（4）$u(t)$ 是积分器

$$u(t) * x(t) = x(t) * u(t)$$
$$= \int_{-\infty}^{\infty} x(\tau) u(t-\tau) \mathrm{d}\tau$$
$$= \int_{-\infty}^{t} x(\tau) \mathrm{d}\tau \overset{\Delta}{=} x^{(-1)}(t) \tag{2.5.12}$$

由此又可推广为

$$\left[\frac{t^{n-1}}{(n-1)!}u(t)\right] * x(t)$$

$$=\underbrace{\int_{-\infty}^{t}\int_{-\infty}^{t}\cdots\int_{-\infty}^{t}}_{n\uparrow} x(t)\underbrace{\mathrm{d}t\,\mathrm{d}t\cdots\mathrm{d}t}_{n\uparrow} \overset{\Delta}{=} x^{(-n)}(t), \quad n=1,2,\cdots \tag{2.5.13}$$

3) 卷积积分的微积分特性

由前述卷积积分性质还可以推出,两函数的卷积积分结果的微积分,与其中一个函数先微积分后再与另一个函数相卷积的结果,二者是相等的。即

(1) $\dfrac{\mathrm{d}^n}{\mathrm{d}t^n}[x(t)*g(t)]=\left[\dfrac{\mathrm{d}^n}{\mathrm{d}t^n}x(t)\right]*g(t)=x(t)*\left[\dfrac{\mathrm{d}^n}{\mathrm{d}t^n}g(t)\right]$ \qquad (2.5.14)

因为 $\qquad \dfrac{\mathrm{d}^n}{\mathrm{d}t^n}[x(t)*g(t)]=\delta^{(n)}(t)*[x(t)*g(t)]$

$$=[\delta^{(n)}(t)*x(t)]*g(t)$$

$$=x(t)*[\delta^{(n)}(t)*g(t)]$$

(2) $\underbrace{\int_{-\infty}^{t}\int_{-\infty}^{t}\cdots\int_{-\infty}^{t}}_{n\uparrow}[x(t)*g(t)]\underbrace{\mathrm{d}t\,\mathrm{d}t\cdots\mathrm{d}t}_{n\uparrow}$

$$=x(t)*\left[\underbrace{\int_{-\infty}^{t}\int_{-\infty}^{t}\cdots\int_{-\infty}^{t}}_{n\uparrow}g(t)\underbrace{\mathrm{d}t\,\mathrm{d}t\cdots\mathrm{d}t}_{n\uparrow}\right]$$

$$=\left[\underbrace{\int_{-\infty}^{t}\int_{-\infty}^{t}\cdots\int_{-\infty}^{t}}_{n\uparrow}x(t)\underbrace{\mathrm{d}t\,\mathrm{d}t\cdots\mathrm{d}t}_{n\uparrow}\right]*g(t) \tag{2.5.15}$$

因为 $\underbrace{\int_{-\infty}^{t}\int_{-\infty}^{t}\cdots\int_{-\infty}^{t}}_{n\uparrow}[x(t)*g(t)]\underbrace{\mathrm{d}t\,\mathrm{d}t\cdots\mathrm{d}t}_{n\uparrow}=\left[\dfrac{t^{n-1}}{(n-1)!}u(t)\right]*[x(t)*g(t)]$

$$=\left\{\left[\frac{t^{n-1}}{(n-1)!}u(t)\right]*x(t)\right\}*g(t)$$

$$=x(t)*\left\{\left[\frac{t^{n-1}}{(n-1)!}u(t)\right]*g(t)\right\}$$

(3) $\left[\dfrac{\mathrm{d}}{\mathrm{d}t}x(t)\right]*\left[\int_{-\infty}^{t}g(\tau)\mathrm{d}\tau\right]=x(t)*g(t)$ \qquad (2.5.16)

因为 $\qquad \left[\dfrac{\mathrm{d}}{\mathrm{d}t}x(t)\right]*\left[\int_{-\infty}^{t}g(\tau)\mathrm{d}\tau\right]=[x(t)*\delta'(t)]*[g(t)*u(t)]$

$$=[\delta'(t)*u(t)]*[x(t)*g(t)]$$

$$=\delta(t)*[x(t)*g(t)]$$

$$=x(t)*g(t)$$

类似地,还可以推出不少有用的关系,这些关系对于简化卷积积分运算是很重要的。

2. 卷积积分的计算

卷积积分的具体计算比普通的信号运算要复杂一些。有一些卷积积分运算利用前述卷积积分定义和性质从一些简单关系可以方便得出,但更多的卷积积分运算由于涉及

信号的翻转、位移和积分等多步操作，具体运算关系不容易确定。本小节将从卷积积分的图解入手，导出卷积积分限的确定规律和卷积积分结果的分段表示规律，并引出卷积的数值计算方法。

1) 卷积积分的图解法

卷积积分的图解方法可以形象地说明卷积积分的含义，帮助理解卷积积分概念，这在信号系统分析中是很有用的。现在举例说明卷积积分的图解方法。

设有两个函数，如图 2.5.1(a)所示，计算 $x(t)$ 与 $h(t)$ 的卷积积分。

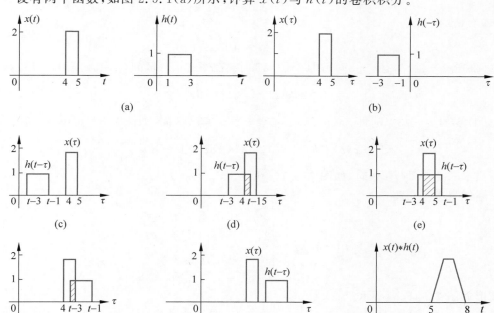

图 2.5.1　卷积积分过程的图解示意

按定义
$$x(t) * h(t) = \int_{-\infty}^{\infty} x(\tau)h(t-\tau)d\tau$$

式中，积分变量是 τ，函数 $x(\tau)$、$h(\tau)$ 与原波形完全相同，只需横坐标换成 τ 即可。

为了求出 $x(\tau)$ 与 $h(\tau)$ 在任何时刻的卷积，其计算过程可分为翻转、平移、相乘与积分四个步骤，现叙述如下：

① 翻转。将 $x(t)$、$h(t)$ 的自变量 t 用 τ 代换，然后将函数 $h(\tau)$ 以纵坐标为轴翻转，就得到与 $h(\tau)$ 对称的函数 $h(-\tau)$，如图 2.5.1(b)所示。

② 平移。将函数 $h(-\tau)$ 沿正 τ 轴平移 t 就得到函数 $h(t-\tau)$，如图 2.5.1(c)所示。

③ 相乘与积分。将 $x(\tau)$ 与翻转平移后的函数 $h(t-\tau)$ 相乘，得 $x(\tau)h(t-\tau)$，然后求积分值

$$x(t) * h(t) = \int_{-\infty}^{\infty} x(\tau)h(t-\tau)d\tau$$

该积分值正好是乘积函数 $x(\tau)h(t-\tau)$ 曲线下的面积，如图 2.5.1(d)、(e)、(f)阴影

动画

第 2 章　信号的时域分析

部分所示。

④ 将波形 $h(t-\tau)$ 连续沿 τ 轴平移,就得到在任意时刻 t 的卷积积分,对应不同的 t 值范围,卷积积分的结果如下:

(a) 当 $t-1<4$ 即 $t<5$ 时,如图 2.5.1(c)所示,$x(t)*h(t)=0$

(b) 当 $4\leqslant t-1<5$,即 $5\leqslant t<6$ 时,在 $\tau\in(4,t-1)$ 区间,如图 2.5.1(d)所示,有

$$
\begin{aligned}
x(t)*h(t) &= \int_4^{t-1} x(\tau)h(t-\tau)\mathrm{d}\tau \\
&= \int_4^{t-1} 2\times1\mathrm{d}\tau \\
&= 2t-10
\end{aligned}
$$

(c) 当 $t-1\geqslant5$,且 $t-3<4$,即 $6\leqslant t<7$ 时,在 $\tau\in(4,5)$ 区间,如图 2.5.1(e)所示,有

$$
x(t)*h(t) = \int_4^5 2\times1\mathrm{d}\tau = 2
$$

(d) 当 $4\leqslant t-3<5$,即 $7\leqslant t<8$ 时,在 $\tau\in(t-3,5)$ 区间,如图 2.5.1(f)所示,有

$$
x(t)*h(t) = \int_{t-3}^5 2\times1\mathrm{d}\tau = 16-2t
$$

当 $t-3\geqslant5$,即 $t\geqslant8$ 时,如图 2.5.1(e)所示,$x_1(t)*x_2(t)=0$

将上述结果整理可得

$$
x(t)*h(t) = \begin{cases} 2t-10, & 5\leqslant t<6 \\ 2, & 6\leqslant t<7 \\ 16-2t, & 7\leqslant t<8 \\ 0, & t<5\,t\geqslant8 \end{cases} \tag{2.5.17}
$$

其波形如图 2.5.1(h)所示。

通过上例分析可见,当已知函数的波形时,用图解法计算比较直观,这对于只知波形而不易写出其函数式的情况更加有利。

当用式(2.5.1)计算卷积积分时,正确地选取积分的上下限是关键的步骤。对于仅在有限区间函数值不等于零的函数,可以按如下方法确定其积分限。

设函数 $x_1(\tau)$ 不等于零的区间的左边界为 t_{l1},右边界为 t_{r1},即当 $\tau<t_{l1}$ 和 $\tau>t_{r1}$ 时 $x_1(\tau)=0$;$x_2(t-\tau)$(注意,并非 $x_2(\tau)$)不等于零的区间的左、右边界分别为 t_{l2} 和 t_{r2}(它们是 t 的函数),那么卷积积分的下限应取 t_{l1} 和 t_{l2} 中较大的一个,即积分下限为 $\max(t_{l1},t_{l2})$。而卷积积分的上限应取 t_{r1} 和 t_{r2} 中较小的一个,即积分上限为 $\min(t_{r1},t_{r2})$。

一般而言,如果当 $t<t_1$ 时,$x_1(t)=0$。为了醒目,不妨把它写为 $x_1(t)u(t-t_1)$。由于当 $\tau<t_1$ 时,$x_1(\tau)u(\tau-t_1)=0$,因此式(2.5.1)可写为

$$
x_1(t)*x_2(t) = \int_{-\infty}^{\infty} x_1(\tau)u(\tau-t_1)x_2(t-\tau)\mathrm{d}\tau
$$

$$
= \int_{t_1}^{\infty} x_1(\tau)x_2(t-\tau)\mathrm{d}\tau \tag{2.5.18}
$$

如果 $x_1(t)$ 不受以上限制,而有 $t<t_2$ 时,$x_2(t)=0$,把它写为 $x_2(t)u(t-t_2)$,将其翻转并平移后为 $x_2(t-\tau)u(t-\tau-t_2)$,将它代入式(2.5.18),得

$$x_1(t) * x_2(t) = \int_{-\infty}^{\infty} x_1(\tau) x_2(t-\tau) u(t-\tau-t_2) \mathrm{d}\tau$$

$$= \int_{-\infty}^{t-t_2} x_1(\tau) x_2(t-\tau) \mathrm{d}\tau \qquad (2.5.19)$$

如果同时有 $t < t_1, x_1(t) = 0, t < t_2, x_2(t) = 0$, 则

$$x_1(t) * x_2(t) = \int_{-\infty}^{\infty} x_1(\tau) u(\tau - t_1) x_2(t-\tau) u(t-\tau-t_2) \mathrm{d}\tau$$

$$= \int_{t_1}^{t-t_2} x_1(\tau) x_2(t-\tau) \mathrm{d}\tau \qquad (2.5.20)$$

注意, 在式(2.5.20)中积分限定隐含了 $t - t_2 > t_1$ 的约束(上限大于下限), 因此卷积结果的定义域已暗中规定, 要体现出这个定义域, 通常的办法是在卷积结果后乘以一个 u (上限-下限)因子。即式(2.5.20)写成

$$x_1(t) * x_2(t) = \int_{t_1}^{t-t_2} x_1(\tau) x_2(t-\tau) \mathrm{d}\tau \cdot u(t-t_2-t_1) \qquad (2.5.21)$$

今后经常遇到的是因果信号, 即 $t < 0$ 时, $x_1(t) = 0, x_2(t) = 0$, 由式(2.5.20)可得

$$x_1(t) * x_2(t) = \int_{0}^{t} x_1(\tau) x_2(t-\tau) \mathrm{d}\tau \qquad (2.5.22)$$

$$= \int_{0}^{t} x_1(\tau) x_2(t-\tau) \mathrm{d}\tau \cdot u(t) \qquad (2.5.23)$$

例 2.5.1 $u(t-1) * [u(t-2) - u(t-3)]$。

解: $u(t-1) * [u(t-2) - u(t-3)]$

$$= \int_{-\infty}^{\infty} u(\tau-1) u(t-\tau-2) \mathrm{d}\tau - \int_{-\infty}^{\infty} u(\tau-1) u(t-\tau-3) \mathrm{d}\tau$$

$$= \int_{1}^{t-2} \mathrm{d}\tau \cdot u(t-2-1) - \int_{1}^{t-3} \mathrm{d}\tau \cdot u(t-3-1)$$

$$= (t-3) u(t-3) - (t-4) u(t-4)$$

仿真求解

2) 快速定限法

由卷积积分的图解可看出, 卷积积分过程中有两种定限是正确进行运算的关键, 一种是卷积积分结果各分段时限的确定, 一种是各分段内卷积积分时限的确定。为体现卷积积分中定限的关键性, 试看下述卷积积分运算过程。

$$u(t-1) * [u(t-2) - u(t-3)]$$

$$= \int_{-\infty}^{\infty} u(\tau-1) u(t-\tau-2) \mathrm{d}\tau - \int_{-\infty}^{\infty} u(\tau-1) u(t-\tau-3) \mathrm{d}\tau$$

$$= \int_{1}^{t-2} \mathrm{d}\tau - \int_{1}^{t-3} \mathrm{d}\tau$$

$$= (t-2-1) - (t-3-1)$$

$$= 1$$

这个结果无疑是错误的。错在何处, 请读者自行找出。

如何能避免错误定限的出现, 同时又能快速准确地确定这两种定限呢? 通过对前一节关于卷积积分图解的结果归纳总结, 可得出图 2.5.2。该图提供了另一种卷积积分运

算方法,称为快速定限法,下面介绍这种方法。

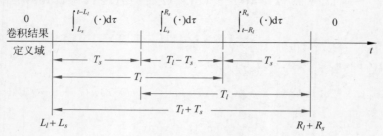

图 2.5.2 卷积的快速定限

假定参与卷积的两个函数 $x_s(t)$ 和 $x_l(t)$ 都是只有一个定义段的,它们的时限长度分别为 T_s 和 T_l,$T_s \leqslant T_l$,长函数 $x_l(t)$ 的左右时限分别为 L_l 和 R_l,而短函数 $x_s(t)$ 的左右时限分别为 L_s 和 R_s,规定积分号内的括号统一只表示 $x_s(\tau)x_l(t-\tau)$ 就是说使用图 2.5.2 这种快速定限表进行卷积积分的计算必须记住只翻转时限长的函数。

用快速定限表进行卷积积分运算的步骤如下:

① 求出关于 τ 的不定积分

$$y(t,\tau) = \int x_s(\tau)x_l(t-\tau)d\tau$$

② 将 $x_s(t)$ 的两个时限值 L_s 和 R_s 分别与 $x_l(t)$ 的两个时限值 L_l 和 R_l 两两相加,并将得出的四个数从小到大依次排列在水平画出的时间(t)轴上。于是 t 轴被分成五段,这就是卷积积分结果的五段定义域。

③ 在左、右边上两段分别写上卷积积分结果为零,在中间一段写出卷积积分,其积分上下限分别为短信号 $x_s(t)$ 的上、下时限;在右边余下的一段写出卷积积分,其积分上限与中间一段相同,其积分下限为 t 减去长信号 $x_l(t)$ 的右时限;在左边余下的一段写出卷积积分,其积分下限与中间一段相同,其积分上限为 t 减去长信号 $x_l(t)$ 的左时限。

④ 按第①步求出的不定积分函数 $y(t,\tau)$,在各段分别代入相应的积分上下限(替换其中的 τ),就可以分别求出中间三个非零段的卷积积分结果。在熟练后,可将③、④两步合并,直接写出计算后果。

例 2.5.2 利用快速定限法求图 2.5.1(a)中两函数的卷积。

解:这里 $x_s(t)=x(t)$,$x_l(t)=h(t)$,不定积分函数为

$$\int f_s(\tau)f_l(t-\tau)d\tau = \int 2 \times 1 d\tau = 2\tau$$

两函数时限值相加的四个数分别为 $1+4=5$、$1+5=6$、$3+4=7$、$3+5=8$,用快速定限图写出结果如下

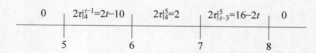

或写成如下的一般表示形式

$$x(t) * h(t) = \begin{cases} 2t - 10, & 5 \leqslant t < 6 \\ 2, & 6 \leqslant t < 7 \\ 16 - 2t, & 7 \leqslant t < 8 \\ 0, & t < 5t \geqslant 8 \end{cases} \qquad (2.5.24)$$

这与上一节用图解法得出的结果式(2.5.17)是一致的。

对于多段定义的两函数,可将其中一函数的每一段分别与另一函数的每一段按上述方式卷积积分,然后再将结果分段汇总求和即可。

2.5.2 离散信号的卷积和

与两个连续时间信号卷积积分运算相对应,两个离散时间信号(序列)的卷积和运算有类似的形式,但是因为自变量是离散的,故积分变为求和,其定义是:

$$x_1(n) * x_2(n) = \sum_{k=-\infty}^{\infty} x_1(k) x_2(n-k) \qquad (2.5.25)$$

如果 $x_1(n)$ 和 $x_2(n)$ 都是因果序列,则

$$x_1(n) * x_2(n) = \sum_{k=0}^{n} x_1(k) x_2(n-k) \qquad (2.5.26)$$

1. 卷积和的性质

离散卷积和具有与连续卷积积分类似的一些性质。

1)交换律

$$x_1(n) * x_2(n) = x_2(n) * x_1(n) \qquad (2.5.27)$$

事实上由式(2.5.25)的定义,有

$$x_1(n) * x_2(n) = \sum_{k=-\infty}^{\infty} x_1(k) x_2(n-k)$$
$$\overset{n-k=j}{=} \sum_{j=\infty}^{-\infty} x_1(n-j) x_2(j)$$
$$\overset{j=k}{=} \sum_{k=-\infty}^{\infty} x_2(k) x_1(n-k)$$
$$\overset{按定义}{=} x_2(n) * x_1(n)$$

以下直接列出结果而略去证明。

2)结合律

$$[x_1(n) * x_2(n)] * x_3(n) = x_1(n) * [x_2(n) * x_3(n)] \qquad (2.5.28)$$

3)分配律

$$x_1(n) * [x_2(n) + x_3(n)] = x_1(n) * x_2(n) + x_1(n) * x_3(n) \qquad (2.5.29)$$

4)$\delta(n)$ 是离散卷积和的单位元

$$x(n) * \delta(n) = x(n) \qquad (2.5.30)$$

5) $\delta(n-1)$ 是单位延迟器

$$x(n) * \delta(n-1) = x(n-1) \qquad (2.5.31)$$

一般地,有

$$x(n) * \delta(n-k) = x(n-k) \qquad (2.5.32)$$

其中 k 可为任意整数。

6) $u(n)$ 是数字积分器

$$x(n) * u(n) = \sum_{k=-\infty}^{n} x(k) \qquad (2.5.33)$$

2. 卷积和的计算

下面通过例子来讨论卷积和的计算方法。

1) 直接按定义或性质计算

例 2.5.3   设有离散信号 $x_1(n) = u(n)$,$x_2(n) = \left(\dfrac{1}{2}\right)^n u(n)$,求 $y(n) = x_1(n) * x_2(n)$。

解:由定义式(2.5.27)得

$$y(n) = x_1(n) * x_2(n) = \sum_{k=-\infty}^{\infty} x_1(k) x_2(n-k)$$

$$= \sum_{k=-\infty}^{\infty} u(k) \left(\frac{1}{2}\right)^{n-k} u(n-k)$$

$$= \sum_{k=0}^{n} \left(\frac{1}{2}\right)^{n-k} = \left(\frac{1}{2}\right)^n \sum_{k=0}^{n} (2)^k$$

由等比求和公式有

$$y(n) = 2 - \left(\frac{1}{2}\right)^n, \quad n \geqslant 0$$

该题也可利用性质(6),$u(n)$ 是数字积分器。

$$y(n) = x_1(n) * x_2(n)$$

$$= \sum_{k=-\infty}^{n} x_2(k) = \sum_{k=-\infty}^{n} \left(\frac{1}{2}\right)^k u(k)$$

$$= \sum_{k=0}^{n} \left(\frac{1}{2}\right)^k = 2 - \left(\frac{1}{2}\right)^n, \quad n \geqslant 0$$

2) 卷积和的图解法

由卷积和的定义可见,卷积和的运算包括序列的翻转、位移、相乘及累加等运算过程,其计算步骤如下:

(1) 变量置换。把离散信号 $x_1(n)$ 和 $x_2(n)$ 的变量都用 k 置换,变为 $x_1(k)$ 和 $x_2(k)$。

(2) 翻转。将 $x_2(k)$ 翻转,变为 $x_2(-k)$。

(3) 移位。把 $x_2(-k)$ 移位,变为 $x_2(n-k)$。

$n > 0$,把 $x_2(-k)$ 向右移位;$n < 0$,把 $x_2(-k)$ 向左移位。

仿真求解

（4）相乘。把 $x_1(k)$ 与 $x_2(n-k)$ 相乘。

（5）累加。计算累加 $\sum\limits_{k=-\infty}^{\infty} x_1(k)x_2(n-k)$。

例 2.5.4　用图解法求解例 2.5.3。

解：图 2.5.3(a)、(b)、(c)分别表示变量置换信号 $x_1(k)$ 和 $x_2(k)$，$x_2(-k)$ 为静止位置($n=0$)的翻转信号。

当 $n=0$ 时，$y(0)=\sum\limits_{k=0}^{n=0}\left(\dfrac{1}{2}\right)^{n-k}=1\times 1=1$

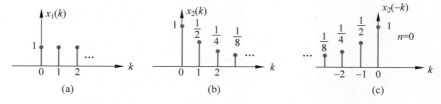

(a)　　　　　　　(b)　　　　　　　(c)

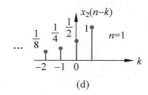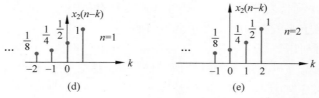

(d)　　　　　　　(e)

动画

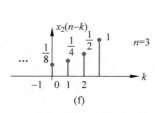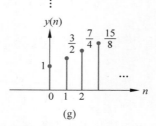

(f)　　　　　　　(g)

图 2.5.3　例 2.5.3 求解过程图解法

当 $n=1$ 时，$y(1)=\sum\limits_{k=0}^{n=1}\left(\dfrac{1}{2}\right)^{n-k}=1\times\dfrac{1}{2}+1\times 1=\dfrac{3}{2}$

当 $n=2$ 时，$y(2)=\sum\limits_{k=0}^{n=2}\left(\dfrac{1}{2}\right)^{n-k}=1\times\dfrac{1}{4}+1\times\dfrac{1}{2}+1\times 1=\dfrac{7}{4}$

当 $n=3$ 时，$y(3)=\sum\limits_{k=0}^{n=3}\left(\dfrac{1}{2}\right)^{n-k}=1\times\dfrac{1}{8}+1\times\dfrac{1}{4}+1\times\dfrac{1}{2}+1\times 1=\dfrac{15}{8}$

$$\vdots$$

由此可以画出卷积和 $y(n)$ 的图形如图 2.5.3(g)所示，图解法比较简便，概念清楚，但不易得到闭合形式的解答。

3）用竖式法计算

用竖式法计算卷积和，是采用与竖式乘法一样的格式，只是各点分别乘，分别加，不跨点进位,卷积结果的起始序号等于两序列起始序号之和(这种方法的证明是很直观的,留给读者作为练习)。

例 2.5.5 用竖式法计算 $x_1(n) = \{2,1,5\}_1$, $x_2(n) = \{3,1,4,2\}_0$ 的卷积和 $y(n) = x_1(n) * x_2(n)$。

解:写出竖式,卷积过程如下

$$
\begin{array}{r}
\{3\quad 1\quad 4\quad 2\}_1 \\
\times)\quad \{2\quad 1\quad 5\}_0 \\
\hline
15\quad 5\quad 20\quad 10 \\
3\quad 1\quad 4\quad 2 \\
+)\quad 6\quad 2\quad 8\quad 4 \\
\hline
\{6\quad 5\quad 24\quad 13\quad 22\quad 10\}_1
\end{array}
$$

即 $$y(n) = x_1(n) * x_2(n) = \{6,5,24,13,22,10\}_1$$

此例序列中 $x_1(n)$ 的长度是3(3样点),$x_2(n)$ 的长度是4,$y(n)$ 的长度是 $3+4-1=6$。

一般地,如两序列长度分别为 N_1 和 N_2,则它们的卷积的长度为 N_1+N_2-1,这与连续卷积的时长等于两函数的时长之和是不同的。

离散卷积还可利用 z 变换法计算,这将在第7章中讨论。

以上都是作理论分析时计算离散卷积和的方法,在工程实际中,离散卷积和是用计算机计算的。如果序列点数很多,可用快速傅里叶变换(FFT)变换到频域相乘,再用FFT方法变换回时域,这些内容在"数字信号处理"课程中将会讨论。

2.6 案例:雷达信号的时域分析

建立信号的时域描述模型是进行信号处理方法研究的基础。下面以通感一体中作为感知的雷达信号为例,建立待处理信号的模型,并分析目标运动导致的信号展缩、时移和多普勒调制。通感一体化系统发射电磁波信号,并通过接收目标反射(散射)的信号获得目标的位置、速度等信息。图2.6.1给出了雷达探测目标示意图。

动画

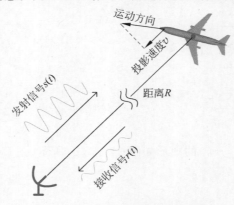

图 2.6.1 雷达探测目标示意图

2.6.1 静止目标的回波——信号时移

将系统发射的电磁波信号记成 $s(t)$，一个目标被发射的电磁波照射到并将该电磁波向空间散射，散射的电磁波传播到系统并被接收机接收，接收的信号记成 $r(t)$，它相对于发射信号存在时间延迟和幅度衰减，即

$$r(t) = As(t - t_d) \qquad (2.6.1)$$

时间延迟由电磁波在系统-目标-系统路径上传播需要的时间决定，假设目标到系统的距离为 R，则

$$t_d = \frac{2R}{c} \qquad (2.6.2)$$

式中，c 是电磁波传播的速度，即光速。对距离在 10km 外的目标，接收信号相对于发射信号的时间延迟约为 $66.7\mu s$。

通感一体化系统目前在 4.9GHz（移动）和 26GHz（电信）上进行了测试，华为公司甚至开发了太赫兹通感一体系统原理样机，采用 140GHz 载波频率，8GHz 带宽。当带宽在 1GHz 以上时，时间测量精度优于 1ns，相应的距离测量精度可优于 0.15m，能够对目标精确地测量距离。

2.6.2 运动目标的回波——信号时移和展缩

如果目标是运动的，那么目标与系统的距离是一个随时间变化的量。假设目标的投影速度为 v，朝向系统的方向为速度正方向，如图 2.6.1 所示，并且记目标在 $t=0$ 时刻的距离为 R_0，则在 t 时刻目标的距离为

$$R(t) = R_0 - vt \qquad (2.6.3)$$

当目标速度远小于光速时，可以近似地认为 t 时刻的回波延迟时间为：

$$t_d = \frac{2R(t)}{c} \qquad (2.6.4)$$

于是回波信号 $r(t)$ 与发射信号 $s(t)$ 的关系为

$$r(t) = As\left(t - \frac{2R(t)}{c}\right) = As\left(\left(1 + \frac{2v}{c}\right)t - \frac{2R_0}{c}\right) - As(\beta t - t_0) \qquad (2.6.5)$$

其中，$\beta = 1 + 2v/c$，$t_0 = 2R_0/c$。由此可见，运动目标的回波相对于发射信号，不但存在幅度衰减和时间延迟，还存在波形展宽或者压缩。具体地，当 $v>0$，即目标朝向系统运动时，$\beta>1$，$r(t)$ 相对于 $s(t)$ 波形压缩；当目标远离系统运动时，$v<0$，$\beta<1$，$r(t)$ 相对于 $s(t)$ 波形展宽。

通感一体化系统发射一个持续时间有限的信号 $s(t)$，波形展缩会造成信号持续时间发生变化。实际上，由于目标运动速度远小于光速，信号持续时间的变化非常微小。例如，对于以 10 倍声速运动的目标（$v=3400$m/s），$\beta = 1 - 2.27 \times 10^{-5}$，因此波形仅被压缩了十万分之二，信号持续时间的变化几乎可以忽略不计。

同时发射信号 $s(t)$ 也是一个频率很高的信号,极其微小的波形展缩也会带来显著的频率变化,使得系统具有速度测量能力。

2.6.3 运动目标的回波——信号展缩引起的多普勒频移

系统发射信号通常是一个持续时间有限、工作频率很高的信号。以单一载频脉冲信号为例,此时:

$$s(t) = G_T(t)\cos\omega_0 t \qquad (2.6.6)$$

根据式(2.6.5),回波信号可以表示为

$$r(t) = As(\beta t - t_0) = AG_T(\beta t - t_0)\cos(\omega_0(\beta t - t_0)) \qquad (2.6.7)$$

在 2.6.2 节已经分析过,展缩因子 β 非常接近于 1,因此信号波形展缩引起的脉冲宽度变化可以忽略不计,即

$$G_T(\beta t - t_0) \approx G_T(t - t_0) \qquad (2.6.8)$$

下面分析载频项

$$\cos(\omega_0(\beta t - t_0)) = \cos\left(\omega_0\left(\left(1 + \frac{2v}{c}\right)t - t_0\right)\right) = \cos((\omega_0 + \omega_d)t - \omega_0 t_0) \qquad (2.6.9)$$

其中

$$\omega_d = \frac{2v}{c}\omega_0 \qquad (2.6.10)$$

式(2.6.9)表明,对于正弦信号,波形的展缩和时移可以等效为频率和相位的变化。图 2.6.2(a)、(c)分别对比了时移前后的两个正弦信号,图 2.6.2(a)、(b)、(d)对比了展缩前后的三个正弦信号,可以直观观察到时移引起的相位变化和展缩引起的频率变化。

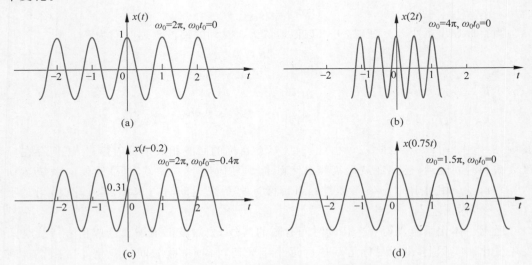

图 2.6.2 正弦信号的展缩和时移等效为频率和相位变化

　　从上面的分析可以看出,由于发射信号具有很高的频率,目标运动引起的回波波形展缩使得回波信号的频率相对于发射信号的频率发生了变化,这个现象就是运动引起的多普勒频移效应,式(2.6.10)给出了多普勒频率与目标速度的关系。由于系统主动向目标发射并接收信号,信号在系统-目标-系统之间经历了双程传播,因此信号的多普勒频移比被动接收声源或光源发出的信号的多普勒频移多一个因子 2。

　　由于系统信号的频率很高,极其微小的波形展缩也会带来显著的频率变化。例如,以 10 倍声速运动的目标展缩因子 $\beta = 1 + 2.27 \times 10^{-5}$,对于 X 波段的雷达,$\omega_0 = 2\pi \times 10^{10}\,\mathrm{rad/s}$,根据式(2.6.10),$\omega_{\mathrm{d}} = 2\pi \times 2.27 \times 10^5\,\mathrm{rad/s}$,即多普勒频移可以达到 227kHz,这个频移量可以通过雷达信号处理测量出来,从而实现对目标速度的测量。

自测题

习　　题

基础题

2-1　画出下列信号的波形图,其中 $-\infty < t < \infty$。

(1) $x(t) = 2\mathrm{e}^{-2t} u(t-2)$

(2) $x(t) = 2\mathrm{e}^{-2t} [u(t) - u(t-3)]$

(3) $x(t) = \mathrm{e}^{-3t} \cos(2t) u(t)$

(4) $x(t) = u(t+2) - 2u(t) + u(t-2)$

(5) $x(t) = \delta(t) - 2\delta(t-1) + \delta(t-2)$

(6) $x(t) = r(t+1) - r(t-1) - u(t-1) + \delta(t+1)$

(7) $x(t) = \mathrm{Sa}(2t-4)$

(8) $x(t) = \Lambda_2(t-3)$

2-2　画出下列正弦信号的波形图。

(1) $x(t) = \sin(t) u(t-1)$

(2) $x(t) = \sin(t-1) u(t-1)$

(3) $x(t) = \sin(t) u(t) + \sin(t-\pi) u(t-\pi)$

(4) $x(t) = \sin(t) u(t) - \sin(t-2\pi) u(t-2\pi)$

2-3　画出下列序列的波形图,其中 $-\infty < n < \infty$。

(1) $x(n) = \delta(n+2) + 2\delta(n) + \delta(n-2)$

(2) $x(n) = u(n+3) - u(n-3)$

(3) $x(n) = (0.8)^n [u(n) - u(n-4)]$

(4) $x(n) = (-0.8)^n u(n-1)$

(5) $x(n) = (0.8)^n \cos(0.2\pi n) u(n)$

(6) $x(n) = (0.8)^n u(-n-1)$

2-4　计算下列各式。

(1) $x(t+t_0)\delta(t)$
　　　　　　　　　　　　(2) $\displaystyle\int_{-\infty}^{\infty} x(t+t_0)\delta(t+t_0)\mathrm{d}t$

(3) $\int_{-4}^{2} e^{t}\delta(t+3)\mathrm{d}t$ (4) $\int_{0}^{\infty} e^{-t}\sin(t)\delta(t+1)\mathrm{d}t$

(5) $\dfrac{\mathrm{d}}{\mathrm{d}t}\big[e^{-t}\delta(t)\big]$ (6) $\int_{-1}^{1}\delta(t^{2}-4)\mathrm{d}t$

(7) $\int_{-\infty}^{\infty}\delta(1-t)(t^{2}+4)\mathrm{d}t$ (8) $\int_{-\infty}^{\infty}\delta(t)\dfrac{\sin(2t)}{t}\mathrm{d}t$

2-5 求下列信号与冲激信号 $\delta(t)$ 的关系。

(1) $\delta(3t+6)$ (2) $\delta(-3t+6)$ (3) $\delta(3t-6)$ (4) $\delta(-3t-6)$

2-6 信号 $x(n)$ 如题图 2-1 所示，试将其表示为 $\delta(n)$ 的叠加。

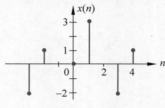

题图 2-1

2-7 写出题图 2-2 所示信号的解析表示式。

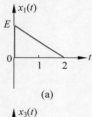

(a)

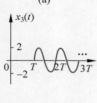

(c)

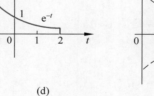

(d)   (e)

题图 2-2

2-8 将题图 2-3 所示信号 $x(t)$ 表示成门信号之和。

2-9 将题图 2-4 所示信号 $x(t)$ 表示成斜波信号与阶跃信号之和。

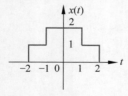

题图 2-3

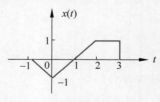

题图 2-4

2-10 信号 $x(t)$ 的波形如题图 2-5 所示,试画出下列各信号的波形图。

(1) $x(-t)$ (2) $x(-t+2)$ (3) $x(-t-2)$

(4) $x(2t)$ (5) $x\left(\dfrac{1}{2}t\right)$ (6) $x(t-2)$

(7) $x\left(-\dfrac{1}{2}t+1\right)$ (8) $\dfrac{\mathrm{d}}{\mathrm{d}t}\left[x\left(\dfrac{1}{2}t+1\right)\right]$ (9) $\displaystyle\int_{-\infty}^{t} x(2-\tau)\,\mathrm{d}\tau$

2-11 信号 $x(5-3t)$ 的波形如题图 2-6 所示,试画出信号 $x(t)$ 的波形图。

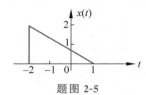   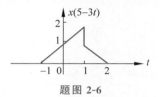

题图 2-5   题图 2-6

2-12 已知离散序列 $x(n)=\begin{cases} -1, & n<-2 \\ n+1, & -2\leqslant n\leqslant 3 \\ \dfrac{1}{2}, & n>3 \end{cases}$,试画出下面各序列的波形图。

(1) $x(n)$ (2) $x(n-2)$

(3) $x(-n)$ (4) $x(-n-2)$

(5) $x(n)u(-n+1)$ (6) $x(n-1)\delta(n-3)$

(7) $x(n^2)$ (8) $\dfrac{1}{2}x(n)+\dfrac{1}{2}(-1)^n x(n)$

(9) $x(n-1)+x(n+1)$ (10) $x(n+1)+x(-n+1)$

2-13 序列 $x(n)$ 如题图 2-7 所示,试绘出 $x(2n)$、$x\left(\dfrac{n}{2}\right)$、$x(2n+1)$ 的波形图。

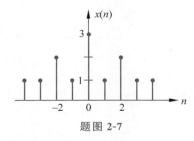

题图 2-7

2-14 计算卷积积分 $x_1(t) * x_2(t)$。

(1) $x_1(t)=u(t),\ x_2(t)=\mathrm{e}^{-at}u(t)$

(2) $x_1(t)=\delta(t),\ x_2(t)=\cos(2t+\pi/4)$

(3) $x_1(t)=\mathrm{e}^{-2t}u(t),\ x_2(t)=\mathrm{e}^{-3t}u(t)$

(4) $x_1(t)=\cos(\omega_0 t),\ x_2(t)=\delta(t+1)-\delta(t-1)$

(5) $x_1(t) = 2e^{-t}[u(t) - u(t-3)]$，$x_2(t) = 4[u(t) - u(t-2)]$

(6) $x_1(t) = \begin{cases} 1, & 1 \leqslant t \leqslant 3 \\ 0, & \text{其他} \end{cases}$，$x_2(t) = \begin{cases} t-1, & 1 \leqslant t \leqslant 3 \\ 0, & \text{其他} \end{cases}$

2-15　信号波形如题图 2-8 所示，试计算下列卷积积分，并画出波形图。

(1) $x_1(t) * x_2(t)$　　(2) $x_1(t) * x_3(t)$　　(3) $x_1(t) * x_2(t) * x_2(t)$

(4) $x_2(t) * x_4(t)$　　(5) $x_4(t) * x_5(t)$　　(6) $x_4(t) * x_6(t)$

(7) $x_6(t) * x_7(t)$　　(8) $x_5(t) * x_8(t)$　　(9) $x_7(t) * x_8(t)$

  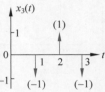

  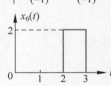

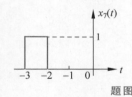 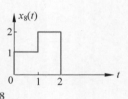

题图 2-8

2-16　$x(t) * g(t)$ 的波形如题图 2-9 所示，请就各图画出下列卷积积分的波形图。

  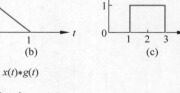

题图 2-9

(1) $x(t-1) * g(t)$　　　　　　　　(2) $[x(t) + x(t-1)] * g(t)$

(3) $x'(t) * g(t)$　　　　　　　　　(4) $\int_{-\infty}^{t} x(\tau) d\tau * g(t)$

2-17 计算下面各组序列的卷积和。

(1) $x_1(n) = \begin{cases} 1, & 0 \leqslant n \leqslant 4 \\ 0, & \text{其他} \end{cases}$ $\qquad x_2(n) = \begin{cases} \dfrac{1}{2}, & 0 \leqslant n \leqslant 5 \\ 0, & \text{其他} \end{cases}$

(2) $x_1(n) = \begin{cases} n, & 0 \leqslant n \leqslant 7 \\ 7, & n = 8 \\ 0, & \text{其他} \end{cases}$ $\qquad x_2(n) = \begin{cases} 2, & 0 \leqslant n \leqslant 5 \\ 0, & \text{其他} \end{cases}$

2-18 序列如题图 2-10 所示,计算下列卷积和。

(1) $x_1(n) * x_2(n)$ $\qquad\qquad$ (2) $x_2(n) * x_3(n)$

(3) $x_3(n) * x_4(n)$ $\qquad\qquad$ (4) $[x_2(n) - x_1(n)] * x_3(n)$

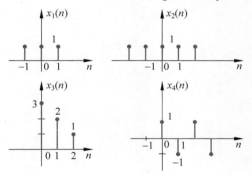

题图 2-10

2-19 计算下列各组序列的卷积和 $y(n) = x_1(n) * x_2(n)$。

(1) $x_1(n) = 2^n u(-n), x_2(n) = u(n)$

(2) $x_1(n) = u(n), x_2(n) = u(n)$

(3) $x_1(n) = 0.5^n u(n), x_2(n) = u(n)$

(4) $x_1(n) = 2^n u(n), x_2(n) = 3^n u(n)$

2-20 序列 $x(n) = u(n-2) - u(n-6)$,试计算 $x(n) * x(n)$ 和 $x(n) * x(-n)$。

2-21 序列 $x_1(n) = \{1, 1, 2\}_0$ 和 $y(n) = \{1, -1, 3, -1, 6\}_1$,且 $x_1(n) * x_2(n) = y(n)$。求序列 $x_2(n)$。

2-22 已知序列 $x_1(n) = 2[u(n) - u(n-6)], x_1(n) = 3[u(n) - u(n-8)]$,求 $n = 1, 4, 6, 8, 11, 13$ 时的 $x_1(n) * x_2(n)$。

提高/拓展题

T2-1 画出下列信号的波形图。

(1) $x_1(t) = t u(t)$ $\qquad\qquad$ (2) $x_2(t) = (t-1) u(t)$

(3) $x_3(t) = (t+1) u(t)$ $\qquad\qquad$ (4) $x_4(t) = (t+1) u(t+1)$

(5) $x_5(t) = t[u(t) - u(t-1)]$ $\qquad\qquad$ (6) $x_6(t) = t u(t) - (t-1) u(t)$

T2-2 计算下列各式。

(1) $e^{-2t} \delta(-t)$ $\qquad\qquad$ (2) $e^{-2t} \delta(2t)$

(3) $e^{-2t}\delta(2-2t)$ (4) $e^{-2t}\delta'(2+2t)$

(5) $\int_{-10}^{10}\delta(2t-3)(2t^2+t-5)dt$ (6) $\int_{-\infty}^{\infty}\delta(t^2-4)dt$

(7) $\int_{-\infty}^{t}e^{-\tau}\delta'(\tau)d\tau$ (8) $\int_{-10}^{10}\delta'\left(t+\dfrac{1}{4}\right)(2t^2+t-5)dt$

T2-3 计算 $3^n\delta(n^2-4)$。

T2-4 试将题图 T2-1 所示的对称方波信号表示成符号函数的形式。

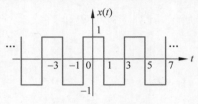

题图 **T2-1**

T2-5 利用冲激信号的泛函定义证明 $\dfrac{du(t)}{dt}=\delta(t)$。

T2-6 画出下列各信号的波形：(1) $\mathrm{Sa}(\pi t)+\cos(4\pi t)$；(2) $\mathrm{Sa}(\pi t)\cdot\cos(4\pi t)$。

T2-7 题图 T2-2 的 6 幅图中，有一幅图为 $\mathrm{Sa}^2\dfrac{\pi t}{4}\cdot\cos\omega_m t$ 的波形。试确定波形编号并从中得到 ω_m 的取值。

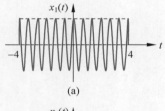

(a)

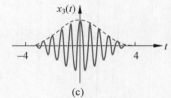

(c)

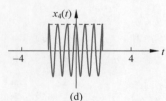

(d)

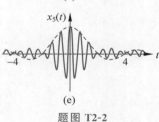

(e)

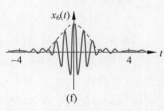

(f)

题图 **T2-2**

T2-8 画出下列信号 $x(t)$ 的波形图，并计算其微分 $x'(t)$ 和积分 $x^{(-1)}(t)$。

(1) $x(t)=\delta(t-2)u(t-1)$ (2) $x(t)=u(t)u(2-t)$

(3) $x(t)=\cos(t)\cdot u(t)$ (4) $x(t)=\sin(t)[u(t)-u(t-\pi)]$

T2-9 已知信号 $x(t)$ 的波形如题图 T2-3 所示，绘出下列信号的波形图。

(1) $x\left(\dfrac{1}{2}t\right)$ (2) $x(-2t-3)$

(3) $x(t)+u(t-1)$ (4) $x(t)u(1-t)$

(5) $x(t)\delta(t-1)$ (6) $x'(t)$

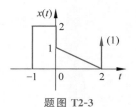

题图 T2-3

T2-10 判断下列关于 $x(n)$、$x(2n)$、$x(n/2)$ 的周期性说法是否正确。

(1) 若 $x(n)$ 是周期的，$x(2n)$ 也是周期的；

(2) 若 $x(2n)$ 是周期的，$x(n)$ 也是周期的；

(3) 若 $x(n)$ 是周期的，$x(n/2)$ 也是周期的；

(4) 若 $x(n/2)$ 是周期的，$x(n)$ 也是周期的。

T2-11 计算 $e^{-|t-1|} * u(t)$。

T2-12 计算下列卷积积分或卷积和。

(1) $x_1(t) = 2e^{-2t}u(t)$，$x_2(t) = 3e^t u(-t)$

(2) $x_1(t) = 2e^{-2t}u(t)$，$x_2(t) = 3e^{|t|}$

(3) $x_1(n) = (-0.5)^n u(n-4)$，$x_2(n) = 4^n u(-n+2)$

(4) $x_1(n) = u(n) - u(-n)$，$x_2(n) = \begin{cases} 4^n, & n < 0 \\ 0.5^n, & n \geqslant 0 \end{cases}$

T2-13 分别计算满足下列条件的 $q(n)$。

(1) 对于任何 $x(n)$ 都有 $q(n) * x(n) = \dfrac{1}{3}[x(n) + x(n-1) + x(n-2)]$；

(2) 对于任何 $x(n)$ 都有 $q(n) * x(n) = \displaystyle\sum_{k=-\infty}^{n} x(k)$。

T2-14 $x_1(t) = e^{-at}u(t)$，$x_2(t) = \sin(t)u(t-2\pi)$，计算卷积积分 $x_1(t) * x_2(t)$。

T2-15 信号如题图 T2-4 所示，试画出 $\dfrac{\mathrm{d}}{\mathrm{d}t}[x_1(t) * h_1(t)]$、$x_2(t) * h_2(t)$。

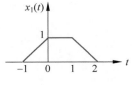

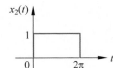 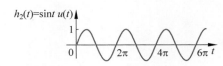

题图 T2-4

T2-16 $x_1(t) = \Lambda_2(t), x_2(t) = \displaystyle\sum_{k=-\infty}^{\infty} \delta(t-kT)$，对于下列 T 值，画出 $y(t) = x_1(t) *$ $x_2(t)$。(1)$T = 3$；(2)$T = 1.5$。

T2-17 设 $x_1(n) = u(n) - u(n-6), x_2(n) = \begin{cases} 1, & 0 \leqslant n \leqslant N \\ 0, & \text{其他} \end{cases}$。已知 $y(n) = x_1(n) *$ $x_2(n)$，且 $y(4) = 5$，$y(9) = 0$。试确定 N。

T2-18 若 $y(n) = x_1(n) * x_2(n)$，判断下列说法的对错。(1)$y(n-1) = x_1(n-1) *$ $x_2(n-1)$；(2)$y(-n) = x_1(-n) * x_2(-n)$。

第3章

线性时不变系统时域分析

系统的时域分析是指在给定的激励作用下，通过不同的数学方法求解系统的响应。为了确定线性时不变系统对给定激励的响应，就要建立描述该系统的数学模型，并求出满足一定初始状态的解。如果把对系统的定性和定量分析限定在时间领域内，即所涉及函数的自变量都是时间，这就是系统的时域分析法。这种方法比较直观，物理概念清楚，是信号与系统分析的最基本方法，也是其他各种变换域分析方法的基础。

　　系统数学模型的时域表示最主要的方法为输入-输出法，即将系统用一元 n 阶微分或差分方程来表示。本章讨论系统方程的建立和求解。首先利用高等数学知识求解微分或差分方程，其解即为系统的响应或称系统的全响应，按照产生响应原因的不同将系统响应分解为零输入响应和零状态响应。

　　在系统的时域分析中引入系统的冲激响应，利用任意信号可分解为无穷多个冲激信号之和，线性时不变系统的零状态响应则是各输入信号中冲激分量响应的叠加，即外加输入与冲激响应的卷积积分或卷积和。

　　对于线性时不变系统，利用卷积运算求解零状态响应，此种方法物理概念清楚、运算方便，便于计算机求解。卷积是联系时域分析法和变换域分析法的纽带，在线性时不变系统分析中具有重要的理论意义。

3.1　连续时间线性时不变系统的时域分析

3.1.1　连续时间线性时不变系统的数学模型

　　对于连续时间线性时不变系统，可用常系数微分方程来描述，其一般形式为

$$\frac{\mathrm{d}^n}{\mathrm{d}t^n}y(t) + a_{n-1}\frac{\mathrm{d}^{n-1}}{\mathrm{d}t^{n-1}}y(t) + \cdots + a_1\frac{\mathrm{d}}{\mathrm{d}t}y(t) + a_0 y(t)$$

$$= b_m\frac{\mathrm{d}^m}{\mathrm{d}t^m}x(t) + b_{m-1}\frac{\mathrm{d}^m}{\mathrm{d}t^{m-1}}x(t) + \cdots + b_1\frac{\mathrm{d}}{\mathrm{d}t}x(t) + b_0 x(t) \tag{3.1.1}$$

　　所以研究时域分析方法的起点是建立常系数微分方程。本节研究如何从给定实际应用系统中建立满足响应 $y(t)$ 和输入 $x(t)$ 的微分方程。

　　为了简便地描述常系数微分方程，需要引入算子（或算符）的概念，特作如下规定：

$$p = \frac{\mathrm{d}}{\mathrm{d}t} \tag{3.1.2}$$

其逆算子为

$$\frac{1}{p} = \int_{-\infty}^{t}(\cdot)\mathrm{d}t \tag{3.1.3}$$

它们的意思是指

$$px(t) = \frac{\mathrm{d}}{\mathrm{d}t}x(t), \quad p^n \triangleq \frac{\mathrm{d}^n}{\mathrm{d}t^n}$$

$$\frac{1}{p}x(t) = \int_{-\infty}^{t}x(t)\mathrm{d}t$$

$$\frac{1}{p^n}x(t) = p^{(-n)}x(t) = \underbrace{\int_{-\infty}^{t}\cdots\int_{-\infty}^{t}}_{n}x(t)\underbrace{\mathrm{d}t\cdots\mathrm{d}t}_{n}, \quad n > 0$$

按照上述规定,有

$$p \cdot \frac{1}{p} = 1 \tag{3.1.4}$$

$$\frac{1}{p} \cdot p \neq 1 \tag{3.1.5}$$

因为
$$p \cdot \frac{1}{p}x(t) = \frac{\mathrm{d}}{\mathrm{d}t}\int_{-\infty}^{t}x(t)\mathrm{d}t = x(t)$$

而
$$\frac{1}{p} \cdot px(t) = \int_{-\infty}^{t}\frac{\mathrm{d}}{\mathrm{d}t}x(t)\mathrm{d}t = x(t)\big|_{-\infty}^{t} = x(t) - x(-\infty) \neq x(t)$$

在运算中这一点特别需要注意。

引入算子后,还可以引入算子式,比如

$$p^2 + ap + b + c\frac{1}{p}$$

其意思是指下述运算规则:

$$\left(p^2 + ap + b + c\frac{1}{p}\right)x(t)$$

$$= p^2 x(t) + apx(t) + bx(t) + c\frac{1}{p}x(t)$$

$$= \frac{\mathrm{d}^2}{\mathrm{d}t^2}x(t) + a\frac{\mathrm{d}}{\mathrm{d}t}x(t) + bx(t) + c\int_{-\infty}^{t}x(t)\mathrm{d}t$$

式(3.1.1)描述的微分方程可借助算子式表示成算子方程,即

$$D(p)y(t) = N(p)x(t) \tag{3.1.6}$$

其中,$D(p)$ 是 p 的 n 次算子多项式,$D(p) = p^n + a_{n-1}p^{n-1} + \cdots + a_1 p + a_0$;$N(p)$ 是 p 的 m 次算子多项式,$N(p) = b_m p^m + b_{m-1}p^{m-1} + \cdots + b_1 p + b_0$。

算子式原则上可以像代数式一样进行运算,如

$$p^2 + (a+b)p + ab = (p+a)(p+b)$$

因为以第一个等号为例,有

$$(p+a)(p+b)x(t) = (p+a)[x'(t) + bx(t)]$$

$$= x''(t) + (a+b)x'(t) + abx(t)$$

$$= [p^2 + (a+b)p + ab]x(t)$$

但要注意,在算子运算中是不成立消去律的,如

$$py(t) = px(t)$$

不能用消去律消去 p 而得到 $y(t) = x(t)$。因为 $y(t)$ 和 $x(t)$ 之间可以相差一个常数 C,正确的应为

$$y(t) = x(t) + C$$

借助微分算子 p,可把电路系统中的基本元件(线性电感 L、线性电容 C、线性电阻

R）的电压、电流关系用微分算子 p 的形式给出运算模型，如表 3.1.1 所示。

表 3.1.1 电路元件的运算模型

元件名称	电路符号	u-i 关系	运算模型
电阻	$\overset{R\quad i(t)}{+\quad u(t)\quad -}$	$u(t) = Ri(t)$	$\dfrac{u(t)}{i(t)} = R$
电容	$\overset{C\quad i(t)}{+\quad u(t)\quad -}$	$u(t) = \dfrac{1}{C}\displaystyle\int_{-\infty}^{t} i(\tau)\mathrm{d}\tau$	$\dfrac{u(t)}{i(t)} = \dfrac{1}{pC}$
电感	$\overset{L\quad i(t)}{+\quad u(t)\quad -}$	$u(t) = L\dfrac{\mathrm{d}i(t)}{\mathrm{d}t}$	$\dfrac{u(t)}{i(t)} = pL$

下面结合几个例子说明如何使用微分算子建立电路系统中的微分方程。

例 3.1.1　如图 3.1.1 所示电路，试建立 $i_1(t)$、$i_2(t)$ 和输入 $x(t)$ 之间的关系。

解：该电路有两个回路，两回路的方程分别如下：

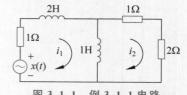

图 3.1.1　例 3.1.1 电路

$$(3p+1)i_1(t) - pi_2(t) = x(t)$$
$$-pi_1(t) + (3+p)i_2(t) = 0$$

上式为微分方程组，可像求解代数方程组那样，使用克拉默（Cramer）法则来解。

$$i_1(t) = \frac{\begin{vmatrix} x(t) & -p \\ 0 & 3+p \end{vmatrix}}{\begin{vmatrix} 3p+1 & -p \\ -p & 3+p \end{vmatrix}} = \frac{p+3}{2p^2 + 10p + 3}x(t)$$

$$i_2(t) = \frac{\begin{vmatrix} 3p+1 & x(t) \\ -p & 0 \end{vmatrix}}{\begin{vmatrix} 3p+1 & -p \\ -p & 3+p \end{vmatrix}} = \frac{p}{2p^2 + 10p + 3}x(t)$$

$i_1(t)$ 对 $x(t)$ 的传输算子为

$$H_1(p) = \frac{p+3}{2p^2 + 10p + 3}$$

$i_2(t)$ 对 $x(t)$ 的传输算子为

$$H_2(p) = \frac{p}{2p^2 + 10p + 3}$$

$H_1(p)$ 所代表的 $x(t)$ 与 $i_1(t)$ 的关系为

$$2i_1''(t) + 10i_1'(t) + 3i_1(t) = x'(t) + 3x(t)$$

$H_2(p)$ 所代表的 $x(t)$ 与 $i_2(t)$ 的关系为

$$2i_2''(t) + 10i_2'(t) + 3i_2(t) = x'(t)$$

例 **3.1.2**　对于图 3.1.2 所示电路,给定输入信号 $x(t)$,写出求电流 $i_1(t)$ 的算子方程。

解:直接写出各回路的算子方程式为

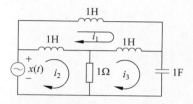

图 3.1.2　例 3.1.2 电路

$$\begin{cases} 3pi_1 - pi_2 - pi_3 = 0 \\ -pi_1 + (p+1)i_2 - i_3 = x(t) \\ -pi_1 - i_2 + \left(p+1+\dfrac{1}{p}\right)i_3 = 0 \end{cases}$$

其中第 3 个方程是微积分方程。为了能直接利用代数方程的解法,应首先把微积分方程变成微分方程,为此两边同乘 p(微分算子)。把方程组写成矩阵形式:

$$\begin{bmatrix} 3p & -p & -p \\ -p & p+1 & -1 \\ -p^2 & -p & p^2+p+1 \end{bmatrix} \begin{bmatrix} i_1 \\ i_2 \\ i_3 \end{bmatrix} = \begin{bmatrix} 0 \\ x(t) \\ 0 \end{bmatrix}$$

使用克拉默法则,解此方程得到

$$i_1(t) = \frac{p(p^2+2p+1)}{p(p^3+2p^2+2p+3)} x(t)$$

$i_1(t)$ 对 $x(t)$ 的传输算子为

$$H(p) = \frac{p(p^2+2p+1)}{p(p^3+2p^2+2p+3)}$$

对应的算子方程为

$$p(p^3+2p^2+2p+3)i_1(t) = p(p^2+2p+1)x(t)$$

注意:等式两端的 p 不能消去,否则可能引起系统结构的变化。

3.1.2　零输入响应

第 1 章中已讲过,线性系统具有分解性,其响应可以分解成零输入响应和零状态响应两个独立部分。其中,初始状态单独作用时的输出称为零输入响应,记作 $y_{zi}(t)$;输入信号单独作用时的输出称为零状态响应,记作 $y_{zs}(t)$。系统的全响应可写作

$$y(t) = y_{zi}(t) + y_{zs}(t) \tag{3.1.7}$$

从能量角度来看,系统的零输入响应是假定初始时刻(通常取 $t=0$)起输入信号为零,系统并不从外界获得能量,靠系统的初始储能产生的响应。系统的零状态响应则是系统无初始储能,靠输入信号引起的响应。

根据零输入响应 $y_{zi}(t)$ 的定义:若 $t \geqslant 0$ 时,$x(t)=0$,则对应的响应为 $y_{zi}(t)$,所以 $y_{zi}(t)$ 满足的算子方程为

$$D(p)y_{zi}(t) = 0, \quad t \geqslant 0 \tag{3.1.8}$$

即

$$y_{zi}^{(n)}(t) + a_{n-1}y_{zi}^{(n-1)}(t) + \cdots + a_0 y_{zi}(t) = 0 \tag{3.1.9}$$

式(3.1.9)是一个高阶线性齐次微分方程,零输入响应 $y_{zi}(t)$ 其实就是这个齐次微分方程

的解。

考虑到指数函数求导数只是系数有改变，其各阶导数的加权和有望叠加为零。现设 $y_{zi}(t) = e^{\lambda t}$，代入得

$$\lambda^n e^{\lambda t} + a_{n-1} \lambda^{n-1} e^{\lambda t} + \cdots + a_0 e^{\lambda t} = (\lambda^n + a_{n-1} \lambda^{n-1} + \cdots + a_0) e^{\lambda t} = 0$$

$e^{\lambda t}$ 不能恒为零，只有其系数为零。而其系数正好是 $D(\lambda) = D(p)|_{p=\lambda}$，现转为求解方程

$$D(\lambda) = 0 \qquad (3.1.10)$$

这个方程称为系统的特征方程，其根即为系统的特征根。根据代数基本定理，n 次多项式必有 n 个根（实根或复根），记为 $\lambda_i, i = 1, 2, \cdots, n$。按照特征根可能的形式，零输入响应具有以下几种形式。

当特征根是各不相等实根 $\lambda_1 \neq \lambda_2 \neq \cdots \neq \lambda_n$ 时，解为

$$y_{zi}(t) = k_1 e^{\lambda_1 t} + k_2 e^{\lambda_2 t} + \cdots + k_n e^{\lambda_n t}, \quad t \geqslant 0 \qquad (3.1.11)$$

当特征根是 r 个重根 λ_0（其中 $r \leqslant n$），$n-r$ 个单根 $\lambda_1 \neq \lambda_2 \neq \cdots \neq \lambda_{n-r}$ 时，解为

$$y_{zi}(t) = k_1 e^{\lambda_1 t} + k_2 e^{\lambda_2 t} + \cdots + k_{n-r} e^{\lambda_{n-r} t} +$$

$$k_{n-r+1} e^{\lambda_0 t} + k_{n-r+2} t e^{\lambda_0 t} + \cdots + k_n t^{r-1} e^{\lambda_0 t}, \quad t \geqslant 0 \qquad (3.1.12)$$

当特征根全部是成对的共轭复根 $\lambda_1 = \sigma_1 \pm j\omega_1, \lambda_2 = \sigma_2 \pm j\omega_2, \cdots, \lambda_i = \sigma_i \pm j\omega_i, i = n/2$ 时，解为

$$y_{zi}(t) = e^{\sigma_1 t}[k_1 \cos(\omega_1 t) + k'_1 \sin(\omega_1 t)] + \cdots +$$

$$e^{\sigma_i t}[k_i \cos(\omega_i t) + k'_i \sin(\omega_i t)], \quad t \geqslant 0 \qquad (3.1.13)$$

以上各式中的系数 k_i, k'_i 均可由初始状态 $y(0^-), y'(0^-), \cdots, y^{(n-1)}(0^-)$ 直接确定。注意，由于 0^- 时刻以前不存在任何激励，$y_{zi}^{(i)}(0^-)$ 也就是 $y^{(i)}(0^-)$。

仿真求解

例 3.1.3 已知某系统为 $y'(t) + 3y(t) = 2x(t)$，当初始条件 $y(0^-) = 1$，输入 $x(t) = e^{-2t} u(t)$ 时，求该系统的零输入响应 $y_{zi}(t)$。

解：由系统的微分方程，可知其系统特征方程为

$$D(\lambda) = \lambda + 3 = 0$$

其特征根为 $\lambda = -3$，故零输入响应为

$$y_{zi}(t) = k e^{-3t}, \quad t > 0$$

因为

$$y(0^-) = y_{zi}(0^-) = k = 1$$

该系统的零输入响应 $y_{zi}(t) = e^{-3t}, \quad t > 0$。

仿真求解

例 3.1.4 如图 3.1.3 所示电路系统，$x(t)$ 是输入电压源，以电流 $i(t)$ 作为输出。当初始条件 $i(0^-) = 1, i'(0^-) = 2$，输入 $x(t) = 0$ 时，求 $i(t)$。

解：这个系统的方程为

$$\left(5 + p + \frac{6}{p}\right) i(t) = x(t)$$

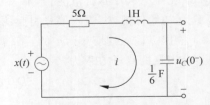

图 3.1.3 RLC 串联二阶系统

因 $x(t)=0$，求 $i(t)$ 其实就是求该电系统的零输入响应。

相应的方程为

$$(p^2+5p+6)i(t)=0$$

系统的特征方程为

$$D(\lambda)=\lambda^2+5\lambda+6=0$$

其特征根为

$$\lambda_1=-2, \quad \lambda_2=-3$$

设零输入响应为

$$i(t)=k_1\mathrm{e}^{-2t}+k_2\mathrm{e}^{-3t}$$

由此方程两端及其微分后，令 $t=0^-$ 得

$$i(0^-)=k_1+k_2$$

$$i'(0^-)=-2k_1-3k_2$$

代入 $i(0^-)=1$ 及 $i'(0^-)=2$ 的值解得

$$k_1=5, \quad k_2=-4$$

最后得 $i(t)=5\mathrm{e}^{-2t}-4\mathrm{e}^{-3t}$，$t\geqslant0$。

3.1.3 单位冲激响应

在讨论零状态响应之前，先来讨论系统的单位冲激响应。系统的单位冲激响应定义为系统的初始状态全部为零，仅由单位冲激信号输入系统产生的输出响应，记为 $h(t)$，如图 3.1.4 所示，系统的单位冲激响应又称为系统的冲激响应。

图 3.1.4 系统的冲激响应

显然，由于系统的单位冲激响应要求系统初始状态为零且输入信号是单位冲激信号，因而它仅取决于系统的结构。也就是说，不同结构的系统，具有不同的冲激响应。因此，系统的冲激响应可以表征系统本身的特性。例如，对于因果系统来说，其冲激响应必然有

$$h(t)=0, \quad t<0$$

当系统的微分方程确定后，系统的冲激响应可采用冲激平衡法求解。所谓冲激平衡法是指为保持系统微分方程恒等，方程两边具有的冲激信号及其各阶导数必须恒等。

依据这个原理，下面讨论如何由 $H(p)$ 来求冲激响应。先讨论一阶系统冲激响应的求解方法，然后再推广到一般情况。

3.1.3.1 一阶系统的冲激响应

现在考虑一阶系统

$$(p-a)y(t)=(b_1p+b_0)x(t) \tag{3.1.14}$$

其冲激响应应满足

$$(p-a)h(t)=(b_1p+b_0)\delta(t) \tag{3.1.15}$$

由于冲激信号及其各阶导数仅在 $t=0$ 作用，而在 $t>0$ 时恒为零。因此，系统的冲激响应与该系统的齐次解具有相同的函数形式。由于微分方程的特征根为 $\lambda=a$，故 $h(t)$ 也应为 e^{at} 形式，考虑到式(3.1.15)等号右边有 $\delta'(t)$，依据冲激平衡法原理，$h(t)$ 也应含有 $\delta(t)$ 项，才能使等式两边平衡，因此该系统的冲激响应可写成

$$h(t)=A\mathrm{e}^{at}u(t)+B\delta(t) \tag{3.1.16}$$

式中 A,B 为待定系数。系统冲激响应的导数为

$$h'(t)=B\delta'(t)+A\mathrm{e}^{at}\delta(t)+aA\mathrm{e}^{at}u(t)$$

将 A,B 代入式(3.1.15)，得

$$B\delta'(t)+A\mathrm{e}^{at}\delta(t)+aA\mathrm{e}^{at}u(t)-aA\mathrm{e}^{at}u(t)-aB\delta(t)=b_1\delta'(t)+b_0\delta(t)$$

利用冲激信号的性质，可得

$$B\delta'(t)+(A-aB)\delta(t)=b_1\delta'(t)+b_0\delta(t)$$

等式两边 $\delta'(t)$ 与 $\delta(t)$ 的系数分别相等，可得

$$B=b_1, \quad A=b_0+ab_1$$

将 $B=b_1,A=b_0+ab_1$ 代入式(3.1.16)，得

$$h(t)=b_1\delta(t)+(b_0+ab_1)\mathrm{e}^{at}u(t) \tag{3.1.17}$$

冲激响应为

$$h(t)=H(p)\delta(t)=\frac{b_1p+b_0}{p-a}\delta(t)=b_1\delta(t)+(b_0+ab_1)\mathrm{e}^{at}u(t) \tag{3.1.18}$$

特殊地，当 $b_1=0,b_0=b$ 时，

$$h(t)=H(p)\delta(t)=\frac{b}{p-a}\delta(t)=b\mathrm{e}^{at}u(t) \tag{3.1.19}$$

这样可直接由系统的传输算子通过式(3.1.17)式(3.1.18)得出系统的冲激响应。

若 $b_1=1,b_0=-a$ 时，式(3.1.18)变为

$$h(t)=H(p)\delta(t)=\frac{p-a}{p-a}\delta(t)=\delta(t)$$

从这里可以得出一个结论：在求冲激响应时，传输算子分子和分母中的公因子可以消去。这就是说，在求冲激响应时，算子式可以完全像普通代数式那样进行运算，只需记住算子与 $\delta(t)$ 的相乘表示了系统对 $\delta(t)$ 的传输而不是使 $\delta(t)$ 乘以一个数值系数。进行传输算子分子、分母中公因子 $p-a$ 的相消，并不会漏掉以 a 为特征根出现的响应模式 e^{at}，因为本质上是考虑了的，只不过这一响应模式的系数抵消为零了。

例 3.1.5 求系统 $(p+3)y(t)=2x(t)$ 的冲激响应 $h(t)$。

解：此系统的传输算子为 $\quad H(p)=\dfrac{2}{p+3}$

直接由式(3.1.18)有

$$h(t)=H(p)\delta(t)=\frac{2}{p+3}\delta(t)=2\mathrm{e}^{-3t}u(t)$$

仿真求解

对冲激响应,一般乘以 $u(t)$ 明确表示因果性;而对零输入响应,一般不乘以 $u(t)$。因为在本质上,零输入响应并不是在 $t<0$ 以前就不存在。$t<0$ 以前系统的输出当然不一定就与零输入响应的变化规律相同,但实际动态系统存在着惯性,其物理量的变化存在着连续性。比如电路中有电流的连续性,如用 $u(t)$ 相乘就必然在数学上强加以不连续性。这一点在用求导方法导入初始条件 $y(0^-)$、$y^{(i)}(0^-)$ $(i=1,2,\cdots,n-1)$ 时要特别注意。

例 3.1.6 已知系统的微分方程为

$$2y'(t)+3y(t)=6x'(t)+4x(t)$$

求系统的冲激响应 $h(t)$。

解:系统的冲激响应 $h(t)$ 应满足算子微分方程式,即

$$(2p+3)h(t)=(6p+4)\delta(t)$$

传输算子为

$$H(p)=\frac{6p+4}{2p+3}$$

由式(3.1.18),有

$$h(t)=H(p)\delta(t)=\frac{6p+4}{2p+3}\delta(t)$$

$$=3\delta(t)-\frac{5}{2p+3}\delta(t)$$

$$=3\delta(t)-\frac{5}{2}\frac{1}{p+3/2}\delta(t)$$

$$=3\delta(t)-\frac{5}{2}\mathrm{e}^{-\frac{3}{2}t}u(t)$$

3.1.3.2 高阶系统的冲激响应

对高阶系统的微分方程可用传输算子法。所谓传输算子法就是将传输算子式变形至一阶传输算子的组合,然后可用 3.1.3.1 节介绍的方法来求解。

设系统方程

$$D(p)y(t)=N(p)x(t)$$

即
$$(p^n+a_{n-1}p^{n-1}+\cdots+a_0)y(t)=(b_mp^m+b_{m-1}p^{m-1}+\cdots+b_0)x(t)$$

1. $n>m$,且 $D(p)$ 的根全为单根

可以将传输算子 $H(p)=\dfrac{N(p)}{D(p)}$ 作部分分式展开,利用式(3.1.19)来求解。

例 3.1.7 如图 3.1.3 所示电路系统,以 $x(t)$ 为输入,$i(t)$ 为输出,求系统的冲激响应 $h(t)$。

解:从例 3.1.4 中,知系统的算子方程为

$$(p^2+5p+6)i(t)=px(t)$$

仿真求解

传输算子可作部分分式展开如下：

$$H(p) = \frac{p}{p^2 + 5p + 6} = \frac{-2}{p+2} + \frac{3}{p+3}$$

利用式(3.1.19)，其冲激响应为

$$h(t) = H(p)\delta(t) = \frac{-2}{p+2}\delta(t) + \frac{3}{p+3}\delta(t)$$

$$= -2e^{-2t}u(t) + 3e^{-3t}u(t)$$

2. $n \leqslant m$，且 $D(p)$ 的根全为单根

先直接作 p 的多项式 $N(p)$ 与 $D(p)$ 的除法，直到余下的分式成为真分式后再按第 1 种情况处理。

例 3.1.8 设系统方程的微分方程为

$$y'(t) + 2y(t) = x''(t) + 3x'(t) + 3x(t)$$

求其冲激响应 $h(t)$。

解：由微分方程知传输算子是

$$H(p) = \frac{p^2 + 3p + 3}{p+2} = p + 1 + \frac{1}{p+2}$$

故其冲激响应为

$$h(t) = H(p)\delta(t) = p\delta(t) + \delta(t) + \frac{1}{p+2}\delta(t)$$

$$= \delta'(t) + \delta(t) + e^{-2t}u(t)$$

3. 系统有多重特征根

由式(3.1.19)得到

$$\frac{1}{p-a}\delta(t) = e^{at}u(t)$$

由于在求冲激响应时，算子式可以像代数式那样进行运算，故上式两边可以对参数 a 进行微分，于是有

$$\frac{1}{(p-a)^2}\delta(t) = te^{at}u(t)$$

微分下去可得

$$\frac{1}{(p-a)^n}\delta(t) = \frac{t^{n-1}}{(n-1)!}e^{at}u(t) \tag{3.1.20}$$

这样当系统出现多重特征根时，可以利用式(3.1.20)来计算。

例 3.1.9 设系统方程为

$$(p+1)^3(p+2)y(t) = (4p^3 + 16p^2 + 23p + 13)x(t)$$

求系统的冲激响应 $h(t)$。

解：系统传输算子为

仿真求解

$$H(p) = \frac{4p^3 + 16p^2 + 23p + 13}{(p+1)^3(p+2)}$$

$$= \frac{2}{(p+1)^3} + \frac{1}{(p+1)^2} + \frac{3}{p+1} + \frac{1}{p+2}$$

故冲激响应为

$$h(t) = H(p)\delta(t)$$

$$= \frac{2}{(p+1)^3}\delta(t) + \frac{1}{(p+1)^2}\delta(t) + \frac{3}{p+1}\delta(t) + \frac{1}{p+2}\delta(t)$$

$$= \frac{2}{2!}t^2 e^{-t}u(t) + \frac{1}{1!}t e^{-t}u(t) + 3e^{-t}u(t) + e^{-2t}u(t)$$

$$= t^2 e^{-t}u(t) + t e^{-t}u(t) + 3e^{-t}u(t) + e^{-2t}u(t)$$

4. 避免出现复数模式

系统的响应模式取决于系统的特征根,即使微分方程的系数全为实数,其特征根也可能为复数,故其冲激响应也可能包含复数形式。实际上,如实系统的特征根为复数,则必成对出现,两两成共轭复数。对于系统特征根为复数的情况,如对 $D(p)$ 进行因子分解时将含共轭复根的两因子合并,就可以避免形式上的复数。这样通过只分解到二次因子的办法就可以将系统的冲激响应完全写成实数形式。原来那种分解到一次因子的方法得出的复数响应只是一个表示形式的问题,并非系统的响应真正是复数。

设 a 和 b 都是实数,容易得出,对于方程

$$[(p-a)^2 + b^2]y(t) = bx(t)$$

冲激响应为

$$h(t) = H(p)\delta(t)$$

$$= \frac{b}{(p-a)^2 + b^2}\delta(t) = e^{at}\sin(bt)u(t) \tag{3.1.21}$$

而方程

$$[(p-a)^2 + b^2]y(t) = (p-a)x(t)$$

的冲激响应为

$$h(t) = H(p)\delta(t)$$

$$= \frac{p-a}{(p-a)^2 + b^2}\delta(t) = e^{at}\cos(bt)u(t) \tag{3.1.22}$$

例 3.1.10 一电路系统如图 3.1.5 所示,其中 $x(t)$ 为输入(电流),试分别求以 $v_1(t)$ 和 $v_2(t)$ 为输出(电压)时的系统的冲激响应 $h(t)$。

解:系统的节点方程为

$$\begin{cases} \left(\dfrac{p}{2}+1\right)v_1(t) - \dfrac{1}{2}v_2(t) = x(t) \\[2mm] -\dfrac{1}{2}v_1(t) + \left(\dfrac{1}{2p}+\dfrac{1}{2}\right)v_2(t) = 0 \end{cases}$$

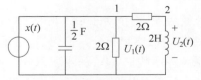

图 3.1.5 例 3.1.10 电路

仿真求解

可解得以 v_1 和 v_2 为输出时的系统方程为

$$\begin{cases} (p^2+2p+2)v_1(t)=2(p+1)x(t) \\ (p^2+2p+2)v_2(t)=2px(t) \end{cases}$$

由式(3.1.21)、式(3.1.22)可求得

$$h_1(t)=\frac{2(p+1)}{(p+1)^2+1}\delta(t)=2\mathrm{e}^{-t}\cos tu(t)$$

$$h_2(t)=\frac{2(p+1)-2}{(p+1)^2+1}\delta(t)=2\mathrm{e}^{-t}\cos(t)u(t)-2\mathrm{e}^{-t}\sin(t)u(t)$$

也可以利用前面介绍的方法，分解 $D(p)=(p+1)^2+1$，即 $D(p)=(p+1+j)(p+1-j)$，利用式(3.1.19)，最后用欧拉公式，两种方法结论是一样的，读者可自行验证。

3.1.4 零状态响应

3.1.3节研究了线性时不变系统在零状态条件下，输入为冲激信号时系统产生冲激响应的过程。冲激响应可以说是零状态响应的一个特例。本节讨论线性时不变系统在任意输入信号下，零状态响应的求解方法——卷积积分。

任一连续信号 $x(t)$ 都可分解成一系列冲激信号序列，得到

$$x(t)=\int_{-\infty}^{\infty}x(\tau)\delta(t-\tau)\mathrm{d}\tau$$

对于线性时不变系统，若系统的冲激响应为 $h(t)$，则不难看出，以下推理是成立的。

由单位冲激响应定义得 $\qquad\qquad \delta(t)\rightarrow h(t)$

由时不变特性 $\qquad\qquad\qquad \delta(t-\tau_i)\rightarrow h(t-\tau_i)$

由零状态响应齐次性 $\qquad x(\tau_i)\Delta\tau_i\delta(t-\tau_i)\rightarrow x(\tau_i)\Delta\tau_i h(t-\tau_i)$

由零状态响应可加性 $\qquad \sum_i x(\tau_i)\Delta\tau_i\delta(t-\tau_i) \rightarrow \sum_i x(\tau_i)\Delta\tau_i h(t-\tau_i)$

当 τ_i 连续变化，即 $\Delta\tau_i=0$ 时，可用连续变化的 τ 代替 τ_i，无穷小 $\mathrm{d}\tau$ 代替 $\Delta\tau_i$，而把上述无限求和式写成积分式，即

$$\int_{-\infty}^{\infty}x(\tau)\delta(t-\tau)\mathrm{d}\tau \quad\rightarrow\quad \int_{-\infty}^{\infty}x(\tau)h(t-\tau)\mathrm{d}\tau$$

上式左端就是信号 $x(t)$，右端是当输入为 $x(t)$ 时系统的零状态响应 $y_{zs}(t)$，即

$$y_{zs}(t)=\int_{-\infty}^{\infty}x(\tau)h(t-\tau)\mathrm{d}\tau \qquad\qquad (3.1.23)$$

将式(3.1.23)与卷积定义式比较，得到

$$y_{zs}(t)=x(t)*h(t) \qquad\qquad (3.1.24)$$

这表明，系统对于输入信号 $x(t)$ 的零状态响应 $y_{zs}(t)$，即是信号 $x(t)$ 与系统的冲激响应 $h(t)$ 的卷积积分。换句话说，系统的零状态响应 $y_{zs}(t)$ 可以通过求输入信号 $x(t)$ 与系统冲激响应 $h(t)$ 的卷积积分来获得。

若系统为因果系统，输入信号从 $t=0$ 时刻加入，式(3.1.24)可写成

$$y_{zs}(t) = \int_0^t x(\tau)h(t-\tau)\mathrm{d}\tau \qquad (3.1.25)$$

其过程如图 3.1.6 所示。

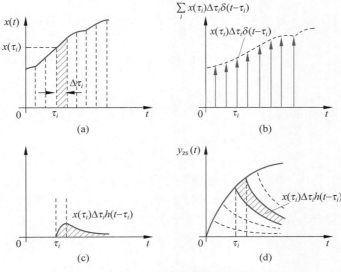

图 3.1.6　系统的零状态响应

因而,在系统分析中,应用卷积积分求系统的零状态响应是一个重要方法,可以利用卷积积分的定义、图解法和性质使计算简化,而且在后面的频域和复频域分析中卷积积分将显示出它独特的优越性。

例 3.1.11　已知一线性时不变系统的冲激响应 $h(t) = \mathrm{e}^{-2t}u(t)$,输入为 $x(t) = u(t)$,试求零状态响应 $y_{zs}(t)$。

解：将已知 $x(t)$ 和 $h(t)$ 代入式(3.1.24),则

$$y_{zs}(t) = x(t) * h(t) = \int_{-\infty}^{\infty} u(\tau)\mathrm{e}^{-2(t-\tau)}u(t-\tau)\mathrm{d}\tau$$

式中,积分变量为 τ。由于

$$u(\tau) = \begin{cases} 1, & \tau > 0 \\ 0, & \tau < 0 \end{cases}, \quad u(t-\tau) = \begin{cases} 1, & \tau < t \\ 0, & \tau > t \end{cases}$$

所以积分限应为 $0 < \tau < t$,注意该不等式隐含了 $t > 0$,否则积分为 0。故

$$y_{zs}(t) = \left[\int_0^t \mathrm{e}^{-2(t-\tau)}\mathrm{d}\tau \right]u(t) = -\frac{1}{2}(1 - \mathrm{e}^{-2t})u(t)$$

到目前为止,已经有三种方式对系统进行具体的描述：微分方程、系统的传输算子和系统的冲激响应。微分方程代表系统,其输入和输出由微分方程联系；传输算子也代表系统,其输出由传输算子对输入作用得出；同样,冲激响应 $h(t)$ 也代表系统,其输出由输入与 $h(t)$ 的卷积积分给定。微分方程和传输算子用于表示系统参数具体给定的系统,冲激响应 $h(t)$ 则可用于表示更一般的系统,如图 3.1.7 所示。有

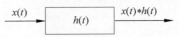

图 3.1.7　系统冲激响应表示

些系统无法用微分方程和传输算子表示，但可用冲激响应表示，如 $h_1(t) = e^{-t^2}u(t)$，$h_2(t) = \dfrac{1}{\sqrt{\pi t}}u(t)$。

当然，凡是可用微分方程和传输算子表示的系统，都能用冲激响应来表示。

考虑系统

$$y(t) = H(p)x(t) \tag{3.1.26}$$

其冲激响应为

$$h(t) = H(p)\delta(t) \tag{3.1.27}$$

设其初始状态为零，则有

$$y_{zs}(t) = H(p)x(t)$$
$$= x(t) * h(t) = x(t) * [H(p)\delta(t)] \tag{3.1.28}$$

可见，用式(3.1.26)表示的系统可理解为式(3.1.28)的卷积关系式。

在 3.1.3 节中已经有了由传输算子得出冲激响应的方法，因此式(3.1.26)中，系统的零状态响应就很容易得到。比如系统

$$y_{zs}(t) = \frac{1}{p - \lambda}x(t)$$

实际上可表示为

$$y_{zs}(t) = x(t) * \left[\frac{1}{p - \lambda}\delta(t)\right]$$
$$= x(t) * [e^{\lambda t}u(t)]$$
$$= \int_{-\infty}^{\infty} x(\tau)e^{\lambda(t-\tau)}u(t - \tau)d\tau \tag{3.1.29}$$

另一方面，任一信号都可当作某系统的冲激响应，因为

$$x(t) = \delta(t) * x(t)$$

如果以上式右端的 $x(t)$ 作为冲激响应，则上式就表明了以右端的 $x(t)$ 为冲激响应的系统的冲激响应即为左端的 $x(t)$，这句话并不是一种简单的同义重复，它深刻地表明了信号与系统之间内在的密不可分的联系。比如 $x(t) = e^{at}u(t)$ 就可看作以 $e^{at}u(t) = \dfrac{1}{p - a}\delta(t)$ 为冲激响应或以 $\dfrac{1}{p - a}$ 为传输算子的系统的冲激响应，以这个信号输入给式(3.1.27)所表示的系统，其零状态响应还可以看作以 $\dfrac{1}{p - \lambda} \cdot \dfrac{1}{p - a}$ 为传输算子的系统的冲激响应，有

$$y_{zs}(t) = \frac{1}{p - \lambda}x(t) = \frac{1}{p - \lambda} \cdot \frac{1}{p - a}\delta(t)$$
$$= \frac{1}{\lambda - a}\left[\frac{1}{p - \lambda} - \frac{1}{p - a}\right]\delta(t)$$
$$= \frac{1}{\lambda - a}e^{\lambda t}u(t) - \frac{1}{\lambda - a}e^{at}u(t)$$

可验证上述结果与式(3.1.29)进行卷积积分的结果是一致的(这里假定 $\lambda \neq a$)。

例 3.1.12 如图 3.1.3 所示电路系统,若 $x(t)=u(t)$,$i(t)$ 为输出,求该系统的冲激响应 $h(t)$ 和零状态响应 $i_{zs}(t)$。

解:由例 3.1.4 可得系统的算子方程为
$$(p^2+5p+6)i(t)=px(t)$$

传输算子为
$$H(p)=\frac{p}{p^2+5p+6}=\frac{-2}{p+2}+\frac{3}{p+3}$$

所以系统的冲激响应为
$$h(t)=H(p)\delta(t)=\frac{-2}{p+2}\delta(t)+\frac{3}{p+3}\delta(t)$$
$$=-2\mathrm{e}^{-2t}u(t)+3\mathrm{e}^{-3t}u(t)$$

又因为
$$x(t)=u(t)=\frac{1}{p}\delta(t)$$

系统的零状态响应为
$$i_{zs}(t)=H(p)x(t)$$
$$=\frac{p}{p^2+5p+6}\cdot\frac{1}{p}\delta(t)$$
$$=\left[\frac{1}{p+2}-\frac{1}{p+3}\right]\delta(t)$$
$$=\mathrm{e}^{-2t}u(t)-\mathrm{e}^{-3t}u(t)$$

3.1.5 连续时间线性时不变系统响应模式分析

3.1.5.1 系统全响应

线性时不变系统的全响应 $y(t)$ 可分解为零输入响应和零状态响应,即
$$y(t)=y_{zi}(t)+y_{zs}(t)$$
求解全响应 $y(t)$,可分别求出零输入响应 $y_{zi}(t)$ 和零状态响应 $y_{zs}(t)$,再两者相加。

假设系统满足
$$D(p)y(t)=N(p)x(t)$$
其中,$D(p)$ 是 p 的 n 次多项式,$N(p)$ 是 p 的次数不高于 n 的多项式,又设 $D(p)$ 的根 $\lambda_i(i=1,2,\cdots,n)$ 都是单根。

由 3.1.2 节知系统的零输入响应为
$$y_{zi}(t)=k_1\mathrm{e}^{\lambda_1 t}+k_2\mathrm{e}^{\lambda_2 t}+\cdots+k_n\mathrm{e}^{\lambda_n t},\quad t\geqslant 0$$
则零输入响应可以表示成如下的向量形式:
$$y_{zi}(t)=[\mathrm{e}^{\lambda_1 t},\mathrm{e}^{\lambda_2 t},\cdots,\mathrm{e}^{\lambda_n t}]\begin{bmatrix}k_1\\k_2\\\vdots\\k_n\end{bmatrix}$$

$$\triangleq \boldsymbol{E}_\lambda^{\mathrm{T}}\cdot\boldsymbol{A} \qquad\qquad (3.1.30)$$

其中，$\boldsymbol{E}_\lambda = [e^{\lambda_1 t}, e^{\lambda_2 t}, \cdots, e^{\lambda_n t}]^T$ 称为零输入响应 $y_{zi}(t)$ 的响应模式向量，$e^{\lambda_i t}$ 称为响应模式，根据已知初始状态向量$[y(0^-), y'(0^-), \cdots, y^{(n-1)}(0^-)]^T$，求出 $k_i(i=1,2,\cdots,n)$，从而得到系数向量 $\boldsymbol{A}$。

由 3.1.4 节知系统的零状态响应为

$$y_{zs}(t) = H(p)x(t)$$

$$= \frac{N(p)}{D(p)}x(t) \tag{3.1.31}$$

前已述及，任一信号 $x(t)$ 可看作某系统的冲激响应，该系统的传输算子可设为 $H_x(p) = \dfrac{N(p)}{D(p)}$，则有

$$x(t) = H_x(p)\delta(t)$$

$$= \frac{N_x(p)}{D_x(p)}\delta(t) \tag{3.1.32}$$

其中，$D_x(p)$ 是 p 的 m 次多项式，$N_x(p)$ 是 p 的次数不高于 m 的多项式。设 $D_x(p)$ 的根 $\xi_i(i=1,2,\cdots,m)$ 都是单根，且 $\xi_i \neq \lambda_i$，代入式(3.1.31)，得

$$y_{zs}(t) = \frac{N(p)}{D(p)} \cdot \frac{N_x(p)}{D_x(p)}\delta(t) \tag{3.1.33}$$

也就是说，零状态响应也可看作以 $\dfrac{N(p)}{D(p)} \cdot \dfrac{N_x(p)}{D_x(p)}$ 为传输算子的系统的冲激响应。

$e^{\lambda_i t}(i=1,2,\cdots,n)$ 及 $e^{\xi_i t}(i=1,2,\cdots,m)$ 分别是 $H(p)$、$H_x(p)$ 所表示系统的响应模式，并记 $\boldsymbol{E}_\xi = [e^{\xi_1 t}, e^{\xi_2 t}, \cdots, e^{\xi_n t}]^T$，则系统零状态响应的响应模式将由 $\boldsymbol{E}_\lambda$ 和 $\boldsymbol{E}_\xi$ 两部分组成，零状态响应可以表示成

$$y_{zs}(t) = \boldsymbol{E}_\lambda^T \cdot \boldsymbol{B} + \boldsymbol{E}_\xi^T \cdot \boldsymbol{C} \tag{3.1.34}$$

其中，$\boldsymbol{B}$、$\boldsymbol{C}$ 都是系数向量，是一个列矩阵。

可见最后系统的全响应可写成

$$y(t) = \underbrace{\boldsymbol{E}_\lambda^T \cdot \boldsymbol{A}}_{\text{零输入响应}} + \underbrace{\boldsymbol{E}_\lambda^T \cdot \boldsymbol{B} + \boldsymbol{E}_\xi^T \cdot \boldsymbol{C}}_{\text{零状态响应}} \tag{3.1.35}$$

注意：当 λ_i 与 ξ_i 相同时，或它们不是单根时，分析类似。只是要注意，此时将会产生 $te^{\xi t}$、$te^{\lambda_i t}$ 等模式。

例 3.1.13 设系统方程为

$$y'(t) - \lambda y(t) = x(t)$$

输入信号 $x(t) = e^{\xi t}u(t)$，$\xi \neq \lambda$，$y(0^-) = a$，求系统的全响应 $y(t)$。

解：系统的传输算子 $\qquad H(p) = \dfrac{1}{p-\lambda}$

输入信号 $\qquad x(t) = e^{\xi t}u(t) = \dfrac{1}{p-\xi}\delta(t)$

仿真求解

$$y_{zi}(t) = a e^{\lambda t}, \quad t \geqslant 0$$

$$y_{zs}(t) = \left[\frac{1}{p-\lambda} \cdot \frac{1}{p-\xi}\right]\delta(t)$$

$$= \frac{1}{\lambda-\xi}\left[\frac{1}{p-\lambda} - \frac{1}{p-\xi}\right]\delta(t)$$

$$= \frac{1}{\lambda-\xi}e^{\lambda t}u(t) - \frac{1}{\lambda-\xi}e^{\xi t}u(t)$$

系统的全响应为

$$y(t) = a e^{\lambda t} + \frac{1}{\lambda-\xi}e^{\lambda t}u(t) - \frac{1}{\lambda-\xi}e^{\xi t}u(t), \quad t \geqslant 0$$

由于这是一个一阶系统，且输入信号也可以理解为一阶系统的冲激响应，故 $\boldsymbol{E}_\lambda$、$\boldsymbol{E}_\xi$、$\boldsymbol{A}$、$\boldsymbol{B}$ 和 $\boldsymbol{C}$ 各响应模式及其系数向量都退化为标量：

$$E_\lambda = e^{\lambda t}, \quad E_\xi = e^{\xi t},$$

$$A = a, \quad B = \frac{1}{\lambda-\xi}, \quad C = -\frac{1}{\lambda-\xi}$$

3.1.5.2　自然响应和强迫响应

从系统响应的一般表示式(3.1.35)可知，$\boldsymbol{E}_\lambda$ 是完全由系统的特征根决定的响应模式，与输入信号无关，因而可以称为系统的自然响应模式或固有模式；而 $\boldsymbol{E}_\xi$ 则是完全由输入信号决定的(信号的模式)，是信号强迫系统产生出的响应模式，因此称为强迫响应模式。这样，系统的响应除了划分成零输入响应和零状态响应两类外，又可以划分成自然响应和强迫响应两类，即

$$y(t) = \underbrace{\boldsymbol{E}_\lambda^{\mathrm{T}} \cdot \boldsymbol{A} + \boldsymbol{E}_\lambda^{\mathrm{T}} \cdot \boldsymbol{B}}_{\text{自然响应}} + \underbrace{\boldsymbol{E}_\xi^{\mathrm{T}} \cdot \boldsymbol{C}}_{\text{强迫响应}} \tag{3.1.36}$$

需要注意的是，自然响应虽与零输入响应具有相同的响应模式，但并不等同于零输入响应。一方面，没有外加信号时，由系统的初始储能可以引起自然响应；另一方面，即使系统的初始条件全部为零而只加上信号，也会产生自然响应。在例 3.1.11 中，$a e^{\lambda t}$ 和 $\frac{1}{\lambda-\xi}e^{\lambda t}$ 都是自然响应，尽管后者是由输入强迫引起的。而其中只有 $-\frac{1}{\lambda-\xi}e^{\xi t}$ 才是强迫响应，因为只有 $e^{\xi t}$ 这样的响应模式才与系统特性无关。

3.1.5.3　瞬态响应和稳态响应

在很多情况下，系统的响应由以下两部分组成：一部分随时间的增加而衰减，并且最终完全消失；其余部分则一直保留下来。它们分别称为瞬态分量和稳态分量。

例如在例 3.1.11 中，如果 $\lambda=-2, \xi=3$，则自然响应为 $a e^{-2t} + \frac{1}{-2-3}e^{-2t}u(t), t \geqslant 0$ 最终将消失。而强迫响应为 $-\frac{1}{-2-3}e^{3t}u(t)$ 将一直保留下来。此时自然响应是瞬态分量，

而强迫响应是稳态分量。但如果 $\lambda=-2, \xi=-3$，则自然响应为 $a\mathrm{e}^{-2t}+\dfrac{1}{-2+3}\mathrm{e}^{-2t}u(t)$，

$t\geqslant0$，强迫响应为 $-\dfrac{1}{-2+3}\mathrm{e}^{-3t}u(t)$，二者最终都将消失，于是它们都是瞬态分量——整个响应全是瞬态响应。

一般来说，对于稳定系统，其特征根（极点）小于零（或其实部小于零），自然响应必然随着时间的增长而衰减，其自然响应必须是瞬态的；而对于不稳定系统，其特征根（或其实部）不小于零，自然响应必然不随着时间的增长而衰减，其自然响应就是稳态的。如果输入信号不随时间的增长而衰减，系统的强迫响应就是稳态的；如果输入信号随时间的增长而衰减，系统的强迫响应就是瞬态的。

3.2 离散时间线性时不变系统的时域分析

3.2.1 线性时不变系统的数学模型

对于离散时间线性时不变系统，信号的自变量是离散量，系统可用常系数差分方程来描述，其一般形式为

$$a_k y(n+k)+a_{k-1}y(n+k-1)+\cdots+a_1 y(n+1)+a_0 y(n)$$
$$=b_m x(n+m)+b_{m-1}x(n+m-1)+\cdots+b_1 x(n+1)+b_0 x(n) \quad (3.2.1)$$

或写作

$$\sum_{i=0}^{k}a_i y(n+i)=\sum_{j=0}^{m}b_j x(n+j), \quad m\leqslant k$$

式中，$x(n+j)(j=0,1,\cdots,m)$ 是输入及其移位序列；$y(n+i)(i=0,1,\cdots,n)$ 是响应及其移位序列，差分方程的阶数等于未知响应序列的最高序号与最低序号之差，因此式（3.2.1）是一个 k 阶差分方程式。

在式（3.2.1）的差分方程中，各序列的序号自 n 以递增方式给出，称为前向差分方程。差分方程也可以用另一种形式，即

$$a_0 y(n)+a_1 y(n-1)+\cdots+a_{k-1}y(n-k+1)+a_k y(n-k)$$
$$=b_0 x(n)+b_1 x(n-1)+\cdots+b_{m-1}x(n-m+1)+b_m x(n-m) \quad (3.2.2)$$

或写作

$$\sum_{i=0}^{k}a_i y(n-i)=\sum_{j=0}^{m}b_j x(n-j), \quad m\leqslant k$$

此式中各序列的序号自 n 以递减的方式给出，称为后向差分方程。

在常系数线性差分方程中，各序列的序号都增加或减少同样的数目，该差分方程所描述的输入和输出关系不变，因此能够容易地将前向差分方程改写为后向差分方程，或者反之。例如：

$$y(n+2)+3y(n+1)+2y(n)=x(n+1)+x(n)$$

为常系数线性二阶前向差分方程,如将各序列的序号均减 2,即可改写成

$$y(n) + 3y(n-1) + 2y(n-2) = x(n-1) + x(n-2)$$

而变为常系数线性二阶后向差分方程。在应用中,究竟采用哪种形式的差分方程比较方便,要视具体情况而定。

下面通过几个例子来说明如何建立离散时间系统的差分方程。

例 3.2.1 一质点沿水平方向做直线运动,它在某秒内所走的距离等于前一秒内所走距离的 2 倍,试列出描述该质点行程的方程。

解:这里行程是离散时间变量 n 的函数。

设 $y(n)$ 表示质点在第 n 秒末的行程,$y(n+1)$ 表示在第 $n+1$ 秒末的行程,……,则依据题意,有

$$y(n+2) - y(n+1) = 2[y(n+1) - y(n)]$$

整理为 $\qquad y(n+2) - 3y(n+1) + 2y(n) = 0$

这是一个二阶常系数线性前向差分方程。

例 3.2.2 一信号处理过程是:每当接收到一个数据,就将此数据与前一步的处理结果平均。求这一信号处理过程的输入-输出关系。

解:设当前序号为 n,输入为 $x(n)$,输出为 $y(n)$,则前一步的序号为 $n-1$,输出为 $y(n-1)$,按题意,当前输出 $y(n)$ 应是当前输入 $x(n)$ 与前一步输出 $y(n-1)$ 的平均值,即

$$y(n) = \frac{1}{2}[x(n) + y(n-1)]$$

亦即 $\qquad y(n) - \frac{1}{2}y(n-1) = \frac{1}{2}x(n)$

这一过程可用图 3.2.1 所示的框图表示。

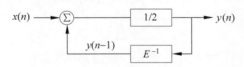

图 3.2.1 一阶后向差分方程系统

例 3.2.3 如图 3.2.2 所示的电阻梯形网络,其各支路电阻都为 R,各个节点对地的电压记为 $v(n)$,$n = 0, 1, \cdots, N$,求任一节点电压应满足的差分方程。

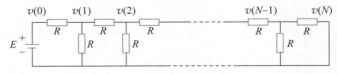

图 3.2.2 电阻梯形网络

解:对于在节点 $n-1$,运用节点电流定律可得

$$\frac{v(n-1)}{R} = \frac{v(n) - v(n-1)}{R} + \frac{v(n-2) - v(n-1)}{R}$$

整理得
$$v(n) - 3v(n-1) + v(n-2) = 0$$

这是一个二阶常系数线性后向差分方程。很明显对此方程有两个附加条件，即 $v(0) = E, v(N) = 0$，由这个附加条件可以求出该方程的解（是一个零输入的解）。

如果不是对 $n-1$ 点而对 $n+1$ 点列节点电流方程，则可以得到二阶前向差分方程
$$v(n+2) - 3v(n+1) + v(n) = 0$$
由于两者描述的是同一事物，所以两个差分方程并无本质不同。

值得注意的是，本例中离散变量 n 并不代表时间，而是代表图中节点的序号。由此可见，差分方程是一种描述离散函数关系的数学工具，离散变量并不限于是时间变量。n 作为离散时间信号的变量只不过是为了与连续时间信号和系统的概念相对应而已。

在连续时间系统中，曾引入微分算子 p 和 $1/p$ 分别表示对信号的微分和积分运算。与此类似，对于离散系统，引入移位算子 E 和 E^{-1} 表示将序列超前或延迟一个单位时间的运算，有时也称为差分算子。

利用移位算子可将式（3.2.1）的 k 阶差分方程改写为
$$(a_k E^k + a_{k-1} E^{k-1} + \cdots + a_1 E + a_0) y(n)$$
$$= (b_m E^m + b_{m-1} E^{m-1} + \cdots + b_1 E + b_0) x(n) \tag{3.2.3}$$
简记为
$$D(E) y(n) = N(E) x(n) \tag{3.2.4}$$
进一步可记为
$$y(n) = \frac{N(E)}{D(E)} x(n) = H(E) x(n) \tag{3.2.5}$$

这里，$H(E)$ 称为离散时间系统的传输算子，它在离散系统分析中的作用与连续系统中的 $H(p)$ 相同，$H(E)$ 表明了系统对输入作用而产生输出的规则，是一个算子运算。这样，离散系统除直接用差分方程表示外，也可用传输算子来表示，如图 3.2.3 所示。

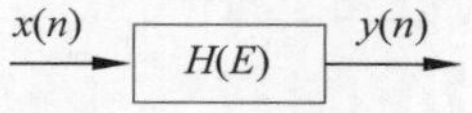

图 3.2.3 离散系统的传输算子表示

对于例 3.2.2 所述系统，其差分方程的算子形式为
$$y(n) - \frac{1}{2} E^{-1} y(n) = \frac{1}{2} x(n)$$
故其传输算子为
$$H(E) = \frac{\dfrac{1}{2}}{1 - \dfrac{1}{2} E^{-1}} = \frac{E}{2E - 1}$$

求解差分方程的方法有以下几种。

1. 递推解法

以例 3.2.2 中得到的差分方程

的求解为例，设 $x(n)=\delta(n)$，按系统的因果性 $y(-1)=0$，从而

$$y(n)-\frac{1}{2}y(n-1)=\frac{1}{2}x(n)$$

$$y(0)=\frac{1}{2}y(-1)+\frac{1}{2}x(0)=\frac{1}{2}\times 0+\frac{1}{2}\times 1=\frac{1}{2}$$

$$y(1)=\frac{1}{2}y(0)+\frac{1}{2}x(1)=\frac{1}{2}\times\frac{1}{2}+\frac{1}{2}\times 0=\left(\frac{1}{2}\right)^2$$

$$y(2)=\frac{1}{2}y(1)+\frac{1}{2}x(2)=\frac{1}{2}\times\left(\frac{1}{2}\right)^2+\frac{1}{2}\times 0=\left(\frac{1}{2}\right)^3$$

$$\vdots$$

由此得

$$y(n)=\left(\frac{1}{2}\right)^{n+1}$$

递推解法用计算机较为方便。这种方法简单，概念清楚，但一般只能得出数值解而不能直接给出完整的解析解。

2. 时域经典法

这种方法实际上是求差分方程的齐次解与特解，这种方法虽然是基本的，但求解较麻烦，现已较少采用。

3. 零输入响应与零状态响应

利用线性系统的分解性，将响应分成零输入与零状态两个分量，用范德蒙矩阵方法求零输入响应，用卷积和方法求零状态响应。这是目前通行的时域解法，也是本节需重点讨论的问题之一。

4. 其他方法

还有 z 变换法和状态空间分析法，这两种方法都是通过变换域来求解差分方程，将在第 6 章讨论。

3.2.2 零输入响应

类似于线性时不变的连续时间系统，线性时不变的离散时间系统的响应也具有分解性，即其响应可以分解成零输入响应和零状态响应两部分。在 3.1 节中，从描述系统的微分方程或传输算子 $H(p)$ 出发，分别求出系统的零输入响应和零状态响应，然后把它们叠加起来得到系统的全响应。这种做法同样适用于离散系统的时域分析，只是在离散时间系统分析中，讨论问题的出发点是描述系统的差分方程或传输算子 $H(E)$；此外，求解系统零状态响应时，需要进行的不是连续时间信号的卷积积分，而是离散时间信号的卷积和计算。本节先讨论离散时间系统零输入响应的求解方法。

如前所述，一个描述 k 阶线性时不变离散系统的差分方程，若用算子表示，可写成

$$D(E)y(n) = N(E)x(n) \tag{3.2.6}$$

其中,传输算子为

$$H(E) = \frac{N(E)}{D(E)} = \frac{b_m E^m + b_{m-1} E^{m-1} + \cdots + b_1 E + b_0}{a_k E^k + a_{k-1} E^{k-1} + \cdots + a_1 E + a_0}$$

零输入响应是输入信号 $x(n)$ 加入之前由系统原来的初始状态决定的。由此可见,对于系统差分方程(3.2.6),若令输入信号 $x(n)$ 为零,即可得到零输入响应,记作 $y_{zi}(n)$,它应满足的差分方程的一般形式为

$$(a_k E^k + a_{k-1} E^{k-1} + \cdots + a_1 E + a_0) y_{zi}(n) = 0 \tag{3.2.7}$$

具体地说,离散时间系统的零输入响应就是齐次差分方程满足初始条件时的解。

先考虑一阶差分方程

$$(E - \lambda) y_{zi}(n) = 0 \tag{3.2.8}$$

表明系统传输算子 $H(E)$ 仅含有单个特征根 λ。式(3.2.8)是一个一阶齐次差分方程,容易验证其解为

$$y_{zi}(n) = c\lambda^n \tag{3.2.9}$$

式中,c 为常数,由系统的零输入初始条件确定。

因此,有以下结论:

$$H(E) = \frac{1}{E - \lambda} \longrightarrow y_{zi}(n) = c\lambda^n \tag{3.2.10}$$

如果系统传输算子 $H(E)$ 仅含有 k 个单特征根 $\lambda_1, \lambda_2, \cdots, \lambda_k$,且 $\lambda_1 \neq \lambda_2 \neq \cdots \neq \lambda_k$,则相应的齐次差分方程可写成

$$(E - \lambda_1)(E - \lambda_2) \cdots (E - \lambda_k) y_{zi}(n) = 0 \tag{3.2.11}$$

其解为

$$y_{zi}(n) = c_1 \lambda_1^n + c_2 \lambda_2^n + \cdots + c_k \lambda_k^n \tag{3.2.12}$$

式中,$c_1, c_2, \cdots, c_k$ 由系统零输入初始条件确定。于是有结论

$$H(E) = \frac{1}{(E - \lambda_1)(E - \lambda_2) \cdots (E - \lambda_k)} \longrightarrow y_{zi}(n) = \sum_{i=1}^{k} c_i \lambda_i^n \tag{3.2.13}$$

例 3.2.4 二阶差分方程系统

$$y(n+2) - 5y(n+1) + 6y(n) = x(n)$$

仿真求解

的初始值 $y_{zi}(0) = 1, y_{zi}(1) = 5$,求其零输入响应 $y_{zi}(n)$。

解:由方程可得传输算子为

$$H(E) = \frac{1}{E^2 - 5E + 6} = \frac{1}{(E-3)(E-2)}$$

系统的特征根为 $\lambda_1 = 3, \lambda_2 = 2$。

所以 $y_{zi}(n) = c_1 3^n + c_2 2^n, n \geqslant 0$

令 $n = 0, 1$,代入初始值得

$$\begin{cases} y_{zi}(0) = c_1 + c_2 = 1 \\ y_{zi}(1) = 3c_1 + 2c_2 = 5 \end{cases}$$

联立上述方程,求解得
$$c_1 = 3, \quad c_2 = -2$$
故最终有
$$y_{zi}(n) = 3 \cdot 3^n - 2 \cdot 2^n, \quad n \geqslant 0$$

n 阶连续时间系统的初始条件是 $t = 0^-$ 时刻 $y_{zi}(t)$ 及其直到 $(n-1)$ 阶各阶导数的值,与 $t = 0$ 以后情况无关。而 k 阶离散时间系统的初始条件 $y_{zi}(n)$ 在 $n = 0, 1, \cdots, k-1$ 处的样点值,与 $n = 0$ 以后的情况有关。这是两类系统的不同之处。因此,对连续系统,不存在因果输入对初始条件的影响问题;而对离散系统,即使是因果输入,对系统的初始条件都是有影响的,这是由于输入信号一般是 $n = 0$ 开始加入系统,当 $n < 0$ 时,零状态响应 $y_{zs}(n) = 0$,此时 $y(n) = y_{zi}(n)$,即 $y(-1) = y_{zi}(-1)$;而当 $n \geqslant 0$ 时 $y(n) = y_{zi}(n) + y_{zs}(n)$,即 $y(0) = y_{zi}(0) + y_{zs}(0), \cdots, y(k-1) = y_{zi}(k-1) + y_{zs}(k-1)$。

用以求零输入响应的必须是系统的零输入初始条件,这点一定要引起注意。

当系统含有特征根为一个 $q(q \leqslant k)$ 阶重特征根时,式(3.2.7)将分解成
$$(E - \lambda_1)^q (E - \lambda_{q+1}) \cdots (E - \lambda_k) y_{zi}(n) = 0 \tag{3.2.14}$$
其解将具有如下形式:
$$y_{zi}(n) = (c_1 + c_2 n + \cdots + c_q n^{q-1}) \lambda_1^n + c_{q+1} \lambda_{q+1}^n + \cdots + c_k \lambda_k^n \tag{3.2.15}$$
式中,$c_1, c_2, \cdots, c_k$ 由系统的零输入初始条件决定。

例 3.2.5 差分方程系统
$$y(n) - 7y(n-1) + 16y(n-2) - 12y(n-3) = 0$$
的初始值 $y(1) = -1, y(2) = -3, y(3) = -5$,求其零输入响应 $y_{zi}(n)$。

解:本题方程是后向差分方程,将其变成前向差分方程后,利用上面的结论来解题。
$$y(n+3) - 7y(n+2) + 16y(n+1) - 12y(n) = 0$$
传输算子为
$$H(E) = \frac{1}{E^3 - 7E^2 + 16E - 12} = \frac{1}{(E-3)(E-2)^2}$$
特征根为
$$\lambda_1 = 3, \quad \lambda_2 = 2 (2\ 重根)$$
所以
$$y_{zi}(n) = (c_1 + c_2 n) 2^n + c_3 3^n, \quad n \geqslant 0$$
本题的初始值是
$$y(1) = -1, y(2) = -3, y(3) = -5$$
因为输入信号 $x(n) = 0$,所以 $y_{zi}(n) = y(n)$,故得
$$y_{zi}(1) = y(1) = -1, \quad y_{zi}(2) = y(2) = -3, \quad y_{zi}(3) = y(3) = -5$$
令 $n = 1, 2, 3$,代入初始值得
$$y_{zi}(1) = (c_1 + c_2) 2 + c_3 3 = -1$$
$$y_{zi}(2) = (c_1 + 2c_2) \cdot 4 + 9 \cdot c_3 = -3$$
$$y_{zi}(3) = (c_1 + 3c_2) \cdot 8 + 27 \cdot c_3 = -5$$
联立方程组,解得
$$c_1 = -1, \quad c_2 = -1, \quad c_3 = 1$$
最终得
$$y_{zi}(n) = (-1 - n) \cdot 2^n + 3^n, \quad n \geqslant 0$$

仿真求解

与连续系统特征根一样,离散系统特征根中也会出现复根,它们也必定共轭成对出现,设离散系统的共轭根为

$$\lambda = r\mathrm{e}^{\mathrm{j}\phi}, \quad \lambda^* = r\mathrm{e}^{-\mathrm{j}\phi}$$

则其零输入响应为

$$
\begin{aligned}
y_{\mathrm{zi}}(n) &= c_1(r\mathrm{e}^{\mathrm{j}\phi})^n + c_2(r\mathrm{e}^{-\mathrm{j}\phi})^n \\
&= r^n(c_1\mathrm{e}^{\mathrm{j}n\phi} + c_2\mathrm{e}^{-\mathrm{j}n\phi}) \\
&= r^n[(c_1 + c_2)\cos(n\phi) + \mathrm{j}(c_1 - c_2)\sin(n\phi)] \\
&= r^n[c_1'\cos(n\phi) + c_2'\sin(n\phi)]
\end{aligned} \tag{3.2.16}
$$

其中,$c_1' = c_1 + c_2$;$c_2' = \mathrm{j}(c_1 - c_2)$。

具体值由初始状态确定。可见,当系统出现复根时,随 r 的取值不同,系统的零输入响应可能是等幅、增长或衰减的正弦(余弦)序列。

例 3.2.6 差分方程系统

$$y(n+2) + 0.25y(n) = x(n+1) - 2x(n)$$

的初始值为 $y_{\mathrm{zi}}(0) = 2$,$y_{\mathrm{zi}}(1) = 3$,试求其零输入响应 $y_{\mathrm{zi}}(n)$。

解:由方程得传输算子为

$$H(E) = \frac{E - 2}{E^2 + 0.25}$$

其特征根是一对共轭复根:

$$\lambda_1 = \mathrm{j}0.5 = 0.5\mathrm{e}^{\mathrm{j}\frac{\pi}{2}}, \quad \lambda_2 = -\mathrm{j}0.5 = 0.5\mathrm{e}^{-\mathrm{j}\frac{\pi}{2}}$$

由式(3.2.16)得

$$y_{\mathrm{zi}}(n) = (0.5)^n\left[c_1\cos\left(n\,\frac{\pi}{2}\right) + \mathrm{j}c_2\sin\left(n\,\frac{\pi}{2}\right)\right]$$

令 $n = 0, 1$,代入初始值,得

$$y_{\mathrm{zi}}(0) = c_1 = 2$$

$$y_{\mathrm{zi}}(1) = 0.5\left[c_1\cos\left(\frac{\pi}{2}\right) + \mathrm{j}c_2\sin\left(\frac{\pi}{2}\right)\right] = 3$$

联立方程得

$$c_1 = 2, \quad c_2 = -6\mathrm{j}$$

所以

$$y_{\mathrm{zi}}(n) = (0.5)^n\left(2\cos\frac{n\pi}{2} + 3\sin\frac{n\pi}{2}\right), \quad n \geqslant 0$$

3.2.3 单位样值响应

离散时间系统对于单位样值信号的响应称为系统的单位样值响应,又称单位冲激响应,记作 $h(n)$。单位样值响应 $h(n)$ 可由系统的传输算子 $H(E)$ 求出,下面的讨论,限于讨论因果线性时不变系统的几个具体例子情况。

例 3.2.7 若系统传输算子为 $H(E) = E^k$,求系统的单位样值响应 $h(n)$。

解:由式(3.2.5)可得

仿真求解

$$y(n) = E^k x(n)$$

令 $x(n) = \delta(n)$，此时 $y(n) = h(n)$，于是有

$$h(n) = E^k \delta(n) = \delta(n+k)$$

所以 $\qquad\qquad\qquad\qquad H(E) = E^k$

可得 $\qquad\qquad\qquad\qquad h(n) = \delta(n+k) \qquad\qquad\qquad\qquad (3.2.17)$

例 3.2.8 若系统的传输算子为

$$H(E) = \frac{E}{E-\lambda}$$

求系统的单位样值响应 $h(n)$。

解：由式(3.2.5)可得

$$(E-\lambda)y(n) = Ex(n)$$

令 $x(n) = \delta(n)$，$y(n) = h(n)$，故有

$$(E-\lambda)h(n) = E\delta(n)$$

或 $\qquad\qquad\qquad h(n+1) - \lambda h(n) = \delta(n+1)$

即 $\qquad\qquad\qquad h(n) = \lambda h(n-1) + \delta(n) \qquad\qquad\qquad (3.2.18)$

由于 $\qquad\qquad\qquad \delta(n+1) = 0, \quad n \leqslant -2$

同时，对于因果系统必有

$$h(n+1) = 0, \quad n \leqslant -2$$

利用上式作为初始条件，用递推法可由式(3.2.18)求得 $h(n)$ 的各个序列项。分别令式(3.2.18)中 $n = -2, -1, 0, 1, 2, \cdots$，可得

$$h(-1) = \lambda h(-2) + \delta(-1) = 0$$
$$h(0) = \lambda h(-1) + \delta(0) = 1$$
$$h(1) = \lambda h(0) + \delta(0) = \lambda$$
$$h(2) = \lambda h(1) + \delta(1) = \lambda^2$$
$$\vdots$$
$$h(n) = \lambda h(n-1) + \delta(n) = \lambda \cdot \lambda^{n-1} = \lambda^n$$

即 $\qquad\qquad\qquad h(n) = \lambda^n u(n)$

按式(3.2.18)的算子表示，形式上将有

$$h(n) = \frac{E}{E-\lambda}\delta(n) = \lambda^n u(n)$$

即 $\qquad\qquad\qquad \frac{E}{E-\lambda}\delta(n) = \lambda^n u(n) \qquad\qquad\qquad (3.2.19)$

在式(3.2.19)两边对 λ 进行微分运算，有

$$\frac{E}{(E-\lambda)^2}\delta(n) = n\lambda^{n-1} u(n)$$

$$\frac{E}{(E-\lambda)^3}\delta(n) = \frac{n(n-1)}{2!}\lambda^{n-2} u(n)$$

$$\vdots$$

$$\frac{E}{(E-\lambda)^m}\delta(n) = \frac{n(n-1)\cdots(n-m+2)}{(m-1)!}\lambda^{n-m+1}u(n) \qquad (3.2.20)$$

现在来总结一下由传输算子 $H(E)$ 求解 $h(n)$ 的一般方法，设离散时间系统的传输算子为

$$H(E) = \frac{b_m E^m + b_{m-1}E^{m-1} + \cdots + b_1 E + b_0}{a_k E^k + a_{k-1}E^{k-1} + \cdots + a_1 E + a_0}, \quad k \geqslant m$$

求单位样值响应 $h(n)$ 的方法如下：

（1）从 $H(E)$ 中提出一个 E，得到 $H(E) = EH'(E)$（$H'(E)$ 是提出 E 后 $H(E)$ 的余式）；

（2）将 $H'(E)$ 进行部分分式展开；

（3）将 E 再乘入部分分式展开式，得到 $H(E)$ 的部分分式展开式

$$H(E) = \sum_{i=1}^p H_i(E) = \sum_{i=1}^p \frac{A_i E}{(E-\lambda_i)^{q_i}}$$

式中，λ_i 为系统的特征根；q_i 为该特征根的重数；A_i 为部分分式项系数；p 为 $H(E)$ 相异特征根个数；

（4）利用式（3.2.19）和式（3.2.20），求出每个 $H_i(E)$ 对应的单位样值响应分量 $h_i(n)$；

（5）相加，求出系统的单位样值响应

$$h(n) = \sum_{i=1}^p h_i(n)$$

例 3.2.9 一系统的差分方程为

$$y(n+2) + 3y(n+1) + 2y(n) = 2x(n+1) + x(n)$$

求其单位样值响应 $h(n)$。

解：由方程可得传输算子为

$$H(E) = \frac{2E+1}{E^2 + 3E + 2}$$

$$= E \cdot \frac{2E+1}{E(E+1)(E+2)}$$

$$= E\left(\frac{1}{2} \cdot \frac{1}{E} + \frac{1}{E+1} - \frac{3}{2} \cdot \frac{1}{E+2}\right)$$

$$= \frac{1}{2} + \frac{E}{E+1} - \frac{3}{2} \cdot \frac{E}{E+2}$$

利用式（3.2.19），有

$$h(n) = \left(\frac{1}{2} + \frac{E}{E+1} - \frac{3}{2} \cdot \frac{E}{E+2}\right)\delta(n) = \frac{1}{2}\delta(n) + (-1)^n u(n) - \frac{3}{2}(-2)^n u(n)$$

例 3.2.10 系统的传输算子为

$$H(E) = \frac{2E^3 - 4E + 1}{(E-1)^2(E-2)}$$

仿真求解

求其单位样值响应 $h(n)$。

解：
$$h(n) = H(E)\delta(n)$$

$$= E \cdot \frac{2E^2 - 4E + 1}{(E-1)^2(E-2)}\delta(n)$$

$$= \left(\frac{E}{(E-1)^2} + \frac{E}{E-1} + \frac{E}{E-2}\right)\delta(n)$$

由式(3.2.19)和式(3.2.20)可得
$$h(n) = nu(n) + u(n) + 2^n u(n)$$

3.2.4　零状态响应

设系统的起始观察时间为 n_0，离散时间系统的零状态响应是指该系统在 n_0 时刻的状态为零或者 $n < n_0$ 时的输入为零时，仅由 $n \geqslant n_0$ 时加入的输入所引起的响应，记为 $y_{zs}(n)$，通常取观察时间 $n_0 = 0$，所以表达式 $y_{zs}(n)$ 之后一般要乘以 $u(n)$。

在连续时间系统分析中，先求出系统对单位冲激信号 $\delta(t)$ 的零状态响应，即单位冲激响应 $h(t)$，然后利用信号的分解特性和系统的线性时不变特性，导出系统对于任意信号作用时的零状态响应的求解方法。对于离散时间系统也是如此。

设离散时间系统的输入为 $x(n)$，对应的零状态响应为 $y_{zs}(n)$。输入 $x(n)$ 可以表示成无穷多个单位样值信号的线性组合，即

$$x(n) = \sum_{k=-\infty}^{\infty} x(k)\delta(n-k)$$

根据离散时间线性系统特性，可利用单位样值响应 $h(n)$，分别求出每个位移样值信号 $x(k)\delta(n-k)$ 作用于系统的零状态响应，把它们叠加起来就可以得到系统对输入 $x(n)$ 的零状态响应 $y_{zs}(n)$。因此，也可采用连续时间系统中类似的做法推导出离散时间系统零状态响应的计算公式。对于离散时间线性时不变系统，有如下输入-零状态响应关系。

由单位样值响应定义得　　　　　　　$\delta(n) \rightarrow h(n)$

由时不变特性　　　　　　　　　　　$\delta(n-k) \rightarrow h(n-k)$

由零状态响应齐次性　　　　$x(k)\delta(n-k) \rightarrow x(k)h(n-k)$

由零状态响应可加性　$\displaystyle\sum_{k=-\infty}^{\infty} x(k)\delta(n-k) \rightarrow \sum_{k=-\infty}^{\infty} x(k)h(n-k)$

动画

由式(2.5.25)序列卷积和定义可得

$$x(n) \quad \rightarrow \quad y_{zs}(n)$$

$$y_{zs}(n) = \sum_{k=-\infty}^{\infty} x(k)h(n-k)$$

$$y_{zs}(n) = x(n) * h(n) \qquad\qquad (3.2.21)$$

这就表明线性时不变离散时间系统的零状态响应等于输入信号和单位样值响应的卷积和。

物理可实现的系统是因果的,其单位样值序列应满足

$$h(n)=h(n)u(n)$$

因此,因果系统的零状态响应为

$$y_{zs}(n)=\sum_{k=-\infty}^{\infty}x(k)h(n-k)u(n-k)$$

$$=\sum_{k=-\infty}^{n}x(k)h(n-k) \qquad (3.2.22)$$

对于因果系统,若输入的是单边序列 $x(n)=x(n)u(n)$,其零状态响应为

$$y_{zs}(n)=\sum_{k=-\infty}^{n}x(k)u(k)h(n-k)$$

$$=\sum_{k=0}^{n}x(k)h(n-k) \qquad (3.2.23)$$

例 3.2.11 已知离散时间系统的输入信号 $x(n)=u(n)-u(n-5)$,单位样值响应 $h(n)=\left(\dfrac{1}{2}\right)^{n}u(n)$,试求系统的零状态响应 $y_{zs}(n)$。

仿真求解

解:由式(3.2.21)知

$$y_{zs}(n)=x(n)*h(n)$$

$$=[u(n)-u(n-5)]*h(n)$$

由卷积和的分配律

$$y_{zs}(n)=u(n)*h(n)-u(n-5)*h(n)$$

利用例 2.5.3 的结果

$$y_{zs1}(n)=u(n)*h(n)=\left[2-\left(\frac{1}{2}\right)^{n}\right]u(n)$$

由线性系统的时不变特性

$$y_{zs2}(n)=u(n-5)*h(n)=\left[2-\left(\frac{1}{2}\right)^{n-5}\right]u(n-5)$$

于是有

$$y_{zs}(n)=y_{zs1}(n)+y_{zs2}(n)$$

$$=\left[2-\left(\frac{1}{2}\right)^{n}\right]u(n)-\left[2-\left(\frac{1}{2}\right)^{n-5}\right]u(n-5)$$

3.2.5 离散时间线性时不变系统响应模式分析

本节分析一种典型情况,设离散系统的传输算子 $H(E)=N(E)/D(E)$ 是有理式,输入信号 $x(n)$ 也可看作某一个传输算子是有理分式的系统的单位样值响应,即

$$x(n)=\frac{N_{x}(E)}{D_{x}(E)}\delta(n)$$

很明显,零输入响应的分量应具有 λ_i^n 的形式,这里 $\lambda_i(i=1,2,\cdots,k)$ 是 k 阶系统的特征根,即 $D(E)=0$ 的根(假定都是单根)。令模式向量

$$\boldsymbol{E}_\lambda = [\lambda_1^n,\lambda_2^n,\cdots,\lambda_k^n]^T$$

系数向量
$$\boldsymbol{A} = [a_1,a_2,\cdots,a_k]^T$$

则零输入响应可以写成

$$y_{zi}(n)=\boldsymbol{E}_\lambda^T \cdot \boldsymbol{A} \tag{3.2.24}$$

系统的零状态响应则为

$$
\begin{aligned}
y_{zs}(n) &= H(E)x(n)\\
&= \frac{N_y(E)}{D_y(E)} \cdot \frac{N_x(E)}{D_x(E)} \cdot \delta(n)\\
&= \frac{N_y(E)\cdot N_x(E)}{D_y(E)\cdot D_x(E)}\delta(n)
\end{aligned}
\tag{3.2.25}
$$

按式(3.2.24),$y_{zs}(n)$ 除了有 λ_i^n 的模式外,还应有 ξ_i^n 的模式,$\xi_i(i=1,2,\cdots,m)$ 是输入信号的特征根,即方程

$$D_x(E)=0$$

的根,并假定为单根。令模式向量

$$\boldsymbol{E}_\xi = [\xi_1^n,\xi_2^n,\cdots,\xi_m^n]^T$$

并令系数向量
$$\boldsymbol{B} = [b_1,b_2,\cdots,b_k]^T$$
$$\boldsymbol{C} = [c_1,c_2,\cdots,c_m]^T$$

则零状态响应可以写成

$$y_{zs}(n)=\boldsymbol{E}_\lambda^T \cdot \boldsymbol{B} + \boldsymbol{E}_\xi^T \cdot \boldsymbol{C} \tag{3.2.26}$$

从而系统的全响应为

$$
\begin{aligned}
y(n) &= y_{zi}(n) + y_{zs}(n)\\
&= \underbrace{\boldsymbol{E}_\lambda^T \cdot \boldsymbol{A}}_{\text{零输入响应}} + \underbrace{\boldsymbol{E}_\lambda^T \cdot \boldsymbol{B} + \boldsymbol{E}_\xi^T \cdot \boldsymbol{C}}_{\text{零状态响应}}
\end{aligned}
\tag{3.2.27}
$$

其中,$\boldsymbol{E}_\lambda$ 是系统固有的响应模式,不管有无信号,以什么样的信号输入,模式向量 $\boldsymbol{E}_\lambda$ 都是不变的,因此,$\boldsymbol{E}_\lambda^T \cdot \boldsymbol{A} + \boldsymbol{E}_\lambda^T \cdot \boldsymbol{B}$ 称为自然响应。而 $\boldsymbol{E}_\xi$ 是由输入信号决定的,是外界强加系统的,因此,$\boldsymbol{E}_\xi^T \cdot \boldsymbol{C}$ 称为强迫响应。

类似于连续时间系统的情况,如果系统或信号的特征根的模不小于1(连续系统是实部不小于零),则响应模式就成为稳态的,如果小于1,则该响应模式就将成为瞬态的(当 $n \to \infty$ 时,$\lambda_i^n \to 0$ 或 $\xi_i^n \to 0$)。

例 3.2.12 二阶系统的差分方程为

$$y(n+2)-2.5y(n+1)+y(n)=u(n)$$

已知 $y(-2)=0,y(-1)=4$,求其全响应 $y(n)$,并分析响应模式。

解:先求零输入响应,已知初始条件不是零输入响应的初始值,但由于 $n<0$ 时,输入信号 $u(n)=0$,故有 $y_{zi}(-2)=y(-2)=0,y_{zi}(-1)=y(-1)=4$。

仿真求解

由方程可得传输算子为

$$H(E) = \frac{1}{E^2 - 2.5E + 1}$$

特征根为
$$\lambda_1 = 2, \quad \lambda_2 = \frac{1}{2}$$

所以零输入响应为

$$y_{zi}(n) = c_1 \cdot 2^n + c_2 \cdot \left(\frac{1}{2}\right)^n$$

令 $n = -2, -1$，代入初始条件：

$$y_{zi}(-2) = c_1 \cdot \frac{1}{4} + c_2 \cdot 4 = 0$$

$$y_{zi}(-1) = c_1 \cdot \frac{1}{2} + c_2 \cdot 2 = 4$$

联立方程解得
$$c_1 = \frac{32}{3}, \quad c_2 = -\frac{2}{3}$$

所以
$$y_{zi}(n) = \frac{32}{3} \cdot 2^n - \frac{2}{3} \cdot \left(\frac{1}{2}\right)^n$$

由于
$$u(n) = \frac{E}{E - 1}\delta(n)$$

故零状态响应为

$$y_{zs}(n) = \frac{1}{(E - 2)(E - 0.5)} \cdot \frac{E}{E - 1}\delta(n)$$

$$= \frac{4}{3} \cdot \frac{E}{E - 0.5}\delta(n) + \frac{2}{3} \cdot \frac{E}{E - 2} \cdot \delta(n) - \frac{2E}{E - 1} \cdot \delta(n)$$

$$= \left[\frac{2}{3} \cdot 2^n + \frac{4}{3} \cdot \left(\frac{1}{2}\right)^n - 2\right]u(n)$$

从而系统的全响应为

$$y(n) = y_{zi}(n) + y_{zs}(n)$$

$$= \underbrace{\frac{34}{3} \cdot 2^n u(n) + \frac{2}{3} \cdot \left(\frac{1}{2}\right)^n u(n)}_{\text{自然响应}} \underbrace{- 2u(n)}_{\text{强迫响应}}$$

其中，$\frac{2}{3} \cdot \left(\frac{1}{2}\right)^n$ 是系统的瞬态响应，$\frac{34}{3} \cdot 2^n - 2$ 是系统的稳态响应，此系统是一个不稳定系统，因为自然响应中包含了 $(2)^n$ 这一随 n 的增大而增长的分量。

3.3 案例：通感一体系统中的线性时不变性

动画

通感一体化系统具备信息传递和目标探测的功能，其信息传递的一般模型可以参照通信系统进行建模，如图 3.3.1 所示，由信源、发射设备、信道、接收设备和信宿构成。

图 3.3.1　通信系统的一般模型

　　信道是指传输信号的通道,是从发射设备到接收设备之间信号传递所经过的媒质。因为传播环境中存在建筑、树木等物体,电磁波发射出来后,经过多个物体的反射从不同路径到达接收机,这种现象称为多径现象。信道模型是对信号输入和输出之间的变换关系进行的描述,可以分成线性时不变信道和线性时变信道。

　　无线信道对传输信号各个频率成分的响应不同,此时接收信号可以看作发送信号 $s(t)$ 通过信道产生衰减和延迟后所输出的结果。如果信道对信号衰减和延迟的参数不随时间发生变化,则这种信道为线性时不变信道,如图 3.3.2 所示。设发送信号为 $s(t)$, 信道输出信号 $r(t)$ 为多个延迟信号加权叠加:

$$r(t) = \int h(\tau)s(t-\tau)\mathrm{d}\tau \tag{3.3.1}$$

式中,$s(t-\tau)$ 为发送信号延迟时间 τ 的结果,$h(\tau)$ 为电磁波传播信道对延迟信号 $s(t-\tau)$ 的衰减系数。从上面的式子可以看出,该信道只对输入信号进行了延迟和加权求积分的操作,因此是一个典型的线性系统;并且当输入产生了延迟 Δt 后,信道输出为

$$\tilde{r}(t) = \int h(\tau)s(t-\Delta t-\tau)\mathrm{d}\tau = r(t-\Delta t) \tag{3.3.2}$$

因此该信道系统属于时不变系统。

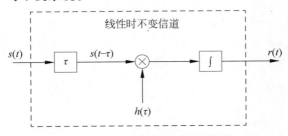

图 3.3.2　线性时不变信道模型

　　除了线性时不变信道之外,还有一些物理信道具有随时间变化的传输特性。如用户快速移动条件下的蜂窝移动通信信道,在用户快速移动时,接收端接收到的多个多径分量也在不断变化,因而信道响应特性具有时变特征。这种类型的物理信道虽然可以表征为对不同延迟信号的加权叠加,但是该系统对不同延迟信号的加权值会随着时间变化。线性时变滤波器信道模型如图 3.3.3 所示。对于信道输入信号 $s(t)$,信道输出信号 $r(t)$ 为

$$r(t) = \int h(\tau,t)s(t-\tau)\mathrm{d}\tau \tag{3.3.3}$$

　　对比式(3.3.3)与式(3.3.2)可以发现,时变信道模型在衰减系数上是时变的,因此它是一个线性时变系统。

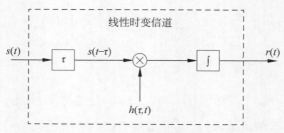

图 3.3.3　线性时变信道模型

　　雷达虽然是信息获取而不是信息传输系统，但也可以建立与通信系统类似的信道模型。下面通过分析雷达接收 $r(t)$ 与发射信号 $s(t)$ 之间的关系，建立与通信系统类似的信道模型。式(2.6.1)给出了一个静止的点目标的回波模型。雷达应用中所关注的目标（如车辆、飞机、舰船等）都有一定的尺寸和特定的形状结构。这些目标的尺寸往往远大于雷达波长，在该条件下，根据电磁散射的局部性原理，目标散射的电磁波可以等效为由目标上若干强散射结构产生。直观地理解，一个大目标可以用若干强度、位置不同的点目标来描述。图 3.3.4 给出了目标等效散射模型的示意图。

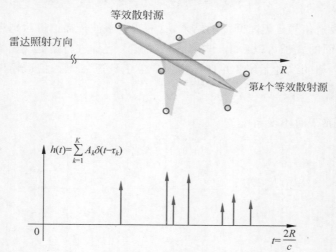

图 3.3.4　目标的等效散射模型及其单位冲激响应

　　因此，一个实际目标的回波具有以下形式：

$$r(t) = \sum_{k=1}^{K} A_k s(t - \tau_k) \tag{3.3.4}$$

式中，K 是这个目标上强散射源的数目，A_k 是第 k 个散射源的回波强度，$\tau_k = \dfrac{2R_k}{c}$ 是第 k 个散射源的延迟时间，它与散射源的径向距离 R_k（径向距离是指在电磁波传播方向上的投影距离，以下所说距离都指径向距离）有关。

　　利用单位冲激信号的卷积特性，表征散射特性的目标单位冲激响应可以表示为

$$h(t) = \sum_{k=1}^{K} A_k \delta(t - \tau_k) \tag{3.3.5}$$

由于 $\displaystyle\int \sum_{k=1}^{K} A_k \delta(\tau - \tau_k) s(t - \tau) \mathrm{d}\tau = \sum_{k=1}^{K} A_k \int s(t - \tau) \delta(\tau - \tau_k) \mathrm{d}\tau = \sum_{k=1}^{K} A_k s(t - \tau_k)$

因此,

$$r(t) = \int_{-\infty}^{\infty} h(\tau) s(t - \tau) \mathrm{d}\tau \tag{3.3.6}$$

可以发现式(3.3.6)表示的信息感知信道模型与式(3.3.1)表示的信息传输信道模型具有统一的形式,即为通感一体化系统的信道模型。

自测题

习　题

基础题

3-1　列写题图 3-1 中,$i_1(t)$、$i_2(t)$、$u_0(t)$ 的算子过程。

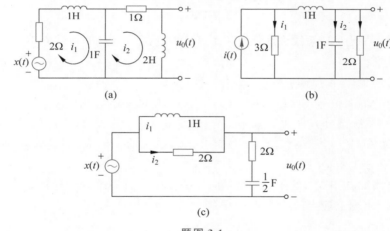

题图 **3-1**

3-2　已知描述系统的微分方程如下:

(1) $y'''(t) + 3y''(t) + 2y'(t) = x(t)$

(2) $y'''(t) + 2y''(t) + y'(t) = x(t)$

当初始状态为 $y(0) = y'(0) = y''(0) = 1$ 时,求零输入响应 $y_{zi}(t)$。

3-3　已知 $H(p) = \dfrac{2p^2 + 8p + 3}{(p+1)(p+3)^2}$,$y_{zi}(0) = 2$,$y'_{zi}(0) = y''_{zi}(0) = 0$,求零输入响应 $y_{zi}(t)$。

3-4　题图 3-2 所示系统中,$h_1(t) = \delta(t-1)$,$h_2(t) = u(t)$,求该系统的单位冲激响应。

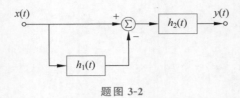

题图 3-2

3-5 证明：如果一个线性时不变系统，对于 $x(t)$ 的响应是 $y(t)$，那么该系统对于 $\dfrac{\mathrm{d}}{\mathrm{d}t}x(t)$ 的响应为 $\dfrac{\mathrm{d}}{\mathrm{d}t}y(t)$。

3-6 某系统对输入 $x(t)=\mathrm{e}^{-5t}u(t)$ 的响应是 $y(t)=\sin\omega_0 tu(t)$，借助题 3-5 结论，试求该系统的冲激响应 $h(t)$。

3-7 某连续时间线性时不变系统如题图 3-3 所示。各子系统的冲激响应分别为 $h_1(t)=\delta(t-1)$，$h_2(t)=u(t)$，求系统的冲激响应 $h(t)$。

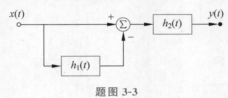

题图 3-3

3-8 已知某连续时间线性时不变系统对输入信号 $\delta'(t)$ 的零状态响应为 $y_{zs}(t)=2\mathrm{e}^{-3t}u(t)$，试求：

(1) 系统的单位冲激响应 $h(t)$；

(2) 系统对输入信号 $x(t)=u(t)-u(t-2)$ 产生的零状态响应 $y_{zs}(t)$。

3-9 已知系统微分方程为 $y''(t)+5y'(t)+6y(t)=6x(t)$，输入信号 $x(t)=(1+\mathrm{e}^{-t})u(t)$，初始条件 $y(0^-)=1$，$y'(0^-)=0$，试求系统的全响应、零输入响应、零状态响应、自然响应和强迫响应。

3-10 电路如题图 3-4 所示，$t=0$ 以前开关位于①且系统处于稳态。当 $t=0$ 时，开关从①扳到②，求全响应电流 $i(t)$。

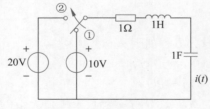

题图 3-4

3-11 某线性系统有两个初始状态 $y_1(0)$ 和 $y_2(0)$，当初始状态为 $y_1(0)=1$，$y_2(0)=2$ 时，若输入为 $x(t)=u(t)$，则全响应为 $y_1(t)=(6\mathrm{e}^{-2t}-5\mathrm{e}^{-3t})u(t)$；若输入为 $3u(t)$，则全响应 $y_2(t)=(8\mathrm{e}^{-2t}-7\mathrm{e}^{-3t})u(t)$。求：

(1) $x(t)=0$，$y_1(0)=1$，$y_2(0)=2$ 时的全响应 $y(t)$；

(2) $x(t)=2u(t)$，$y_1(0)=y_2(0)=0$ 时的全响应 $y(t)$；

(3) $x(t)=4\delta(t)$，$y_1(0)=y_2(0)=0$ 时的全响应 $y(t)$；

(4) $x(t)=\delta(t)$，$y_1(0)=1$，$y_2(0)=2$ 时的全响应 $y(t)$；

(5) $x(t)=u(t)$，$y_1(0)=2$，$y_2(0)=4$ 时的全响应 $y(t)$。

3-12　给定系统微分方程为 $y''(t)+3y'(t)+2y(t)=x'(t)+3x(t)$，当输入为 $x(t)=$ $\mathrm{e}^{-4t}u(t)$ 时，系统的全响应为 $\left(\dfrac{14}{3}\mathrm{e}^{-t}-\dfrac{7}{2}\mathrm{e}^{-2t}-\dfrac{1}{6}\mathrm{e}^{-4t}\right)u(t)$。试确定系统的零输入响应和零状态响应，自然响应和强迫响应，瞬态响应和稳态响应。

3-13　已知二阶微分方程为 $\dfrac{\mathrm{d}^2y(t)}{\mathrm{d}t^2}+3\dfrac{\mathrm{d}y(t)}{\mathrm{d}t}+2y(t)=2x(t)$，初始条件 $y(0)=0$，$\left.\dfrac{\mathrm{d}y(t)}{\mathrm{d}t}\right|_{t=0}=3$，抽样间隔或步长 $T=0.1$，试导出其差分方程。

3-14　题图 3-5 所示是系统的模拟框图，请列出其差分方程。

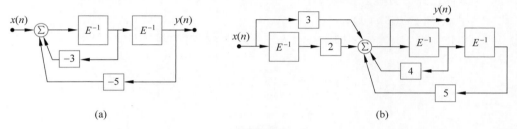

(a)　　　　　　　　　　　　　　　　(b)

题图 3-5

3-15　试求下列离散线性时不变系统的零输入响应 $y_{\mathrm{zi}}(t)$：

(1) $y(n)+\dfrac{1}{3}y(n-1)=x(n)$，$y(-1)=-1$

(2) $y(n)+3y(n-1)+2y(n-2)=x(n)$，$y(-1)=0$，$y(-2)=1$

(3) $y(n)+2y(n-1)+y(n-2)=x(n)$，$y(0)=y(-1)=1$

(4) $y(n)-2y(n-1)=x(n)$，$y(1)=1$

(5) $y(n)+y(n-2)=x(n)$，$y(0)=1$，$y(1)=2$

3-16　试求下列离散系统的单位样值响应：

(1) $y(n+2)-5y(n+1)+6y(n)=x(n)$；

(2) $y(n)-2y(n-1)-5y(n-2)+6y(n-3)=x(n)$；

(3) $H(E)=\dfrac{1}{E^2-E+0.25}$；

(4) $H(E)=\dfrac{E^2}{E^2+\dfrac{1}{2}}$。

3-17　题图 3-6 所示三个系统，均由子系统组成，各子系统的单位样值响应分别为 $h_1(n)=u(n)$；$h_2(n)=\delta(n-3)$；$h_3(n)=(0.8)^nu(n)$。试证明这三个系统是等效的，并求出系统的单位样值响应。

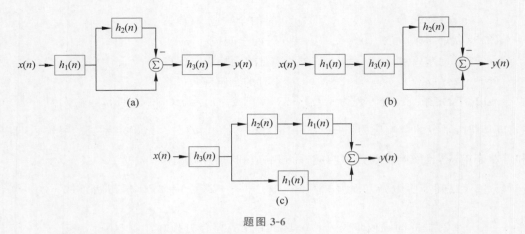

题图 3-6

3-18 离散时间系统的模拟框图如题图 3-7 所示，试求：

（1）系统的差分方程及传输算子；

（2）单位样值响应 $h(n)$；

（3）单位阶跃响应 $s(n)$，即系统输入 $x(n)=u(n)$ 时的零状态响应。

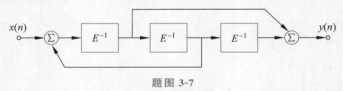

题图 3-7

3-19 系统如题图 3-8 所示，求：（1）系统的传输算子；（2）单位样值响应；（3）当 $x(n)=\left(\dfrac{1}{2}\right)^{n}u(n)$ 时的零状态响应。

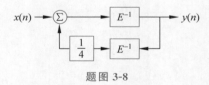

题图 3-8

3-20 设离散时间系统的差分方程为 $y(n+2)-y(n+1)-y(n)=x(n+2)$。系统的初始条件 $y(1)=5$、$y(0)=4$，输入 $x(n)=u(n)$，试求系统的零输入响应、零状态响应和全响应。

3-21 某系统的差分方程为 $y(n+2)-5y(n+1)+6y(n)=x(n)$。已知 $x(n)=u(n)$，初始条件 $y_{zi}(0)=2$，$y_{zi}(1)=1$，求系统响应 $y(n)$。

3-22 有一工厂，原有资金 200 万元，由于生产所得利润，工厂每年资金能够翻一番，次年开始国家每年初再向工厂投资 100 万元，求第 n 年工厂的资金 $y(n)$。

3-23 如果在第 n 个月初向银行存款 $x(n)$ 元，月息为 a，月利息不取，试用差分方程写出第 n 月初的本利和 $y(n)$。设 $x(n)=1000$ 元，$a=0.03\%$，$y(0)=2000$ 元，求 $y(n)$；若 $n=12$，求 $y(12)$。

3-24 已知系统的差分方程为 $y(n) - 0.7y(n-1) + 0.1y(n-2) = 2x(n) - x(n-2)$，若输入 $x(n) = u(n)$，初始状态 $y(-1) = -26$，$y(-2) = -202$，求该系统全响应，并指出其中的自然响应和强迫响应，瞬态响应和稳态响应。

提高/拓展题

T3-1 针对下述线性时不变系统的输入输出关系，分别计算系统的单位冲激响应 $h(t)$。

(1) $y(t) = \int_{-\infty}^{t} e^{-(t-1-\tau)} x(\tau - 2) d\tau$；　　　　(2) $y(t) = \int_{t-3}^{\infty} e^{t-\tau} x(\tau - 1) d\tau$。

T3-2 某连续时间线性时不变系统，当输入为 $G_1(t - 0.5)$ 时，输出为 $\Lambda_2(t - 2)$。试画出当输入为 $G_2(t-1)$ 时的输出 $y(t)$。

T3-3 已知某连续时间线性时不变系统的输入信号为 $x(t)$，系统的阶跃响应为 $s(t)$，试证明系统的零状态响应可以表示为

$$y_{zs}(t) = \int_{-\infty}^{\infty} x'(\tau) s(t - \tau) d\tau$$

上式称为杜阿美尔(Duhamel)积分。

T3-4 已知某连续时间线性时不变系统的单位阶跃信号 $u(t)$ 产生的阶跃响应 $s(t) = (2e^{-2t} - 1)u(t)$，试求系统在输入信号为 $x(t) = e^{-3t}u(t)$ 激励下产生的零状态响应 $y_{zs}(t)$。

T3-5 电路如题图 T3-1 所示，$t = 0$ 以前开关位于①且系统处于稳态。当 $t = 0$ 时，开关从①扳到②，求电压 $v(t)$。

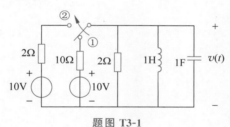

题图 T3-1

T3-6 已知某因果连续时间线性时不变系统的微分方程为

$$y''(t) + 7y'(t) + 10y(t) = 2x'(t) + 3x(t)$$

已知 $y(0^-) = 1$，$y'(0^-) = 0$，输入信号为 $x(t) = 10\cos(t)u(t)$。

(1) 试求系统的单位冲激响应 $h(t)$；

(2) 求系统的零输入响应 $y_{zi}(t)$、零状态响应 $y_{zs}(t)$ 和全响应 $y(t)$；

(3) 指出系统响应中的瞬态响应和稳态响应，以及自然响应和强迫响应。

T3-7 某系统框图如题图 T3-2(a)所示，计算题图 T3-2(b)所示信号通过该系统后的输出。

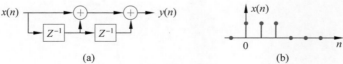

(a)	(b)

题图 T3-2

T3-8 某离散时间线性时不变系统的输入 $x(n)=u(n)-u(n-3)$，输出为 $y(n)=\{3,5,6,3,1\}_1$，求该系统的单位样值响应 $h(n)$。

T3-9 离散时间线性时不变系统的阶跃响应 $s(n)=a^n u(n)$，$0<a<1$，试求该系统的单位样值响应 $h(n)$。

T3-10 根据下列差分方程写出系统的传输算子 $H(E)$，并画出系统的模拟框图：

(1) $y(n+2)=ay(n+1)+by(n)+cx(n+1)+dx(n)$

(2) $y(n+3)=2y(n+1)+x(n+1)-3x(n)$

(3) $y(n)=y(n-1)-2y(n-2)+5x(n)$

T3-11 题图 T3-3 所示反馈系统框图中，G 所对应的微分方程为 $y'(t)+y(t)=x'(t)-x(t)$。(1) 当 $K=10$ 时，确定该系统 $w(t)\to y(t)$ 的微分方程；

(2) 若系统为稳定系统，确定 K 的取值范围。

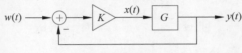

题图 T3-3

T3-12 判断下列线性时不变系统的因果、稳定性。

(1) $h(t)=e^{2t}u(t)$ 　　　　　　　　(2) $h(t)=e^{-2t}u(t)$

(3) $h(t)=u(t)$ 　　　　　　　　　　(4) $h(t)=u(t+1)-u(t-1)$

(5) $h(n)=2^n u(n)$ 　　　　　　　　(6) $h(n)=2^{-n}u(n)$

(7) $h(n)=\cos\dfrac{\pi n}{2}u(n)$ 　　　　　(8) $h(n)=u(n+1)-u(n-2)$

第4章

连续时间信号与系统频域分析

4.1 引言

第 3 章分析了连续时间信号与线性时不变系统,主要解决了两个问题,一是信号的分解,二是响应的合成。以冲激信号为基本信号,将信号分解为不同延时、不同强度的冲激信号的叠加;以冲激响应为基本响应,将系统响应表示为不同延时、不同强度的冲激响应的叠加(卷积积分)。

本章针对连续时间信号与线性时不变系统,同样也要解决两个问题,一是信号的分解,二是响应的合成。不过,这里是以简谐振荡信号(正余弦信号和虚指数信号)作为基本信号,将信号分解为不同频率和不同复振幅(包括振幅和初相位)的简谐振荡信号的叠加,以系统对简谐振荡信号的响应作为基本响应,将系统响应表示为不同频率、不同复振幅的基本响应的叠加。需要指出,本章中的"频率"如不特别声明,都是指角频率,单位为 rad/s,并以 ω 表示。

在连续时间信号与系统的频域分析中,简谐振荡信号能够作为基本信号的原因在于,简谐振荡信号是线性时不变系统的本征信号。下面考察一个单位冲激响应为 $h(t)$ 的线性时不变系统对简谐振荡信号 $e^{j\omega t}$($-\infty < t < \infty$)的响应。由式(3.1.23)可知,系统的输出为

$$y(t) = e^{j\omega t} * h(t)$$

$$= \int_{-\infty}^{\infty} e^{j\omega(t-\tau)} h(\tau) d\tau$$

$$= e^{j\omega t} \int_{-\infty}^{\infty} e^{-j\omega\tau} h(\tau) d\tau \qquad (4.1.1)$$

其中,$\int_{-\infty}^{\infty} e^{-j\omega\tau} h(\tau) d\tau$ 只与频率 ω 有关,而与时间无关,通常把它记为 $H(j\omega)$,即

$$H(j\omega) = \int_{-\infty}^{\infty} e^{-j\omega\tau} h(\tau) d\tau \qquad (4.1.2)$$

后面将会看到,$H(j\omega)$ 就是单位冲激响应 $h(t)$ 的傅里叶变换,称为系统的频率响应。于是,式(4.1.1)成为

$$y(t) = e^{j\omega t} H(j\omega) \qquad (4.1.3)$$

由式(4.1.3)可知,将简谐振荡信号 $e^{j\omega t}$ 作为线性时不变系统的输入激励,其输出响应是同样的简谐振荡信号,只是幅度乘以一个复常数 $H(j\omega)$,如图 4.1.1 所示,这正是所期望的。因为,如果一个线性时不变系统的输入激励 $x(t)$ 可以表示为 $e^{j\omega t}$($-\infty < t < \infty$)的加权和,即

$$x(t) = \sum_i X_i e^{j\omega_i t}, \quad -\infty < t < \infty \qquad (4.1.4)$$

式中,X_i 为加权系数,那么就可以利用系统的线性特性,由式(4.1.3)很方便地求得系统的输出响应为

$$y(t) = \sum_i X_i e^{j\omega_i t} H(j\omega_i)$$

$$= \sum_i X_i H(j\omega_i) e^{j\omega_i t}, \quad -\infty < t < \infty \qquad (4.1.5)$$

图 4.1.1　线性时不变系统对虚指数信号 $e^{j\omega t}$ 的响应

信号可以分解成一系列简谐振荡信号的叠加这一思想,最初是由法国数学家傅里叶(J. Fourier)提出的。1807 年,傅里叶向巴黎科学研究院提出了一篇描述热传导的论文。他在论文中指出周期函数可以展开成正弦级数,从而奠定了傅里叶级数的理论基础。因此后来的有关的分析方法以他的名字命名为傅里叶分析。从 20 世纪初起,由于振荡器、谐振电路、滤波器等的出现,各种频率的正弦信号的产生、传输、变换等工程技术问题得到解决,傅里叶分析的理论研究和实际应用有了较大发展,20 世纪 50 年代,傅里叶分析方法已被广泛应用于电子学领域的各个方面。随着计算机技术的发展,1965 年美国科学家库利(J. W. Cooley)、图基(J. W. Tukey)发明了快速傅里叶变换算法(Fast Fourier Transform,FFT),使傅里叶分析的研究和应用又出现了新的高潮。现在傅里叶分析方法不仅在电子学领域,而且在数学、力学、光学、量子物理等许多工程技术领域都得到了广泛应用。

本章中,应用的主要分析和运算工具是傅里叶级数和傅里叶变换。首先通过正交分解,将周期信号分解为频率成整数倍关系的正余弦信号(或虚指数信号)的线性组合——傅里叶级数。然后扩展傅里叶级数,引出主要适用于非周期信号的傅里叶变换。由于傅里叶级数和傅里叶变换的实质在于将信号分解成"不同频率"的简谐振荡信号的叠加,所以在用它们对信号与系统进行分析时,其着眼点几乎总是在"不同频率"上,因而这种分析称为"频域分析"。本章讲述的频域分析方法可以引出许多重要概念和方法,它们在通信、控制、信号处理等技术领域得到大量应用。

通过本章的学习,应牢固建立如下概念:信号等效于一个频谱,系统等效于一个频率响应,系统对信号起频谱变换作用。

4.2　信号的正交分解和傅里叶展开

信号的正交分解犹如矢量的正交分解,是把信号分解成一系列正交分量之和。信号正交分解在信号系统理论中占有重要地位。

在矢量的正交分解中,先选一组正交基底矢量,再找出待分解矢量在各基底上的投影。由于基底正交,各投影分量将互不影响,使研究得以简化。进行信号的正交分解也是先选一组正交基底(信号),再找出待分解信号在各基底上的投影,从而将信号表示为各基底信号的加权线性组合。这样,在处理信号时,由于信号的各分量正交,互不影响,处理得以简化。

4.2.1　矢量的正交与正交分解

先复习矢量的正交和正交分解。

行矢量 x 和 y 正交的定义是它们的内积为零，即

$$x \cdot y^{\mathrm{T}} = 0$$

这里，上标 T 表示矢量的转置运算。

以三维矢量为例，设 $x = [x_1, x_2, x_3]$，$y = [y_1, y_2, y_3]$，则它们的内积为

$$x \cdot y^{\mathrm{T}} = [x_1, x_2, x_3] \begin{bmatrix} y_1 \\ y_2 \\ y_3 \end{bmatrix} = \sum_{i=1}^{3} x_i y_i$$

由两两正交的矢量组成的矢量集合，称为正交矢量集。比如在三维空间中以矢量 $[2,0,0]$、$[0,2,0]$、$[0,0,2]$ 组成的集合就是一个正交矢量集。一个 n 维矢量，可用一个 n 维的正交矢量集中各矢量的线性组合来精确表示。如三维矢量 $x = [3,4,5]$ 就可以写成 $[3,4,5] = \frac{3}{2}[2,0,0] + 2[0,2,0] + \frac{5}{2}[0,0,2]$。

4.2.2 信号的正交和正交分解

1. 正交信号集

信号正交的定义也是它们的内积为零。具体地说，信号 $x(t)$ 与 $g(t)$ 在区间 (t_1, t_2) 正交是指

$$\int_{t_1}^{t_2} x(t) g^*(t) \mathrm{d}t = 0 \tag{4.2.1}$$

若 n 个信号 $\phi_1(t), \phi_2(t), \cdots, \phi_n(t)$ 构成一个信号集合，这些信号在时间区间 (t_1, t_2) 满足以下条件：

$$\int_{t_1}^{t_2} \phi_i(t) \phi_j^*(t) \mathrm{d}t = 0, \ i \neq j \tag{4.2.2a}$$

$$\int_{t_1}^{t_2} |\phi_i(t)|^2 \mathrm{d}t = K_i \tag{4.2.2b}$$

则此信号集称为正交信号集，各 $\phi_i(t)$ 称为基底信号。若 $K_i = 1, i = 1, 2, \cdots, n$，则此信号集就是归一化的正交信号集。

进一步，若在正交信号集 $\{\phi_i(t), i = 1, 2, \cdots, n\}$ 之外，不存在任何能量有限信号与各 $\phi_i(t)$ 正交，则该正交信号集就是完备的正交信号集。

现已研究出了多种完备的正交信号集。例如，在任意区间 $(t_0, t_0 + T)$ 上的正余弦信号集 $\left\{ \sin k\omega_0 t, 1, \cos k\omega_0 t, \omega_0 = \dfrac{2\pi}{T}, k = 1, 2, \cdots \right\}$ 和虚指数信号集 $\{ \mathrm{e}^{jk\omega_0 t}, \omega_0 = \dfrac{2\pi}{T}, k = 0, \pm 1, \pm 2, \cdots \}$ 都是完备的正交信号集。

其他的完备正交信号集还有勒让德多项式的集合、雅可比多项式的集合、切比雪夫多项式的集合、沃尔什函数的集合等。

2. 信号的正交分解

定义在时间区间上的信号 $x(t)$ 可以用正交信号集 $\{\phi_i(t), i=1, 2, \cdots, n\}$ 中各基底信号 $\phi_i(t)$ 的线性组合来近似。设这种近似方法造成的误差信号为 $x_e(t)$，则有

$$x(t) = \sum_{i=1}^{n} C_i \phi_i(t) + x_e(t) \tag{4.2.3}$$

只用 $\displaystyle\sum_{i=1}^{n} C_i \phi_i(t)$ 来近似 $x(t)$ 时，造成的能量误差是

$$
\begin{aligned}
\int_{t_1}^{t_2} x_e^2(t)\,\mathrm{d}t &= \int_{t_1}^{t_2} \Big[x(t) - \sum_{i=1}^{n} C_i \phi_i(t)\Big]^2 \mathrm{d}t \\
&= \int_{t_1}^{t_2} x^2(t)\,\mathrm{d}t + \sum_{i=1}^{n} C_i^2 \int_{t_1}^{t_2} \phi_i^2(t)\,\mathrm{d}t - 2\sum_{i=1}^{n} C_i \int_{t_1}^{t_2} x(t)\phi_i(t)\,\mathrm{d}t
\end{aligned}
\tag{4.2.4}
$$

式 (4.2.4) 用 $t_2 - t_1$ 除，即称为误差平均功率。

欲使误差能量或平均功率为最小，必须选择系数 C_i 以使式 (4.2.4) 对 $C_i (i=1, 2, \cdots, n)$ 的导数为零，可求得

$$C_i = \frac{1}{K_i} \int_{t_1}^{t_2} x(t)\phi_i^*(t)\,\mathrm{d}t, \quad i=1, 2, \cdots, n \tag{4.2.5}$$

将式 (4.2.5) 代入式 (4.2.4) 可得

$$\int_{t_1}^{t_2} x_e^2(t)\,\mathrm{d}t = \int_{t_1}^{t_2} x^2(t)\,\mathrm{d}t - \sum_{i=1}^{n} C_i^2 K_i \tag{4.2.6}$$

式 (4.2.6) 右边第一项是信号 $x(t)$ 的能量，第二项是近似信号 $\displaystyle\sum_{i=1}^{n} C_i \phi_i(t)$ 的能量，它等于各正交分量的能量之和。由于 K_i 大于零，故近似信号的能量将随着 n 的增大而增大，式 (4.2.6) 右端随 n 增大而单调减小。若 n 增大到 M 时，误差信号的能量降到零，则此时误差信号必然为零信号，于是

$$x(t) = \sum_{i=1}^{M} C_i \phi_i(t) \tag{4.2.7}$$

式 (4.2.7) 是信号的精确的正交分解（正交展开）式，$C_i \phi_i(t)$ 就是信号 $x(t)$ 在基底 $\phi_i(t)$ 上的正交分量。

一般情况下，M 需要趋于无穷才能使信号作出精确的正交分解，而有时，即使 $M \to \infty$，还要求正交信号集是完备的。若所采用的正交信号集 $\{\phi_i(t), i=1, 2, \cdots, n\}$ 是完备的，则误差信号的能量为零。此时，由式 (4.2.4)，有

$$\int_{t_1}^{t_2} x^2(t)\,\mathrm{d}t = \sum_{i=1}^{n} C_i^2 K_i \tag{4.2.8}$$

即信号的能量等于其各正交展开分量的能量之和，这就是广义的帕塞瓦尔能量等式。

以上结论虽然是对实信号解出的，但对复信号也是适用的。读者不难按复信号的定

义类似得出。

4.2.3 傅里叶级数展开

前已述及,正余弦信号集和虚指数信号集都是完备的正交信号集。而且,在完备的正交信号集上可以作出信号的精确正交分解。下面介绍连续时间周期信号在这两个正交信号集上的正交分解,即傅里叶级数展开。将给出连续时间周期信号的两种形式的傅里叶级数:三角形式和指数形式的傅里叶级数。需要指出的是,在正余弦信号集和虚指数信号集上可以精确正交分解的信号 $x(t)$ 应满足下述狄利克雷(Dirichlet)条件:即在 (t_0,t_0+T) 区间有定义,并且

(1) $x(t)$ 绝对可积,即 $\int_{t_0}^{t_0+T} |x(t)| \mathrm{d}t < \infty$;

(2) $x(t)$ 的极大值和极小值的数目应有限;

(3) $x(t)$ 如有间断点,间断点的数目应有限。

以下分析假定信号满足上述条件,这是符合绝大多数实际情况的,并且只考虑周期信号,不考虑非周期信号。因为周期信号的周期特性决定了一个周期内的傅里叶级数可以代表整个信号,而非周期信号不具备这一特点。

1. 周期信号三角形式的傅里叶级数

周期为 T 的信号 $x(t)$,可以在任意 (t_0,t_0+T) 区间,用正余弦信号集 $\{\sin k\omega_0 t, 1,$ $\cos k\omega_0 t, \omega_0 = \dfrac{2\pi}{T}, k=1,2,\cdots\}$ 精确分解为下面的三角形式的傅里叶级数:

$$x(t) = a_0 + a_1\cos\omega_0 t + a_2\cos 2\omega_0 t + \cdots + b_1\sin\omega_0 t + b_2\sin 2\omega_0 t + \cdots$$

$$= a_0 + \sum_{k=1}^{\infty}(a_k\cos k\omega_0 t + b_k\sin k\omega_0 t), \quad t_0 < t < t_0 + T \quad (4.2.9)$$

式中,$\omega_0 = \dfrac{2\pi}{T}$。

式(4.2.9)中展开系数可由正余弦信号集的正交性得出。

由于

$$\int_{t_0}^{t_0+T} \cos k\omega_0 t \sin m\omega_0 t \, \mathrm{d}t = 0, \quad \text{对所有的 } m、k$$

$$\int_{t_0}^{t_0+T} \cos k\omega_0 t \cos m\omega_0 t \, \mathrm{d}t = \begin{cases} \dfrac{T}{2}, & m = k \\ 0, & m \neq k \end{cases}$$

$$\int_{t_0}^{t_0+T} \sin k\omega_0 t \sin m\omega_0 t \, \mathrm{d}t = \begin{cases} \dfrac{T}{2}, & m = k \\ 0, & m \neq k \end{cases}$$

根据式(4.2.5),可以得出

$$\begin{cases} a_0 = \dfrac{1}{T}\displaystyle\int_{t_0}^{t_0+T} x(t)\,\mathrm{d}t \\[2mm] a_k = \dfrac{2}{T}\displaystyle\int_{t_0}^{t_0+T} x(t)\cos k\omega_0 t\,\mathrm{d}t \\[2mm] b_k = \dfrac{2}{T}\displaystyle\int_{t_0}^{t_0+T} x(t)\sin k\omega_0 t\,\mathrm{d}t \end{cases} \qquad (4.2.10)$$

式中，a_0、a_k、b_k 分别代表信号 $x(t)$ 的直流分量、余弦分量和正弦分量的振荡幅度。

在式(4.2.9)中，同频率的正余弦项可以合并，从而该式又可变形为

$$x(t) = c_0 + \sum_{k=1}^{\infty} c_k\cos(k\omega_0 t + \phi_k) \qquad (4.2.11\text{a})$$

或

$$x(t) = d_0 + \sum_{k=1}^{\infty} d_k\sin(k\omega_0 t + \theta_k) \qquad (4.2.11\text{b})$$

按基本的三角关系可得出式(4.2.10)和式(4.2.11)中各参数间的关系如下：

$$\begin{cases} a_0 = c_0 = d_0 \\[1mm] c_k = d_k = \sqrt{a_k^2 + b_k^2} \\[1mm] a_k = c_k\cos\phi_k = d_k\sin\theta_k \\[1mm] b_k = -c_k\sin\phi_k = d_k\cos\theta_k \\[1mm] \tan\phi_k = \dfrac{-b_k}{a_k} \\[2mm] \tan\theta_k = \dfrac{a_k}{b_k} \end{cases} \qquad (4.2.12)$$

由于周期信号的取值规律具有周期重复的特点，因而式(4.2.9)和式(4.2.11)的展开式可以表示整个周期信号。上述分析表明，任何周期信号只要满足狄利克雷条件，就可以分解成直流分量和许多简谐振荡分量的叠加，简谐振荡分量的最低(角)频率取决于信号的周期：$\omega_0 = 2\pi/T$。这个最低(角)频率称为基频，相应的简谐振荡分量称为基波。其他所有的简谐振荡的频率必然为基频的整数倍：$2\omega_0$、$3\omega_0$、……，分别称为二次谐波、三次谐波，……。直流分量的大小及各次谐波分量的振荡幅度 a_k、b_k、c_k、d_k，初始相位 ϕ_k、θ_k 的大小则由信号波形的具体形式决定[式(4.2.12)]。由于正切是周期函数，故由式(4.2.12)求得的 ϕ_k 和 θ_k 是多值的，通常约定只取其主值，即 $-\pi \leqslant \phi_k \leqslant \pi$，$-\pi \leqslant \theta_k \leqslant \pi$。同时要注意上述各展开式中 a_k、b_k 可正可负，但 c_k、d_k 是非负的。在式(4.2.12)中，各参数 a_k、b_k、c_k、d_k 以及 ϕ_k、θ_k 都是 k(谐波序号)的函数，也可以说是 $k\omega_0$(谐波频率)的函数。如果以频率为横轴，以振幅或初始相位为纵轴，画出 c_k、d_k，便可以直观地看出各频率分量的振荡幅度大小和初始相位情况，得到的图形称为信号的幅度频谱图和相位频谱图，合称为频谱图，其中每条线代表某一频率分量的振幅或初始相位，称为谱线。连接各谱线顶点的曲线(画成虚线)称为谱包络，它是各频率分量的振幅与初相位变化的轮廓。周期信号的谱线只能出现在 $0,\omega_0,2\omega_0,3\omega_0,\cdots$ 离散频率点上，因而周期信号的频谱

是离散谱。

例 4.2.1　求图 4.2.1 所示周期为 T 的矩形脉冲信号的频谱。

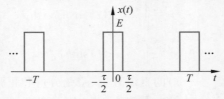

图 4.2.1　周期矩形脉冲信号

解：该信号 $x(t)$ 的周期为 T，脉冲信号的脉宽为 τ，幅度为 E，基频 $\omega_0 = 2\pi/T$，它在一个周期 $(-T/2, T/2)$ 内的表达式为

$$x(t) = \begin{cases} E, & |t| < \dfrac{\tau}{2} \\ 0, & \dfrac{\tau}{2} < |t| < \dfrac{T}{2} \end{cases}$$

按式(4.2.9)将 $x(t)$ 展开，由式(4.2.10)有

$$a_0 = \frac{1}{T}\int_{-\frac{T}{2}}^{\frac{T}{2}} x(t)\,\mathrm{d}t = \frac{1}{T}\int_{-\frac{\tau}{2}}^{\frac{\tau}{2}} E\,\mathrm{d}t = \frac{E\tau}{T}$$

$$a_k = \frac{2}{T}\int_{-\frac{T}{2}}^{\frac{T}{2}} x(t)\cos k\omega_0 t\,\mathrm{d}t = \frac{2}{T}\int_{-\frac{\tau}{2}}^{\frac{\tau}{2}} E\cos k\frac{2\pi}{T}t\,\mathrm{d}t$$

$$= \frac{2E}{k\pi}\sin\left(\frac{k\pi\tau}{T}\right) = \frac{E\tau\omega_0}{\pi}\mathrm{Sa}\left(\frac{k\omega_0\tau}{2}\right) = \frac{2E\tau}{T}\mathrm{Sa}\left(\frac{k\omega_0\tau}{2}\right)$$

$$b_k = \frac{2}{T}\int_{-\frac{T}{2}}^{\frac{T}{2}} x(t)\sin k\omega_0 t\,\mathrm{d}t = \frac{2}{T}\int_{-\frac{\tau}{2}}^{\frac{\tau}{2}} E\sin k\frac{2\pi}{T}t\,\mathrm{d}t = 0$$

上面推导中，引入了抽样函数 $\mathrm{Sa}(t)$，这是一个很常用的函数。于是 $x(t)$ 的傅里叶级数为

$$x(t) = \frac{E\tau}{T} + \frac{2E\tau}{T}\sum_{k=1}^{\infty}\mathrm{Sa}\left(\frac{k\omega_0\tau}{2}\right)\cos k\omega_0 t$$

进一步，写成式(4.2.11a)形式，即

$$x(t) = c_0 + \sum_{k=1}^{\infty} c_k\cos(k\omega_0 t + \phi_k)$$

$$c_0 = a_0 = \frac{E\tau}{T}$$

$$c_k = \sqrt{a_k^2 + b_k^2} = |a_k|$$

$$\tan\phi_k = \frac{-b_k}{a_k} = 0$$

当

$$a_k = \frac{2E\tau}{T}\mathrm{Sa}\left(\frac{k\omega_0\tau}{2}\right) > 0 \text{ 时}, \ \phi_k = 0;$$

当　　　　　　　$a_k = \dfrac{2E\tau}{T} \text{Sa}\left(\dfrac{k\omega_0\tau}{2}\right) < 0$ 时，$\phi_k = \pi$。

所以 $x(t)$ 的频谱图如图 4.2.2 所示（假定 $T = 4\tau$）。

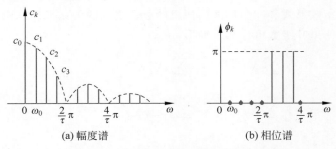

(a) 幅度谱 　　　　　　　　　(b) 相位谱

图 **4.2.2**　周期矩形脉冲信号的频谱图

2. 周期信号指数形式傅里叶级数

三角形式的傅里叶级数含义比较明确，但运算非常不方便，因而常用指数形式的傅里叶级数。

周期为 T 的信号 $x(t)$，也可以在任意区间 $(t_0, t_0 + T)$，在虚指数信号 $\left\{ \mathrm{e}^{\mathrm{j}k\omega_0 t}, \omega_0 = \dfrac{2\pi}{T}, k = 0, \pm 1, \pm 2, \cdots \right\}$ 上精确分解为下面的指数形式的傅里叶级数：

$$x(t) = \sum_{k=-\infty}^{\infty} X_k \mathrm{e}^{\mathrm{j}k\omega_0 t}, \quad t_0 < t < t_0 + T \tag{4.2.13}$$

式中，$\omega_0 = \dfrac{2\pi}{T}$；展开系数 X_k 可由虚指数信号集的正交性得出。由于

$$\int_{t_0}^{t_0+T} \mathrm{e}^{\mathrm{j}k\omega_0 t} \cdot \mathrm{e}^{-\mathrm{j}n\omega_0 t}\, \mathrm{d}t = \begin{cases} T, & k = n \\ 0, & k \neq n \end{cases}$$

分别在式(4.2.13)两边同乘 $\mathrm{e}^{-\mathrm{j}k\omega_0 t}$ 并在 $(t_0, t_0 + T)$ 区间积分，即可得出

$$X_k = \frac{1}{T} \int_{t_0}^{t_0+T} x(t) \mathrm{e}^{-\mathrm{j}k\omega_0 t}\, \mathrm{d}t \tag{4.2.14}$$

X_k 代表信号 $x(t)$ 的 $\omega = k\omega_0$ 的频率分量 $\mathrm{e}^{\mathrm{j}k\omega_0 t}$ 的复振幅。一般而言，X_k 是复数，可以分成模和辐角两个实数参数来表示，即 $X_k = |X_k| \mathrm{e}^{\mathrm{j}\phi_k}$。

同样，由于信号的周期性，式(4.2.13)可以表示整个周期信号。

由于 $\mathrm{e}^{\mathrm{j}k\omega_0 t}$ 也可以用来表示角频率为 $k\omega_0$ 的简谐振荡信号。因此式(4.2.13)的含义也是将信号分解成直流分量（当 $n = 0$ 时）和许多简谐振荡分量的叠加。简谐振荡分量的最低频率（基频）也是 $\omega_0 = \dfrac{2\pi}{T}$，其余简谐振荡分量的频率也是基频的整数倍。复振幅 X_k 的模 $|X_k|$ 表示角频率为 $k\omega_0$ 的分量的振荡幅度（大小），ϕ_k 表示其初始相位。

与前文类似，$|X_k|$ 和 ϕ_k 是 $k\omega_0$（谐波频率）的函数。以频率为横轴，以 $|X_k|$ 或 ϕ_k 为纵轴，可以画出周期信号 $x(t)$ 的幅值频谱图和相位频谱图。这里得到的频谱仍然是离

散的频谱,即谱线只出现在 $0,\pm\omega_0,\pm2\omega_0,\cdots$ 等离散的频率点上。

需要指出的是,在指数形式的傅里叶级数中,出现了负频率项 $\mathrm{e}^{\mathrm{j}k\omega_0t}$, $k=-1,-2,\cdots$。这就产生了一个问题:实际的振荡只可能以正的频率进行,负频率是什么意思?这个问题可以通过了解指数形式和三角形式的傅里叶级数之间的关系来加以说明。

指数形式的傅里叶级数可作如下变形:

$$x(t)=X_0+\sum_{k=1}^{\infty}X_k\mathrm{e}^{\mathrm{j}k\omega_0t}+\sum_{k=-1}^{-\infty}X_k\mathrm{e}^{\mathrm{j}k\omega_0t}$$

$$=X_0+\sum_{k=1}^{\infty}X_k\mathrm{e}^{\mathrm{j}k\omega_0t}+\sum_{k=1}^{\infty}X_{-k}\mathrm{e}^{-\mathrm{j}k\omega_0t} \tag{4.2.15}$$

$$=X_0+\sum_{k=1}^{\infty}\left[(X_k+X_{-k})\cos k\omega_0t+\mathrm{j}(X_k-X_{-k})\sin k\omega_0t\right]$$

由式(4.2.14)及式(4.2.10),有

$$X_0=\frac{1}{T}\int_{t_0}^{t_0+T}x(t)\mathrm{d}t=a_0 \tag{4.2.16a}$$

$$X_k+X_{-k}=\frac{1}{T}\int_{t_0}^{t_0+T}x(t)\mathrm{e}^{-\mathrm{j}k\omega_0t}\mathrm{d}t+\frac{1}{T}\int_{t_0}^{t_0+T}x(t)\mathrm{e}^{\mathrm{j}k\omega_0t}\mathrm{d}t$$

$$=\frac{2}{T}\int_{t_0}^{t_0+T}x(t)\frac{\mathrm{e}^{-\mathrm{j}k\omega_0t}+\mathrm{e}^{\mathrm{j}k\omega_0t}}{2}\mathrm{d}t$$

$$=\frac{2}{T}\int_{t_0}^{t_0+T}x(t)\cos k\omega_0t\mathrm{d}t$$

$$=a_k \tag{4.2.16b}$$

$$\mathrm{j}(X_k-X_{-k})=\mathrm{j}\left[\frac{1}{T}\int_{t_0}^{t_0+T}x(t)\mathrm{e}^{-\mathrm{j}k\omega_0t}\mathrm{d}t-\frac{1}{T}\int_{t_0}^{t_0+T}x(t)\mathrm{e}^{\mathrm{j}k\omega_0t}\mathrm{d}t\right]$$

$$=\mathrm{j}\frac{2}{T}\int_{t_0}^{t_0+T}x(t)\frac{\mathrm{e}^{-\mathrm{j}k\omega_0t}-\mathrm{e}^{\mathrm{j}k\omega_0t}}{2}\mathrm{d}t$$

$$=\frac{2}{T}\int_{t_0}^{t_0+T}x(t)\sin k\omega_0t\mathrm{d}t$$

$$=b_k \tag{4.2.16c}$$

于是式(4.2.13)可进一步写成

$$x(t)=a_0+\sum_{k=1}^{\infty}(a_k\cos k\omega_0t+b_k\sin k\omega_0t)$$

这与在正余弦信号集上展开的三角形式傅里叶级数完全一样。可见,同一个周期信号,既可以展开成三角形式的傅里叶级数,又可以展开成指数形式的傅里叶级数,两者形式虽不同,但实质是完全一致的。指数形式傅里叶级数中有负频率项,这只是表达形式的问题,并不表示真正存在以负频率进行振荡的分量,负频率项与相应的正频率项合起来才代表一个振荡分量。根据指数形式傅里叶级数画频谱图时,$k\omega_0$ 频率分量的振幅一分为二,在 $-k\omega_0$ 和 $k\omega_0$ 的频率上各占一半($|X_k|=|X_{-k}|=c_k/2$),单独考虑正频率项或

者单独考虑负频率项都是不完全的。由式(4.2.16)容易得出

$$X_k = \frac{1}{2}(a_k - \mathrm{j}b_k)$$

$$X_{-k} = \frac{1}{2}(a_k + \mathrm{j}b_k)$$

于是有

$$|X_k| = \frac{1}{2}\sqrt{a_k^2 + b_k^2}$$

而

$$\tan\phi_k = \frac{-b_k}{a_k}$$

这与式(4.2.12)中的 ϕ_k 是一致的。进一步,可以得到

$$
\begin{cases}
X_0 = c_0 = d_0 = a_0 \\[2mm]
X_k = |X_k|\mathrm{e}^{\mathrm{j}\phi_k} = \dfrac{1}{2}(a_k - \mathrm{j}b_k) \\[2mm]
X_{-k} = |X_{-k}|\mathrm{e}^{\mathrm{j}\phi_{-k}} = \dfrac{1}{2}(a_k + \mathrm{j}b_k) \\[2mm]
|X_k| = |X_{-k}| = \dfrac{1}{2}\sqrt{a_k^2 + b_k^2} \\[2mm]
\tan\phi_k = \dfrac{-b_k}{a_k} \\[2mm]
\tan\phi_{-k} = \dfrac{b_k}{a_k}
\end{cases}
\tag{4.2.17}
$$

最后,注意到,对于实信号有

$$
\begin{cases}
|X_k| = |X_{-k}| = \dfrac{1}{2}\sqrt{a_k^2 + b_k^2} \\[2mm]
\phi_k = -\phi_{-k} = \arctan\left(\dfrac{-b_k}{a_k}\right)
\end{cases}
\tag{4.2.18}
$$

这就是说,实信号复振幅的模是标号 k,从而也是频率 $k\omega_0$ 的偶函数;而复振幅的辐角(初始相位)是标号 k,从而也是频率 $k\omega_0$ 的奇函数。反映到频谱图上,前者的谱线关于纵轴对称,而后者的谱线则关于原点对称,频谱图为双边频谱图。

例 **4.2.2** 求图 4.2.1 所示周期矩形脉冲的频谱。

解:由式(4.2.14)得

$$X_k = \frac{1}{T}\int_{-\frac{\tau}{2}}^{\frac{\tau}{2}} E\mathrm{e}^{-\mathrm{j}k\omega_0 t}\,\mathrm{d}t = \frac{E\tau}{T}\mathrm{Sa}\left(\frac{k\omega_0\tau}{2}\right)$$

仿真求解

从而

$$x(t) = \sum_{k=-\infty}^{\infty} X_k\mathrm{e}^{\mathrm{j}k\omega_0 t} = \frac{E\tau}{T}\sum_{k=-\infty}^{\infty} \mathrm{Sa}\left(\frac{k\omega_0\tau}{2}\right)\mathrm{e}^{\mathrm{j}k\omega_0 t} \tag{4.2.19}$$

其复振幅的模和辐角分别如图 4.2.3(a)和(b)所示。

注意,式(4.2.19)中负频率 $-k\omega_0$ 项与正频率 $k\omega_0$ 项合起来表示 k 次谐波分量。即

k 次谐波分量为

$$\frac{E\tau}{T}\mathrm{Sa}\left(-\frac{k\omega_0\tau}{2}\right)\mathrm{e}^{-\mathrm{j}k\omega_0 t}+\frac{E\tau}{T}\mathrm{Sa}\left(\frac{k\omega_0\tau}{2}\right)\mathrm{e}^{\mathrm{j}k\omega_0 t}=\frac{2E\tau}{T}\mathrm{Sa}\left(\frac{k\omega_0\tau}{2}\right)\cos k\omega_0 t$$

需要指出,周期矩形脉冲的复振幅实际上是一个实数。类似这种情况,可以把幅度频谱和相位频谱画在一张图上,如图 4.2.3(c)所示。其中 X_k 为正表示相位为零,X_k 为负表示相位为 π(这里仍假定 $T=4\tau$)。

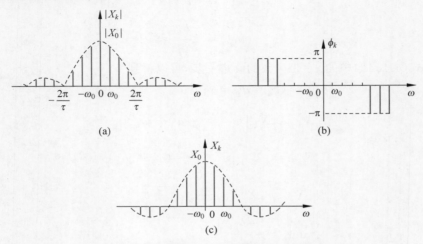

图 4.2.3　周期矩形脉冲信号的双边频谱

4.3　周期信号的频谱分析

在 4.2 节中,学习了周期信号两种形式不同但实质相同的傅里叶级数,即 $x(t)=c_0+\sum_{k=1}^{\infty}c_k\cos(k\omega_0 t+\phi_k)$ 和 $x(t)=\sum_{k=-\infty}^{\infty}X_k\mathrm{e}^{\mathrm{j}k\omega_0 t}$,从这两种形式的傅里叶展开式不难看出,周期信号的频谱都是谐波离散的,它仅含有 $\omega=k\omega_0$ 的各频率分量,即含有基频的整数倍 $\omega=k\omega_0(k=0,1,2,\cdots)$ 这些频率成分,频谱图中相邻谱线的间隔是基频 ω_0,信号周期越长,谱线间隔越小,频谱越稠密;反之,则越稀疏。这是周期信号频谱的最基本特点。

本节将从周期信号的傅里叶展开式出发,进一步分析周期信号的频谱特性。

4.3.1　波形对称性与谐波特性的关系

周期信号的波形与其谐波特性是对应的。将周期信号 $x(t)$ 展开成傅里叶级数时,如 $x(t)$ 为实信号,且其波形具有某种对称特性,则其傅里叶级数中某些谐波项将不出现,其谐波特性将变得简单。波形的对称性有两类,一类是整周期对称,如偶信号和奇信号;另一类是半周期对称,如奇谐信号和偶谐信号。前者的展开式中只含余弦项或正弦项,后

者的展开式中只含有奇次谐波项或偶次谐波项。下面根据
三角形式的傅里叶级数分别讨论上述情况。

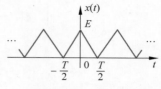

图 4.3.1 偶信号

1. 偶信号↔余弦级数

对偶信号 $x(t)$（图 4.3.1）有

$$x(-t)=x(t)$$

于是在其展开系数的积分式中（积分区间为 $(-T/2,T/2)$），$x(t)\cos k\omega_0 t$ 是偶函数，而 $x(t)\sin k\omega_0 t$ 是奇函数。奇函数在对称区间积分为零，级数中的系数为

$$a_k=\frac{4}{T}\int_0^{\frac{T}{2}}x(t)\cos k\omega_0 t\,\mathrm{d}t$$

$$b_k=0$$

故信号的傅里叶级数不含正弦项，只含余弦项和直流项。

例如，图 4.3.1 所示信号经计算其傅里叶级数为

$$x(t)=\frac{E}{2}+\frac{4E}{\pi^2}(\cos\omega_0 t+\frac{1}{9}\cos 3\omega_0 t+\frac{1}{25}\cos 5\omega_0 t+\cdots)$$

其中不含正弦项。

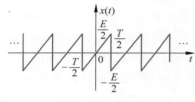

图 4.3.2 奇信号

2. 奇信号↔正弦级数

对奇信号（图 4.3.2）有

$$x(-t)=-x(t)$$

于是 $x(t)\cos k\omega_0 t$ 为奇函数，$x(t)\sin k\omega_0 t$ 为偶函数，从而有 $a_0=0, a_k=0$，

$$b_k=\frac{4}{T}\int_0^{\frac{T}{2}}x(t)\sin k\omega_0 t\,\mathrm{d}t$$

故奇信号的傅里叶级数中不含直流项和余弦项，只含正弦项。例如图 4.3.2 所示信号经计算其傅里叶级数为

$$x(t)=\frac{E}{\pi}\left(\sin\omega_0 t-\frac{1}{2}\sin 2\omega_0 t+\frac{1}{3}\sin 3\omega_0 t+\cdots\right)$$

其中不含余弦项和直流项，只含正弦项。

3. 半波像对称信号（奇谐信号）

如果信号波形沿时间轴平移半个周期，并上下翻转得出的波形与原波形重合（图 4.3.3），即 $x(t)=-x(t\pm T/2)$，则称该信号为半波像对称信号。其傅里叶展开系数为

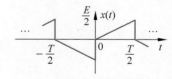

图 4.3.3 奇谐信号

$$a_k=\frac{2}{T}\int_{-\frac{T}{2}}^{\frac{T}{2}}x(t)\cos k\omega_0 t\,\mathrm{d}t$$

$$=\frac{2}{T}\left[\int_{-\frac{T}{2}}^{0}x(t)\cos k\omega_0 t\,\mathrm{d}t+\int_0^{\frac{T}{2}}x(t)\cos k\omega_0 t\,\mathrm{d}t\right]$$

$$= \frac{2}{T} \left[\int_0^{\frac{T}{2}} x\left(t - \frac{T}{2}\right) \cos k\omega_0\left(t - \frac{T}{2}\right) dt + \int_0^{\frac{T}{2}} x(t) \cos k\omega_0 t \, dt \right]$$

注意到

$$x\left(t - \frac{T}{2}\right) = -x(t)$$

$$\cos k\omega_0\left(t - \frac{T}{2}\right) = \begin{cases} \cos k\omega_0 t, & k = 2,4,6,\cdots \\ -\cos k\omega_0 t, & k = 1,3,5,\cdots \end{cases}$$

可得出

$$a_k = \begin{cases} 0, & k = 2,4,6,\cdots \\ \dfrac{4}{T} \displaystyle\int_0^{\frac{T}{2}} x(t) \cos k\omega_0 t \, dt, & k = 1,3,5,\cdots \end{cases}$$

类似可得出

$$b_k = \begin{cases} 0, & k = 2,4,6,\cdots \\ \dfrac{4}{T} \displaystyle\int_0^{\frac{T}{2}} x(t) \sin k\omega_0 t \, dt, & k = 1,3,5,\cdots \end{cases}$$

可见,在半波像对称信号的傅里叶级数中,只含有奇次谐波项($\omega = k\omega_0$, $k = 1,3,5,\cdots$),不含偶次谐波项($\omega = k\omega_0$, $k = 2,4,6,\cdots$),故半波像对称信号又称为奇谐信号。

另外还有所谓半波对称信号,就是其波形平移半个周期后所得出的波形与原波形重合的信号。这种信号的周期实际上是 $T/2$,即其基频实际上是 $2\omega_0$,以 T 为周期,即以 $\omega_0 = 2\pi/T$ 为基频进行谐波分析,当然就不会出现奇次谐波项(所有谐波频率都是 $2\omega_0$ 的整数倍,即 ω_0 的偶数倍)。这就是偶谐信号。

可见,当周期信号波形具有某种对称性时,其傅里叶级数中有些项就不出现。掌握傅里叶级数的这一特点,就可以迅速判断信号中包含哪些谐波成分,从而简化展开系数的计算。另外,有些信号经简单处理就具有对称性,这时可利用信号的潜在对称性以简化分析。如图 4.3.4 中的信号 $g(t)$,经右移 $T/2 - t_0$ 就变成图 4.3.1 中的偶信号 $x(t)$,从而可以利用对 $x(t)$ 的分析结果得出

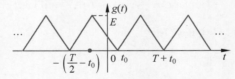

图 4.3.4 具有潜在对称性的信号

$$g(t) = x\left(t + \frac{T}{2} - t_0\right)$$

$$= \frac{E}{2} + \frac{4E}{\pi^2} \left\{ \cos\left[\omega_0\left(t + \frac{T}{2} - t_0\right)\right] + \frac{1}{9}\cos\left[3\omega_0\left(t + \frac{T}{2} - t_0\right)\right] \right.$$

$$\left. + \frac{1}{25}\cos\left[5\omega_0\left(t + \frac{T}{2} - t_0\right)\right] + \cdots \right\}$$

$$=\frac{E}{2}-\frac{4E}{\pi^2}\left\{\cos[\omega_0(t-t_0)]+\frac{1}{9}\cos[3\omega_0(t-t_0)]\right.$$

$$\left.+\frac{1}{25}\cos[5\omega_0(t-t_0)]+\cdots\right\}$$

4.3.2 频谱结构与波形参数的关系

以图 4.2.1 所示周期矩形脉冲信号为例讨论这一问题。由例 4.2.2 可知,周期矩形脉冲信号的指数形式傅里叶级数为 $x(t)=\frac{E\tau}{T}\sum_{k=-\infty}^{\infty}\mathrm{Sa}\left(\frac{k\omega_0\tau}{2}\right)\mathrm{e}^{jk\omega_0 t}$,其频谱结构随波形参数的变化规律如下:

(1) 当信号幅度 E、宽度 τ 保持不变,而周期 T 变化时,若 T 增大,则频率主瓣高度 $E\tau/T$ 减小,各条谱线高度也相应地减小;谱包络的第一个零点 $\pm2\pi/\tau$ 不变,频率主瓣宽度不变;各谱线间隔 $\omega_0=2\pi/T$ 减小,谱线变密,因而频率主瓣内包含的谱线数增加。若 T 减小,则情况相反。图 4.3.5 是当 $E=1$,$\tau=0.1\mathrm{s}$ 保持不变,而 T 分别为 $1/2\mathrm{s}$、$1\mathrm{s}$、$2\mathrm{s}$ 三种情况下的频谱图。

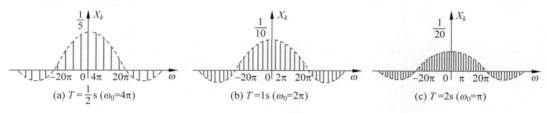

图 4.3.5 周期 T 对频谱结构的影响

(2) 当信号幅度 E,重复周期 T 保持不变,而宽度 τ 变化时,若 τ 减小,则频率主瓣高度 $E\tau/T$ 减小,各条谱线高度也相应地减小。各谱线间隔 $\omega_0=2\pi/T$ 不变,频谱包络的第一个零点 $\pm2\pi/\tau$ 增大,因而频率主瓣内包含的谱线数目增多。若 τ 增大,则情况相反。图 4.3.6 是当 $E=1$,$T=0.5\mathrm{s}$ 保持不变,而 $\tau=1/2\mathrm{s}$、$1/20\mathrm{s}$ 和 $1/40\mathrm{s}$ 三种情况下的频谱图。注意到,矩形脉冲信号的频率主瓣宽度与脉冲宽度成反比,这是一个十分重要的关系。当 τ 增大到 $\tau=T$ 时,有

$$X_k=\begin{cases}E, & k=0\\E\mathrm{Sa}(k\pi), & k\neq0\end{cases}$$

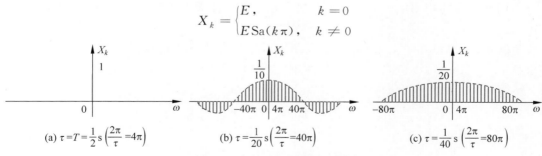

图 4.3.6 脉冲宽度对频谱结构的影响

注意到 $\mathrm{Sa}(k\pi)=0,k\neq0$,因此只在零频($\omega=0$)处出现一条高度为 E 的谱线。事实上此时的周期矩形脉冲信号已转化为直流信号了,其频谱自然只包含直流分量。

4.3.3 功率谱和有效频带

周期信号的理论分析已表明,绝大多数的非正弦周期信号具有无穷多次谐波。然而,在对非正弦周期信号进行处理时,通常总是让有限项谐波通过系统。因为让过多的谐波通过系统,必将加重系统的负担,使系统变得十分复杂。而周期信号的功率主要集中在低频段,忽略高次谐波常可满足工程近似要求。当然,具体的近似精度需做定量分析。

1. 功率谱

周期信号 $x(t)$ 是功率有限信号,其平均功率 P 为

$$P=\frac{1}{T}\int_{-\frac{T}{2}}^{\frac{T}{2}}|x(t)|^2\mathrm{d}t=\frac{1}{T}\int_{-\frac{T}{2}}^{\frac{T}{2}}x(t)x^*(t)\mathrm{d}t$$

$$=\frac{1}{T}\int_{-\frac{T}{2}}^{\frac{T}{2}}x(t)\left[\sum_{k=-\infty}^{\infty}X_k\mathrm{e}^{\mathrm{j}k\omega_0t}\right]^*\mathrm{d}t=\sum_{k=-\infty}^{\infty}X_k^*\left[\frac{1}{T}\int_{-\frac{T}{2}}^{\frac{T}{2}}x(t)\mathrm{e}^{-\mathrm{j}k\omega_0t}\mathrm{d}t\right]$$

$$=\sum_{k=-\infty}^{\infty}X_k^*X_k=\sum_{k=-\infty}^{\infty}|X_k|^2=|X_0|^2+2\sum_{k=1}^{\infty}|X_k|^2$$

$$=c_0^2+\sum_{k=1}^{\infty}\left(\frac{c_k}{\sqrt{2}}\right)^2 \tag{4.3.1}$$

式(4.3.1)称为功率有限信号的帕塞瓦尔等式,它从功率的角度揭示了周期信号的时间特性和频率特性之间的关系,即周期信号的平均功率等于直流分量及各次谐波平均功率之和。从正交信号集的观点,该式表明一个周期信号的平均功率恒等于此信号在完备正交信号集中各分量的平均功率之和。式(4.3.1)中 c_0^2 是信号所含直流分量的功率,$\left(\frac{c_k}{\sqrt{2}}\right)^2$ 是第 k 次谐波分量的功率。$c_0^2,\left(\frac{c_k}{\sqrt{2}}\right)^2(k=1,2,\cdots)$ 与 $k\omega_0$ 的关系称为周期信号的单边功率谱,$|X_k|^2$ 与 $k\omega_0(k=0,\pm1,\pm2,\cdots)$ 的关系则称为周期信号的双边功率谱。周期信号的功率谱表明了其平均功率在各次谐波频率上的分配情况,显然也是离散的。

例 4.3.1 已知图 4.2.1 所示的周期矩形脉冲信号中,$E=1$,$T=1/4\mathrm{s}$,$\tau=1/20\mathrm{s}$,求频带 $[0,2\pi/\tau]$ 内各谐波功率之和占信号总平均功率的比例。

解:该信号的平均功率为

$$P=\frac{1}{T}\int_{-\frac{T}{2}}^{\frac{T}{2}}|x(t)|^2\mathrm{d}t=\frac{1}{T}\int_{-\frac{\tau}{2}}^{\frac{\tau}{2}}|x(t)|^2\mathrm{d}t$$

$$=4\int_{-\frac{1}{40}}^{\frac{1}{40}}1\mathrm{d}t=0.2$$

按例 4.2.1 得出的结果,该信号的基频为 $2\pi/T = 8\pi$,频带 $[0, 2\pi/\tau] = [0, 40\pi]$ 内共有 5 条谱线,各谐波功率之和为

$$
\begin{aligned}
P' &= |X_0|^2 + 2\{|X_1|^2 + |X_2|^2 + |X_3|^2 + |X_4|^2\} \\
&= \frac{1}{5^2} + \frac{2}{5^2}\left\{\mathrm{Sa}^2\left(\frac{\pi}{5}\right) + \mathrm{Sa}^2\left(\frac{2\pi}{5}\right) + \mathrm{Sa}^2\left(\frac{3\pi}{5}\right) + \mathrm{Sa}^2\left(\frac{4\pi}{5}\right)\right\} \\
&= \frac{1}{5^2} + \frac{2}{5^2}(0.8757 + 0.5728 + 0.2546 + 0.0547) \\
&= 0.1806 \\
\frac{P'}{P} &= \frac{0.1806}{0.2000} \approx 90\%
\end{aligned}
$$

2. 有效频带

前已提及,周期信号的功率主要集中在低频段,因此,通常把信号中从零频率(直流)到所需考虑的最高频率的频率范围称为信号所占有的有效频带,记作 B_ω(rad/s)或 B_f(Hz)。至于到底应该考虑到哪一次谐波,工程上有时用从零频率开始到幅度谱下降为谱包络最大值的某个百分数(如 10%)作为标准,有时用从零频率开始到某次谐波止的平均功率不小于周期信号整个平均功率的某个百分数(如 90%)作为标准。工程实际中,这些百分数要视具体要求选定。

在例 4.3.1 中,周期矩形脉冲信号的 $[0, 40\pi]$ 频带内的谐波功率之和占总平均功率的 90%,因此,如果在对周期矩形脉冲信号进行处理时,允许有 10% 的功率损失,则以 $[0, 40\pi]$ 作为该信号的有效频带是可以的。

4.3.4 线性时不变系统对周期信号的响应

周期信号可以分解成傅里叶级数,这就给任意周期信号输入线性时不变系统之后的响应求解提供了又一种可行的办法。由于按式(4.1.3),当给系统输入 $\mathrm{e}^{jk\omega_0 t}$ 时,系统的输出为 $H(jk\omega_0)\mathrm{e}^{jk\omega_0 t}$,故当系统输入一般的周期信号 $x(t) = \sum\limits_{k=-\infty}^{\infty} X_k \mathrm{e}^{jk\omega_0 t}$ 时,线性时不变系统的输出可求得为

$$
y(t) = \sum_{k=-\infty}^{\infty} X_k H(jk\omega_0)\mathrm{e}^{jk\omega_0 t} \tag{4.3.2}
$$

就是说,系统的输出也可用傅里叶级数表示,其中系统响应的 k 次谐波分量的复振幅简单地成为 $Y_k = X_k H(jk\omega_0)$,系统可以看作改变输入信号谐波特性的一个滤波器。

例 4.3.2 一个线性时不变系统的单位冲激响应为 $h(t) = \mathrm{e}^{-t}u(t)$,求它对正弦信号 $x(t) = \sin\omega_0 t$ 的响应。

解:此题当然可以直接按第 3 章所述的卷积积分法求解,这里用频域解法。

按式(4.1.2),有

仿真求解

$$H(j\omega) = \int_{-\infty}^{\infty} e^{-j\omega\tau} e^{-\tau} u(\tau) d\tau$$

$$= \int_{0}^{\infty} e^{-(1+j\omega)\tau} d\tau = \frac{1}{1+j\omega}$$

而

$$x(t) = \sin\omega_0 t = \frac{1}{2j} e^{j\omega_0 t} - \frac{1}{2j} e^{-j\omega_0 t}$$

所以按式(4.3.2)可得系统响应为

$$y(t) = \frac{1}{2j} \frac{1}{1+j\omega_0} e^{j\omega_0 t} - \frac{1}{2j} \frac{1}{1-j\omega_0} e^{-j\omega_0 t}$$

$$= \frac{-\omega_0}{1+\omega_0^2} \cos\omega_0 t + \frac{1}{1+\omega_0^2} \sin\omega_0 t$$

例 4.3.3 求单位冲激响应为 $h(t) = e^{-t} u(t)$ 的线性时不变系统对图 4.2.1 所示周期矩形脉冲信号的响应。

解:由例 4.3.2 可知

$$H(j\omega) = \frac{1}{1+j\omega}$$

$$x(t) = \sum_{k=-\infty}^{\infty} \frac{E\tau}{T} \mathrm{Sa}\left(\frac{k\omega_0\tau}{2}\right) \cdot e^{jk\omega_0 t}$$

根据式(4.3.2)可得系统响应为

$$y(t) = \sum_{k=-\infty}^{\infty} \frac{E\tau}{T} \mathrm{Sa}\left(\frac{k\omega_0\tau}{2}\right) \cdot \frac{1}{1+jk\omega_0} \cdot e^{jk\omega_0 t}$$

4.4 非周期信号傅里叶变换

到目前为止,本章只研究了周期信号,应用的运算和分析工具是傅里叶级数展开。非周期信号是另一类重要信号,但由于非周期信号的波形在有限长的时间段内不能重复出现,不能像周期信号那样以一段时间(一个周期)内的傅里叶展开式代表整个信号,从而需要采用不同的方法来分析非周期信号的频域特性,这就是傅里叶变换方法。

4.4.1 傅里叶变换的导出

在 4.3.2 节中,以图 4.2.1 所示的周期矩形脉冲信号为例,研究了周期信号频谱结构与波形参数的关系。当脉宽 τ 不变而周期 T 趋向无穷大时,周期矩形脉冲变成一个如图 4.4.1 所示的矩形脉冲信号,这是非周期信号。

非周期信号与周期信号两者的频谱特性之间有联系,但又有很大不同。下面考虑一个一般的非周期信号 $x(t)$,假定它是某个周期信号 $x_T(t)$ 当 $T \to \infty$ 时的一个特例,即

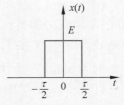

图 4.4.1 非周期矩形脉冲信号

$$x(t) = \lim_{T \to \infty} x_T(t) \tag{4.4.1}$$

对 $x_T(t)$，有

$$x_T(t) = \sum_{k=-\infty}^{\infty} X_k e^{jk\omega_0 t} \tag{4.4.2a}$$

$$X_k = \frac{1}{T} \int_{-\frac{T}{2}}^{\frac{T}{2}} x_T(t) e^{-jk\omega_0 t} dt \tag{4.4.2b}$$

式中，$\omega_0 = 2\pi/T$。当 T 变大时，基频 $\omega_0 = 2\pi/T$ 变小，相应的离散频谱变密。当 T 变得很大时，ω_0 变得很小，可用 $\Delta\omega$ 来表示，这时 $T = 2\pi/\omega_0 = 2\pi/\Delta\omega$。由式(4.4.2b)，有

$$TX_k = \int_{-\frac{T}{2}}^{\frac{T}{2}} x_T(t) e^{-jk\Delta\omega t} dt \tag{4.4.3}$$

显然，TX_k 是 $jk\Delta\omega$ 的函数，若令

$$TX_k = X(jk\Delta\omega) \tag{4.4.4}$$

则由式(4.4.4)和式(4.4.2a)，有

$$x_T(t) = \sum_{k=-\infty}^{\infty} \frac{X(jk\Delta\omega)}{T} e^{jk\Delta\omega t}$$

$$= \sum_{k=-\infty}^{\infty} \left[\frac{X(jk\Delta\omega)}{2\pi} \Delta\omega \right] e^{jk\Delta\omega t} \tag{4.4.5}$$

当 $T \to \infty$ 时，$\Delta\omega \to 0$，即有

$$\lim_{T \to \infty} x_T(t) = \lim_{\Delta\omega \to 0} \sum_{k=-\infty}^{\infty} \left[\frac{X(jk\Delta\omega)}{2\pi} \Delta\omega \right] e^{jk\Delta\omega t} \tag{4.4.6}$$

当 $\Delta\omega \to 0$ 时，可用无穷小量 $d\omega$ 来表示 $\Delta\omega$，离散变量 $k\Delta\omega$ 变成连续变量 ω，式(4.4.6)右端的离散无穷求和变成连续无穷积分，即有

$$\lim_{T \to \infty} x_T(t) = \frac{1}{2\pi} \int_{-\infty}^{\infty} X(j\omega) e^{j\omega t} d\omega \tag{4.4.7}$$

根据式(4.4.1)有

$$x(t) = \frac{1}{2\pi} \int_{-\infty}^{\infty} X(j\omega) e^{j\omega t} d\omega \tag{4.4.8}$$

进一步，根据式(4.4.3)和式(4.4.5)，有

$$X(j\omega) = \lim_{\Delta\omega \to 0} X(jk\Delta\omega) = \lim_{T \to \infty} TX_k$$

$$= \lim_{T \to \infty} T \cdot \frac{1}{T} \int_{-\frac{T}{2}}^{\frac{T}{2}} x_T(t) e^{-jk\Delta\omega t} dt$$

$$= \int_{-\infty}^{\infty} x(t) e^{-j\omega t} dt \tag{4.4.9}$$

把式(4.4.9)和式(4.4.8)写在一起，有

$$X(j\omega) = \int_{-\infty}^{\infty} x(t) e^{-j\omega t} dt \tag{4.4.10a}$$

$$x(t) = \frac{1}{2\pi} \int_{-\infty}^{\infty} X(j\omega) e^{j\omega t} d\omega \tag{4.4.10b}$$

式(4.4.10a)称为非周期信号 $x(t)$ 的傅里叶变换,式(4.4.10b)称为傅里叶反变换,两式简记为

$$X(\mathrm{j}\omega) = \mathscr{F}\left[x(t)\right] \tag{4.4.11a}$$

$$x(t) = \mathscr{F}^{-1}\left[X(\mathrm{j}\omega)\right] \tag{4.4.11b}$$

$x(t)$ 与 $X(\mathrm{j}\omega)$ 一一对应,构成傅里叶变换对,简记为

$$x(t) \leftrightarrow X(\mathrm{j}\omega) \tag{4.4.12}$$

4.4.2 傅里叶变换的物理意义

式(4.4.10b)表明,一个非周期信号 $x(t)$ 可以分解成无穷多个定义在 $-\infty < t < \infty$ 范围的虚指数信号 $\mathrm{e}^{\mathrm{j}\omega t}$ 的连续和,故式(4.4.10b)又称为非周期信号 $x(t)$ 的频域分解式。与傅里叶级数的意义不同的是,这里所分解的虚指数分量发生在一切频率上,不再具有周期信号傅里叶级数中各频率分量的频率间的倍数关系,并且各分量的振幅为无穷小量 $\dfrac{1}{2\pi}X(\mathrm{j}\omega)\mathrm{d}\omega$。不难看出,非周期信号各频率分量的振幅与 $X(\mathrm{j}\omega)$ 成正比,所以 $X(\mathrm{j}\omega)$ 描述了各频率分量大小的相对比例关系,也就是描述了非周期信号 $x(t)$ 的频率特性。

根据式(4.4.4)可得

$$X(\mathrm{j}\omega) = \lim_{T \to \infty} T X_k = \lim_{\Delta\omega \to 0} \frac{2\pi}{\Delta\omega} X_k = \lim_{\Delta f \to 0} \frac{X_k}{\Delta f}$$

显然,$X(\mathrm{j}\omega)$ 表示单位频带的复振幅,所以 $X(\mathrm{j}\omega)$ 称为"频谱密度函数",简称"频谱"。频谱密度的概念与物理学中线密度的概念是很类似的。线密度是物体位置的函数,表征物体密度随位置的变化规律。对于一个具体的位置,线密度是无穷小量,但可由线密度求出物体某一段的平均密度。类似地,频谱密度是频率 ω 的函数,它表征信号所含各频率分量的大小随频率变化的规律。对一个具体的频率,它是无穷小量,然而正是这无穷多个振幅为无穷小的虚指数信号的连续和构成了非周期信号。

下面,进一步研究傅里叶变换的物理意义。

由式(4.4.10b),有

$$x(t) = \frac{1}{2\pi} \int_{-\infty}^{\infty} X(\mathrm{j}\omega) \mathrm{e}^{\mathrm{j}\omega t} \, \mathrm{d}\omega$$

$$= \frac{1}{2\pi} \int_{0}^{\infty} \left[X(\mathrm{j}\omega) \mathrm{e}^{\mathrm{j}\omega t} + X(-\mathrm{j}\omega) \mathrm{e}^{-\mathrm{j}\omega t} \right] \mathrm{d}\omega \tag{4.4.13}$$

因为 $X(\mathrm{j}\omega)$ 是 $\mathrm{j}\omega$ 的函数,因而是复值函数,故可以表示为

$$X(\mathrm{j}\omega) = \mathrm{Re}[X(\mathrm{j}\omega)] + \mathrm{jIm}[X(\mathrm{j}\omega)] = |X(\mathrm{j}\omega)| \, \mathrm{e}^{\mathrm{j}\angle X(\mathrm{j}\omega)} \tag{4.4.14}$$

在 4.5 节将会证明,对于实信号 $x(t)$,有

$$|X(\mathrm{j}\omega)| = |X(-\mathrm{j}\omega)|, \qquad \angle X(\mathrm{j}\omega) = -\angle X(-\mathrm{j}\omega)$$

所以,式(4.4.13)变成

$$x(t) = \frac{1}{2\pi} \int_{0}^{\infty} \left[|X(\mathrm{j}\omega)| \, \mathrm{e}^{\mathrm{j}(\angle X(\mathrm{j}\omega) + \omega t)} + |X(-\mathrm{j}\omega)| \, \mathrm{e}^{-\mathrm{j}(\angle X(\mathrm{j}\omega) + \omega t)} \right] \mathrm{d}\omega$$

$$= \frac{1}{2\pi} \int_0^\infty |X(j\omega)| [e^{j(\angle X(j\omega)+\omega t)} + e^{-j(\angle X(j\omega)+\omega t)}] d\omega$$

$$= \frac{1}{\pi} \int_0^\infty |X(j\omega)| \cos(\omega t + \angle X(j\omega)) d\omega \qquad (4.4.15)$$

式(4.4.15)表明,一个非周期实信号 $x(t)$,可以分解为定义在 $-\infty < t < \infty$ 范围的无穷多个正弦信号的连续和(积分),各频率分量连续地分布在 $0 \sim \infty$ 的一切频率上,振幅 $\frac{1}{\pi}X(j\omega)d\omega$ 是无穷小量,初始相位为 $\angle X(j\omega)$。这充分说明各频率分量振幅间的比例关系是由 $X(j\omega)$ 的模 $|X(j\omega)|$ 来描述的,初始相位关系是由 $X(j\omega)$ 的辐角 $\angle X(j\omega)$ 来描述的。因此,把 $|X(j\omega)|$ 和 $\angle X(j\omega)$ 随 ω 的变化规律分别称为信号的幅频特性和相频特性,把相应的频谱图分别称为幅度频谱图和相位频谱图。与前文类似,若 $X(j\omega)$ 是实偶函数,两个频谱图可以合画。同时,上述分析又一次说明,频域分析中引入负频率完全是为了数学运算的方便。

注意到,按式(4.4.10a)求信号的傅里叶变换需要作无穷积分,因而存在积分能否收敛的问题。与傅里叶级数情况一样,满足狄利克雷条件(参照 4.2 节,此处应取 $(-\infty, +\infty)$ 作为定义区间)是信号可以按式(4.4.10a)进行傅里叶变换的充分条件。需要指出的是,满足狄利克雷条件不是信号傅里叶变换的必要条件。在引入奇异信号理论后,一些不满足狄利克雷条件的信号也有了确定的傅里叶变换形式。因此,有时把直接按式(4.4.10a)得到的变换称为"经典傅里叶变换"。

例 4.4.1 求图 4.4.2(a)所示单边指数信号 $x(t) = e^{-at} u(t) (a > 0)$ 的频谱。

解: 由式(4.4.10a),有

$$X(j\omega) = \int_{-\infty}^\infty e^{-at} u(t) e^{-j\omega t} dt = \int_0^\infty e^{-(a+j\omega)t} = \frac{1}{a + j\omega}$$

$$|X(j\omega)| = \frac{1}{\sqrt{a^2 + \omega^2}}, \quad \angle X(j\omega) = -\arctan\left(\frac{\omega}{a}\right) \qquad (4.4.16)$$

频谱图如图 4.4.2(b)、(c)所示。

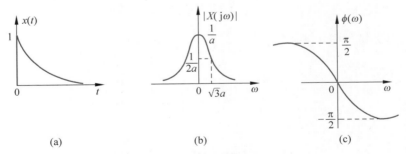

图 4.4.2 单边指数信号及其频谱图

例 4.4.2 求图 4.4.3(a)所示矩形脉冲信号的频谱,并写出其频域分解式(傅里叶反变换)。

解: 图 4.4.3 中的矩形脉冲信号可以表示为 $x(t) = E G_\tau(t)$,由式(4.4.10a),有

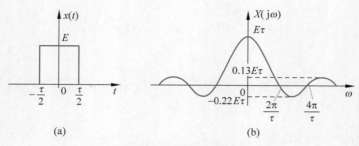

图 4.4.3　矩形脉冲信号及其频谱图

$$X(\mathrm{j}\omega) = \int_{-\infty}^{\infty} x(t)\mathrm{e}^{-\mathrm{j}\omega t}\,\mathrm{d}t = \int_{-\frac{\tau}{2}}^{\frac{\tau}{2}} E\mathrm{e}^{-\mathrm{j}\omega t}\,\mathrm{d}t = E\tau\,\mathrm{Sa}\left(\frac{\omega\tau}{2}\right)$$

由于本例中 $X(\mathrm{j}\omega)$ 是一个实函数,故不必分别画幅度频谱图和相位频谱图,直接画在一幅图上即可,如图 4.4.3(b)所示。矩形脉冲频域分解式为

$$x(t) = EG_\tau(t) = \frac{1}{2\pi}\int_{-\infty}^{\infty} E\tau\,\mathrm{Sa}\left(\frac{\omega\tau}{2}\right)\mathrm{e}^{\mathrm{j}\omega t}\,\mathrm{d}\omega \tag{4.4.17}$$

对比图 4.4.3(b)和图 4.2.3(c)可以看出,矩形脉冲信号的频谱密度函数与周期矩形脉冲信号的谱包络是相同的。此外,由本例可知,单位门信号 $G_\tau(t)$ 的傅里叶变换为 $\tau\mathrm{Sa}\left(\frac{\omega\tau}{2}\right)$,即

$$G_\tau(t) \leftrightarrow \tau\,\mathrm{Sa}\left(\frac{\omega\tau}{2}\right) \tag{4.4.18}$$

例 4.4.3　求单位冲激信号 $\delta(t)$ 的频谱,并写出它的频域分解形式。

解:设单位冲激信号 $\delta(t)$ 的频谱为 $X(\mathrm{j}\omega)$,则

$$X(\mathrm{j}\omega) = \int_{-\infty}^{\infty} \delta(t)\mathrm{e}^{-\mathrm{j}\omega t}\,\mathrm{d}t = \int_{-\infty}^{\infty} \delta(t)\,\mathrm{d}t = 1$$

即

$$\delta(t) \leftrightarrow 1 \tag{4.4.19}$$

$\delta(t)$ 的频域分解式为

$$\delta(t) = \frac{1}{2\pi}\int_{-\infty}^{\infty} 1 \cdot \mathrm{e}^{\mathrm{j}\omega t}\,\mathrm{d}\omega = \frac{1}{2\pi}\int_{-\infty}^{\infty} \mathrm{e}^{\mathrm{j}\omega t}\,\mathrm{d}\omega \tag{4.4.20}$$

$\delta(t)$ 及其频谱如图 4.4.4 所示。

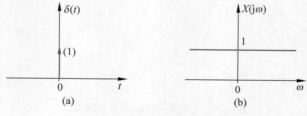

图 4.4.4　单位冲激信号及其频谱图

从本例可知,单位冲激信号 $\delta(t)$ 只出现在 $t=0$ 时刻,但却包含了从 $-\infty$ 到 ∞ 所有频率成分,且各频率分量的(相对)大小是相同的,故 $\delta(t)$ 的频谱称为"白色谱"。

例 4.4.4 求单位阶跃信号 $u(t)$ 的频谱。

解：单位阶跃信号 $u(t)$ 不满足绝对可积条件，不能直接通过式(4.4.10b)求其傅里叶变换。但是，由于

$$u(t) = \lim_{a \to 0} e^{-at} u(t), \quad a > 0$$

设 $u(t)$ 的傅里叶变换为 $X(j\omega)$，根据式(4.3.16)，有

$$X(j\omega) = \lim_{a \to 0} \mathscr{F}\left[e^{-at} u(t)\right] = \lim_{a \to 0} \frac{1}{a + j\omega}$$

这表明，$X(j\omega)$ 在 $\omega = 0$ 处表现为冲激。进一步，有

$$X(j\omega) = \lim_{a \to 0} \frac{1}{a + j\omega} = \lim_{a \to 0} \frac{a}{a^2 + \omega^2} - j\lim_{a \to 0} \frac{\omega}{a^2 + \omega^2}$$

$$= \lim_{a \to 0} \frac{a}{a^2 + \omega^2} + \frac{1}{j\omega}$$

可见，$X(j\omega)$ 的实部表现为在 $\omega = 0$ 处的冲激，这是因为

$$\mathrm{Re}[X(j\omega)] = \lim_{a \to 0} \frac{a}{a^2 + \omega^2} = \begin{cases} \lim_{a \to 0} \dfrac{1}{a}, & \omega = 0 \\ 0, & \omega \neq 0 \end{cases}$$

这个冲激的强度为

$$\int_{-\infty}^{\infty} \lim_{a \to 0} \frac{a}{a^2 + \omega^2} \mathrm{d}\omega = \lim_{a \to 0} \int_{-\infty}^{\infty} \frac{a}{a^2 + \omega^2} \mathrm{d}\omega$$

$$= \lim_{a \to 0} \int_{-\infty}^{\infty} \frac{1}{1 + \left(\dfrac{\omega}{a}\right)^2} \mathrm{d}\frac{\omega}{a}$$

$$= \lim_{a \to 0} \arctan\left(\frac{\omega}{a}\right) \Big|_{-\infty}^{\infty}$$

$$= \pi$$

所以

$$u(t) \leftrightarrow \pi\delta(\omega) + \frac{1}{j\omega} \tag{4.4.21}$$

单位阶跃信号及其频谱如图 4.4.5 所示。

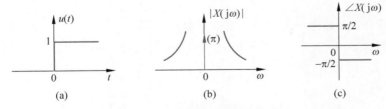

图 4.4.5 单位阶跃信号及其频谱图

此例表明，尽管 $u(t)$ 不满足绝对可积条件，但通过取极限并引入奇异函数 $\delta(\omega)$，仍可以找到它的傅里叶变换，又一次可见奇异信号在信号分析理论中的重要作用。$u(t)$ 的频谱在 $\omega = 0$ 处有冲激，是因为 $u(t)$ 含有明显的直流成分，但它不是纯直流，故还有其他

高频分量。

4.5　连续时间傅里叶变换的性质

傅里叶变换作为一种数学运算,有许多性质。这些性质不仅进一步说明了傅里叶变换定义式的一些特性,而且进一步揭示了信号的时域和频域之间的内在联系。在很多情况下,这些性质也可用来求解复杂信号的频谱。

4.5.1　傅里叶变换的唯一性

由 $\mathscr{F}[x_1(t)] = \mathscr{F}[x_2(t)] = X(\mathrm{j}\omega)$ 必然可以得出 $x_1(t) = x_2(t)$;反之,由 $\mathscr{F}^{-1}[X_1(\mathrm{j}\omega)] = \mathscr{F}^{-1}[X_2(\mathrm{j}\omega)] = x(t)$ 也必然可以得出 $X_1(\mathrm{j}\omega) = X_2(\mathrm{j}\omega)$,即频谱与时间信号之间一一对应。

下面以前一种情况为例,给出证明。假定 $\mathscr{F}[x_1(t)] = \mathscr{F}[x_2(t)] = X(\mathrm{j}\omega)$,则按傅里叶反变换公式有

$$x_1(t) = \frac{1}{2\pi}\int_{-\infty}^{\infty}X(\mathrm{j}\omega)\mathrm{e}^{\mathrm{j}\omega t}\,\mathrm{d}\omega = \frac{1}{2\pi}\int_{-\infty}^{\infty}\left[\int_{-\infty}^{\infty}x_2(\tau)\mathrm{e}^{-\mathrm{j}\omega\tau}\,\mathrm{d}\tau\right]\mathrm{e}^{\mathrm{j}\omega t}\,\mathrm{d}\omega$$

交换积分次序,并按冲激信号的频域分解式(4.4.20)可得

$$x_1(t) = \int_{-\infty}^{\infty}x_2(\tau)\left[\frac{1}{2\pi}\int_{-\infty}^{\infty}\mathrm{e}^{\mathrm{j}\omega(t-\tau)}\,\mathrm{d}\omega\right]\mathrm{d}\tau = \int_{-\infty}^{\infty}x_2(\tau)\delta(t-\tau)\mathrm{d}\tau = x_2(t)$$

傅里叶变换的唯一性表明了信号及其频谱之间的唯一对应关系。这一性质为信号的变换、处理、鉴别和恢复等提供了理论依据。

4.5.2　线性特性

傅里叶变换是一种线性运算。若

$$x_1(t) \leftrightarrow X_1(\mathrm{j}\omega), \quad x_2(t) \leftrightarrow X_2(\mathrm{j}\omega)$$

则

$$ax_1(t) + bx_2(t) \leftrightarrow aX_1(\mathrm{j}\omega) + bX_2(\mathrm{j}\omega) \tag{4.5.1}$$

其中,a、b 都是常数。

这个性质直接由傅里叶变换的定义式即可得出。

例 4.5.1　求 $x(t) = \delta(t+2) + 2\delta(t) + \delta(t-2)$ 的傅里叶变换。

解:

$$\mathscr{F}[x(t)] = \int_{-\infty}^{\infty}[\delta(t+2) + 2\delta(t) + \delta(t-2)]\mathrm{e}^{-\mathrm{j}\omega t}\,\mathrm{d}t$$

$$= \int_{-\infty}^{\infty}\delta(t+2)\mathrm{e}^{-\mathrm{j}\omega t}\,\mathrm{d}t + 2\int_{-\infty}^{\infty}\delta(t)\mathrm{e}^{-\mathrm{j}\omega t}\,\mathrm{d}t + \int_{-\infty}^{\infty}\delta(t-2)\mathrm{e}^{-\mathrm{j}\omega t}\,\mathrm{d}t$$

$$= \mathrm{e}^{\mathrm{j}2\omega} + 2 + \mathrm{e}^{-\mathrm{j}2\omega}$$

$$= 2 + 2\cos 2\omega$$

$$= 4\cos^2\omega$$

仿真求解

4.5.3 奇偶特性

(1) 偶信号的频谱是偶函数,奇信号的频谱是奇函数。

证明:由于 $X(j\omega) = \int_{-\infty}^{\infty} x(t)e^{-j\omega t}dt$

若 $x(-t) = x(t)$,则

$$X(-j\omega) = \int_{-\infty}^{\infty} x(t)e^{j\omega t}dt \overset{t=-\tau}{=} \int_{-\infty}^{\infty} x(-\tau)e^{-j\omega\tau}d\tau$$

$$= \int_{-\infty}^{\infty} x(\tau)e^{-j\omega\tau}d\tau = X(j\omega)$$

若 $x(-t) = -x(t)$,则

$$X(-j\omega) = \int_{-\infty}^{\infty} x(t)e^{j\omega t}dt \overset{t=-\tau}{=} \int_{-\infty}^{\infty} x(-\tau)e^{-j\omega\tau}d\tau$$

$$= -\int_{-\infty}^{\infty} x(\tau)e^{-j\omega\tau}d\tau = -X(j\omega)$$

(2) 实信号的频谱是共轭对称函数,即其实部是偶函数,虚部是奇函数,其幅度频谱是偶函数,相位频谱是奇函数。

当 $x(t)$ 为实信号时,其频谱为

$$X(j\omega) = \int_{-\infty}^{\infty} x(t)e^{-j\omega t}dt$$

$$= \int_{-\infty}^{\infty} x(t)\cos\omega t\,dt - j\int_{-\infty}^{\infty} x(t)\sin\omega t\,dt$$

$$= \text{Re}[X(j\omega)] + j\text{Im}[X(j\omega)] = |X(j\omega)|e^{j\angle X(j\omega)}$$

则有

$$\text{Re}[X(j\omega)] = \int_{-\infty}^{\infty} x(t)\cos\omega t\,dt$$

$$\text{Im}[X(j\omega)] = -\int_{-\infty}^{\infty} x(t)\sin\omega t\,dt$$

$$|X(j\omega)| = \sqrt{(\text{Re}[X(j\omega)])^2 + (\text{Im}[X(j\omega)])^2}$$

$$\angle X(j\omega) = \arctan\frac{\text{Im}[X(j\omega)]}{\text{Re}[X(j\omega)]}$$

显然,$\text{Re}[X(j\omega)]$ 和 $|X(j\omega)|$ 是 ω 的偶函数,$\text{Im}[X(j\omega)]$ 和 $\angle X(j\omega)$ 是 ω 的奇函数,即

$$X(j\omega) = X^*(-j\omega)$$

4.5.4 共轭特性

若 $$x(t) \leftrightarrow X(j\omega)$$

则 $$x^*(t) \leftrightarrow X^*(-j\omega) \quad (x^*(t)\text{表示}x(t)\text{的共轭信号}) \tag{4.5.2}$$

证明：

$$x^*(t) \leftrightarrow \int_{-\infty}^{\infty} x^*(t) e^{-j\omega t} dt = \left[\int_{-\infty}^{\infty} x(t) e^{j\omega t} dt \right]^*$$

$$= \left[\int_{-\infty}^{\infty} x(t) e^{-j(-\omega)t} dt \right]^* = X^*(-j\omega)$$

对实信号 $x^*(t) = x(t)$，根据傅里叶变换的唯一性，$X(j\omega) = X^*(-j\omega)$，这已在前文提及。

4.5.5　对称特性

若
$$x(t) \leftrightarrow X(j\omega)$$

则
$$X(jt) \leftrightarrow 2\pi x(-\omega) \tag{4.5.3}$$

表明，若 $x(t)$ 的频谱为 $X(j\omega)$，则时域信号 $X(jt)$ 的频谱为 $x(t)|_{t=\omega}$ 的翻转再乘以 2π。利用对称特性可以避免复杂的积分运算，而由现有的傅里叶变换关系简单地推导出很多信号的频谱。

证明：

$$x(t) = \frac{1}{2\pi} \int_{-\infty}^{\infty} X(j\omega) e^{j\omega t} d\omega$$

$$x(-t) = \frac{1}{2\pi} \int_{-\infty}^{\infty} X(j\omega) e^{-j\omega t} d\omega$$

式中，将积分变量 ω 记为 τ，变量 t 用 ω 取代，得

$$x(-\omega) = \frac{1}{2\pi} \int_{-\infty}^{\infty} X(j\tau) e^{-j\omega\tau} d\tau$$

即

$$2\pi x(-\omega) = \int_{-\infty}^{\infty} X(jt) e^{-j\omega t} dt$$

这说明，$X(jt)$ 与 $2\pi x(-\omega)$ 构成一个傅里叶变换，式（4.5.3）得证。

例 4.5.2　求直流信号 $x(t) = 1$ 的频谱。

解：直流信号不满足绝对可积，但可以利用已知的单位冲激信号频谱 $\mathscr{F}[\delta(t)] = 1$ [式（4.4.19）]，再考虑对称特性，有

$$\mathscr{F}[1] = 2\pi x(-\omega) = 2\pi\delta(\omega)$$

即
$$1 \leftrightarrow 2\pi\delta(\omega) \tag{4.5.4}$$

如图 4.5.1 所示，纯直流信号只含有零频率成分，故频谱必然表现为 $\omega = 0$ 处的冲激。

例 4.5.3　求 $\mathrm{Sa}(\omega_c t)$ 的频谱。

解：尽管 $\mathrm{Sa}(\omega_c t)$ 满足绝对可积条件，但直接用定义式计算其频谱需做复杂的积分。

可应用对称特性简化计算。由例 4.4.2 可知 $G_\tau(t) \leftrightarrow \tau \mathrm{Sa}\left(\dfrac{\omega\tau}{2}\right)$，从而有

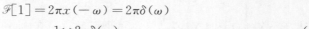

$$\tau \mathrm{Sa}\left(\frac{\tau t}{2}\right) \leftrightarrow 2\pi G_\tau(-\omega) = 2\pi G_\tau(\omega)$$

仿真求解

仿真求解

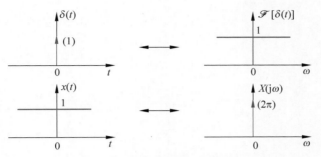

图 4.5.1 利用对称特性求直流信号的频谱

$$\mathrm{Sa}\left(\frac{\tau}{2}t\right) \leftrightarrow \frac{2\pi}{\tau}G_{\tau}(\omega)$$

令 $\dfrac{\tau}{2}=\omega_c$,则

$$\mathrm{Sa}(\omega_c t) \leftrightarrow \frac{2\pi}{2\omega_c} G_{2\omega_c}(\omega) = \frac{\pi}{\omega_c} G_{2\omega_c}(\omega) \qquad (4.5.5)$$

$\mathrm{Sa}(\omega_c t)$ 的频谱如图 4.5.2 所示。

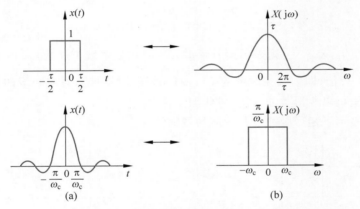

图 4.5.2 利用对称特性求 $\mathrm{Sa}(\omega_c t)$ 的频谱

4.5.6 时频展缩特性

若
$$x(t) \leftrightarrow X(\mathrm{j}\omega)$$

则
$$x(at) \leftrightarrow \frac{1}{|a|}X\left(\mathrm{j}\frac{\omega}{a}\right) \qquad (4.5.6)$$

式中, a 为非零实常数。

证明:
$$x(at) \leftrightarrow \int_{-\infty}^{\infty} x(at)\mathrm{e}^{-\mathrm{j}\omega t}\,\mathrm{d}t$$

令 $at=\tau$,则

$$\int_{-\infty}^{\infty} x(at)\mathrm{e}^{-\mathrm{j}\omega t}\,\mathrm{d}t = \begin{cases} \displaystyle\int_{-\infty}^{\infty} x(\tau)\mathrm{e}^{-\mathrm{j}\frac{\omega}{a}\tau}\,\frac{1}{a}\mathrm{d}\tau, & a>0 \\[2mm] \displaystyle\int_{\infty}^{-\infty} x(\tau)\mathrm{e}^{-\mathrm{j}\frac{\omega}{a}\tau}\,\frac{1}{a}\mathrm{d}\tau, & a<0 \end{cases}$$

$$= \begin{cases} \displaystyle\frac{1}{a}\int_{-\infty}^{\infty} x(\tau)\mathrm{e}^{-\mathrm{j}\frac{\omega}{a}\tau}\,\mathrm{d}\tau, & a>0 \\[2mm] \displaystyle-\frac{1}{a}\int_{-\infty}^{\infty} x(\tau)\mathrm{e}^{-\mathrm{j}\frac{\omega}{a}\tau}\,\mathrm{d}\tau, & a<0 \end{cases}$$

$$= \begin{cases} \displaystyle\frac{1}{a}X\left(\mathrm{j}\,\frac{\omega}{a}\right), & a>0 \\[2mm] \displaystyle-\frac{1}{a}X\left(\mathrm{j}\,\frac{\omega}{a}\right), & a<0 \end{cases}$$

$$= \frac{1}{|a|}X\left(\mathrm{j}\,\frac{\omega}{a}\right)$$

即
$$x(at) \leftrightarrow \frac{1}{|a|}X\left(\mathrm{j}\,\frac{\omega}{a}\right)$$

特例,当 $a=-1$ 时,有

$$x(-t) \leftrightarrow X(-\mathrm{j}\omega) \tag{4.5.7}$$

说明:信号 $x(at)$ 表示了信号 $x(t)$ 波形在时域压缩为 $1/|a|(|a|>1)$ 倍或扩展为 $1/|a|(|a|<1)$ 倍,$X\left(\mathrm{j}\,\dfrac{\omega}{a}\right)$ 则表示信号频谱 $X(\mathrm{j}\omega)$ 在频率域扩展为 $|a|(|a|>1)$ 倍或压缩为 $|a|(|a|<1)$ 倍,即信号在时域的持续时间被压缩(扩展),对应频域的频率范围被扩展(压缩)。这里仍以矩形脉冲为例,对此加以说明。

图 4.5.3 表示了矩形脉冲及其频谱的展缩情况。

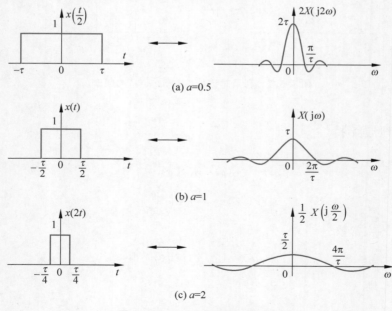

图 4.5.3　矩形脉冲的时频展缩

从图 4.5.3 可见，$x(t)$ 波形在时域扩展 2 倍成为 $x\left(\dfrac{t}{2}\right)$ 时，脉冲宽度由 τ 增大为 2τ，对应的频谱由 $X(\mathrm{j}\omega)$ 变为 $2X(2\mathrm{j}\omega)$，表现为第一个零点由 $\omega=\dfrac{2\pi}{\tau}$ 变为 $\omega=\dfrac{\pi}{\tau}$，频谱主瓣宽度变小。当 $x(t)$ 波形在时域压缩为 $\dfrac{1}{2}$，即成为 $x(2t)$ 时，脉冲宽度由 τ 减小为 $\dfrac{\tau}{2}$，对应的频谱由 $X(\mathrm{j}\omega)$ 变为 $\dfrac{1}{2}X\left(\mathrm{j}\,\dfrac{\omega}{2}\right)$，表现为第一个零点由 $\omega=\dfrac{2\pi}{\tau}$ 变为 $\omega=\dfrac{4\pi}{\tau}$，频谱主瓣宽度变大。因此，如果以频谱主瓣作为矩形脉冲信号的有效频带，则它与脉冲宽度成反比。这与 4.3.2 节对周期矩形脉冲信号的频谱分析结果是一致的。

如要压缩信号的持续时间，就不得不以展宽信号有效频带为代价，而若要压缩信号的有效频带，则又不得不以增加信号的持续时间为代价。这一点在通信理论中，表现为时长（通信速度）与带宽（信道容量）的矛盾。

下面应用傅里叶变换的时频展缩特性来求几个常用信号的频谱。

例 4.5.4 由例 4.3.1 知

$$\mathrm{e}^{-at}u(t)\leftrightarrow\frac{1}{a+\mathrm{j}\omega},\quad a>0 \tag{4.5.8a}$$

由式 (4.5.7)，有

$$\mathrm{e}^{at}u(-t)\leftrightarrow\frac{1}{a-\mathrm{j}\omega},\quad a>0 \tag{4.5.8b}$$

由此可得偶对称双边指数信号的频谱

$$\mathrm{e}^{-at}u(t)+\mathrm{e}^{at}u(-t)\leftrightarrow\frac{1}{a+\mathrm{j}\omega}+\frac{1}{a-\mathrm{j}\omega}=\frac{2a}{a^2+\omega^2} \tag{4.5.9}$$

以及奇对称双边指数信号的频谱

$$\mathrm{e}^{-at}u(t)-\mathrm{e}^{at}u(-t)\leftrightarrow\frac{1}{a+\mathrm{j}\omega}-\frac{1}{a-\mathrm{j}\omega}=\frac{-2\mathrm{j}\omega}{a^2+\omega^2} \tag{4.5.10}$$

式 (4.5.9) 和式 (4.5.10) 中 $a>0$。

进一步，由于符号函数 $\mathrm{sgn}(t)=\begin{cases}1,&t>0\\-1,&t<0\end{cases}$ 可写成如下极限：

$$\mathrm{sgn}(t)=\lim_{a\to0}\left[\mathrm{e}^{-at}u(t)-\mathrm{e}^{at}u(-t)\right]$$

则由 $\mathrm{sgn}(t)$ 表示的信号的频谱为

$$\mathrm{sgn}(t)\leftrightarrow\lim_{a\to0}\frac{-\mathrm{j}2\omega}{a^2+\omega^2}=\frac{2}{\mathrm{j}\omega} \tag{4.5.11}$$

另外，$\mathrm{sgn}(t)=2u(t)-1$，而 $u(t)\leftrightarrow\pi\delta(\omega)+\dfrac{1}{\mathrm{j}\omega}$，也可求得

$$\mathrm{sgn}(t)\leftrightarrow2\mathscr{F}\left[u(t)\right]-\mathscr{F}\left[1\right]$$

$$=2\pi\delta(\omega)+\frac{2}{\mathrm{j}\omega}-2\pi\delta(\omega)$$

$$=\frac{2}{\mathrm{j}\omega}$$

仿真求解

这与式(4.5.11)是一致的。

根据式(4.5.11)及对称特性,有

$$\frac{2}{jt} \leftrightarrow 2\pi \operatorname{sgn}(-\omega)$$

即

$$\frac{1}{t} \leftrightarrow -j\pi \operatorname{sgn}(\omega) = \begin{cases} j\pi, & \omega < 0 \\ -j\pi, & \omega > 0 \end{cases} \tag{4.5.12}$$

4.5.7 时移特性

若 $x(t) \leftrightarrow X(j\omega)$,则

$$x(t+t_0) \leftrightarrow X(j\omega) e^{j\omega t_0} \tag{4.5.13}$$

式中,t_0 为任意实数。

证明:

$$x(t+t_0) \leftrightarrow \int_{-\infty}^{\infty} x(t+t_0) e^{-j\omega t} dt$$

$$= \int_{-\infty}^{\infty} x(\tau) e^{-j\omega(\tau-t_0)} d\tau \qquad (\text{令 } t+t_0 = \tau)$$

$$= e^{j\omega t_0} \int_{-\infty}^{\infty} x(\tau) e^{-j\omega\tau} d\tau$$

$$= e^{j\omega t_0} X(j\omega)$$

傅里叶变换的时移特性表明,信号波形在时域的平移,不改变其幅频特性,只改变了相频特性,即各频率产生了与其频率成正比的附加相移,这正是 4.9 节所要研究的无失真传输系统对信号的作用。

例 4.5.5 求 $\delta(t-t_0)$ (t_0 为任意实数)的频谱。

解:由式(4.4.19)知 $\delta(t) \leftrightarrow 1$,按时移特性有

$$\delta(t-t_0) \leftrightarrow 1 \cdot e^{-j\omega t_0} = e^{-j\omega t_0} \tag{4.5.14}$$

例 4.5.6 求图 4.5.4(a)所示三脉冲信号的频谱。

解:该信号可表示为 $x(t) = EG_\tau(t+T) + EG_\tau(t) + EG_\tau(t-T)$

由式(4.4.18)

$$G_\tau(t) \leftrightarrow \tau \operatorname{Sa}\left(\frac{\omega\tau}{2}\right)$$

故可得

$$X(j\omega) = E\tau \operatorname{Sa}\left(\frac{\omega\tau}{2}\right) e^{j\omega T} + E\tau \operatorname{Sa}\left(\frac{\omega\tau}{2}\right) + E\tau \operatorname{Sa}\left(\frac{\omega\tau}{2}\right) e^{-j\omega T}$$

$$= E\tau \operatorname{Sa}\left(\frac{\omega\tau}{2}\right) (1 + e^{j\omega T} + e^{-j\omega T})$$

$$= E\tau \operatorname{Sa}\left(\frac{\omega\tau}{2}\right) (1 + 2\cos\omega T)$$

仿真求解

仿真求解

频谱如图 4.5.4(b)所示。

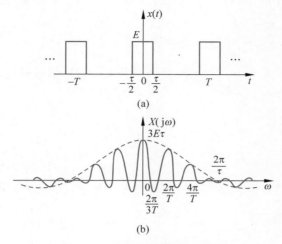

图 4.5.4 三脉冲信号及其频谱

需要指出的是,对于既时移又展缩的信号,可先后应用展缩和时移特性来求其频谱。此时有下面的公式。

若 $x(t) \leftrightarrow X(j\omega)$,则

$$x(at+b) \leftrightarrow \frac{1}{|a|} X\left(j \frac{\omega}{a}\right) e^{j\frac{b}{a}\omega}, \quad a \neq 0, a、b \text{ 均为实常数} \tag{4.5.15}$$

4.5.8 频移特性

若 $x(t) \leftrightarrow X(j\omega)$,则

$$x(t) e^{j\omega_0 t} \leftrightarrow X[j(\omega - \omega_0)] \tag{4.5.16a}$$

式中,ω_0 为任意实数。此性质可由傅里叶变换定义式直接得到。这个性质表明,$x(t)$ 在时域中乘以 $e^{j\omega_0 t}$,等效于 $X(j\omega)$ 在频域中移动了 ω_0。具体地说,如果信号的频谱原来是在 $\omega = 0$ 附近(即信号为低频信号),将信号乘以 $e^{j\omega_0 t}$,就可使其频谱搬移到 $\omega = \omega_0$ 附近,这一过程,在通信中称为调制;反之,如果信号的频谱原来是在 $\omega = \omega_0$ 附近(即信号为高频信号),则将信号乘以 $e^{-j\omega_0 t}$ 就可使其频谱搬移到 $\omega = 0$ 附近,这一过程,在通信中称为解调;如果信号的频谱原来是在 $\omega = \omega_1$ 附近,将信号乘以 $e^{-j\omega_0 t}$ 就可使其频谱搬移到 $\omega = \omega_1 - \omega_0$ 附近,这一过程称为变频。在频谱变换的实际应用中采用的是正弦或余弦信号。根据欧拉公式可得

$$\cos\omega_0 t = \frac{1}{2}\left[e^{j\omega_0 t} + e^{-j\omega_0 t}\right]$$

$$\sin\omega_0 t = \frac{1}{2j}\left[e^{j\omega_0 t} - e^{-j\omega_0 t}\right]$$

由傅里叶变换的频移特性可得

$$x(t)\cos\omega_0 t \leftrightarrow \frac{1}{2}\{X[j(\omega+\omega_0)]+X[j(\omega-\omega_0)]\} \tag{4.5.16b}$$

$$x(t)\sin\omega_0 t \leftrightarrow \frac{j}{2}\{X[j(\omega+\omega_0)]-X[j(\omega-\omega_0)]\} \tag{4.5.16c}$$

仿真求解

例 4.5.7 求 $e^{j\omega_0 t}$,$\cos\omega_0 t$ 及 $\sin\omega_0 t$ 的频谱(ω_0 为任意实数)。

解:由式(4.5.4)
$$1 \leftrightarrow 2\pi\delta(\omega)$$

按频移特性,有

$$e^{j\omega_0 t} \leftrightarrow 2\pi\delta(\omega-\omega_0) \tag{4.5.17a}$$

再按欧拉公式及上式,有

$$\cos\omega_0 t = \frac{1}{2}[e^{j\omega_0 t}+e^{-j\omega_0 t}] \leftrightarrow \pi[\delta(\omega+\omega_0)+\delta(\omega-\omega_0)] \tag{4.5.17b}$$

$$\sin\omega_0 t = \frac{1}{2j}[e^{j\omega_0 t}-e^{-j\omega_0 t}] \leftrightarrow j\pi[\delta(\omega+\omega_0)-\delta(\omega-\omega_0)] \tag{4.5.17c}$$

由此看出,具有单一频率的虚指数信号和正余弦信号,其频谱密度仅仅在其频率处存在冲激。

例 4.5.8 求如图 4.5.5(a)所示矩形调幅信号的频谱。

解:该矩形调幅波可记为

$$x(t)=EG_\tau(t)\cos\omega_0 t$$

由式(4.4.18)
$$G_\tau(t) \leftrightarrow \tau\mathrm{Sa}\left(\frac{\omega\tau}{2}\right)$$

再由式(4.5.16b)可得

$$X(j\omega)=\frac{E\tau}{2}\left\{\mathrm{Sa}\left(\frac{\omega+\omega_0}{2}\tau\right)+\mathrm{Sa}\left(\frac{\omega-\omega_0}{2}\tau\right)\right\}$$

频谱如图 4.5.5(b)所示。

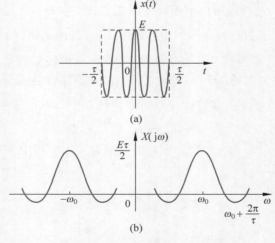

图 4.5.5 矩形调幅波及其频谱

4.5.9 时域微分特性

若 $x(t) \leftrightarrow X(j\omega)$，且 $\dfrac{d}{dt}x(t)$ 存在傅里叶变换，则

$$\frac{d}{dt}x(t) \leftrightarrow j\omega X(j\omega) \tag{4.5.18a}$$

证明：由傅里叶反变换公式有

$$x(t) = \frac{1}{2\pi}\int_{-\infty}^{\infty} X(j\omega) e^{j\omega t}\, d\omega$$

两边对 t 微分，得

$$\frac{d}{dt}x(t) = \frac{1}{2\pi}\int_{-\infty}^{\infty} X(j\omega)\frac{d}{dt}(e^{j\omega t})\, d\omega = \frac{1}{2\pi}\int_{-\infty}^{\infty} j\omega X(j\omega) e^{j\omega t}\, d\omega$$

则按照傅里叶变换定义式，有

$$\frac{d}{dt}x(t) \leftrightarrow j\omega X(j\omega)$$

同样，若 $\dfrac{d^n}{dt^n}x(t)$ 的傅里叶变换存在，重复上述过程可得

$$\frac{d^n}{dt^n}x(t) \leftrightarrow (j\omega)^n X(j\omega) \tag{4.5.18b}$$

利用时域微分特性容易求出一些在通常意义下不好求得的变换关系。

例 4.5.9 求信号 $\delta'(t) = \dfrac{d}{dt}\delta(t)$ 及 $\delta^{(n)}(t) = \dfrac{d^n}{dt^n}\delta(t)$ 的频谱。

解： 由式 (4.3.19) $\delta(t) \leftrightarrow 1$，并根据傅里叶变换时域微分特性可得

$$\delta'(t) \leftrightarrow j\omega \tag{4.5.19a}$$

以及

$$\delta^{(n)}(t) \leftrightarrow (j\omega)^n \tag{4.5.19b}$$

例 4.5.10 求信号 $x(t) = \dfrac{1}{t^2}$ 的频谱。

解： 由式 (4.5.12) $\dfrac{1}{t} \leftrightarrow -j\pi\,\mathrm{sgn}(\omega)$，根据时域微分定理可得

$$-\frac{1}{t^2} \leftrightarrow -j\pi\,\mathrm{sgn}(\omega)j\omega = \pi\omega\,\mathrm{sgn}(\omega)$$

即

$$\frac{1}{t^2} \leftrightarrow -\pi\omega\,\mathrm{sgn}(\omega) = -\pi|\omega| \tag{4.5.20}$$

仿真求解

4.5.10 频域微分特性

若 $x(t) \leftrightarrow X(j\omega)$，则

$$tx(t) \leftrightarrow j\frac{d}{d\omega}X(j\omega) \tag{4.5.21a}$$

$$t^n x(t) \leftrightarrow j^n \frac{d^n}{d\omega^n} X(j\omega) \qquad (4.5.21b)$$

证明：$X(j\omega) = \int_{-\infty}^{\infty} x(t) e^{-j\omega t} dt$，两边对 ω 微分，即

$$\frac{d}{d\omega} X(j\omega) = \frac{d}{d\omega} \left[\int_{-\infty}^{\infty} x(t) e^{-j\omega t} dt \right]$$

$$= \int_{-\infty}^{\infty} x(t) \frac{d}{d\omega} [e^{-j\omega t}] dt$$

$$= \int_{-\infty}^{\infty} (-jt) x(t) e^{-j\omega t} dt$$

按照傅里叶变换定义式，有

$$-jt x(t) \leftrightarrow \frac{d}{d\omega} X(j\omega)$$

即

$$t x(t) \leftrightarrow j \frac{d}{d\omega} X(j\omega)$$

重复上述过程即可得出式(4.5.21b)。

利用频域微分特性也可以求得一些在通常意义下不便进行变换的信号的频谱。

例 4.5.11 求信号 $x(t) = t^n$ 的频谱。

解：由式(4.5.4)，有

$$1 \leftrightarrow 2\pi \delta(\omega)$$

由频域微分特性得到

$$t^n \leftrightarrow j^n \frac{d^n}{d\omega^n} [2\pi \delta(\omega)] = 2\pi j^n \frac{d^n}{d\omega^n} \delta(\omega) = 2\pi j^n \delta^{(n)}(\omega) \qquad (4.5.22)$$

例 4.5.12 求信号 $x(t) = t u(t)$ 的频谱。

解：由式(4.4.21)

$$u(t) \leftrightarrow \pi \delta(\omega) + \frac{1}{j\omega}$$

根据频域微分特性，有

$$t u(t) \leftrightarrow j \frac{d}{d\omega} \left[\pi \delta(\omega) + \frac{1}{j\omega} \right]$$

$$= j\pi \delta'(\omega) - \frac{1}{\omega^2} \qquad (4.5.23)$$

4.5.11 时域卷积定理

若 $x_1(t) \leftrightarrow X_1(j\omega)$，$x_2(t) \leftrightarrow X_2(j\omega)$，则

$$x_1(t) * x_2(t) \leftrightarrow X_1(j\omega) X_2(j\omega) \qquad (4.5.24)$$

证明：

$$x_1(t) * x_2(t) \leftrightarrow \int_{-\infty}^{\infty} \left[\int_{-\infty}^{\infty} x_1(\tau) x_2(t-\tau) d\tau \right] e^{-j\omega t} dt$$

$$= \int_{-\infty}^{\infty} x_1(\tau) \left[\int_{-\infty}^{\infty} x_2(t-\tau) e^{-j\omega t} dt \right] d\tau$$

$$（令 t-\tau=u）\qquad =\int_{-\infty}^{\infty}x_1(\tau)\left[\int_{-\infty}^{\infty}x_2(u)\mathrm{e}^{-\mathrm{j}\omega u}\mathrm{e}^{-\mathrm{j}\omega\tau}\,\mathrm{d}u\right]\mathrm{d}\tau$$

$$=\int_{-\infty}^{\infty}x_1(\tau)\mathrm{e}^{-\mathrm{j}\omega\tau}\,\mathrm{d}\tau\int_{-\infty}^{\infty}x_2(u)\mathrm{e}^{-\mathrm{j}\omega u}\,\mathrm{d}u$$

$$=X_1(\mathrm{j}\omega)X_2(\mathrm{j}\omega)$$

时域卷积定理说明,两个时间信号的卷积运算得到的信号的频谱等于两个时间信号频谱的乘积,即在时域的卷积运算等效于在频域的乘法运算。时域卷积定理为卷积的计算提供了一种简捷的方法,因为

$$x_1(t)*x_2(t)=\mathscr{F}^{-1}\{\mathscr{F}[x_1(t)]\mathscr{F}[x_2(t)]\}$$

例 4.5.13 如图 4.5.6 所示,求 $x_1(t)*x_2(t)$ 的频谱。

解: $\qquad x_1(t)*x_2(t)=G_\tau(t)*G_\tau(t)$

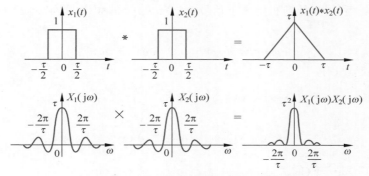

图 4.5.6 时域卷积等效于频域相乘

根据时域卷积定理

$$G_\tau(t)*G_\tau(t)=\tau\Lambda_{2\tau}(t)\leftrightarrow\left[\tau\mathrm{Sa}\left(\frac{\omega\tau}{2}\right)\right]\left[\tau\mathrm{Sa}\left(\frac{\omega\tau}{2}\right)\right]$$

$$=\tau^2\mathrm{Sa}^2\left(\frac{\omega\tau}{2}\right)\tag{4.5.25}$$

故有

$$\Lambda_{2\tau}(t)\leftrightarrow\tau\mathrm{Sa}^2\left(\frac{\omega\tau}{2}\right)\tag{4.5.26}$$

4.5.12 频域卷积定理

若 $x_1(t)\leftrightarrow X_1(\mathrm{j}\omega),x_2(t)\leftrightarrow X_2(\mathrm{j}\omega)$,则

$$x_1(t)x_2(t)\leftrightarrow\frac{1}{2\pi}X_1(\mathrm{j}\omega)*X_2(\mathrm{j}\omega)\tag{4.5.27}$$

式中, $X_1(\mathrm{j}\omega)*X_2(\mathrm{j}\omega)=\displaystyle\int_{-\infty}^{\infty}X_1(\mathrm{j}\lambda)X_2(\mathrm{j}\omega-\mathrm{j}\lambda)\mathrm{d}\lambda$ 。

证明： $x_1(t)x_2(t) \leftrightarrow \int_{-\infty}^{\infty} x_1(t)x_2(t)e^{-j\omega t}\,dt$

$$= \int_{-\infty}^{\infty} \left[\frac{1}{2\pi} \int_{-\infty}^{\infty} X_1(j\lambda)e^{j\lambda t}\,d\lambda \right] x_2(t)e^{-j\omega t}\,dt$$

$$= \frac{1}{2\pi} \int_{-\infty}^{\infty} X_1(j\lambda) \left[\int_{-\infty}^{\infty} x_2(t)e^{-j(\omega-\lambda)t}\,dt \right] d\lambda$$

$$= \frac{1}{2\pi} \int_{-\infty}^{\infty} X_1(j\lambda)X_2(j\omega - j\lambda)\,d\lambda$$

$$= \frac{1}{2\pi} X_1(j\omega) * X_2(j\omega)$$

这个定理说明,时域的乘法运算等效于频域的卷积运算。在求频谱时,如信号可分解成两信号的乘积,而其中之一的频谱是冲激或冲激串时,使用频域卷积定理是方便的。

例 4.5.14 利用频域卷积定理求信号 $x(t)\cos\omega_0 t$ 的频谱,假定 $x(t) \leftrightarrow X(j\omega)$。

解：已知

$$\cos\omega_0 t \leftrightarrow \pi[\delta(\omega + \omega_0) + \delta(\omega - \omega_0)]$$

根据频域卷积定理,有

$$x(t)\cos\omega_0 t \leftrightarrow \frac{1}{2\pi} X(j\omega) * [\pi\delta(\omega + \omega_0) + \pi\delta(\omega - \omega_0)]$$

$$= \frac{1}{2} \{ X[j(\omega + \omega_0)] + X[j(\omega - \omega_0)] \}$$

这与式(4.5.16b)是一致的。

4.5.13 时域积分定理

若 $x(t) \leftrightarrow X(j\omega)$, $X(0)$ 存在且有限,则

$$\int_{-\infty}^{t} x(\tau)\,d\tau \leftrightarrow \frac{X(j\omega)}{j\omega} + \pi X(0)\delta(\omega) \tag{4.5.28}$$

式中, $X(0) = X(j\omega)\Big|_{\omega=0} = \int_{-\infty}^{\infty} x(t)e^{-j\omega t}\,dt\Big|_{\omega=0} = \int_{-\infty}^{\infty} x(t)\,dt$。

证明： $\int_{-\infty}^{t} x(\tau)\,d\tau = x(t) * u(t)$

而 $u(t) \leftrightarrow \pi\delta(\omega) + \dfrac{1}{j\omega}$

根据时域卷积定理,有

$$\int_{-\infty}^{t} x(\tau)\,d\tau = x(t) * u(t) \leftrightarrow X(j\omega)\left[\pi\delta(\omega) + \frac{1}{j\omega} \right]$$

$$= \frac{X(j\omega)}{j\omega} + \pi X(j\omega)\delta(\omega)$$

$$= \frac{X(j\omega)}{j\omega} + \pi X(0)\delta(\omega)$$

例 4.5.15   求图 4.5.7 所示信号 $x(t)$ 的频谱。

解：本例当然可以应用傅里叶变换定义直接求解。这里给出先做微分,再应用时域卷积定理的求法。

令 $x(t)$ 的一、二阶导数分别为 $x_1(t)$ 和 $x_2(t)$,则

$$x_1(t)=\int_{-\infty}^{t}x_2(\tau)\mathrm{d}\tau, \quad x(t)=\int_{-\infty}^{t}x_1(\tau)\mathrm{d}\tau$$

由于 $x_2(t)=\delta'(t)-\delta(t)+\delta(t-1)$,其频谱为

$$X_2(\mathrm{j}\omega)=\mathrm{j}\omega-1+\mathrm{e}^{-\mathrm{j}\omega}$$

$$X_2(0)=0$$

故 $x_1(t)$ 的频谱为

$$X_1(\mathrm{j}\omega)=\frac{X_2(\mathrm{j}\omega)}{\mathrm{j}\omega}=\frac{\mathrm{j}\omega-1+\mathrm{e}^{-\mathrm{j}\omega}}{\mathrm{j}\omega}$$

又

$$X_1(0)=\lim_{\omega\to 0}\frac{\mathrm{j}\omega-1+\mathrm{e}^{-\mathrm{j}\omega}}{\mathrm{j}\omega}=0$$

从而

$$X(\mathrm{j}\omega)=\frac{X_1(\mathrm{j}\omega)}{\mathrm{j}\omega}=\frac{1-\mathrm{j}\omega-\mathrm{e}^{-\mathrm{j}\omega}}{\omega^2}$$

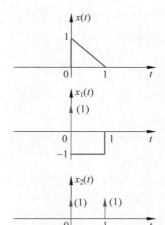

图 4.5.7   由时域积分定理求频谱

4.5.14   信号能量与频谱的关系

绝对可积的非周期信号 $x(t)$ 的平均功率为零,其能量是有限的,其能量定义为 $E=\int_{-\infty}^{\infty}|x(t)|^2\mathrm{d}t$,进一步,

$$
\begin{aligned}
E &=\int_{-\infty}^{\infty}|x(t)|^2\mathrm{d}t=\int_{-\infty}^{\infty}x(t)x^*(t)\mathrm{d}t \\
&=\int_{-\infty}^{\infty}x(t)\left[\frac{1}{2\pi}\int_{-\infty}^{\infty}X^*(\mathrm{j}\omega)\mathrm{e}^{-\mathrm{j}\omega t}\mathrm{d}\omega\right]\mathrm{d}t \\
&=\frac{1}{2\pi}\int_{-\infty}^{\infty}X^*(\mathrm{j}\omega)\left[\int_{-\infty}^{\infty}x(t)\mathrm{e}^{-\mathrm{j}\omega t}\mathrm{d}t\right]\mathrm{d}\omega \\
&=\frac{1}{2\pi}\int_{-\infty}^{\infty}X^*(\mathrm{j}\omega)X(\mathrm{j}\omega)\mathrm{d}\omega \\
&=\frac{1}{2\pi}\int_{-\infty}^{\infty}|X(\mathrm{j}\omega)|^2\mathrm{d}\omega
\end{aligned}
\tag{4.5.29}
$$

式(4.5.29)称为能量有限信号的帕塞瓦尔等式。它表明,能量有限的非周期信号的总能量等于各频率分量能量之和,每个频率分量的能量为 $\dfrac{|X(\mathrm{j}\omega)|^2}{2\pi}\mathrm{d}\omega$。

式(4.5.29)中,$|X(\mathrm{j}\omega)|^2$ 定义为信号的能量谱密度,简称能量谱,它表示单位频带所包含的信号能量,单位是焦耳/赫兹(J/Hz)。信号的能量与幅度谱 $|X(\mathrm{j}\omega)|$ 平方成正比。

上面介绍的傅里叶变换的基本性质对于深入了解信号的时域描述与频域描述之间

的关系,对于求信号的频谱和进行系统的频域分析都是非常重要的。其中卷积定理具有特别突出的地位,因为时移特性、频移特性、时域微积分特性、频域微分特性等都可以看作卷积定理的具体应用形式。还需指出,在使用卷积定理时,要避免出现 $\delta(\omega)*\delta(\omega)$ 以及 $\dfrac{1}{j\omega}\delta(\omega)$ 等不确定的乘积关系。例如求 $u(t)*u(t)$ 的频谱,直接应用卷积定理就会出现 $\delta(\omega)\delta(\omega)$ 的情况,此时可先求出 $u(t)*u(t)=tu(t)$,再用频域微分特性求解。

4.6 周期信号傅里叶变换

前文通过傅里叶展开对周期信号进行了频谱分析,并主要针对非周期信号学习了傅里叶变换。由于周期信号不满足绝对可积条件,其频谱无法直接利用傅里叶变换定义式求得。但 4.5 节通过引入 δ 函数,已找到正余弦周期信号的傅里叶变换,下面将通过引入 δ 函数,对一般的周期信号进行傅里叶变换,从而可以对周期信号和非周期信号用相同的观点和方法进行分析运算,这给信号与系统分析带来很大方便。

假定一般的周期信号 $x_T(t)$ 的周期为 T,由 4.2 节可知

$$x_T(t)=\sum_{k=-\infty}^{\infty}X_k e^{jk\frac{2\pi}{T}t}$$

其中,$X_k=\dfrac{1}{T}\displaystyle\int_{t_0}^{t_0+T}x_T(t)e^{-jk\frac{2\pi}{T}t}\,dt$。

令 $x_T(t)$ 的傅里叶变换为 $X_T(j\omega)$,则

$$X_T(j\omega)=\mathscr{F}\Big[\sum_{k=-\infty}^{\infty}X_k e^{jk\omega_0 t}\Big]=\sum_{k=-\infty}^{\infty}X_k\mathscr{F}\big[e^{jk\frac{2\pi}{T}t}\big]$$

$$=\sum_{k=-\infty}^{\infty}X_k 2\pi\delta\Big(\omega-k\frac{2\pi}{T}\Big)$$

$$=\sum_{k=-\infty}^{\infty}2\pi X_k\delta\Big(\omega-k\frac{2\pi}{T}\Big) \tag{4.6.1}$$

式(4.6.1)表明,一般的周期信号的傅里叶变换也是一系列冲激函数的线性组合,这些冲激发生在各次谐波频率上,强度为相应谐波分量复振幅的 2π 倍。这与前文傅里叶展开的分析结果是一致的,周期信号仍是离散频谱,只是前文以复振幅 X_k 描述各次谐波 $\Big(\omega=k\dfrac{2\pi}{T}\Big)$ 的实际大小,这里用 $2\pi X_k\delta\Big(\omega-k\dfrac{2\pi}{T}\Big)$ 描述各次谐波的相对大小。

例 4.6.1 求图 4.6.1 所示周期冲激串 $\delta_T(t)=\displaystyle\sum_{n=-\infty}^{\infty}\delta(t-nT)$($T$ 为周期)的频谱。

解:先求 $\delta_T(t)$ 指数形式的傅里叶级数展开式,不失一般性,设 $t_0=-\dfrac{T}{2}$,由式(4.2.14),有

$$X_k = \frac{1}{T} \int_{-\frac{T}{2}}^{\frac{T}{2}} \delta_T(t) \mathrm{e}^{-\mathrm{j}k\frac{2\pi}{T}t} \mathrm{d}t$$

$$= \frac{1}{T} \int_{-\frac{T}{2}}^{\frac{T}{2}} \delta(t) \mathrm{e}^{-\mathrm{j}k\frac{2\pi}{T}t} \mathrm{d}t$$

$$= \frac{1}{T} \tag{4.6.2}$$

由式(4.6.1),有

$$\mathscr{F}[\delta_T(t)] = \sum_{k=-\infty}^{\infty} 2\pi \cdot \frac{1}{T} \delta\left(\omega - k\frac{2\pi}{T}\right)$$

$$= \frac{2\pi}{T} \sum_{k=-\infty}^{\infty} \delta\left(\omega - k\frac{2\pi}{T}\right)$$

$$= \omega_0 \sum_{k=-\infty}^{\infty} \delta(\omega - k\omega_0)$$

记

$$\delta_{\omega_0}(\omega) = \sum_{k=-\infty}^{\infty} \delta(\omega - k\omega_0)$$

则有

$$\mathscr{F}[\delta_T(t)] = \omega_0 \delta_{\omega_0}(\omega), \quad \omega_0 = \frac{2\pi}{T} \tag{4.6.3}$$

可见周期冲激串的频谱仍为周期冲激串,强度为 $\omega_0 = \dfrac{2\pi}{T}$,周期也为 $\dfrac{2\pi}{T}$,如图 4.6.1 所示。

图 4.6.1 周期冲激串及其频谱

此外,一般的周期信号 $x_T(t)$(T 为周期)还可以用 $\delta_T(t) = \displaystyle\sum_{n=-\infty}^{\infty} \delta(t-nT)$ 表示如下:

$$x_T(t) = \sum_{n=-\infty}^{\infty} x(t-nT) = x(t) * \delta_T(t) \tag{4.6.4}$$

其中,$x(t)$ 一般取周期信号 $x_T(t)$ 在原点附近的一个周期(称为主周期)。按傅里叶变换时域卷积定理,并令 $\mathscr{F}[x(t)] = X(\mathrm{j}\omega)$,则

$$\mathscr{F}[x_T(t)] = X(\mathrm{j}\omega) \cdot \omega_0 \delta_{\omega_0}(\omega)$$

$$= X(\mathrm{j}\omega) \sum_{k=-\infty}^{\infty} \omega_0 \delta(\omega - k\omega_0)$$

$$= \sum_{k=-\infty}^{\infty} \omega_0 X(\mathrm{j}k\omega_0) \delta(\omega - k\omega_0) \tag{4.6.5}$$

式(4.6.5)也表明,一般周期信号的傅里叶变换(频谱)是发生在其各次谐波频率($\omega = k\omega_0$)上的一串冲激,这与式(4.6.1)所表示的意义相同,如图4.6.2所示。式(4.6.5)还进一步表明在时域将$x(t)$的波形进行以T为周期的延拓,等效于在频域对其频谱进行以$\omega_0 = 2\pi/T$为周期的等距离抽样,即时域的周期性对应于频域的离散性。

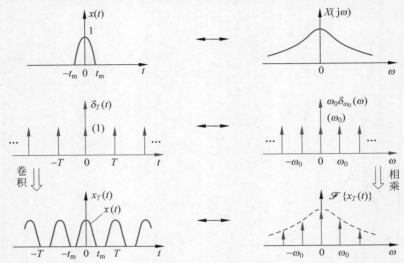

图 4.6.2　周期信号及其频谱

进一步,根据傅里叶变换的唯一性,并比较式(4.6.1)和式(4.6.5),有

$$2\pi X_k = \omega_0 X(jk\omega_0)$$

即

$$X_k = \frac{1}{T}X(jk\omega_0) = \frac{1}{T}X(j\omega)\big|_{\omega = k\omega_0}$$

再结合$X(j\omega) = \lim_{T \to \infty} TX_k$(见4.4.1节)可以看出,周期信号$x_T(t)$的复振幅$X_k$与相应的主周期$x(t)$的频谱$X(j\omega)$之间可以互求,而且$X(j\omega)$在形状上与$X_k$的频谱包络线相同。

由上述分析,$x_T(t)$的傅里叶级数展开式可写成

$$x_T(t) = \sum_{k=-\infty}^{\infty} \frac{1}{T}X(jk\omega_0)e^{jk\omega_0 t}$$

由式(4.6.4),有

$$x_T(t) = \sum_{k=-\infty}^{\infty} x(t - nT) = \sum_{k=-\infty}^{\infty} \frac{1}{T}X(jk\omega_0)e^{jk\omega_0 t}$$

这就是泊松(Poisson)求和公式。

例 4.6.2　求图4.6.3(a)所示周期矩形脉冲的频谱。

解: 图4.6.3(a)中$p_T(t) = \sum_{n=-\infty}^{\infty} G_\tau(t - nT) = G_\tau(t) * \delta_T(t)$

由式(4.4.18)　　　　　　　　$G_\tau(t) \leftrightarrow \tau \mathrm{Sa}\left(\frac{\omega\tau}{2}\right)$

仿真求解

根据式(4.6.5),有

$$\mathscr{F}\left[p_T(t)\right] = \sum_{k=-\infty}^{\infty} \tau\omega_0 \mathrm{Sa}\left(\frac{k\omega_0\tau}{2}\right)\delta(\omega - k\omega_0)$$

频谱如图 4.6.3(b)所示。

$$(a) \qquad\qquad (b)$$

图 4.6.3   周期矩形脉冲及其频谱($T = 2\tau$)

4.7 傅里叶反变换

4.8 节将研究线性时不变系统的频域分析方法,先求出系统的频率响应 $H(\mathrm{j}\omega)$ 和信号的频谱 $X(\mathrm{j}\omega)$,再将二者相乘得到系统零状态响应 $y_{\mathrm{zs}}(t)$ 的频谱 $Y_{\mathrm{zs}}(\mathrm{j}\omega) = H(\mathrm{j}\omega)X(\mathrm{j}\omega)$,最后由 $Y_{\mathrm{zs}}(\mathrm{j}\omega)$ 求出 $y_{\mathrm{zs}}(t)$。另外,在许多信号分析和处理应用中,常常需要根据已知的信号频谱求出对应的时域信号。这些都涉及傅里叶反变换的求解问题,可以按照 4.4 节给出的信号的频域分解 $x(t) = \dfrac{1}{2\pi}\displaystyle\int_{-\infty}^{\infty} X(\mathrm{j}\omega)\mathrm{e}^{\mathrm{j}\omega t}\,\mathrm{d}\omega$,通过积分运算求解傅里叶反变换,但有时此积分运算较复杂,因此本节将总结其他几种常见的傅里叶反变换求解方法。

4.7.1 利用傅里叶变换对称特性

按照式(4.5.3),若 $x(t) \leftrightarrow X(\mathrm{j}\omega)$,则 $X(\mathrm{j}t) \leftrightarrow 2\pi x(-\omega)$。由此可见,在已知 $X(\mathrm{j}\omega)$ 的前提下,可以先求出其时域形式($\omega \rightarrow t$)$X(\mathrm{j}t)$ 的傅里叶变换 $\mathscr{F}\left[X(\mathrm{j}t)\right]$,即 $2\pi x(-\omega)$,再求得 $x(t) = \dfrac{1}{2\pi}\mathscr{F}\left[X(\mathrm{j}t)\right]_{\omega \rightarrow -t}$。

例 4.7.1   求 $X(\mathrm{j}\omega) = G_{\omega_0}(\omega)$ 对应的时域信号 $x(t)$。

解:
$$X(\mathrm{j}\omega)_{\omega \rightarrow t} = X(\mathrm{j}t) = G_{\omega_0}(t)$$

由式(4.3.18),有

$$\mathscr{F}\left[X(\mathrm{j}t)\right] = \omega_0 \mathrm{Sa}\left(\frac{\omega_0\omega}{2}\right)$$

从而有

$$x(t) = \frac{1}{2\pi}\mathscr{F}\left[X(\mathrm{j}t)\right]_{\omega \rightarrow -t}$$

$$= \frac{\omega_0}{2\pi}\mathrm{Sa}\left(\frac{\omega_0\omega}{2}\right)_{\omega \rightarrow -t}$$

仿真求解

$$= \frac{\omega_0}{2\pi} \mathrm{Sa}\left(\frac{-\omega_0 t}{2}\right)$$

$$= \frac{\omega_0}{2\pi} \mathrm{Sa}\left(\frac{\omega_0 t}{2}\right)$$

例 4.7.2 求 $X(\mathrm{j}\omega) = \mathrm{j}\pi \mathrm{sgn}(\omega)$ 对应的时域信号 $x(t)$。

解：
$$X(\mathrm{j}\omega)_{\omega \to t} = X(\mathrm{j}t) = \mathrm{j}\pi \mathrm{sgn}(t)$$

由式(4.5.11),有

$$\mathscr{F}[X(\mathrm{j}t)] = \mathrm{j}\pi \mathscr{F}[\mathrm{sgn}(t)] = \frac{2\pi}{\omega}$$

从而有

$$x(t) = \frac{1}{2\pi} \mathscr{F}[X(\mathrm{j}t)]_{\omega \to -t} = -\frac{1}{t}$$

4.7.2 部分分式展开

$X(\mathrm{j}\omega)$ 一般是 $\mathrm{j}\omega$ 的有理分式,可以将 $\mathrm{j}\omega$ 看成一个变量,先做除法(如果分母阶数低于分子阶数),再将余式(有理真分式)进行部分分式展开,然后利用下述关系进行傅里叶反变换的求解。

$$\mathscr{F}^{-1}\left[\pi\delta(\omega) + \frac{1}{\mathrm{j}\omega}\right] = u(t)$$

$$\mathscr{F}^{-1}[1] = \delta(t)$$

$$\mathscr{F}^{-1}[(\mathrm{j}\omega)^n] = \delta^{(n)}(t) = \frac{\mathrm{d}^n}{\mathrm{d}t^n}\delta(t), \quad n = 1, 2, \cdots$$

$$\mathscr{F}^{-1}\left[\frac{2}{\mathrm{j}\omega}\right] = \mathrm{sgn}(t)$$

$$\mathscr{F}^{-1}\left[\frac{1}{a + \mathrm{j}\omega}\right] = \mathrm{e}^{-at}u(t), \quad a > 0$$

两边对 a 求导,可得

$$\mathscr{F}^{-1}\left[\frac{1}{(a + \mathrm{j}\omega)^n}\right] = \frac{t^{n-1}}{(n-1)!}\mathrm{e}^{-at}u(t), \quad a > 0, n = 2, 3, \cdots$$

以及

$$\mathscr{F}^{-1}\left[\frac{\omega_0}{(a + \mathrm{j}\omega)^2 + \omega_0^2}\right] = \mathrm{e}^{-at}\sin\omega_0 t u(t), \quad a > 0$$

$$\mathscr{F}^{-1}\left[\frac{a + \mathrm{j}\omega}{(a + \mathrm{j}\omega)^2 + \omega_0^2}\right] = \mathrm{e}^{-at}\cos\omega_0 t u(t), \quad a > 0$$

上面这两个公式可用于避免傅里叶反变换结果中出现复杂的复数表示(见例4.7.5)。

例 4.7.3 已知信号 $x(t)$ 的频谱为 $X(\mathrm{j}\omega) = \dfrac{-\omega^2 + 4\mathrm{j}\omega + 5}{-\omega^2 + 3\mathrm{j}\omega + 2}$,求 $x(t)$。

解：$X(\mathrm{j}\omega) = 1 + \dfrac{\mathrm{j}\omega + 3}{(\mathrm{j}\omega)^2 + 3\mathrm{j}\omega + 2}$

$\qquad\qquad = 1 + \dfrac{\mathrm{j}\omega + 3}{(\mathrm{j}\omega + 1)(\mathrm{j}\omega + 2)}$

$\qquad\qquad = 1 + \dfrac{2}{\mathrm{j}\omega + 1} + \dfrac{-1}{\mathrm{j}\omega + 2}$

从而 $\qquad\qquad\qquad x(t) = \delta(t) + 2\mathrm{e}^{-t}u(t) - \mathrm{e}^{-2t}u(t)$

例 4.7.4 已知信号 $x(t)$ 的频谱 $X(\mathrm{j}\omega) = \dfrac{1}{(\mathrm{j}\omega + 1)(\mathrm{j}\omega + 2)^3}$，求 $x(t)$。

仿真求解

解： $\quad X(\mathrm{j}\omega) = \dfrac{a}{\mathrm{j}\omega + 1} + \dfrac{b_0}{(\mathrm{j}\omega + 2)^3} + \dfrac{b_1}{(\mathrm{j}\omega + 2)^2} + \dfrac{b_2}{\mathrm{j}\omega + 2}$

其中，$\quad a = [X(\mathrm{j}\omega)(\mathrm{j}\omega + 1)] \big|_{\mathrm{j}\omega = -1} = 1$

$\qquad b_0 = [X(\mathrm{j}\omega)(\mathrm{j}\omega + 2)^3] \big|_{\mathrm{j}\omega = -2} = -1$

$\qquad b_1 = \dfrac{\mathrm{d}}{\mathrm{d}\omega} [X(\mathrm{j}\omega)(\mathrm{j}\omega + 2)^3] \big|_{\mathrm{j}\omega = -2} = \dfrac{-1}{(\mathrm{j}\omega + 1)^2} \bigg|_{\mathrm{j}\omega = -2} = -1$

$\qquad b_2 = \dfrac{1}{2!} \dfrac{\mathrm{d}^2}{\mathrm{d}\omega^2} [X(\mathrm{j}\omega)(\mathrm{j}\omega + 2)^3] \big|_{\mathrm{j}\omega = -2} = \dfrac{1}{2} \dfrac{2}{(\mathrm{j}\omega + 1)^3} \bigg|_{\mathrm{j}\omega = -2} = -1$

即 $\qquad\qquad X(\mathrm{j}\omega) = \dfrac{1}{\mathrm{j}\omega + 1} - \dfrac{1}{(\mathrm{j}\omega + 2)^3} - \dfrac{1}{(\mathrm{j}\omega + 2)^2} - \dfrac{1}{\mathrm{j}\omega + 2}$

从而 $\qquad x(t) = \mathrm{e}^{-t}u(t) - \dfrac{1}{2}t^2\mathrm{e}^{-2t}u(t) - t\mathrm{e}^{-2t}u(t) - \mathrm{e}^{-2t}u(t)$。

例 4.7.5 已知信号 $x(t)$ 的频谱 $X(\mathrm{j}\omega) = \dfrac{\mathrm{j}\omega + 2}{(\mathrm{j}\omega)^2 + 2\mathrm{j}\omega + 5}$，求 $x(t)$。

仿真求解

解：$X(\mathrm{j}\omega) = \dfrac{\mathrm{j}\omega + 1 + 1}{(\mathrm{j}\omega + 1)^2 + 2^2}$

$\qquad\qquad = \dfrac{\mathrm{j}\omega + 1}{(\mathrm{j}\omega + 1)^2 + 2^2} + \dfrac{1}{2}\dfrac{2}{(\mathrm{j}\omega + 1)^2 + 2^2}$

从而 $\qquad x(t) = \mathrm{e}^{-t}\cos 2t \cdot u(t) + \dfrac{1}{2}\mathrm{e}^{-t}\sin 2t \cdot u(t)$

$\qquad\qquad\quad = \left(\cos 2t + \dfrac{1}{2}\sin 2t\right)\mathrm{e}^{-t}u(t)$

4.7.3 利用傅里叶变换性质和常见信号的傅里叶变换对

本方法要求熟记常见的傅里叶变换对，并要求能熟练掌握傅里叶变换的性质，是上述方法的补充。

例 4.7.6 已知信号 $x(t)$ 的频谱为 $X(\mathrm{j}\omega) = \pi\delta(\omega - \omega_0) + \dfrac{1}{\mathrm{j}(\omega - \omega_0)}$，$\omega_0$ 为一实常

仿真求解

数,求 $x(t)$。

解:本题信号的频谱 $X(\mathrm{j}\omega)$ 可写成

$$X(\mathrm{j}\omega) = \left[\pi\delta(\omega) + \frac{1}{\mathrm{j}\omega}\right] * \delta(\omega-\omega_0)$$

$$= \frac{1}{2\pi}\left[\pi\delta(\omega) + \frac{1}{\mathrm{j}\omega}\right] * \left[2\pi\delta(\omega-\omega_0)\right]$$

应用傅里叶变换频域卷积定理,有

$$x(t) = \mathscr{F}^{-1}\left[\pi\delta(\omega) + \frac{1}{\mathrm{j}\omega}\right]\mathscr{F}^{-1}\left[2\pi\delta(\omega-\omega_0)\right]$$

$$= \mathrm{e}^{\mathrm{j}\omega_0 t}u(t)$$

另外,直接利用变换对和傅里叶变换的频移性质也可求得 $x(t) = \mathrm{e}^{\mathrm{j}\omega_0 t}u(t)$。

例 4.7.7 已知 $y(t) * \dfrac{\mathrm{d}}{\mathrm{d}t}y(t) = (1-t)\mathrm{e}^{-t}u(t)$,求 $y(t)$。

仿真求解

解:根据傅里叶变换的时域卷积定理和时域微分特性,有

$$Y(\mathrm{j}\omega) \cdot \mathrm{j}\omega Y(\mathrm{j}\omega) = \frac{1}{\mathrm{j}\omega+1} - \frac{1}{(\mathrm{j}\omega+1)^2}$$

即

$$Y(\mathrm{j}\omega)Y(\mathrm{j}\omega) = \frac{1}{(\mathrm{j}\omega+1)^2}$$

$$Y(\mathrm{j}\omega) = \pm\frac{1}{\mathrm{j}\omega+1}$$

从而

$$y(t) = \pm\mathrm{e}^{-t}u(t)$$

4.8 系统的频域分析

4.1 节中已明确,简谐振荡信号 $\mathrm{e}^{\mathrm{j}\omega t}$ $(-\infty<t<\infty)$ 是线性时不变系统的本征信号,简谐振荡信号激励线性时不变系统产生的输出响应也是同频率的简谐振荡信号,只是复振幅成为 $H(\mathrm{j}\omega)$[见(式 4.1.3)]。另外,通过前文已知,通过傅里叶级数展开或傅里叶变换,信号可以表示为一系列简谐振荡信号的线性组合。这样就可以在信号分解基础上合成每个简谐振荡分量的响应,得到线性时不变系统对信号的响应。

4.8.1 线性时不变系统零状态响应的频域表示

设输入信号为 $x(t)$,其频谱为 $X(\mathrm{j}\omega)$,按式(4.1.3),有

$$\mathrm{e}^{\mathrm{j}\omega t} \rightarrow H(\mathrm{j}\omega)\mathrm{e}^{\mathrm{j}\omega t}$$

按系统的齐次性,有

$$\frac{1}{2\pi}X(\mathrm{j}\omega)\mathrm{d}\omega\,\mathrm{e}^{\mathrm{j}\omega t} \rightarrow H(\mathrm{j}\omega)\frac{1}{2\pi}X(\mathrm{j}\omega)\mathrm{d}\omega\,\mathrm{e}^{\mathrm{j}\omega t}$$

再按系统的可加性,得

$$\int_{-\infty}^{\infty} \frac{1}{2\pi} X(j\omega) d\omega e^{j\omega t} \rightarrow \int_{-\infty}^{\infty} H(j\omega) \frac{1}{2\pi} X(j\omega) d\omega e^{j\omega t}$$

上式左端正好是信号 $x(t)$ 的频域分解式[见式(4.3.10b)]，因此，上式右端必然是由信号 $x(t)$ 引起的系统的零状态响应 $y_{zs}(t)$。也就是说，系统对任意信号 $x(t)$ 的零状态响应 $y_{zs}(t)$ 可以写成如下的形式：

$$y_{zs}(t) = \frac{1}{2\pi} \int_{-\infty}^{\infty} H(j\omega) X(j\omega) e^{j\omega t} d\omega = \mathscr{F}^{-1}\left[H(j\omega) X(j\omega)\right] \tag{4.8.1}$$

这就是 $y_{zs}(t)$ 零状态响应的频域分解式。因此，在信号 $x(t)$ 的激励下，系统零状态响应的频谱为

$$Y_{zs}(j\omega) = \mathscr{F}\left[y_{zs}(t)\right] = H(j\omega) X(j\omega) \tag{4.8.2}$$

式(4.8.2)表明，线性时不变系统对输入信号的作用体现为将输入频谱乘以 $H(j\omega)$ 转化为输出频谱，$H(j\omega)$ 是系统单位冲激响应 $h(t)$ 的傅里叶变换[见式(4.1.2)]，称为系统的频率响应，简称频响。

注意：本书后文中如不特殊指明，系统均指线性时不变系统。

例 4.8.1 系统的频率响应 $H(j\omega) = \dfrac{1}{j\omega + 1}$，求它对单位阶跃信号 $u(t)$ 的响应。

仿真求解

解：由时域分析可知 $\qquad u(t) \rightarrow y_{zs}(t) = h(t) * u(t)$

$$u(t) \leftrightarrow \pi\delta(\omega) + \frac{1}{j\omega}$$

故

$$Y_{zs}(j\omega) = \frac{1}{j\omega + 1}\left[\pi\delta(\omega) + \frac{1}{j\omega}\right]$$

$$= \pi\delta(\omega) + \frac{1}{j\omega} \cdot \frac{1}{j\omega + 1}$$

$$= \pi\delta(\omega) + \frac{1}{j\omega} - \frac{1}{j\omega + 1}$$

从而得

$$y_{zs}(t) = \mathscr{F}^{-1}\left[Y_{zs}(j\omega)\right]$$

$$= u(t) - e^{-t}u(t) = (1 - e^{-t})u(t)$$

当然，式(4.8.2)结果也可由系统零状态响应的卷积积分关系 $y_{zs}(t) = h(t) * x(t)$ 直接计算得到。因此，同一个系统既可以在时域方式表示，也可以在频域方式表示，如图 4.8.1 所示。

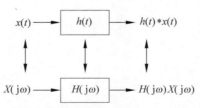

图 4.8.1 系统的时域表示与频域表示的变换对关系

式(4.1.2)是系统频率响应 $H(j\omega)$ 的一种获得方法，即由系统的单位冲激响应直接作傅里叶变换。式(4.1.3)指明了另一种求得 $H(j\omega)$ 的方法，即点测法。在系统的输入

端分别输入各种频率的正弦信号,测出系统的正弦响应输出,求出输出复振幅与输入复振幅之比。而式(4.8.2)则提供了求 $H(j\omega)$ 的第三种方法,即可以给系统输入任意一个信号,求出系统响应的频谱与输入信号频谱之比,即

$$H(j\omega) = \frac{Y_{zs}(j\omega)}{X(j\omega)} \qquad (4.8.3)$$

因为 $H(j\omega) = \mathscr{F}[h(t)]$,所以 $H(j\omega)$ 具有傅里叶变换的所有性质,而且一般可表示为

$$H(j\omega) = \mathrm{Re}[H(j\omega)] + j\mathrm{Im}[H(j\omega)]$$

$$= |H(j\omega)| e^{j\angle H(j\omega)}$$

这样,由式(4.1.3),系统对 $e^{j\omega t}$ $(-\infty < t < \infty)$ 的响应可写为

$$|H(j\omega)| e^{j\angle H(j\omega)} e^{j\omega t} = |H(j\omega)| e^{j(\omega t + \angle H(j\omega))}, \qquad -\infty < t < \infty$$

可见,$H(j\omega)$ 的模 $|H(j\omega)|$(常记为 $H(\omega)$)表征了系统对各频率分量幅度的加权能力,称为系统的幅频特性。而 $H(j\omega)$ 的辐角 $\angle H(j\omega)$ 表征了各频率分量通过系统后产生的附加相移,称为系统的相频特性。

4.8.2 微分方程系统的频域表示

前文曾指出,线性时不变系统可以由常系数微分方程表示为

$$(p^n + a_{n-1} p^{n-1} + \cdots + a_1 p + a_0) y(t) = (b_m p^m + b_{m-1} p^{m-1} + \cdots + b_1 p + b_0) x(t), \quad n \geq m$$

假定系统在零状态条件下(初始状态全部为零),$\mathscr{F}[x(t)] = X(j\omega)$,$\mathscr{F}[y_{zs}(t)] = Y_{zs}(j\omega)$,对上式两端分别进行傅里叶变换,按傅里叶变换的时域微分特性,有

$$[(j\omega)^n + a_{n-1}(j\omega)^{n-1} + \cdots + a_1(j\omega) + a_0] Y_{zs}(j\omega)$$

$$= [b_m(j\omega)^m + b_{m-1}(j\omega)^{m-1} + \cdots + b_1(j\omega) + b_0] X(j\omega)$$

按式(4.8.3),有

$$H(j\omega) = \frac{Y_{zs}(j\omega)}{X(j\omega)} = \frac{N(j\omega)}{D(j\omega)} \qquad (4.8.4)$$

其中,$N(j\omega)$、$D(j\omega)$ 分别为

$$N(j\omega) = b_m(j\omega)^m + b_{m-1}(j\omega)^{m-1} + \cdots + b_1(j\omega) + b_0$$

$$D(j\omega) = (j\omega)^n + a_{n-1}(j\omega)^{n-1} + \cdots + a_1(j\omega) + a_0$$

例 4.8.2 已知描述一线性时不变系统的微分方程为

$$y''(t) + 3y'(t) + 2y(t) = x(t)$$

求该系统对信号 $x(t) = e^{-3t} u(t)$ 的响应 $y_{zs}(t)$。

仿真求解

解:按照式(4.8.4),系统函数为

$$H(j\omega) = \frac{1}{(j\omega)^2 + 3j\omega + 2}$$

而 $x(t) = e^{-3t} u(t)$ 的频谱 $X(j\omega)$ 为

$$X(j\omega) = \frac{1}{j\omega + 3}$$

故系统对 $x(t) = e^{-3t}u(t)$ 响应的频谱 $Y_{zs}(j\omega)$ 为

$$Y_{zs}(j\omega) = H(j\omega)X(j\omega) = \frac{1}{(j\omega)^2 + 3j\omega + 2} \cdot \frac{1}{j\omega + 3}$$

$$= \frac{\frac{1}{2}}{j\omega + 1} + \frac{-1}{j\omega + 2} + \frac{\frac{1}{2}}{j\omega + 3}$$

从而系统对 $x(t) = e^{-3t}u(t)$ 的响应为

$$y_{zs}(t) = \mathscr{F}^{-1}[Y_{zs}(j\omega)]$$

$$= \frac{1}{2}e^{-t}u(t) - e^{-2t}u(t) + \frac{1}{2}e^{-3t}u(t)$$

4.8.3　电路系统的频域分析

考虑由基本的电路元件(电阻、电感、电容)构成的 RLC 电路。先研究这三种元件上的电压与电流的频谱关系。

如图 4.8.2 所示,对于电阻 R 有

$$u_R(t) = Ri_R(t)$$

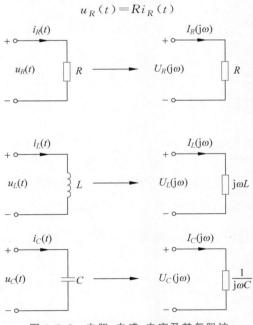

图 4.8.2　电阻、电感、电容及其复阻抗

两边取傅里叶变换得

$$U_R(j\omega) = RI_R(j\omega)$$

如以电压为输出,电流为输入,得到电阻复阻抗为

$$\frac{U_R(j\omega)}{I_R(j\omega)} = R \tag{4.8.5}$$

对于电感 L ,有

$$u_L(t) = L\frac{\mathrm{d}}{\mathrm{d}t}i_L(t)$$

两边取傅里叶变换得

$$U_L(\mathrm{j}\omega) = L \cdot \mathrm{j}\omega I_L(\mathrm{j}\omega)$$

同样得到电感复阻抗(感抗)为

$$\frac{U_L(\mathrm{j}\omega)}{I_L(\mathrm{j}\omega)} = \mathrm{j}\omega L \tag{4.8.6}$$

对于电容 C ,有

$$i_C(t) = C\frac{\mathrm{d}}{\mathrm{d}t}u_C(t)$$

两边取傅里叶变换,有

$$I_C(\mathrm{j}\omega) = C \cdot \mathrm{j}\omega U_C(\mathrm{j}\omega)$$

同样得到电容复阻抗(容抗)为

$$\frac{U_C(\mathrm{j}\omega)}{I_C(\mathrm{j}\omega)} = \frac{1}{\mathrm{j}\omega C} \tag{4.8.7}$$

利用 RLC 电路中电压、电流的频谱及其复阻抗的代数运算关系代替电压、电流本身与其元件值的微积分运算关系,即可进行电路系统的频域分析。

例 4.8.3   求图 4.8.3(a)所示 RC 电路对单位阶跃电压信号 $u(t)$ 的零状态响应 $y_{zs}(t)$ 。

仿真求解

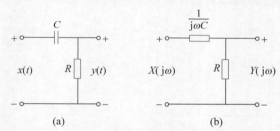

(a)   (b)

图 4.8.3   RC 电路及其频域等效电路

解:此系统的频域等效电路如图 4.8.3(b)所示,其中 $X(\mathrm{j}\omega)$ 是输入电压信号的频谱,$Y(\mathrm{j}\omega)$ 是输出电压信号的频谱,$\dfrac{1}{\mathrm{j}\omega C}$ 是电容 C 的复阻抗。

由于

$$X(\mathrm{j}\omega) = \mathscr{F}[u(t)] = \pi\delta(\omega) + \frac{1}{\mathrm{j}\omega}$$

故由分压关系可得 $Y(\mathrm{j}\omega) = \dfrac{R}{R + \dfrac{1}{\mathrm{j}\omega C}}X(\mathrm{j}\omega)$

$$= \frac{\mathrm{j}\omega RC}{1 + \mathrm{j}\omega RC}\left[\pi\delta(\omega) + \frac{1}{\mathrm{j}\omega}\right]$$

$$= \frac{RC}{1 + \mathrm{j}\omega RC}$$

从而得系统的零状态单位阶跃响应为

$$y(t) = \mathscr{F}^{-1}\left[\frac{RC}{1+\mathrm{j}\omega RC}\right] = \mathscr{F}^{-1}\left[\frac{1}{\dfrac{1}{RC}+\mathrm{j}\omega}\right]$$

$$= \mathrm{e}^{-\frac{1}{RC}t}u(t)$$

4.9　无失真传输与滤波

从式(4.8.1)和式(4.8.2)可以看出,线性时不变系统通过乘以系统频率响应 $H(\mathrm{j}\omega)$,将输入信号频谱转化为输出信号频谱,即系统起到频谱变换器作用。在一些应用场合中,希望信号通过线性系统后不产生任何失真,即系统对信号无失真传输,如通信系统中对通信信号的放大和衰减;而在许多情况下,希望信号通过系统后产生"预定"的失真,如脉冲电路中的整形电路。本节将从频域角度讨论系统的这两种作用。

4.9.1　信号的无失真传输

从时域上说,信号的无失真传输是指通过系统后输出信号波形与输入信号波形相同,只允许改变其幅度及增加一定的延迟时间。相应的系统称为无失真传输系统。

无失真传输系统的输出信号 $y_{\mathrm{zs}}(t)$ 与输入信号 $x(t)$ 的关系为

$$y_{\mathrm{zs}}(t) = kx(t-t_{\mathrm{d}}) \tag{4.9.1}$$

即输出信号的幅度是输入信号幅度的 k 倍(k 为实常数,$k\neq 0$),输出信号比输入信号延迟了 t_{d} 秒($t_{\mathrm{d}}\geqslant 0$)。设输出信号 $y_{\mathrm{zs}}(t)$ 的频谱为 $Y_{\mathrm{zs}}(\mathrm{j}\omega)$,输入信号的频谱为 $X(\mathrm{j}\omega)$,则有

$$Y_{\mathrm{zs}}(\mathrm{j}\omega) = k\mathrm{e}^{-\mathrm{j}\omega t_{\mathrm{d}}}X(\mathrm{j}\omega)$$

因此无失真传输系统的系统频率响应 $H(\mathrm{j}\omega)$ 为

$$H(\mathrm{j}\omega) = \frac{Y_{\mathrm{zs}}(\mathrm{j}\omega)}{X(\mathrm{j}\omega)} = k\mathrm{e}^{-\mathrm{j}\omega t_{\mathrm{d}}} \tag{4.9.2a}$$

幅频特性 $\qquad\qquad |H(\mathrm{j}\omega)| = k, \quad k$ 为非零实常数 $\qquad\qquad$ (4.9.2b)

相频特性 $\qquad\qquad \angle H(\mathrm{j}\omega) = -\omega t_{\mathrm{d}}, \quad t_{\mathrm{d}}>0 \qquad\qquad$ (4.9.2c)

式(4.9.2)表明,无失真传输系统应满足两个条件:①系统的幅频特性在整个频率范围($-\infty<\omega<\infty$)内为非零实常数,从而保证输入信号所有频率分量通过系统后保持原有的幅度比例关系;②系统的相频特性在整个频率范围内是过坐标原点的一条斜率为负的直线,即输入信号各频率分量通过系统后的附加相移与频率成正比,以保证所有频率分量通过系统后都有相同延时,保持相对位置不变,从而不产生相位失真,如图 4.9.1 所示。

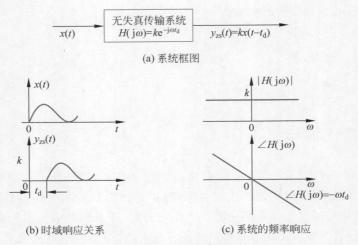

(a) 系统框图

(b) 时域响应关系 　　　　　(c) 系统的频率响应

图 4.9.1　无失真传输系统

例 4.9.1　证明图 4.9.2 所示的示波器输入衰减器是无失真传输系统,其中 $R_1C_1 = R_2C_2$。

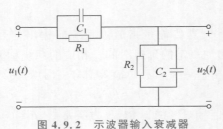

图 4.9.2　示波器输入衰减器

证明: 此衰减器的系统函数 $H(j\omega)$ 为

$$H(j\omega) = \frac{U_2(j\omega)}{U_1(j\omega)}$$

$$= \frac{\dfrac{\dfrac{R_2}{j\omega C_2}}{R_2 + \dfrac{1}{j\omega C_2}}}{\dfrac{\dfrac{R_1}{j\omega C_1}}{R_1 + \dfrac{1}{j\omega C_1}} + \dfrac{\dfrac{R_2}{j\omega C_2}}{R_2 + \dfrac{1}{j\omega C_2}}}$$

$$= \frac{\dfrac{R_2}{1 + j\omega R_2 C_2}}{\dfrac{R_1}{1 + j\omega R_1 C_1} + \dfrac{R_2}{1 + j\omega R_2 C_2}} = \frac{R_2}{R_2 + R_1} \quad (利用 R_1 C_1 = R_2 C_2)$$

可见 $|H(j\omega)| = \dfrac{R_2}{R_2+R_1}$ 是常数，$\angle H(j\omega)=0$ 满足无失真传输条件，从而该衰减器是无失真传输系统。

需要指出，满足式(4.9.2)的无失真传输系统不仅无法实现，而且也是不必要的。一方面，实际系统不可能在整个频率范围内保持恒定不变的幅频特性和与频率成正比的相频特性。例如例 4.9.1 中的衰减器，当输入信号含有足够高的频率成分时，由于电阻的引线电感和网络分布电容的存在，该衰减器也会产生频率选择作用。所以常用的线性时不变系统只能在一个有限的频率范围内近似为无失真传输系统。另一方面，常用的信号的频率范围有限或存在有效频带，集中了信号绝大部分的平均功率或能量。因此，工程上的无失真传输系统指的是在所传输的信号频率范围或有效频带内满足式(4.9.2b)和式(4.9.2c)的系统。

4.9.2　信号的滤波

前已提及，在许多情况下，希望信号通过系统后产生"预定"的失真，或者想改变一个信号所含频率分量的相对大小，或者全部滤除某些频率分量，这样的过程称为信号的滤波。对于线性时不变系统来说，由于输出的频谱就是输入的频谱乘以系统的频率响应，因此，对于这类系统，适当选择系统的频率响应就可以很方便地完成滤波功能，此时，系统可看作具有频率选择特性的滤波器，这也是线性时不变系统一种很重要的应用。

系统作为滤波器得到了广泛应用，在通信、图像处理、信号获取等工程应用中，滤波器几乎是不可缺少的基本单元。按照系统频率响应 $H(j\omega)$ 可以选择不同频率的特性，系统实现的滤波器分为低通滤波器、高通滤波器、带通滤波器和带阻滤波器等。下面先从理想滤波器入手，并以低通滤波器为主，深入讨论线性时不变系统对信号的滤波作用。

1. 低通滤波器

1) 理想低通滤波器

顾名思义，低通滤波器是只允许信号的低频分量通过而衰减和抑制高频分量的系统。一个理想的低通滤波器具有这样的特性，即它对某一频率范围内的虚指数信号给予完全的通过，而在这以外的予以彻底的抑制。因此，在 $(-\omega_c,\omega_c)$ 范围内通过虚指数信号 $e^{j\omega t}$，而在此之外，即 $|\omega|>\omega_c$，给予完全抑制的理想低通滤波器的频率响应为

$$H(j\omega) = \begin{cases} e^{-j\omega t_d}, & |\omega| \leqslant \omega_c \\ 0, & |\omega| > \omega_c \end{cases} = G_{2\omega_c}(\omega)e^{-j\omega t_d} \tag{4.9.3}$$

式中，t_d 为大于零的实数。

其幅频特性和相频特性如图 4.9.3 所示。

理想低通滤波器能够无失真地传输 $[-\omega_c,\omega_c]$ 范围内的频率，故此频率范围称为理想低通滤波器的通频带，此范围之外的频率分量不能出现在输出中(被抑制)，故 $|\omega|>$

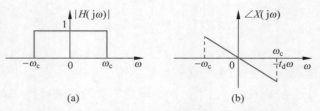

图 4.9.3 理想低通滤波器的幅频、相频特性

ω_c 的频率范围称为阻带。频率 ω_c 称为截止频率。

由式(4.9.3)可以得出,理想低通滤波器的单位冲激响应 $h(t)$ 为

$$
\begin{aligned}
h(t) &= \mathscr{F}^{-1}\left[G_{2\omega_c}(\omega)\mathrm{e}^{-\mathrm{j}\omega t_d}\right] \\
&= \mathscr{F}^{-1}\left[G_{2\omega_c}(\omega)\right] * \delta(t-t_d) \\
&= \frac{1}{2\pi}\mathscr{F}\left[G_{2\omega_c}(t)\right]_{\omega\to -t} * \delta(t-t_d) \\
&= \frac{1}{2\pi}2\omega_c\mathrm{Sa}(\omega_c\omega)_{\omega\to -t} * \delta(t-t_d) \\
&= \frac{\omega_c}{\pi}\mathrm{Sa}(\omega_c t) * \delta(t-t_d) \\
&= \frac{\omega_c}{\pi}\mathrm{Sa}\left[\omega_c(t-t_d)\right]
\end{aligned}
\tag{4.9.4}
$$

其波形如图 4.9.4 所示。

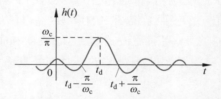

图 4.9.4 理想低通滤波器的冲激响应

由图 4.9.4 可见,$h(t)$ 在 $t=t_d$ 前后出现延伸到 $\pm\infty$ 的振荡,即单位冲激信号通过理想低通滤波器后产生了明显失真。这是由于理想低通滤波器对 $\delta(t)$ 产生了频率截断效应,抑制了 $\delta(t)$ 中高于 ω_c 的频率分量。当 $\omega_c\to\infty$ 时,理想低通滤波器将成为无失真传输系统,会有 $h(t)=\delta(t-t_d)$,由此也可以得到下式:

$$
\lim_{\omega_c\to\infty}\frac{\omega_c}{\pi}\mathrm{Sa}\left[\omega_c(t-t_d)\right]=\delta(t-t_d)
\tag{4.9.5}
$$

单位冲激信号 $\delta(t)$ 是在 $t=0$ 时刻加入滤波器的,而输出在 $t=0$ 时刻之前($t<0$)就有了(见图 4.9.4),这是违背先因后果的因果律的,显然理想低通滤波器在现实中是不存在的,或者说是不可实现的。不过理想滤波器是一种有用的抽象,它虽不可实现,却对理论研究十分有用。

佩利(Paley)和维纳(Wiener)曾证明了一个关于连续时间系统物理可实现的准则

（佩利-维纳准则），即系统的幅频特性 $|H(j\omega)|$ 必须同时满足

$$\int_{-\infty}^{\infty} \frac{|\ln|H(j\omega)||}{1+\omega^2} d\omega < \infty \qquad (4.9.6a)$$

$$\int_{-\infty}^{\infty} |H(j\omega)|^2 d\omega < \infty \qquad (4.9.6b)$$

按此准则，只要系统的幅频特性在某一宽度不为零的频带内恒为零，相应的系统就是不可实现的。由此可见，上述的理想低通以及后面将要提到的理想高通、理想带通等滤波器都是物理上不可实现的。此外，具有高斯型（$e^{-\omega^2}$）系统函数的系统，虽然其幅频特性处处不为零，但由于

$$\int_{-\infty}^{\infty} \frac{|\ln e^{-\omega^2}|}{1+\omega^2} d\omega = \int_{-\infty}^{\infty} \frac{\omega^2}{1+\omega^2} d\omega$$

$$= \lim_{B \to \infty} \int_{-B}^{B} \left(1 - \frac{1}{1+\omega^2}\right) d\omega$$

$$= \lim_{B \to \infty} \int_{-B}^{B} (\omega - \arctan\omega) \Big|_{-B}^{B} = \infty$$

从而不满足式（4.9.6a），故该系统也是物理不可实现的。

还要指出，佩利-维纳准则只对系统的幅频特性提出要求，对相位特性没有给出约束，因而该准则只是系统物理可实现的必要条件，而不是充分条件。

2）吉布斯（Gibbs）现象

进一步讨论理想低通滤波器的频率截断效应对信号波形的影响。先看图 4.9.3 所示理想低通滤波器的单位阶跃响应。记单位阶跃信号 $u(t)$ 的频谱为 $E(j\omega)$，则

$$E(j\omega) = \mathscr{F}[u(t)] = \pi\delta(\omega) + \frac{1}{j\omega}$$

因此单位阶跃响应 $s(t)$ 的频谱

$$S(j\omega) = H(j\omega)E(j\omega)$$

$$= G_{2\omega_c}(\omega)e^{-j\omega t_d}\left[\pi\delta(\omega) + \frac{1}{j\omega}\right]$$

故

$$s(t) = \mathscr{F}^{-1}[S(j\omega)]$$

$$= \frac{1}{2\pi}\int_{-\omega_c}^{\omega_c}\left[\pi\delta(\omega) + \frac{1}{j\omega}\right]e^{j\omega t}e^{-j\omega t_d}d\omega$$

$$= \frac{1}{2} + \frac{1}{2\pi}\int_{-\omega_c}^{\omega_c}\frac{e^{j\omega(t-t_d)}}{j\omega}d\omega$$

$$= \frac{1}{2} + \frac{1}{2\pi}\int_{-\omega_c}^{\omega_c}\frac{\cos[\omega(t-t_d)]}{j\omega}d\omega + \frac{1}{2\pi}\int_{-\omega_c}^{\omega_c}\frac{\sin[\omega(t-t_d)]}{\omega}d\omega$$

$$= \frac{1}{2} + \frac{1}{\pi}\int_{0}^{\omega_c}\frac{\sin[\omega(t-t_d)]}{\omega}d\omega$$

$$= \frac{1}{2} + \frac{1}{\pi}\int_{0}^{\omega_c(t-t_d)}\frac{\sin x}{x}dx \qquad (4.9.7)$$

函数 $\dfrac{\sin x}{x}$ 的积分称为正弦积分，通常记为

$$\mathrm{si}(y) = \int_0^y \frac{\sin x}{x}\mathrm{d}x \tag{4.9.8}$$

其积分值在数学手册中有标准表格可查。这样理想低通滤波器的单位阶跃响应最终可写成

$$s(t) = \frac{1}{2} + \frac{1}{\pi}\mathrm{si}\left[\omega_{\mathrm{c}}(t - t_{\mathrm{d}})\right] \tag{4.9.9}$$

其波形如图 4.9.5 所示。

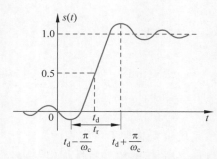

图 4.9.5 理想低通滤波器的单位阶跃响应

从图中可以看出 $s(t)$ 具有如下特点：

（1）相对输入的单位阶跃信号已有明显失真，体现在上升沿不再陡峭，在上升之前就预先有起自 $t = -\infty$ 的振荡，这又一次证明了理想低通滤波器的不可实现性。上升之后又有延续至 $t = \infty$ 的振荡。这种振荡现象称为吉布斯现象，振荡波形称为吉布斯波纹。

吉布斯现象是由于 ω_{c} 有限带来的频率截断效应引起的，若 $\omega_{\mathrm{c}} \to \infty$，理想低通滤波器将成为一无失真传输系统，吉布斯现象将不会存在。

（2）吉布斯波纹的振荡频率等于理想低通滤波器的截止频率，即振荡周期为 $2\pi/\omega_{\mathrm{c}}$。

（3）若定义 $s(t)$ 的上升沿为从预冲的最大值到过冲的最大值所需时间，并记作 t_{r}，则由图 4.9.5 可见

$$t_{\mathrm{r}} = \frac{2\pi}{\omega_{\mathrm{c}}}$$

容易看出 t_{r} 与 ω_{c} 成反比，即 ω_{c} 越小，t_{r} 越大，上升越慢；ω_{c} 越大，t_{r} 越小，上升越快。

（4）在上升沿之前有一个幅度最大的负向振峰（预冲），其幅度约为稳态值的 9%；在上升之后又有一个幅度最大的正向振峰（过冲），比稳态值高出也是约 9%。而且无论 ω_{c} 多大，只要 $\omega_{\mathrm{c}} < \infty$，过冲和预冲的幅度总是这么大，只有当 $\omega_{\mathrm{c}} = \infty$ 时，它们的幅度才为零。

下面讨论理想低通滤波器对图 4.9.6(a) 所示矩形脉冲的响应。由于矩形脉冲可视为两个单位阶跃信号之差，故理想低通滤波器对矩形脉冲的响应也可视为两个单位阶跃响应之差，如图 4.9.6(c) 所示。

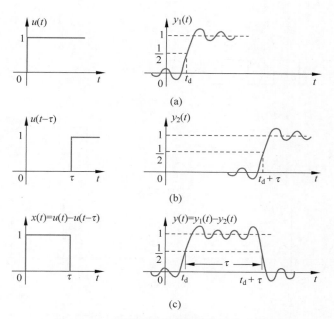

图 4.9.6　理想低通滤波器的矩形脉冲响应

由图 4.9.6 可见,在矩形脉冲响应中,吉布斯现象仍然存在,而且输出脉冲的形状主要取决于理想低通滤波器的截止频率 ω_c。由上面对上升沿 t_r 的分析可知,ω_c 越大,输出脉冲前后沿的陡度越大,输出脉冲形状越接近矩形,其中包含的吉布斯波纹的周期数也越多;ω_c 越小,输出脉冲前后沿陡度越小,输出脉冲形状越接近抽样函数,波形失真越大。

进一步,如果输入理想低通滤波器的不是单个矩形脉冲而是周期矩形脉冲信号,则其输出信号也是带有吉布斯波纹的周期矩形脉冲信号。对此以图 4.9.7(a)所示的周期对称方波信号(脉宽 τ 是周期 T 的 $1/2$)为例加以说明。

图 4.9.7 所示的周期对称方波信号 $x(t)$ 可以表示为

$$x(t) = 2G_\tau(t) * \delta_{2\tau}(t) - 1 \tag{4.9.10}$$

记 $\dfrac{\pi}{\tau} = \omega_0$,则 $x(t)$ 的频谱 $X(j\omega)$ 为

$$X(j\omega) = 2\tau \mathrm{Sa}\left(\frac{\omega\tau}{2}\right) \cdot \omega_0 \delta_{\omega_0}(\omega) - 2\pi\delta(\omega)$$

$$= \sum_{\substack{k=-\infty \\ k\neq 0}}^{\infty} 2\pi \mathrm{Sa}\left(\frac{k\pi}{2}\right) \delta(\omega - k\omega_0) \tag{4.9.11}$$

由于 k 为偶数时,$\mathrm{Sa}\left(\dfrac{k\pi}{2}\right) = 0$,故 $X(j\omega)$ 中只含有奇次谐波分量($\pm\omega_0,\pm 3\omega_0,\cdots$),如图 4.9.7(a)所示。再设理想低通滤波器系统函数 $H(j\omega)$ 为

$$H(j\omega) = G_{2\omega_c}(\omega)$$

则 $\omega_c = 2\omega_0$、$4\omega_0$、$6\omega_0$ 时输出信号 $y(t)$ 的波形分别如图 4.9.7(b)、(c)、(d)所示。这实际

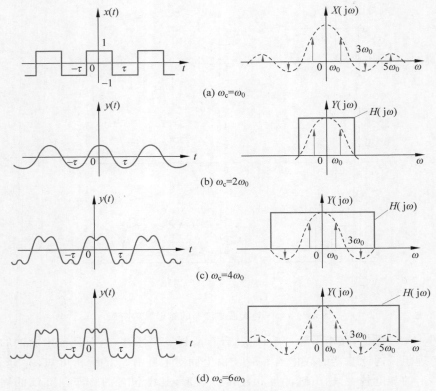

图 4.9.7　周期对称方波信号通过理想低通滤波器

上相当于将周期对称方波信号进行傅里叶级数展开而分别只取其基波、三次谐波与五次谐波。可以看出,由于理想低通滤波器的频率截断效应(或由于只取傅里叶级数的有限项进行近似),在输出信号(或近似表示的信号)中出现了吉布斯现象。当滤波器截止频率 $\omega_c \gg \omega_0$ 时,输出信号较为接近周期对称方波信号,只是在每个脉冲前后都有预冲和过冲,其他处也有吉布斯波纹。当 ω_c 减小时,由于吉布斯波纹周期变长,输出脉冲前后沿陡度都降低,但依然有预冲和过冲。当 ω_c 接近 ω_0 (滤波器通带刚大于基频)时,输出信号退化为频率等于基频(ω_0)的正弦波。

　　总之,低通滤波器对信号的作用是对信号频谱进行频域加窗(理想低通滤波器对应于矩形窗),频窗有限引起时域的吉布斯波纹。用其他的频窗,如三角形窗,有可能引起的吉布斯波纹较小。另外,由于傅里叶变换的对称特性,当对信号进行时域截断(时域加窗)时,其频谱也会相应地出现吉布斯波纹,选择合适的时窗函数可抑制频谱中的吉布斯波纹。这些基本原理将在数字信号处理中得到运用。

　　3) 实际的低通滤波器

　　如前所述,尽管理想低通滤波器具有理想的频率选择性能,但却无法实现,因此,在实际应用中,只能用一些可实现的系统来近似它。图 4.9.8 所示的 RC 电路是一种实际的低通滤波器。

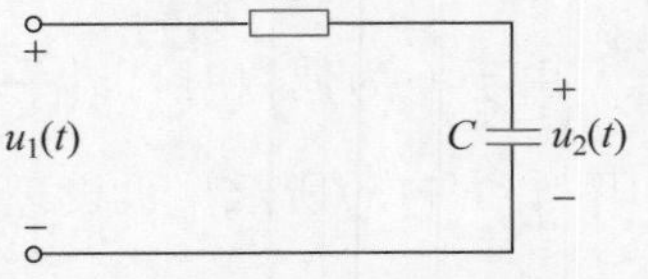

图 4.9.8　RC 低通滤波器

图 4.9.8 所示 RC 电路的频率响应 $H(j\omega)$ 为

$$H(j\omega) = \frac{U_2(j\omega)}{U_1(j\omega)} = \frac{\dfrac{1}{j\omega C}}{R + \dfrac{1}{j\omega C}} = \frac{1}{1 + j\omega RC}$$

令 $\omega_c = \dfrac{1}{RC}$，则其幅频、相频特性分别为

$$|H(j\omega)| = \frac{1}{\sqrt{1 + \left(\dfrac{\omega}{\omega_c}\right)^2}} \tag{4.9.12a}$$

$$\angle H(j\omega) = -\arctan\frac{\omega}{\omega_c} \tag{4.9.12b}$$

幅频、相频特性如图 4.9.9 所示。

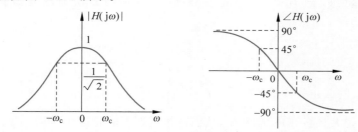

图 4.9.9　RC 低通滤波器的幅频、相频特性

从图 4.9.9 可以看出，RC 低通滤波器并不是理想低通滤波器。在 $|\omega|$ 很小的范围内，$|H(j\omega)|$ 近似为常数，$\angle H(j\omega)$ 也近似为过坐标原点的斜率为负的直线，即近似为理想低通。当 $\omega = \omega_c$ 时，$|H(j\omega)|^2 = \dfrac{1}{2}$；当 $|\omega| > \omega_c$ 时，输入信号受到越来越大的衰减，幅频特性逐渐下降，相频特性也趋于饱和，与过原点的直线差别越来越大。通常把 $|H(j\omega)|^2 \geqslant \dfrac{1}{2}$ 的频率范围称为低通滤波器的通频带，把 ω_c 称为低通滤波器的截止（角）频率。

对于实际的低通滤波器还可以作如下近似分析。

（1）当 $\omega \ll \omega_c$ 时，$|H(j\omega)| \approx 1$，$\angle H(j\omega) \approx -\dfrac{\omega}{\omega_c}$，如果此时信号的频谱全部处于滤波器的通频带以内，或信号位于滤波器通频带以外的高频分量可以忽略不计，滤波器输出信号 $y_{zs}(t)$ 的频谱

$$Y_{zs}(j\omega) \approx e^{-j\frac{\omega}{\omega_c}} X(j\omega)$$

从而

$$y_{zs}(t) \approx x\left(t - \frac{1}{\omega_c}\right)$$

故这种情况下，低通滤波器可近似看作一个无失真传输系统。

(2) 当 $\omega \gg \omega_c$ 时，$H(\mathrm{j}\omega) = \dfrac{\omega_c}{\mathrm{j}\omega}$，如果此时信号的频谱又全部落在系统的通频带以外或信号的直流分量和低频分量可以略去不计，则按傅里叶变换时域积分定理可得

$$y_{zs}(t) = \mathscr{F}^{-1}\big[H(\mathrm{j}\omega)X(\mathrm{j}\omega)\big]$$

$$\approx \mathscr{F}^{-1}\left[\frac{\omega_c}{\mathrm{j}\omega}X(\mathrm{j}\omega)\right]$$

$$\approx \mathscr{F}^{-1}\left\{\omega_c\left[\frac{1}{\mathrm{j}\omega} + \pi\delta(\omega)\right]X(\mathrm{j}\omega)\right\}$$

即

$$y_{zs}(t) \approx \omega_c \int_{-\infty}^{t} x(\tau)\,\mathrm{d}\tau$$

在这种情况下，低通滤波器近似为一个积分器。

上述 RC 低通滤波器是一类更一般的物理可实现的低通滤波器——巴特沃斯滤波器(即最平坦型滤波器)当 $n=1$ 时的一个特例。n 阶巴特沃斯滤波器有如下的幅频特性：

$$|H(\mathrm{j}\omega)| = \frac{1}{\sqrt{1 + (\omega/\omega_c)^{2n}}} \tag{4.9.13}$$

这类滤波器的截止频率都为 $\omega_c\left(|H(\mathrm{j}\omega_c)|^2 = \dfrac{1}{2}\right)$，随着阶数 n 增高，其带内特性越平坦，带外衰减越大，通带边沿越陡峭，从而越接近理想低通特性，如图 4.9.10 所示。

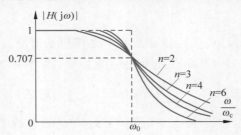

图 4.9.10 巴特沃斯滤波器的幅频特性

另一类物理可实现低通滤波器是在通带内有等起伏波纹的幅频特性的切比雪夫滤波器，其幅频特性为

$$|H(\mathrm{j}\omega)| = \frac{1}{\sqrt{1 + \varepsilon^2 T_n^2\left(\dfrac{\omega}{\omega_c}\right)}} \tag{4.9.14}$$

式中，ε 为决定通带起伏大小的系数；T_n 为第一类切比雪夫多项式，其定义是

$$T_n(x) = \begin{cases} \cos(n\arccos x), & |x| \leqslant 1 \\ \mathrm{ch}(n\,\mathrm{arch}\,x), & |x| > 1 \end{cases} \tag{4.9.15}$$

切比雪夫滤波器的通带为 $|\omega| < \omega_c$，阻带为 $|\omega| > \omega_c$。它具有比巴特沃斯滤波器更陡峭的通带边沿。在 $\omega = \omega_c$ 处，$|H(\mathrm{j}\omega)|^2 = 1/\sqrt{1+\varepsilon^2}$ 而不一定为 $1/2$。ε 越大，ω_c 处的衰减越大，通带边沿越陡峭。

例 4.9.2 求图 4.9.8 所示 RC 电路对单位门信号 $G_\tau(t) = u(t+\tau) - u(t-\tau)$ 的响应。

解：根据上面的分析

$$H(j\omega) = \frac{1}{1 + j\omega RC}$$

而且

$$G_\tau(t) = u(t+\tau) - u(t-\tau)$$

仿真求解

先求 RC 电路对单位阶跃信号 $u(t)$ 的响应 $s(t)$：

$$s(t) = \mathscr{F}^{-1}\left\{ \frac{1}{1 + j\omega RC} \left[\pi\delta(\omega) + \frac{1}{j\omega} \right] \right\}$$

$$= \mathscr{F}^{-1}\left[\pi\delta(\omega) + \frac{1}{j\omega} - \frac{1}{j\omega + \frac{1}{RC}} \right]$$

$$= u(t) - e^{-\frac{1}{RC}t} u(t)$$

$$= (1 - e^{-\frac{1}{RC}t}) u(t)$$

因此，RC 电路对 $G_\tau(t)$ 的响应 $y(t)$ 为

$$y(t) = s\left(t + \frac{\tau}{2}\right) - s\left(t - \frac{\tau}{2}\right)$$

$$= (1 - e^{-\frac{t+\frac{\tau}{2}}{RC}}) u\left(t + \frac{\tau}{2}\right) - (1 - e^{-\frac{t-\frac{\tau}{2}}{RC}}) u\left(t - \frac{\tau}{2}\right)$$

单位门信号通过 RC 低通滤波器如图 4.9.11 所示。

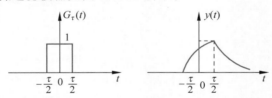

图 4.9.11 单位门信号通过 RC 低通滤波器

由图可见 $G_\tau(t)$ 中的高频分量受到衰减，输出信号波形的变化比较平缓，这正体现了 RC 电路的低通作用。

2. 高通滤波器

与低通滤波器相反，高通滤波器允许信号的高频分量通过，衰减和抑制低频分量。理想高通滤波器的频率响应为

$$H(j\omega) = \begin{cases} e^{-j\omega t_d}, & |\omega| \geqslant \omega_c \\ 0, & |\omega| < \omega_c \end{cases} = [1 - G_{2\omega_c}(\omega)] e^{-j\omega t_d} \tag{4.9.16}$$

式中，$t_d \geqslant 0$。

如图 4.9.12 所示，$|\omega| \geqslant \omega_c$ 是理想高通滤波器的通（频）带，$|\omega| < \omega_c$ 是其阻带，ω_c 是其截止频率。

图 4.9.13 所示的 RC 电路是实际采用的高通滤波器的一个实例，其系统函数

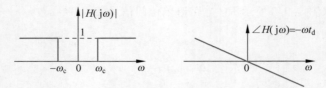

图 4.9.12 理想高通滤波器幅频、相频特性

$H(\mathrm{j}\omega)$ 为

$$H(\mathrm{j}\omega) = \frac{R}{R + \dfrac{1}{\mathrm{j}\omega C}} = \frac{\mathrm{j}\omega RC}{1 + \mathrm{j}\omega RC} \tag{4.9.17a}$$

$$|H(\mathrm{j}\omega)| = \frac{|\omega RC|}{\sqrt{1 + \omega^2 R^2 C^2}} \tag{4.9.17b}$$

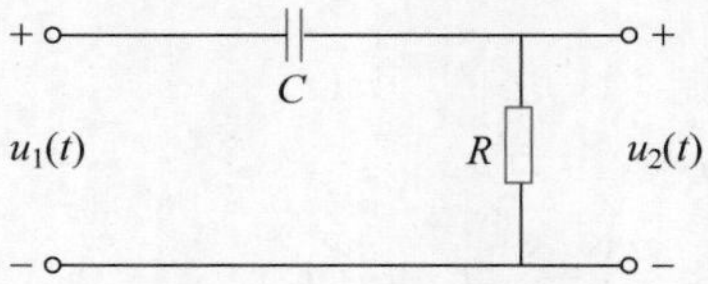

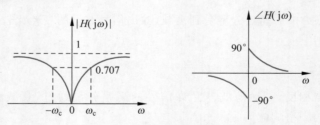

图 4.9.13 RC 高通滤波器

令 $\omega_\mathrm{c} = \dfrac{1}{RC}$,则

$$|H(\mathrm{j}\omega)| = \frac{\left|\dfrac{\omega}{\omega_\mathrm{c}}\right|}{\sqrt{1 + \left(\dfrac{\omega}{\omega_\mathrm{c}}\right)^2}}$$

$$\angle H(\mathrm{j}\omega) = \arctan\left(\frac{\omega_\mathrm{c}}{\omega}\right)$$

幅频、相频特性如图 4.9.14 所示。

图 4.9.14 RC 高通滤波器的幅频、相频特性

例 4.9.3 求图 4.9.13 所示 RC 电路对单位门信号 $G_\tau(t)$ 的响应。

解:根据上面的分析,

$$H(\mathrm{j}\omega) = \frac{\mathrm{j}\omega RC}{1 + \mathrm{j}\omega RC}$$

而且 $\qquad G_\tau(t)=u\left(t+\dfrac{\tau}{2}\right)-u\left(t-\dfrac{\tau}{2}\right)$

先求 RC 电路对单位阶跃信号 $u(t)$ 的响应 $s(t)$：

$$s(t)=\mathscr{F}^{-1}\left\{\frac{\mathrm{j}\omega RC}{1+\mathrm{j}\omega RC}\left[\pi\delta(\omega)+\frac{1}{\mathrm{j}\omega}\right]\right\}$$
$$=\mathscr{F}^{-1}\left[\frac{RC}{1+\mathrm{j}\omega RC}\right]$$

则 RC 电路对 $G_\tau(t)$ 的响应 $y(t)$ 为

$$y(t)=s\left(t+\frac{\tau}{2}\right)-s\left(t-\frac{\tau}{2}\right)$$
$$=\mathrm{e}^{-\frac{t+\frac{\tau}{2}}{RC}}u\left(t+\frac{\tau}{2}\right)-\mathrm{e}^{-\frac{t-\frac{\tau}{2}}{RC}}u\left(t-\frac{\tau}{2}\right)$$

单位门信号通过 RC 高通滤波器如图 4.9.15 所示。

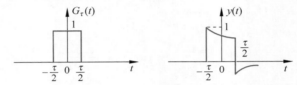

图 4.9.15　单位门信号通过 RC 高通滤波器

由图可见，$G_\tau(t)$ 中的慢变化分量受到衰减，这正体现了 RC 电路的高通作用。

3. 带通滤波器

带通滤波器的通频带是一个带状区域，只允许位于该区域内的频率成分通过，其他频率成分受到衰减和抑制。理想的带通滤波器频率响应可表示为

$$H(\mathrm{j}\omega)=H_l(\mathrm{j}\omega)*\left[\delta(\omega+\omega_0)+\delta(\omega-\omega_0)\right]$$

其中，$H_l(\mathrm{j}\omega)$ 是一截止频率为 ω_c（$\omega_c<\omega_0$）的理想低通滤波器的频率响应。

记 $\qquad H_l(\mathrm{j}\omega)=G_{2\omega_c}(\omega)\mathrm{e}^{-\mathrm{j}\omega t_d}$，$t_d>0$，则有

$$H(\mathrm{j}\omega)=G_{2\omega_c}(\omega+\omega_0)\mathrm{e}^{-\mathrm{j}(\omega+\omega_0)t_d}+G_{2\omega_c}(\omega-\omega_0)\mathrm{e}^{-\mathrm{j}(\omega-\omega_0)t_d} \qquad (4.9.18)$$

幅频、相频特性如图 4.9.16 所示。

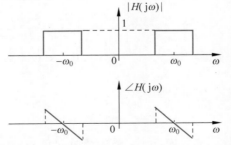

图 4.9.16　理想带通滤波器的幅频、相频特性

图 4.9.16 中，$\omega = \omega_0$ 称为带通滤波器的中心频率，以 $\pm\omega_0$ 为中心的宽度为 $2\omega_c$ 的带状区域称为通频带。

理想带通滤波器的单位冲激响应 $h(t)$ 为

$$h(t) = \mathscr{F}^{-1}[H(j\omega)]$$

$$= 2\pi\mathscr{F}^{-1}[H_1(j\omega)]\mathscr{F}^{-1}[\delta(\omega-\omega_0)+\delta(\omega+\omega_0)]$$

$$= 2\pi\frac{\omega_c}{\pi}\mathrm{Sa}[\omega_c(t-t_d)]\frac{1}{\pi}\cos\omega_0 t$$

$$= \frac{2\omega_c}{\pi}\mathrm{Sa}[\omega_c(t-t_d)]\cos\omega_0 t \tag{4.9.19}$$

可见，这是一个以等效低通滤波器的单位冲激响应为包络的正弦载波幅度调制信号。

图 4.9.17 所示的 RLC 电路是实际采用的带通滤波器的一个实例。

不难得出，图示 RLC 电路的频率响应 $H(j\omega)$ 为

$$H(j\omega) = \frac{j\omega RC}{1-\omega^2 LC+j\omega RC}$$

$$|H(j\omega)| = \frac{|\omega RC|}{\sqrt{(1-\omega^2 LC)^2+\omega^2 R^2 C^2}}$$

$$\angle H(j\omega) = \arctan\frac{1-\omega^2 LC}{\omega RC}$$

记 $\omega_0 = \dfrac{1}{\sqrt{LC}}$，$\omega_0$ 是 RLC 带通滤波器的中心频率，也称为谐振频率。

RLC 带通滤波器的幅频、相频特性如图 4.9.18 所示。

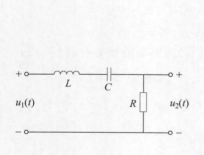

图 4.9.17　RLC 带通滤波器

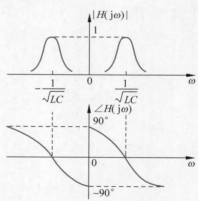

图 4.9.18　RLC 带通滤波器的幅频、相频特性

4.10　时域抽样

时域抽样定理表明，在一定条件下，一个连续时间信号完全可以用该信号在等时间间隔点的瞬时值（样本值）来表示（获得样本值的过程称为抽样），并且可以用这些样本值

把该信号完全恢复出来。例如,电影就是由一组按时间顺序排列的单个画面所组成的,其中每一画面都代表着连续变化景象的一个瞬时画面(样本),当以足够快的速度来看这些样本时,会感觉到是原来连续活动景象的再现。

时域抽样定理的重要性还在于它在连续时间信号和离散时间信号之间所起的桥梁作用。正如将要讨论的,在一定条件下,用一串信号的瞬时样本值来完全表示一个连续时间信号的能力提供了用一个离散时间信号来表示一个连续时间信号的机理,在数字信号处理技术和计算机广泛应用的今天,连续时间信号的离散处理显得日益重要。本节主要讨论等间隔时域抽样过程的实现,引出时域抽样定理,并介绍抽样恢复和频域抽样定理。

4.10.1 冲激串抽样

冲激串抽样过程如图 4.10.1 所示。

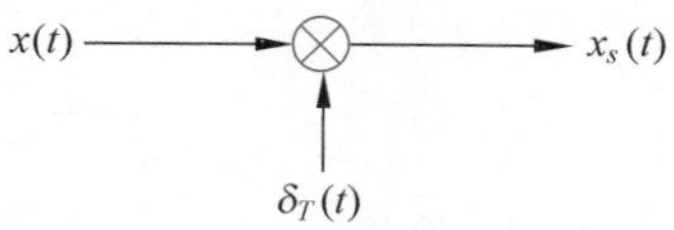

图 **4.10.1** 冲激串抽样过程

图 4.10.1 中,$\delta_T(t) = \sum\limits_{n=-\infty}^{\infty} \delta(t - nT_s)$,$T_s$ 称为抽样周期,也称抽样间隔,对应的 $\omega_s = \dfrac{2\pi}{T_s}$ 称为抽样频率。在时域中应有

$$x_s(t) = x(t)\delta_T(t) = x(t)\sum_{n=-\infty}^{\infty} \delta(t - nT_s) = \sum_{n=-\infty}^{\infty} x(nT_s)\delta(t - nT_s)$$

$$(4.10.1)$$

可见 $x_s(t)$ 本身就是一个冲激串,其冲激强度等于 $x(t)$ 以 T_s 为间隔的各时刻的样本 $x(nT_s)$。

按照傅里叶变换的频域卷积定理[式(4.5.27)],则 $x_s(t)$ 的频谱为

$$X_s(j\omega) = \frac{1}{2\pi}\mathscr{F}[x(t)] * \mathscr{F}[\delta_T(t)]$$

$$= \frac{1}{2\pi}X(j\omega) * \omega_s\delta_{\omega_s}(\omega)$$

$$= \frac{\omega_s}{2\pi}X(j\omega) * \sum_{k=-\infty}^{\infty} \delta(\omega - k\omega_s)$$

$$= \frac{1}{T_s}\sum_{k=-\infty}^{\infty} X(j\omega - jk\omega_s) \qquad (4.10.2)$$

式(4.10.2)说明,$X_s(j\omega)$ 是频率的周期函数 $\left(\text{周期为 } \omega_s = \dfrac{2\pi}{T_s}\right)$,它由一组移位的 $X(j\omega)$ 组成,在幅度上乘以 $\dfrac{1}{T_s}$ 的变化,如图 4.10.2 所示(画图时假定 $x(t)$ 是频带有限信

号,其最高频率成分为 ω_{m}；$\omega_{\mathrm{s}}=\dfrac{2\pi}{T_{\mathrm{s}}}\geqslant 2\omega_{\mathrm{m}}$)。

图 4.10.2　冲激串抽样($\omega_{\mathrm{s}}\geqslant 2\,\omega_{\mathrm{m}}$)

4.10.2　脉冲串抽样

4.10.1 节讨论的冲激串抽样只是一种理想情况,因为产生和传输很接近冲激信号的宽度窄而幅度大的脉冲非常困难,几乎不可实现。而以脉冲串进行抽样往往更方便些。脉冲串抽样过程如图 4.10.3 所示。

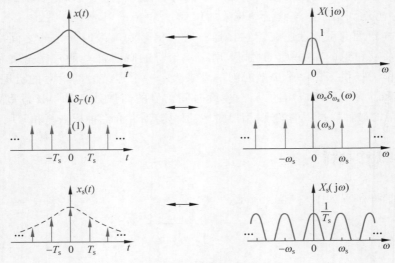

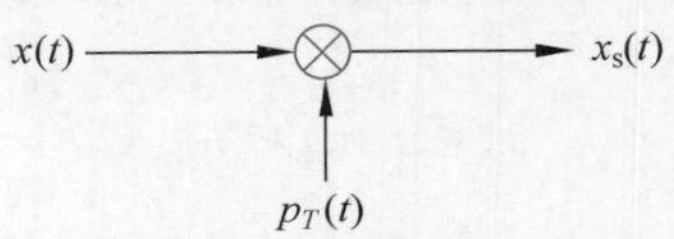

图 4.10.3　脉冲串抽样过程

图中 $p_T(t)=\sum\limits_{n=-\infty}^{\infty}G_{\tau}(t-nT_{\mathrm{s}})$ 是时间间隔为 T_{s} 的一系列单位门信号(脉冲串),T_{s} 仍称为抽样周期($T_{\mathrm{s}}>\tau$),相应的 $\omega_{\mathrm{s}}=2\pi/T_{\mathrm{s}}$ 仍称为抽样频率。则在时域应有

$$x_{\mathrm{s}}(t)=x(t)p_T(t) \tag{4.10.3}$$

记被抽样信号 $x(t)$ 的频谱为 $X(\mathrm{j}\omega)$,由例 4.6.2 可知

$$\mathscr{F}[p_T(t)]=\sum_{k=-\infty}^{\infty}\omega_{\mathrm{s}}\tau\mathrm{Sa}\left(\frac{k\omega_{\mathrm{s}}\tau}{2}\right)\delta(\omega-k\omega_{\mathrm{s}})$$

则 $x_{\mathrm{s}}(t)$ 的频谱为

$$\begin{aligned}X_{\mathrm{s}}(\mathrm{j}\omega)&=\frac{1}{2\pi}\mathscr{F}[x(t)]*\mathscr{F}[p_T(t)]\\&=\frac{1}{2\pi}X(\mathrm{j}\omega)*\sum_{k=-\infty}^{\infty}\omega_{\mathrm{s}}\tau\mathrm{Sa}\left(\frac{k\omega_{\mathrm{s}}\tau}{2}\right)\delta(\omega-k\omega_{\mathrm{s}})\\&=\sum_{k=-\infty}^{\infty}\frac{\tau}{T_{\mathrm{s}}}\mathrm{Sa}\left(\frac{k\omega_{\mathrm{s}}\tau}{2}\right)X(\mathrm{j}\omega-\mathrm{j}k\omega_{\mathrm{s}})\end{aligned} \tag{4.10.4}$$

式 $(4.10.4)$ 说明,脉冲串抽样后得到的 $X_s(j\omega)$ 是 $X(j\omega)$ 幅度加权后的周期延拓,延拓周期仍为 $\omega_s = 2\pi/T_s$,幅度加权值为 $\dfrac{\tau}{T_s}\mathrm{Sa}\left(\dfrac{k\omega_s\tau}{2}\right)$,见图 $4.10.4$(图中假定 $x(t)$ 的最高频率成分为 ω_m;$p_T(t)$ 的周期 T_s 等于脉宽 τ 的 2 倍,$\omega_s = 2\pi/T_s \geqslant 2\omega_m$)。

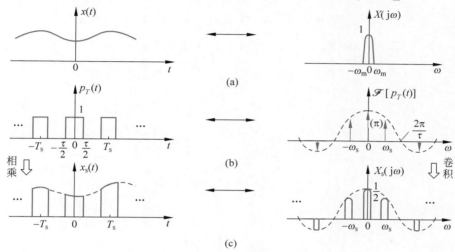

图 4.10.4 脉冲串抽样($\omega_s \geqslant 2\omega_m$)

综上所述,时域抽样在时域使信号离散化,同时,在频域使原信号频谱进行加权的周期延拓,即时域抽样对应着频域的周期重复。

4.10.3 时域抽样定理

在前文对抽样实现过程的讨论中,并未明确指出抽样是否必须满足特定条件。事实上,在很多抽样的应用中,抽样的目的不仅仅是得到原信号的一系列样本值,更常见的是为了在进行某些处理(存储、传输、变换等)后,通过信号的离散样本值恢复原信号,例如数字声音采集系统的声音回放、电影画面的播放、脉冲调幅通信系统中的信号再现等。这种恢复对抽样过程是有要求的,即抽样必须满足一定的条件。

下面进一步研究冲激串抽样。由式 $(4.10.2)$ 和图 $4.10.2$ 可以看出:

(1)当 $\omega_s \geqslant 2\omega_m$ 时,抽样后的信号频谱 $X_s(j\omega)$ 在 $(-\omega_m, \omega_m)$ 频率区间等于原信号频谱 $X(j\omega)$ 的 $1/T_s$ 倍,即原信号频谱"不失真"地出现在抽样后的信号频谱中。这样,在需要通过 $x_s(t)$ 恢复 $x(t)$ 时,可按下述过程进行:将 $x_s(t)$ 通过一个频率响应为 $H(j\omega) = \begin{cases} T_s, & |\omega| \leqslant \omega_c \\ 0, & |\omega| > \omega_c \end{cases}$ 的低通滤波器(需要指出,ω_c 必须满足 $\omega_m < \omega_c \leqslant \omega_s - \omega_m$),滤波器的输出频谱为

$$X_s(j\omega)H(j\omega) = X(j\omega)$$

根据傅里叶变换的唯一性,频谱与时域信号唯一对应,从而恢复出 $x(t)$,这一过程如

图 4.10.5 所示。

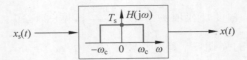

图 4.10.5 抽样恢复($\omega_m < \omega_c \leqslant \omega_s - \omega_m$)

进一步,这里用于抽样恢复的低通滤波器的单位冲激响应 $h(t)$ 为

$$h(t) = \mathscr{F}^{-1}\left[T_s G_{2\omega_c}(\omega)\right] = \frac{T_s \omega_c}{\pi} \mathrm{Sa}(\omega_c t)$$

其输出响应为

$$x_s(t) * h(t) = \left[\sum_{n=-\infty}^{\infty} x(nT_s)\delta(t - nT_s)\right] * \frac{T_s \omega_c}{\pi} \mathrm{Sa}(\omega_c t)$$

$$= \frac{T_s \omega_c}{\pi} \sum_{n=-\infty}^{\infty} x(nT_s)\mathrm{Sa}[\omega_c(t - nT_s)]$$

接上述,即有

$$x(t) = \frac{T_s \omega_c}{\pi} \sum_{n=-\infty}^{\infty} x(nT_s)\mathrm{Sa}[\omega_c(t - nT_s)] \tag{4.10.5}$$

这就是由 $x(t)$ 的离散值 $x(nT_s)$ 恢复出的 $x(t)$ 公式,称为时域抽样的"内插公式",其中 $\mathrm{Sa}[\omega_c(t - nT_s)]$ 称为"内插函数"。在 $\omega_s = 2\omega_m$,$\omega_c = \omega_m$ 的临界情况下,式(4.10.5)具有如下形式:

$$x(t) = \sum_{n=-\infty}^{\infty} x(nT_s)\mathrm{Sa}\left[\frac{\pi}{T_s}(t - nT_s)\right]$$

此时的信号恢复过程如图 4.10.6 所示。

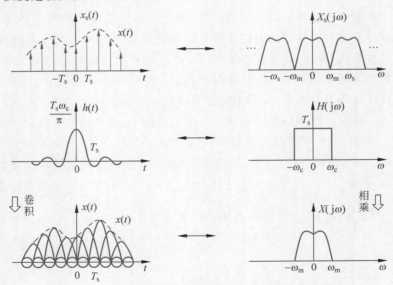

图 4.10.6 由抽样信号恢复连续信号的时域及频域解释

（2）当 $\omega_s < 2\omega_m$ 时，情况如图 4.10.7(c)所示。在频率区间 $(-\omega_m, \omega_m)$ 内，$X_s(j\omega) \neq \dfrac{1}{T_s}X(j\omega)$。这是由于此时发生了频谱混叠，即 $X(j\omega)$ 与 $X(j\omega \pm j\omega_s)$ 有着公共的不为零的区域，这一区域的 $X_s(j\omega)$ 由 $X(j\omega)$ 与 $X(j\omega \pm j\omega_s)$ 共同构成。原信号频谱不在抽样后信号频谱中重复出现，从而不能简单地采用低通滤波的方法精确地从 $X_s(j\omega)$ 中得到 $X(j\omega)$，即不能从 $x_s(t)$ 中恢复 $x(t)$。此时的抽样称为欠抽样。

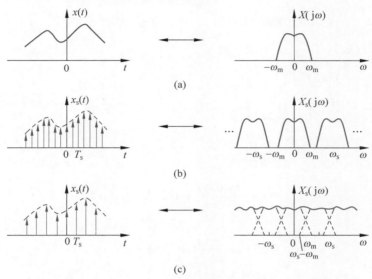

图 4.10.7　抽样与频谱混叠

通过类似的分析可知，在脉冲串抽样中，当 $\omega_s \geqslant 2\omega_m$ 时，可以采用低通滤波的方法从 $x_s(t)$ 恢复 $x(t)$；当 $\omega_s < 2\omega_m$ 时，仍存在频谱混叠现象，无法恢复出原信号。

上述结果可综合成如下的时域抽样定理：

若 $x(t)$ 是频带有限的信号，其频谱只占据 $(-\omega_m, \omega_m)$ 的范围，则当抽样周期 $T_s \leqslant \pi/\omega_m$（或抽样频率 $\omega_s = 2\pi/T_s \geqslant 2\omega_m$）时，就可以从抽样后的信号 $x_s(t)$ 将 $x(t)$ 完全恢复出来。这种恢复，在数学上可表示为

$$x(t) = \frac{T_s \omega_c}{\pi} \sum_{n=-\infty}^{\infty} x(nT_s)\mathrm{Sa}[\omega_c(t-nT_s)]$$

式中，$\omega_m \leqslant \omega_c \leqslant \omega_s - \omega_m$。

通常把最低允许抽样频率 $\omega_s = 2\omega_m$ 称为奈奎斯特（Nyquist）频率，把最大允许抽样间隔 $T_s = \pi/\omega_m$ 称为奈奎斯特间隔。

例 4.10.1　在脉冲串抽样中，当抽样频率 $\omega_s \geqslant 2\omega_m$ 时，如何从抽样后信号 $x_s(t)$ 恢复 $x(t)$？

解： 由式(4.10.4)可知

抽样后频谱

$$X_s(j\omega) = \sum_{k=-\infty}^{\infty} \frac{\tau}{T_s}\mathrm{Sa}\left(\frac{k\omega_s\tau}{2}\right)X(j\omega - jk\omega_s)$$

当 $\omega_s \geqslant 2\omega_m$ 时,在 $(-\omega_m, \omega_m)$ 区间 $X_s(j\omega) = \dfrac{\tau}{T_s} X(j\omega)$,故可以将 $x_s(t)$ 通过一低通滤波器,其频率响应为

$$H(j\omega) = \frac{T_s}{\tau} G_{2\omega_c}(\omega), \quad \omega_m \leqslant \omega_c \leqslant \omega_s - \omega_m$$

恢复 $x(t)$,如图 4.10.8 所示。

例 4.10.2 一个抽样传输系统如图 4.10.9 所示,设输入 $x(t) = \dfrac{\sin 100\pi t}{t}$,抽样周期 $T_s = 0.009\text{s}$,$H(j\omega) = G_{100\pi}(\omega)$,求输出 $y(t)$。

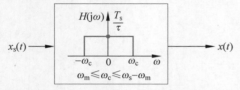

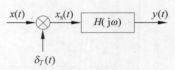

图 4.10.8 脉冲串抽样恢复　　　　图 4.10.9 抽样传输系统

解: $x(t) = \dfrac{\sin 100\pi t}{t} = 100\pi \cdot \dfrac{\sin 100\pi t}{100\pi t} = 100\pi \text{Sa}(100\pi t)$

其频谱为

$$X(j\omega) = 100\pi \cdot \frac{\pi}{100\pi} G_{200\pi}(\omega) = \pi G_{200\pi}(\omega)$$

根据式(4.10.2),得到 $x_s(t)$ 的频谱为

$$X_s(j\omega) = \frac{1}{T_s} \sum_{k=-\infty}^{\infty} X\left(j\omega - jk\frac{2\pi}{T_s}\right)$$

$$= \frac{\pi}{0.009} \sum_{k=-\infty}^{\infty} X\left(j\omega - jk\frac{2\pi}{0.009}\right)$$

于是输出 $y(t)$ 的频谱 $Y(j\omega)$ 为

$$Y(j\omega) = X_s(j\omega) H(j\omega) = \frac{\pi}{0.009} G_{100\pi}(\omega)$$

从而

$$y(t) = \mathscr{F}^{-1}\left[\frac{\pi}{0.009} G_{100\pi}(\omega)\right]$$

$$= \frac{\pi}{0.009} \cdot \frac{50\pi}{\pi} \text{Sa}(50\pi t) = \frac{50000\pi}{9} \text{Sa}(50\pi t)$$

4.10.4 频域抽样定理

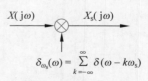

4.10.2 节讨论了信号的时域抽样及恢复问题。根据时域与频域的对称性,也可以对频域信号(频谱)进行抽样,如图 4.10.10 所示。

图 4.10.10 频域抽样过程

由

$$X_s(j\omega) = X(j\omega)\delta_{\omega_s}(\omega) = X(j\omega) \sum_{k=-\infty}^{\infty} \delta(\omega - k\omega_s)$$

得到

$$x_s(t) = \mathscr{F}^{-1}[X_s(j\omega)] = x(t) * \mathscr{F}^{-1}\left[\sum_{k=-\infty}^{\infty} \delta(\omega - k\omega_s)\right]$$

$$= x(t) * \frac{1}{\omega_s} \sum_{n=-\infty}^{\infty} \delta\left(t - n\frac{2\pi}{\omega_s}\right)$$

$$= \frac{1}{\omega_s} \sum_{n=-\infty}^{\infty} x\left(t - n\frac{2\pi}{\omega_s}\right) \tag{4.10.6}$$

由上式可见,频域的抽样将导致时域信号的周期重复,重复周期为 $2\pi/\omega_s$,即频域抽样对应时域周期性,这与前文对周期信号的频谱分析结果是一致的。

进一步,假定 $x(t)$ 是时间有限信号,它集中在 $(-t_m, t_m)$ 时间范围内,则在频域中以不大于 π/t_m 的频率间隔 ω_s 对 $x(t)$ 的频谱 $X(j\omega)$ 进行抽样,可以使信号在时域无混叠地周期重复,得到周期信号 $x_s(t)$。此时用一个宽度为 $2t_m$ 的门信号 $\omega_s G_{2t_m}(t)$ 与 $x_s(t)$ 相乘,就可以无失真地恢复 $x(t)$,同时有

$$X(j\omega) = \frac{\omega_s t_m}{\pi} \sum_{k=-\infty}^{\infty} X(jk\omega_s) \mathrm{Sa}[t_m(\omega - k\omega_s)] \tag{4.10.7}$$

这就是频域抽样定理。式(4.10.6)称为频域抽样的"内插公式",表明一个时间受限信号的频谱可由它的频域抽样值唯一决定。

抽样定理揭示了信号时域与频域的一种对应关系,即时域抽样对应频域的周期性,频域抽样对应时域的周期性。抽样定理是对信号进行离散时域或离散频域传输与处理的理论基础,在数字信号处理、通信等领域有重要应用。

4.11 案例:正交频分复用信号的通感一体应用

4.11.1 基于 OFDM 信号的通信传输

多载波调制技术就是将高速数据流分解为多个低速数据流,分别加载在多个子载波上进行并行传输,通过延长码元周期使得系统具有很强的抗多径干扰能力。正交频分复用(Orthogonal Frequency Division Multiplexing,OFDM)技术是一种简单高效的多载波调制技术。OFDM 技术不仅保证各个子信道之间相互正交,而且支持子信道相互重叠,具有更高的频谱利用率。为了避免载波间传输数据干扰,需要各个子载波相互正交。包含 N 个子载波的 OFDM 信号可以表示为

$$s(t) = \sum_{i=0}^{N-1} d_i(t) e^{j2\pi f_i t} \tag{4.11.1}$$

式中，$d_i(t)$ 为子载波的信号包络，携带着通信的编码信息，持续时间为信号脉宽 T。f_i 为子载波频率，可以表示为

$$f_i = f_c + i \Delta f, \quad i = 0, 1, \cdots, N-1 \tag{4.11.2}$$

式中，f_c 和 Δf 分别为载频和相邻子载波的频率间隔。为了保证多个子载波信号互不发生干扰，OFDM 必须满足子载波信号间的正交性，即

$$\int_0^T d_n(t) d_m^*(t) e^{j2\pi f_m t} e^{-j2\pi f_n t} dt = \int_0^T d_n(t) d_m^*(t) e^{j2\pi(f_m - f_n)t} dt = \begin{cases} 1, & m = n \\ 0, & m \neq n \end{cases}$$
$$\tag{4.11.3}$$

式(4.11.3)满足正交性的条件为 $\Delta f T = k$，其中 k 为非零整数。于是最小可取的频率间隔 $\Delta f = 1/T$。子载波信号包络 $d_i(t)$ 可以为矩形信号、相位编码信号、随机编码信号等多种形式。当子载波信号包络取为矩形信号，第 l 个子载波的数据符号为 X_l 时，在接收端乘以各个载波基函数 $\{e^{j2\pi f_i t}\} \big|_{i=0}^{N-1}$，然后在一个符号周期内积分，那么根据正交性条件，即可恢复该数据：

$$\begin{aligned}
\hat{X}_l &= \frac{1}{T} \int_{t_d}^{t_d+T} \left\{ \exp\left[-j2\pi \frac{l}{T}(t - t_d)\right] \sum_{i=0}^{N-1} X_i \exp\left[j2\pi \frac{i}{T}(t - t_d)\right] \right\} dt \\
&= \sum_{i=0}^{N-1} X_i \frac{1}{T} \int_{t_d}^{t_d+T} \exp\left[j2\pi \frac{(i-l)}{T}(t - t_d)\right] dt \\
&= X_l \tag{4.11.4}
\end{aligned}$$

图 4.11.1 给出了 OFDM 通信系统的基本框图，发送端将各子载波发送信号与相应载波相乘后相加，信号经过信道后到达接收端，接收端将接收信号与各子载波相乘积分，完成在子载波解调。

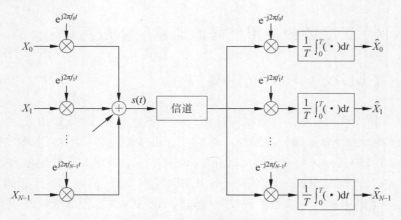

图 4.11.1　OFDM 通信系统基本框图

4.11.2 基于 OFDM 信号的雷达测距

OFDM 信号可以作为通信信号用于传输信息,也可以作为雷达信号用于目标距离测量。假设雷达发射 N 个子载频组成的 OFDM 信号 $s(t)$ 如式(4.11.1)所示。距离雷达 R 处有一个反射系数为 A 的目标。雷达接收信号为

$$r(t) = A \sum_{i=0}^{N-1} d_i(t-t_d) e^{j2\pi f_i(t-t_d)} \tag{4.11.5}$$

其中雷达与目标的距离引起的延时 $t_d = 2R/c$,c 为光速。

为了估计目标的距离,可以在时域将接收信号与不同延时的发射信号进行相关,利用卷积表示该相关运算为

$$r_M(t) = r(t) * s^*(-t) \tag{4.11.6}$$

其中 $(\cdot)^*$ 表示共轭操作。根据傅里叶变换的性质,时域卷积运算等效于频域乘法运算:

$$\mathscr{F}[r_M(t)] = \mathscr{F}[r(t)] S^*(f) \tag{4.11.7}$$

其中 $S(f)$ 为发射信号 $s(t)$ 的傅里叶变换。

当子载波的信号包络 $d_i(t)$ 为正交相移键控(Quadrature Phase Shift Keying,记作 QPSK)随机编码信号时:

$$d_i(t) = G_T\left(t - \frac{T}{2}\right) \exp(j\phi_i) \tag{4.11.8}$$

式(4.11.6)可以近似表示为

$$r_M(t) = A \left(\frac{\sin\left(\frac{\pi}{2}(N-1)\Delta f(t-t_d)\right)}{\sin\left(\frac{\pi}{2}\Delta f(t-t_d)\right)} \right)^2 \exp(-j2\pi f_c t_d) \sum_{l=0}^{N-1}\sum_{k=0}^{N-1} \exp(j(\phi_l - \phi_k)) \tag{4.11.9}$$

由式(4.11.9)可知,相关运算的结果由两个正弦函数之比的平方组成,峰值对应的时刻对应于目标的延时。尽管上述推导具有一定近似,但是易知假设的 QPSK 随机编码波形引入了编码项 $\sum_{l=0}^{L-1}\sum_{k=0}^{L-1} \exp(j(\phi_l - \phi_k))$,该编码项是任意两个 QPSK 随机编码的共轭相乘,它使得信号的频谱幅度具有一定的随机性,不再恒定为 1。要去除该部分对信号的作用就只需在对应频点乘以加权系数的倒数,将频谱抹平去除编码项引入的幅度影响。根据该原理,设计一个与 OFDM 波形相匹配的窗函数 w,即

$$w = W / |\mathscr{F}^{-1}[s(t) * s^*(-t)]| \tag{4.11.10}$$

这里 W 代表了常规窗函数。图 4.11.2 给出了应用普通窗、设计的加权窗以及不加窗时,回波信号相关的结果,其中常规窗选择了常用的 Hamming 窗。如图 4.11.2 所示,使用加权窗进行加权能够获得较好的旁瓣抑制效果;而普通的 Hamming 窗无法抑制 OFDM 编码项随机更改的旁瓣,尤其是当远离主峰的旁瓣。

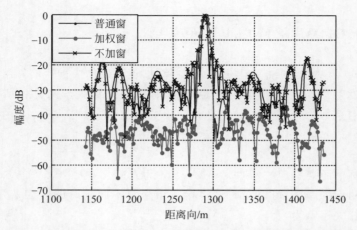

图 4.11.2 普通窗、加权窗及不加窗时的回波信号相关结果比较

自测题

习　　题

基础题

4-1 证明 $\{e^{jk\omega_0 t}, k=0,\pm 1,\pm 2,\cdots\}$，$\omega_0=2\pi/T$，在区间 $[t_0, t_0+T]$ 是正交信号集。

4-2 对题图 4-1 所示周期信号，

（1）写出三角形式和指数形式的傅里叶级数；

（2）计算直流分量；

（3）画出频谱图。

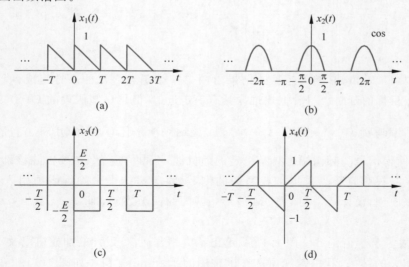

(a)

(b)

(c)

(d)

题图 4-1

4-3 求下列周期信号的频谱,并画出频谱图。

(1) $\cos(2\omega_0 t)$ (2) $\sin^2(\omega_0 t)$

(3) $\cos\left(3t + \dfrac{\pi}{3}\right)$ (4) $\cos(2t) + \sin(4t) - \cos(6t)$

4-4 某周期信号 $x(t)$ 的傅里叶级数表示为

$$x(t) = 3\cos t + \sin\left(5t - \frac{\pi}{6}\right) - 2\cos\left(8t - \frac{\pi}{3}\right)$$

(1) 求基频 ω_0;

(2) 画出三角形式的傅里叶级数对应的单边谱;

(3) 画出指数形式的傅里叶级数对应的双边谱;

(4) 写出 $x(t)$ 的指数形式的傅里叶级数;

(5) 计算该信号的功率。

4-5 已知周期信号 $x(t)$ 一个周期($0 < t < T$)前 1/4 波形如题图 4-2 所示,就下列情况画出一个周期内的整个波形。

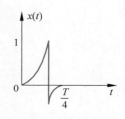

题图 4-2

(1) $x(t)$ 是偶信号,不含奇次谐波;

(2) $x(t)$ 是偶信号,只含奇次谐波;

(3) $x(t)$ 是偶信号,含偶次奇次谐波;

(4) $x(t)$ 是奇信号,只含偶次谐波;

(5) $x(t)$ 是奇信号,只含奇次谐波;

(6) $x(t)$ 是奇信号,含偶次奇次谐波。

4-6 某连续时间周期信号 $x(t)$,周期为 4,傅里叶系数分别是

$$X_{-3} = 2e^{j\pi/2}, \quad X_{-1} = 3e^{j3}, \quad X_0 = 2, \quad X_1 = 3e^{-j3}, \quad X_3 = 2e^{-j\pi/2}$$

试计算其功率,并写出三角形式的傅里叶级数。

4-7 题图 4-3 所示周期信号的周期为 $10\mu s$。其是否包含以下频率分量的正弦信号:50kHz、100kHz、150kHz、200kHz、300kHz?

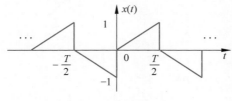

题图 4-3

4-8 若周期矩形脉冲信号 $x_1(t)$ 和 $x_2(t)$ 波形如题图 4-4 所示,$x_1(t)$ 的参数取值为 $\tau = 0.5\mu s, T = 1\mu s, E = 1V$;$x_2(t)$ 的参数取值为 $\tau = 1.5\mu s, T = 3\mu s, E = 3V$。分别求:

(1) $x_1(t)$ 的谱线间隔和主瓣宽度,单位以频率 f 表示;

(2) $x_2(t)$ 的谱线间隔和主瓣宽度,单位以频率 f 表示;

(3) $x_1(t)$ 与 $x_2(t)$ 的基波幅度之比;

(4) $x_1(t)$ 基波幅度与 $x_2(t)$ 三次谐波幅度之比。

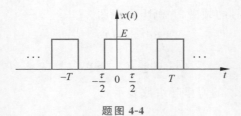

题图 4-4

4-9 试判断下列信号频谱的奇偶性。

(1) $x(t) = -\text{sgn}(t)G_\tau(t)$;　　　　(2) $x(t) = \cos\omega_0 t G_\tau(t)$;　　　(3) $x(t) = \dfrac{1}{jt}$;

(4) $x(t) = (t+1)^2$;　　　　　　(5) $x(t) = \text{sgn}(t)$;　　　　(6) $x(t) = |t|$。

4-10 利用傅里叶变换的唯一性,证明下面信号的极限为单位冲激信号:

(1) $x(t,a) = \begin{cases} \dfrac{1}{a}, & |t| \leqslant \dfrac{a}{2} \\ 0, & |t| > \dfrac{a}{2}, a > 0, a \to 0 \end{cases}$

(2) $x(t,a) = \dfrac{a}{2}[e^{at}u(-t) + e^{-at}u(t)], a > 0, a \to \infty$

4-11 用 $X(j\omega) = \mathscr{F}[x(t)]$ 表示下列信号的频谱:

(1) $x^2(t) + x(2t)$;　　　(2) $[1+mx(t)]\cos\omega_0 t$;　　　(3) $(t+2)x(t)$;

(4) $x(3t-6)$;　　　　(5) $\displaystyle\int_{-\infty}^{t} \tau x(\tau)d\tau$;　　　(6) $x'(t) + x^*(t)$;

(7) $x(t) * x(t-1)$;　　　(8) $(1-t)x(1-t)$。

4-12 先求出题图 4-5 所示信号 $x(t)$ 的频谱 $X(j\omega)$ 的具体表达式,再利用傅里叶变换的性质将其余信号的频谱表示成 $X(j\omega)$ 的形式。

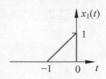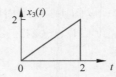

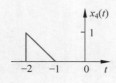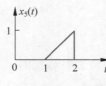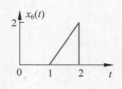

题图 4-5

4-13 求信号 $x(t) = 2e^{-2t}u(t-1)$ 的频谱。

4-14 已知 $x(t) = \begin{cases} e^{-(t-1)}, & 0 \leqslant t \leqslant 1 \\ 0, & \text{其他} \end{cases}$,求下列各信号频谱的具体表达式:

(1) $x_1(t)=x(t)$;　　　　　　　　(2) $x_2(t)=x(t)+x(-t)$;

(3) $x_3(t)=x(t)-x(-t)$;　　　　(4) $x_4(t)=x(t)+x(t-1)$;

(5) $x_5(t)=tx(t)$。

4-15 用傅里叶变换的性质求下列信号的频谱：

(1) $\dfrac{\sin2\pi(t-2)}{\pi(t-2)}$;　　　　　　(2) $\dfrac{2a}{a^2+t^2}$,$a>0$;

(3) $\left(\dfrac{\sin2\pi t}{2\pi t}\right)^2$;　　　　　　　(4) $\dfrac{1}{a+\mathrm{j}t}$;

(5) $\mathrm{e}^{-t}\cos(3t)u(t)$;　　　　　(6) $\mathrm{e}^{-2|t|}\cos(t)u(t)$;

(7) $\mathrm{e}^{-t}\sin(3t)u(t)$。

4-16 已知 $x(t)$ 的频谱如题图 4-6 所示，求 $x(t)\cos\omega_0t$ 的频谱，并画出频谱图。

4-17 求题图 4-7 所示调幅信号的频谱。

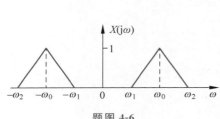
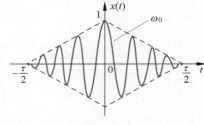

题图 4-6　　　　　　　　　　　　题图 4-7

4-18 计算 $\dfrac{\sin(2\pi t)}{2\pi t}*\dfrac{\sin(8\pi t)}{8\pi t}$。

4-19 已知 $x(t)=2\cos(1000t)\cdot\dfrac{\sin(4t)}{\pi t}$。求其频谱 $X(\mathrm{j}\omega)$，并画出其频谱图。

4-20 对于题图 4-8 所示的周期三角波，试用多种方法求其傅里叶变换。

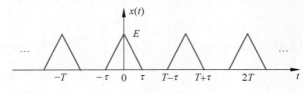

题图 4-8

4-21 求题图 4-9 所示周期信号的傅里叶变换。

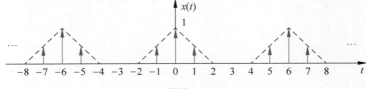

题图 4-9

4-22 求下列频谱的傅里叶反变换。

(1) $X(j\omega)=\dfrac{j\omega+3}{-\omega^2+3j\omega+2}+2\pi\delta(\omega)$;   (2) $X(j\omega)=\dfrac{1}{j\omega}+\text{Sa}(\omega\tau)$;

(3) $X(j\omega)=\dfrac{1}{j(\omega-3)+2}+\dfrac{1}{j(\omega+3)+2}$;   (4) $X(j\omega)=\dfrac{2}{\omega^2}$;

(5) $X(j\omega)=\dfrac{2}{\omega^3}$;   (6) $X(j\omega)=\left(\dfrac{\sin\omega}{\omega}e^{-j\omega}\right)^2$。

4-23 求 $X(j\omega)$ 的傅里叶反变换,其中 $|X(j\omega)|=u(\omega+1)-u(\omega-1)$,$\angle X(j\omega)=$ $-2\omega-\pi$。

4-24 已知线性时不变系统的频率响应 $H(j\omega)$ 及输入信号 $x(t)$ 如下,求输出 $y(t)$。

(1) $H(j\omega)=\dfrac{1}{j\omega+1}$

     (a) $x(t)=tu(t)$;   (b) $x(t)=t[u(t)-u(t-1)]$;

     (c) $x(t)=e^{-3t}u(t)$;   (d) $x(t)=\sin 3t+\sin t$。

(2) $H(j\omega)=\dfrac{j\omega}{-\omega^2+5j\omega+6}$,$x(t)=e^{-t}u(t)$;

(3) $H(j\omega)=\dfrac{-\omega^2+j4\omega+5}{-\omega^2+j3\omega+2}$,$x(t)=e^{-3t}u(t)$;

(4) $H(j\omega)=\dfrac{j\omega+3}{-\omega^2+j3\omega+2}$,$x(t)=u(t)-u(t-1)$。

4-25 当信号 $x(t)=2+3\cos t+\sin\left(5t-\dfrac{\pi}{6}\right)-2\cos\left(8t-\dfrac{\pi}{3}\right)$ 通过微分方程 $y'(t)+$ $y(t)=x(t)$ 所描述的系统时,求输出 $y(t)$。

4-26 某线性时不变系统的频率响应 $H(j\omega)=\dfrac{1-j\omega}{1+j\omega}$,

(1) 试证明 $|H(j\omega)|=K$,并求出常数 K 的值;

(2) 判断该系统是否是无失真传输系统,并说明原因。

4-27 系统的幅频特性和相频特性如题图 4-10 所示,该系统能对哪些频率范围内的信号实现无失真传输?

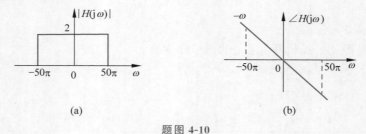

题图 4-10

4-28 题图 4-11 所示框图中 $H(j\omega)$ 表示理想低通滤波器,$H(j\omega)=G_{2\omega_c}(\omega)e^{-j\omega t_d}$。

在 $\omega_c \geq \dfrac{1}{2}$ 和 $\omega_c < \dfrac{1}{2}$ 两种情况下,求输入为 $x(t) = \dfrac{2\sin\dfrac{t}{2}}{t}$ 时的输出 $y(t)$。

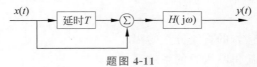

题图 4-11

4-29 信号 $x(t) = \dfrac{\sin(\omega_c t)}{\omega_c t}\cos(\omega_0 t)$ $(\omega_0 \gg \omega_c)$,通过题图 4-12 所示的理想带通滤波器,求输出 $y(t)$。

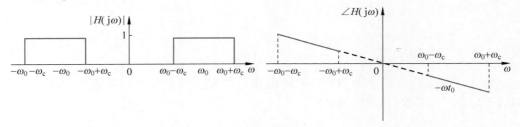

题图 4-12

4-30 求题图 4-13 所示理想高通滤波器的单位冲激响应 $h(t)$。

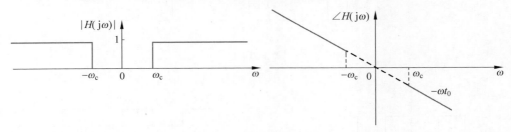

题图 4-13

4-31 确定对下面各信号的最低允许抽样频率和最大允许抽样间隔:

(1) $\mathrm{Sa}(100t)$; (2) $\mathrm{Sa}^2(100t)$;

(3) $\mathrm{Sa}(100t) + \mathrm{Sa}(50t)$; (4) $\mathrm{Sa}(100t) + \mathrm{Sa}^2(60t)$。

4-32 如题图 4-14 所示系统,已知 $x(t)$ 是频带受限于 $(-\omega_m, \omega_m)$ 的连续信号。

题图 4-14

(1) 求 $x_s(t)$ 的傅里叶变换;

(2) 为从 $x_s(t)$ 中恢复信号 $x(t)$,试确定 ω_m 与 T 的关系;

(3) 确定 $x_s(t)$ 应通过怎样的滤波器才能恢复出 $x(t)$。

提高/拓展题

T4-1 一个全波整流器(不包括滤波)的输入-输出关系可以描述为 $y(t)=|x(t)|$，若 $x(t)=\cos t$，

(1) 求输入和输出信号的直流分量的幅度；

(2) 求输出信号的傅里叶级数的系数。

T4-2 已知周期信号 $x(t)$ 的傅里叶级数为 $x(t)=\sum_{k=-\infty}^{\infty} X_k \mathrm{e}^{jk\omega_0 t}$，$\omega_0=\dfrac{2\pi}{T}$。试求下列周期信号的傅里叶系数(用 X_k 表示)：

(1) $x(t-2)$；　　　(2) $x'(t)$；　　　(3) $x(t)\mathrm{e}^{j2\omega_0 t}$；

(4) $x(-t)$；　　　(5) $x^*(t)$；　　　(6) $\displaystyle\int_{-\infty}^{t} x(\tau)\mathrm{d}\tau$(假定 $X_0=0$)；

(7) $x(2t)$。

T4-3 题图 T4-1 所示周期信号的傅里叶系数为 X_k，试分别计算题图 T4-2 所示周期信号的傅里叶系数(用 X_k 表示)。

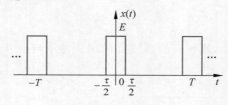

题图 T4-1

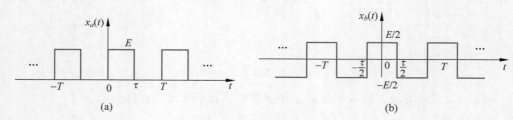

题图 T4-2

T4-4 电话机在按键时会产生双音多频信号，各按键对应的两个频率值如题表 T4-1 所示。对某次拨号过程产生的语音信号做频谱分析，得到信号的时频图如题图 T4-3 所示，其中每次按键时长为 0.25s，间隔 0.125s。请写出拨号号码。

题表 T4-1　电话机按键与频率关系

频率/Hz	1209	1336	1477
697	1	2	3
770	4	5	6
852	7	8	9
941	*	0	#

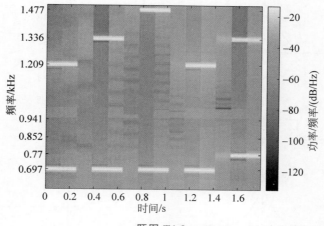

题图 **T4-3**

T4-5 已知周期信号 $x_T(t) = \sum_{k=-\infty}^{\infty} \dfrac{\sin(k\pi/4)}{k} \mathrm{e}^{jk\pi t}$，试求：

(1)该信号的周期；(2)信号的直流分量；(3)频率为 5Hz 的谐波分量的幅度。

T4-6 不做任何积分运算，求 $x(t) = \sin 5t \sin 3t$ 的指数形式傅里叶级数展开式。

T4-7 分别利用帕塞瓦尔能量等式和傅里叶变换定义计算 $\displaystyle\int_{-\infty}^{\infty} \mathrm{Sa}^2(t)\,\mathrm{d}t$。

T4-8 记某段语音信号 $x(t)$，则 $x(2t)$ 的语音信号听起来有何特点？请分析原因。

T4-9 利用傅里叶变换微积分性质计算题图 T4-4 所示信号的频谱。

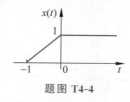

题图 **T4-4**

T4-10 某信号 $x(t)$ 的频谱图如题图 T4-5 所示。题表 T4-2 中 5 个信号可能的幅度谱、相位谱分别对应题图 T4-6 的 $M_1 \sim M_6$、$A_1 \sim A_6$（不一定是一一映射）。请将信号幅度谱、相位谱的编号填入题表 T4-2。

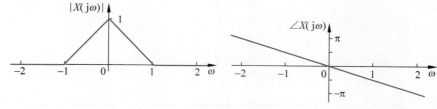

题图 **T4-5**

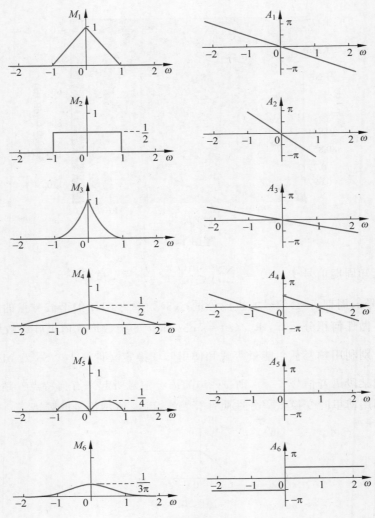

题图 T4-6

题表 T4-2 信号的幅度谱相位谱对应关系

信号	幅度谱	相位谱
$x'(t)$		
$x(t) * x(t)$		
$x(t-0.5\pi)$		
$x(2t)$		
$x^2(t)$		

T4-11 记 $x(t) = \Lambda_2(t-0.5)$ 的傅里叶变换为 $X(j\omega)$。不求 $X(j\omega)$ 而完成下列运算：

（1）$X(0)$；$\qquad\qquad\qquad$（2）$\displaystyle\int_{-\infty}^{\infty}X(\mathrm{j}\omega)\mathrm{d}\omega$；

（3）$\displaystyle\int_{-\infty}^{\infty}|X(\mathrm{j}\omega)|^2\mathrm{d}\omega$；$\qquad\qquad$（4）$\displaystyle\int_{-\infty}^{\infty}\omega X(\mathrm{j}\omega)\mathrm{d}\omega$。

T4-12 设 $x(t)$ 的傅里叶变换为 $2\pi\delta(\omega-\pi)+2\pi\delta(\omega-10)$，$h(t)=\mathrm{Sa}(2\pi t)$。请回答：

（1）$x(t)$ 是否是周期信号；

（2）$x(t)*h(t)$ 是否是周期信号；

（3）两个非周期信号的卷积一定是非周期信号吗？

T4-13 某信号 $x(t)$ 的傅里叶变换为 $X(\mathrm{j}\omega)$，若信号满足以下条件：（1）$x(t)$ 为非负实信号；（2）$\displaystyle\int_{-\infty}^{\infty}|X(\mathrm{j}\omega)|^2\mathrm{d}\omega=24\pi$；（3）$\mathscr{F}^{-1}\{(1+\mathrm{j}\omega)X(\mathrm{j}\omega)\}=A\mathrm{e}^{-2t}u(t)$。求 $x(t)$ 的解析表达式。

T4-14 证明：$\mathscr{F}\left[G_\tau(t)*\displaystyle\sum_{n=-N}^{N}\delta(t-nT)\right]=\dfrac{\sin\left(N+\dfrac{1}{2}\right)\omega T}{\sin\dfrac{\omega T}{2}}\cdot\tau\mathrm{Sa}\left(\dfrac{\omega\tau}{2}\right)$，$\tau<T$。

T4-15 已知 $y(t)=x(t)*h(t)$，$g(t)=x(2t)*h(2t)$。试写出 $g(t)$ 关于 $y(t)$ 的关系。

T4-16 已知频谱 $X(\mathrm{j}\omega)$ 如下，求信号 $x(t)$。

（1）$X(\mathrm{j}\omega)=\displaystyle\sum_{n=-\infty}^{\infty}G_{2\omega_c}[\omega-n(\omega_c+1)]$

（2）$X(\mathrm{j}\omega)=\displaystyle\sum_{n=-\infty}^{\infty}\mathrm{Sa}(3n)\delta(\omega-3n)$

T4-17 已知某线性时不变系统的频率响应为 $H(\mathrm{j}\omega)=\dfrac{1}{1+\mathrm{j}\omega}$，当周期信号 $x(t)=\displaystyle\sum_{k=0}^{\infty}\dfrac{-2E}{(2k+1)\pi}\sin[(2k+1)\omega_0 t]$ 通过该系统时，求输出 $y(t)$。

T4-18 某线性时不变系统的单位冲激响应 $h(t)=\dfrac{\sin[7(t-2)]}{t-2}$，求下列信号通过该系统后的输出 $y(t)$：

（1）$\sin(8t)$；$\quad$（2）$\displaystyle\sum_{k=0}^{\infty}\left(\dfrac{1}{4}\right)^k\sin(5kt)$；$\quad$（3）$\dfrac{\sin[7(t+2)]}{t+2}$；$\quad$（4）$\dfrac{\sin^2(3t)}{t^2}$。

T4-19 某理想带通滤波器的频率响应 $H(\mathrm{j}\omega)=\begin{cases}1,&\omega_c\leqslant|\omega|\leqslant5\omega_c\\0,&\text{其他}\end{cases}$。

（1）若该滤波器的单位冲激响应为 $h(t)$，确定函数 $g(t)$，使得 $h(t)=\dfrac{\sin(2\omega_c t)}{t}g(t)$；

（2）当 ω_c 增加时，该滤波器的单位冲激响应会更加向原点集中吗？

T4-20 设 $x_r(t)$ 是一个频带有限的实信号，带宽为 $\omega_1<\omega<\omega_2$，现将 $x_r(t)$ 通过一

个系统,该系统的频率响应为 $H(\mathrm{j}\omega)=\begin{cases} -\mathrm{j}, & \omega>0 \\ 0, & \omega=0 \\ \mathrm{j}, & \omega<0 \end{cases}$,设输出为 $x_\mathrm{i}(t)$。现构成一个复信号 $x(t)=x_\mathrm{r}(t)+\mathrm{j}x_\mathrm{i}(t)$。欲对 $x(t)$ 抽样,抽样间隔应如何选取才能保证不产生频谱混叠?

T4-21 系统如题图 T4-7 所示。证明:若 $\omega_\mathrm{c}=\dfrac{\pi}{T}$,则对任意 T,总有 $y(kT)=x(kT)$, $k=0,\pm1,\pm2,\cdots$。

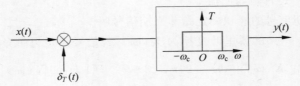

题图 T4-7

T4-22 某周期信号 $x(t)$ 的基频为 $11\mathrm{kHz}$,其包含 $1\sim7$ 次谐波分量。该信号通过题图 T4-8(a)所示系统,其中周期冲激串的周期为 $25\times10^{-6}\mathrm{s}$,理想低通滤波器的截止频率为 $16\mathrm{kHz}$。题图 T4-8(b)画出了输出信号的傅里叶变换,分别写出空格中对应的 $x(t)$ 的谐波次数。

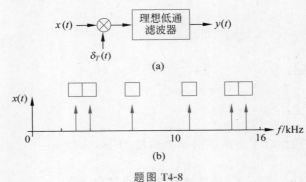

题图 T4-8

T4-23 题图 T4-9 所示系统中,$x(t)$ 是频带有限实信号,$\omega_0=\dfrac{1}{2}(\omega_1+\omega_2)$,$H(\mathrm{j}\omega)=G_{2\omega_\mathrm{c}}(\omega)$,$\omega_\mathrm{c}=\dfrac{1}{2}(\omega_2-\omega_1)$。

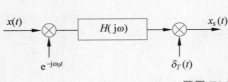

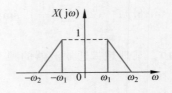

题图 T4-9

(1) 画出 $x_\mathrm{s}(t)$ 的频谱图;

(2) 为了从 $x_\mathrm{s}(t)$ 中恢复 $x(t)$,确定最大允许抽样间隔 T;

（3）设计一个从 $x_s(t)$ 中恢复 $x(t)$ 的系统。

T4-24　某连续时间信号 $x(t)$ 的傅里叶变换 $X(j\omega)=G_{\frac{\pi}{6}}(\omega)$，对其进行抽样得到 $y(n)=x(3n)$。（1）若 $w_1(t)=\sum\limits_{n=-\infty}^{\infty}y(n)\delta(t-3n)$，画出其频谱图；（2）若 $w_2(t)=\dfrac{1}{3}\sum\limits_{n=-\infty}^{\infty}y(n)[\delta(t-3n-1)+\delta(t-3n)+\delta(t-3n+1)]$，画出其频谱图，并标出频谱在 $\omega=0$ 处的取值。

第 5 章

离散时间信号与系统频域分析

导图

连续时间傅里叶分析在分析和了解连续时间信号与系统的性质中起到了很重要的作用。同样,离散时间傅里叶分析对离散时间信号与系统的研究也起着极为重要的作用。特别是目前随着计算机的广泛应用和功能的日益扩大,离散时间信号与系统分析技术有了突飞猛进的发展。

离散时间傅里叶分析与连续时间傅里叶分析之间有许多相似之处。例如,可以把离散时间信号表示成复指数信号的线性组合。但在它们之间也存在着某些不同之处。例如,一个离散时间周期性信号的傅里叶级数是一个有限项级数,而不像连续时间信号的傅里叶级数是一个无穷级数。本章通过对两类系统相似处的讨论来加深对傅里叶分析法的理解,同时利用它们之间的差别来研究离散时间系统的特性。

5.1 离散时间信号的傅里叶变换

5.1.1 抽样信号的频谱

抽样是从连续到离散的过渡,离散时间信号可以用于表示连续时间信号的抽样值,因此,离散时间信号的频域表示与抽样信号的频谱有内在的联系。本节将从抽样信号的频谱引出对离散时间信号进行频域分析的方法,即离散时间傅里叶变换。

对连续时间信号 $x_a(t)$ 以时间间隔 T_s 进行冲激串抽样,根据 4.10.1 节,可以写出抽样后连续时间信号的时域和频域表达式。

$$x_s(t) = \sum_{n=-\infty}^{\infty} x_a(nT_s)\delta(t - nT_s) \tag{5.1.1}$$

$$X_s(j\omega) = \frac{1}{T_s}\sum_{k=-\infty}^{\infty} X_a(j\omega - jk\omega_s) \tag{5.1.2}$$

式(5.1.2)描述了抽样信号的频谱与原信号频谱的关系:通过原信号频谱的周期延拓可以得到抽样信号的频谱。从另一个角度看,也可以直接对式(5.1.1)进行傅里叶变换求得抽样信号的频谱:

$$\begin{aligned}
X_s(j\omega) &= \int_{-\infty}^{\infty} x_s(t)e^{-j\omega t}\,dt \\
&= \int_{-\infty}^{\infty}\sum_{n=-\infty}^{\infty} x_a(nT_s)\delta(t - nT_s)e^{-j\omega t}\,dt \\
&= \sum_{n=-\infty}^{\infty}\int_{-\infty}^{\infty} x_a(nT_s)\delta(t - nT_s)e^{-j\omega t}\,dt \\
&= \sum_{n=-\infty}^{\infty} x_a(nT_s)e^{-j\omega T_s n} \tag{5.1.3}
\end{aligned}$$

由于 $x_a(t)$ 的傅里叶变换存在,因此上述推导过程中的求和及积分都是收敛的,在推导中对二者进行了换序。式(5.1.3)表明,可以根据连续时间信号的抽样值采用求和的方式求得抽样信号的频谱，并且由于傅里叶变换的唯一性，式（5.1.3）与式（5.1.2）必然是相等的。因此式（5.1.3）的结果也将是以 $2\pi/T_s$ 为周期的周期函数，这一点也可以从 $e^{-j\omega T_s n}$ 的周期性得到验证，即

$$e^{-j\left(\omega+\frac{2\pi}{T_s}\right)T_s n} = e^{-j(\omega T_s n + 2\pi n)} = e^{-j\omega T_s n}$$

抽样的目的之一就是使用数字设备对信号进行处理，例如进行频谱分析。抽样定理表明，当 T_s 小于奈奎斯特抽样间隔时，式（5.1.3）的基本周期就能反映原信号的频谱，此时式（5.1.3）提供了基于抽样值进行频谱分析的方法。

为了进一步简化表达，将抽样值表示为一个离散时间信号 $x(n)$：

$$x(n) = x_a(nT_s)$$

从离散时间信号的观点来看，已不再关注抽样间隔 T_s 的具体值，因此定义新的频率变量

$$\Omega = \omega T_s \tag{5.1.4}$$

式（5.1.3）变为

$$X(\Omega) = \sum_{n=-\infty}^{\infty} x(n)e^{-j\Omega n} \tag{5.1.5}$$

$X(\Omega)$ 是在引入了 $x(n)$ 和 Ω 之后定义的新的函数，它与 $X_s(j\omega)$ 存在以下对应关系：

$$X(\Omega) = X_s\left(j\frac{\Omega}{T_s}\right)$$

由于 $X_s(j\omega)$ 以 $2\pi/T_s$ 为周期，根据式（5.1.4），$X(\Omega)$ 将以 2π 为周期，这也可以从式（5.1.5）得到验证。由于

$$e^{-j(\Omega+2\pi)n} = e^{-j(\Omega n + 2\pi n)} = e^{-j\Omega n}$$

因此根据式（5.1.5）求得的 $X(\Omega)$ 将以 2π 为周期。

$X(\Omega)$ 可以看作基于连续时间信号的抽样值进行频谱分析的结果，反映了被抽样的连续时间信号的频域特性。式（5.1.5）又说明，$X(\Omega)$ 可以完全基于离散时间信号 $x(n)$ 计算得到，因此在 5.1.2 节中，它将被定义为离散时间信号的频谱，从而引出直接对离散时间信号进行频域分析的方法。

5.1.2　离散时间傅里叶变换

对离散时间信号 $x(n)$，定义其傅里叶变换 $X(\Omega)$ 为

$$X(\Omega) = \sum_{n=-\infty}^{\infty} x(n)e^{-j\Omega n} \tag{5.1.6}$$

为与连续时间信号的傅里叶变换相区别，式（5.1.6）称为离散时间傅里叶变换（Discrete Time Fourier Transform），简记为 DTFT，Ω 称为数字角频率。从 5.1.1 节的分析可以知道，$X(\Omega)$ 一般是 Ω 的连续函数，并且以 2π 为周期。

$$X(\Omega) = X(\Omega + 2\pi k), \quad k \text{ 为任意整数}$$

从形式上看,$x(n)$的时域离散间隔是 1,因此其频域的周期是 2π,时域的离散性造成了频域的周期性。

考虑式(5.1.6)无穷级数求和的收敛问题,保证这个和式收敛的条件与连续时间傅里叶变换的收敛条件是对应的。如果 $x(n)$ 是绝对可和的,即

$$\sum_{n=-\infty}^{\infty} |x(n)| < \infty \tag{5.1.7}$$

那么式(5.1.6)就一定收敛,$x(n)$的傅里叶变换存在。

式(5.1.6)对应的反变换为

$$x(n) = \frac{1}{2\pi} \int_{2\pi} X(\Omega) e^{j\Omega n} d\Omega \tag{5.1.8}$$

其中,$\int_{2\pi}(\cdot)d\Omega$ 表示在任意一个长度为 2π 的连续区间内积分。由于式(5.1.8)等号右边的被积函数以 2π 为周期,因此式(5.1.8)等号右边的积分区间取任意一个长度为 2π 的连续区间,结果都相同。

下面给出式(5.1.8)的证明:

将式(5.1.6)代入式(5.1.8)等号右边的表达式,有

$$\frac{1}{2\pi} \int_{2\pi} X(\Omega) e^{j\Omega n} d\Omega = \frac{1}{2\pi} \int_{2\pi} \left(\sum_{m=-\infty}^{\infty} x(m) e^{-j\Omega m} \right) e^{j\Omega n} d\Omega$$

$$= \frac{1}{2\pi} \sum_{m=-\infty}^{\infty} \left(x(m) \int_{2\pi} e^{j\Omega(n-m)} d\Omega \right)$$

由于 $x(n)$ 满足绝对可和的条件,积分与求和运算可以换序。

又由于

$$\frac{1}{2\pi} \int_{2\pi} e^{j\Omega(n-m)} d\Omega = \delta(n-m) \tag{5.1.9}$$

因此

$$\frac{1}{2\pi} \sum_{m=-\infty}^{\infty} \left(x(m) \int_{2\pi} e^{j\Omega(n-m)} d\Omega \right) = \sum_{m=-\infty}^{\infty} x(m) \delta(n-m) = x(n)$$

证毕。

式(5.1.9)是证明过程中的一个关键步骤,可以通过对 $n=m$ 和 $n \neq m$ 两种情况的分别讨论进行验证。

至此,得到了完整的离散时间傅里叶变换对 $x(n)$ 与 $X(\Omega)$,记作 $x(n) \leftrightarrow X(\Omega)$。

离散时间傅里叶变换:

$$X(\Omega) = \sum_{n=-\infty}^{\infty} x(n) e^{-j\Omega n}$$

离散时间傅里叶反变换:

$$x(n) = \frac{1}{2\pi} \int_{2\pi} X(\Omega) e^{j\Omega n} d\Omega$$

类比 4.4.2 节对连续时间傅里叶变换的分析,可以理解反变换表达式的物理意义: $x(n)$ 可表示成复指数信号 $\mathrm{e}^{\mathrm{j}\Omega n}$ 的线性组合,这些复指数信号在频率上是无限靠近的,它们的幅度是 $X(\Omega)(\mathrm{d}\Omega/2\pi)$,用以合成 $x(n)$ 的复指数信号的频率分布在任意一个连续的 2π 区间内。因此,像连续时间情况一样,$X(\Omega)$ 称为离散时间傅里叶变换,也称为 $x(n)$ 的频谱。因为它表示了 $x(n)$ 是怎样由这些不同频率的复指数信号组成的。

由以上分析可见,离散时间傅里叶变换和连续时间傅里叶变换具有很多相同点。两者的主要差别就在于离散时间傅里叶变换 $X(\Omega)$ 的周期性,以及反变换式的积分限为有限区间 2π,这是因为在频率上相差 2π 的离散时间复指数信号是完全相同的。

由于 $\mathrm{e}^{\mathrm{j}\Omega n}$ 具有周期性,也就是在 $\Omega=0$ 和 $\Omega=2k\pi$,$k\neq0$ 整数处信号值相同,因此靠近 0 或任何其他 π 的偶数倍的 Ω,都对应于信号的低频部分,而靠近 π 的奇数倍的 Ω 都对应于信号的高频部分。为此,在图 5.1.1 中分别画出了两个序列 $x_1(n)$ 和 $x_2(n)$,及其变换 $X_1(\Omega)$ 和 $X_2(\Omega)$。从频谱来看,$X_1(\Omega)$ 集中于 $\Omega=0$,$\pm2\pi$,$\pm4\pi$,$\cdots$ 附近,而 $X_2(\Omega)$ 则主要集中在 $\Omega=\pm\pi$,$\pm3\pi$,$\cdots$ 附近,说明序列 $x_1(n)$ 是低频信号,序列 $x_2(n)$ 是高频信号;从时域波形看,序列 $x_1(n)$ 比序列 $x_2(n)$ 变化得慢。

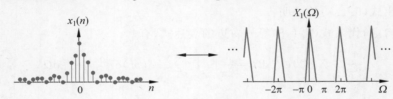

(a) 离散时间信号$x_1(n)$及其傅里叶变换 $X_1(\Omega)$

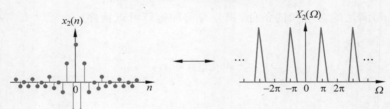

(b) 离散时间信号$x_2(n)$及其傅里叶变换 $X_2(\Omega)$

图 5.1.1　离散时间信号及其傅里叶变换

下面举例说明离散时间傅里叶变换。

例 5.1.1　求 $x(n)=a^nu(n)$,$|a|<1$ 的离散时间傅里叶变换。

解：由式(5.1.6)得

$$X(\Omega) = \sum_{n=0}^{\infty} a^n \mathrm{e}^{-\mathrm{j}\Omega n} = \sum_{n=0}^{\infty} (a\mathrm{e}^{-\mathrm{j}\Omega})^n$$

这是一个公比为 $a\mathrm{e}^{-\mathrm{j}\Omega}$ 的无穷几何级数,因此只要 $|a\mathrm{e}^{-\mathrm{j}\Omega}|<1$,就有

$$X(\Omega) = \frac{1}{1-a\mathrm{e}^{-\mathrm{j}\Omega}}$$

因为 $|\mathrm{e}^{-\mathrm{j}\Omega}|=1$,这就意味着若 $|a|\geqslant1$,$X(\Omega)$ 不收敛,即不存在离散时间傅里叶变换。

仿真求解

若 $|a|<1$，有

$$X(\Omega) = \frac{1}{1-a\,\mathrm{e}^{-\mathrm{j}\Omega}}, \qquad |a|<1$$

即

$$X(\Omega) = \frac{1}{1-a\cos\Omega+\mathrm{j}a\sin\Omega}$$

所以有

$$|X(\Omega)| = \frac{1}{\sqrt{(1-a\cos\Omega)^2+(a\sin\Omega)^2}} = \frac{1}{\sqrt{1+a^2-2a\cos\Omega}}$$

$$\angle X(\Omega) = -\arctan\frac{a\sin\Omega}{1-a\cos\Omega}$$

图 5.1.2(a)所示为当 $a=0.8$ 时，指数信号 $x(n)=a^n u(n)$ 波形图，图 5.1.2(b)、(c) 所示为其频谱图。可以看出，频谱是 Ω 的连续且周期为 2π 的周期函数。幅度谱 $|X(\Omega)|$ 和相位谱 $\angle X(\Omega)$ 分别是 Ω 的偶函数和奇函数。

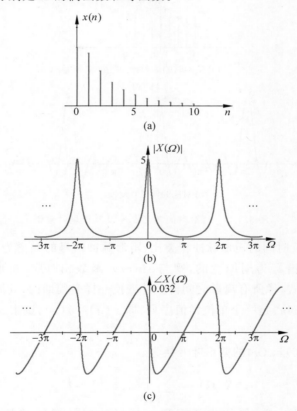

图 5.1.2　指数信号 $a^n u(n)$ 及其傅里叶变换

例 5.1.2　有一矩形脉冲序列

$$x(n) = \begin{cases} 1, & |n|\leqslant N_1 \\ 0, & |n|>N_1 \end{cases}$$

试求 $x(n)$ 的傅里叶变换 $X(\Omega)$，并画出 $N_1=4$ 时的频谱图。

仿真求解

解：由式（5.1.6），$x(n)$的傅里叶变换为

$$X(\Omega) = \sum_{n=-N_1}^{N_1} e^{-j\Omega n}$$

这是一个公比为 $e^{-j\Omega}$ 的级数，由等比求和公式得

$$X(\Omega) = \frac{\sin\Omega\left(N_1 + \dfrac{1}{2}\right)}{\sin(\Omega/2)}$$

当 $N_1 = 4$ 时，有
$$X(\Omega) = \frac{\sin(4.5\Omega)}{\sin(0.5\Omega)}$$

其频谱图如图 5.1.3（b）所示。

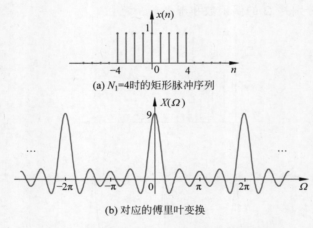

(a) $N_1=4$时的矩形脉冲序列

(b) 对应的傅里叶变换

图 5.1.3　离散时间矩形脉冲及其傅里叶频谱

这个例子与连续时间的矩形脉冲相类比，矩形脉冲信号的频谱为 $\sin x/x$ 函数形式。而矩形脉冲序列的谱必为周期性的，则与 $\sin x/x$ 函数相对应，矩形脉冲序列的谱为 $\sin Bx/\sin x$ 函数形式，像所有离散时间傅里叶变换一样是周期的，其周期为 2π。

例 5.1.3　若 $x(n)$ 是一个单位样值序列，即 $x(n)=\delta(n)$，试求 $x(n)$ 的傅里叶变换 $X(\Omega)$。

解：由式（5.1.6），$x(n)$的傅里叶变换为

$$X(\Omega) = \sum_{n=-\infty}^{\infty} \delta(n)e^{-j\Omega n} = 1$$

这与连续时间情况一样，单位样值序列的傅里叶变换在所有频率上都是相等的。图 5.1.4 给出了单位样值序列及其频谱的示意图。

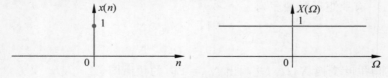

图 5.1.4　单位样值序列及其傅里叶频谱

例 5.1.4 求频谱为 $X(\Omega)=2\pi\sum\limits_{k=-\infty}^{\infty}\delta(\Omega-2\pi k)$ 的序列 $x(n)$。

解：根据式(5.1.8)，并将积分区间选为 $(-\pi,\pi]$，在此区间内有 $X(\Omega)=2\pi\delta(\Omega)$，因此

$$x(n)=\frac{1}{2\pi}\int_{-\pi}^{\pi}X(\Omega)\mathrm{e}^{\mathrm{j}\Omega n}\,\mathrm{d}\Omega=\frac{1}{2\pi}\int_{-\pi}^{\pi}2\pi\delta(\Omega)\mathrm{e}^{\mathrm{j}\Omega n}\,\mathrm{d}\Omega=\int_{-\pi}^{\pi}\delta(\Omega)\mathrm{e}^{\mathrm{j}\Omega n}\,\mathrm{d}\Omega=1$$

$x(n)=1$ 说明 $x(n)$ 是一个函数值恒为 1 的常数序列。图 5.1.5 给出了常数序列及其频谱的示意图。由于常数序列只有直流分量，这个变换对也再次验证了，在数字频率域中，$\Omega=0,\pm2\pi,\pm4\pi,\cdots$，对应的复指数信号都是直流分量。需要说明的是，常数序列并不满足式(5.1.7)给出的绝对可和的条件，因此其傅里叶变换中出现了冲激函数。与连续时间傅里叶变换类似，在频域引入冲激函数后，傅里叶变换的适用范围扩大了，一些不满足绝对可和的序列也可以求出离散时间傅里叶变换，在 5.1.4 节将给出更多的例子。

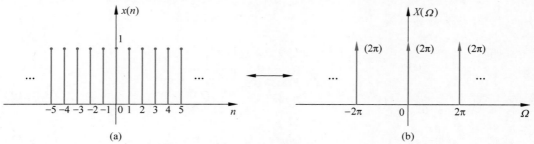

图 5.1.5 常数序列及其傅里叶频谱

5.1.3 离散时间傅里叶变换性质

离散时间傅里叶变换和连续时间傅里叶变换一样，也具有很多重要的性质。同样可以简化一个信号正变换和反变换的求取，这些性质与连续时间情况下相比有很多相似之处，但是也有若干明显的差别。

1. 周期性

离散时间傅里叶变换对 Ω 来说，总是周期的，其周期为 2π，这一点是与连续时间傅里叶变换不同的。

2. 线性性

如果

$$x_1(n)\leftrightarrow X_1(\Omega),\quad x_2(n)\leftrightarrow X_2(\Omega)$$

则

$$ax_1(n)+bx_2(n)\leftrightarrow aX_1(\Omega)+bX_2(\Omega)$$

其中，a、b 为常数。

3. 对称性

如果
$$x(n) \leftrightarrow X(\Omega)$$
则
$$x^*(n) \leftrightarrow X^*(-\Omega)$$

若信号 $x(n)$ 是实信号，即 $x(n)=x^*(n)$，这意味着有 $X(\Omega)=X^*(-\Omega)$，即 $X(\Omega)$ 是共轭对称的。实信号 $x(n)$ 的频谱 $X(\Omega)$ 一般是复函数，又可写成
$$X(\Omega)=|X(\Omega)|\,e^{j\angle X(\Omega)}$$

由于 $X(\Omega)$ 的共轭对称性，对实信号 $x(n)$ 可得
$$|X(\Omega)|=|X(-\Omega)|$$
$$\angle X(\Omega)=-\angle X(-\Omega)$$

可见对于实信号 $x(n)$，幅度谱 $|X(\Omega)|$ 是 Ω 的偶函数，相位谱 $\angle X(\Omega)$ 是 Ω 的奇函数。如例 5.1.1 和例 5.1.2 所示就是这种情况。

4. 时移和频移性质

如果
$$x(n) \leftrightarrow X(\Omega)$$
则
$$x(n-n_0) \leftrightarrow e^{-j\Omega n_0}X(\Omega) \tag{5.1.10}$$
而且
$$e^{j\Omega_0 n}x(n) \leftrightarrow X(\Omega-\Omega_0) \tag{5.1.11}$$
此性质可直接根据傅里叶变换定义推导出来。

5. 差分与求和

离散时间情况下求和就相应于连续时间情况下的积分。而一阶差分就相应于连续时间情况下的一阶微分。

考虑一阶差分信号 $x(n)-x(n-1)$，根据线性和时移性质，其傅里叶变换为
$$x(n)-x(n-1) \leftrightarrow (1-e^{-j\Omega})X(\Omega)$$

再考虑信号
$$y(n)=\sum_{m=-\infty}^{n} x(m)$$

由于 $y(n)-y(n-1)=x(n)$，似乎可导出 $y(n)$ 的变换应为 $x(n)$ 的变换除以 $(1-e^{-j\Omega})$，但是，正像连续时间积分性质一样，除此项以外还要增加一些项，其精确表达式为
$$\sum_{m=-\infty}^{n} x(m) \leftrightarrow \frac{1}{1-e^{-j\Omega}}X(\Omega)+\pi X(0)\sum_{k=-\infty}^{\infty}\delta(\Omega-2\pi k) \tag{5.1.12}$$

式(5.1.12)的冲激序列反映了求和中可能出现的直流或平均值。由于 $x(n)=\delta(n)$ 时，$X(\Omega)=1$，

而
$$u(n)=\sum_{m=-\infty}^{n}\delta(m)$$

则

$$u(n) \leftrightarrow \frac{1}{1 - e^{-j\Omega}} + \pi \sum_{k=-\infty}^{\infty} \delta(\Omega - 2\pi k) \qquad (5.1.13)$$

式(5.1.12)和式(5.1.13)的推导与连续时间积分性质类似。

6. 时间和频率尺度特性

由于离散时间信号在时间上的离散性,因此时间和频率的尺度特性与在连续时间情况下稍有不同。

如果
$$x(n) \leftrightarrow X(\Omega)$$
先求 $y(n) = x(-n)$ 的傅里叶变换:

$$Y(\Omega) = \sum_{n=-\infty}^{\infty} y(n) e^{-j\Omega n}$$

$$= \sum_{n=-\infty}^{\infty} x(-n) e^{-j\Omega n}$$

令 $m = -n$,可得
$$Y(\Omega) = \sum_{m=-\infty}^{\infty} x(m) e^{-j(-\Omega)m}$$
$$= X(-\Omega)$$

即
$$x(-n) \leftrightarrow X(-\Omega) \qquad (5.1.14)$$

显然,式(5.1.14)与连续时间情况是类似的,即信号在时间域中的翻转相应于在频域中其频谱的翻转。但是对于时间和频率尺度变换时其结果就不同了。

对于连续时间情况,时域尺度变换性质为

$$x(at) \leftrightarrow \frac{1}{|a|} X\left(j\frac{\omega}{a}\right)$$

与上式相类似的离散时间情况如下,令 k 是一个正整数,定义一个信号

$$x_{(k)}(n) = \begin{cases} x(n/k), & n \text{ 是 } k \text{ 的倍数} \\ 0, & n \text{ 不是 } k \text{ 的倍数} \end{cases}$$

图 5.1.6 画出了 $k = 3$ 时的 $x_{(3)}(n)$。

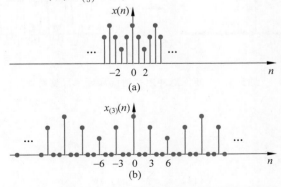

图 5.1.6　在序列 $x(n)$ 的每两个值之间插入两个零值而得到的序列 $x_{(3)}(n)$

显然，$x_{(k)}(n)$是在$x(n)$的连续值之间插入$(k-1)$个零值而得到的。直观上来看，可以将$x_{(k)}(n)$看作减慢了的$x(n)$，其傅里叶变换为

$$X_{(k)}(\Omega) = \sum_{n=-\infty}^{\infty} x_{(k)}(n) e^{-j\Omega n}$$

$$= \sum_{r=-\infty}^{\infty} x_{(k)}(rk) e^{-j\Omega^r k}$$

$$= \sum_{r=-\infty}^{\infty} x(r) e^{-j(k\Omega)r}$$

$$= X(k\Omega)$$

即
$$x_{(k)}(n) \leftrightarrow X(k\Omega) \tag{5.1.15}$$

式(5.1.15)又一次表明了时域和频域之间的反比关系。若$k>1$，则信号在时域中扩展了，随时间的变化减慢了，而它的傅里叶变换就压缩了。由于$X(\Omega)$是周期的，且周期为2π，因而$X(k\Omega)$也是周期的，其周期为$2\pi/|k|$。图5.1.7通过一个矩形脉冲序列的例子来说明这个性质。

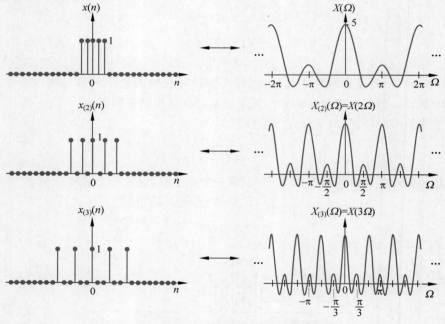

图5.1.7 矩形脉冲序列时间和频率尺度特性

7. 频域微分

对式

$$X(\Omega) = \sum_{n=-\infty}^{\infty} x(n) e^{-j\Omega n}$$

两边对 Ω 求微分可得

$$\frac{\mathrm{d}X(\Omega)}{\mathrm{d}\Omega} = -\sum_{n=-\infty}^{\infty} jnx(n)\mathrm{e}^{-j\Omega n}$$

显然上式右边就是 $-jnx(n)$ 的傅里叶变换,两边都乘以 j 可得到

$$nx(n) \leftrightarrow j\frac{\mathrm{d}X(\Omega)}{\mathrm{d}\Omega} \tag{5.1.16}$$

8. 帕塞瓦尔定理

如果 $x(n) \leftrightarrow X(\Omega)$,则

$$\sum_{n=-\infty}^{\infty} |x(n)|^2 = \frac{1}{2\pi}\int_{2\pi} |X(\Omega)|^2 \mathrm{d}\Omega \tag{5.1.17}$$

这个关系类似于连续时间情况下的帕塞瓦尔定理。同样,式(5.1.17)的左边表示序列 $x(n)$ 在时域中的能量,右边表示其在频域中的能量,$|X(\Omega)|^2$ 称为能量谱密度。若 $x(n)$ 是周期序列,它的能量是无穷大,式(5.1.17)将不再适用。周期序列的帕塞瓦尔定理将在 5.2.3 节介绍。

9. 卷积性质

$$y(n) = x(n) * h(n) \tag{5.1.18}$$

则
$$Y(\Omega) = X(\Omega)H(\Omega)$$

其中,$X(\Omega)$、$H(\Omega)$ 和 $Y(\Omega)$ 分别是 $x(n)$、$h(n)$ 和 $y(n)$ 的傅里叶变换。式(5.1.18)的推导过程与连续时间情况下完全相同。

5.1.4 周期序列的离散时间傅里叶变换

一般来说,周期序列是功率信号,不满足绝对可和的条件,但从例 5.1.4 导出的变换对

$$1 \leftrightarrow 2\pi \sum_{k=-\infty}^{\infty} \delta(\Omega - 2\pi k)$$

已经看到,在频域引入冲激函数后,可以对一些不满足绝对可和条件的序列求出傅里叶变换。本节将给出周期序列的离散时间傅里叶变换的一般形式,它们都包含一系列的冲激函数。学习周期序列的离散时间傅里叶变换有两个作用:①深刻认识时域周期性造成的频谱离散化,这一点在连续时间信号的频域分析中已经出现过,对于离散时间信号也是同样适用的,但由于离散时间信号的频谱还具有周期性,因此离散时间周期信号的频谱会有新的特点;②为引出离散时间周期信号的傅里叶级数展开做铺垫,离散时间信号的傅里叶级数展开是数字信号处理中广泛应用的快速傅里叶变换(Fast Fourier Transform,FFT)技术的基础。

例 5.1.5　求周期脉冲序列 $x(n) = \sum\limits_{l=-\infty}^{\infty} \delta(n - lN)$ 的傅里叶变换。

解：对图 5.1.5 中的常数序列在时域扩展 N 倍，可以得到周期为 N 的周期脉冲序列 $x(n)$，又由于

$$1 \leftrightarrow 2\pi \sum_{k=-\infty}^{\infty} \delta(\Omega - 2\pi k)$$

根据式(5.1.15)的时间和频率尺度特性，有

$$X(\Omega) = 2\pi \sum_{k=-\infty}^{\infty} \delta(N\Omega - 2\pi k) = \frac{2\pi}{N} \sum_{k=-\infty}^{\infty} \delta\left(\Omega - \frac{2\pi}{N}k\right)$$

图 5.1.8 给出了周期脉冲序列及其频谱的示意图。可以看出，随着时域内脉冲之间的间隔变长，在频域内冲激之间间隔就变小。类似于在连续时间情况下，时域与频域成反比的关系。

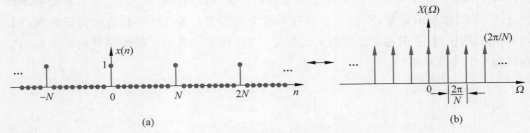

图 5.1.8　周期脉冲序列及其频谱

周期脉冲序列的傅里叶变换对

$$\sum_{l=-\infty}^{\infty} \delta(n - lN) \leftrightarrow \frac{2\pi}{N} \sum_{k=-\infty}^{\infty} \delta\left(\Omega - \frac{2\pi}{N}k\right) \tag{5.1.19}$$

对于推导一般的周期序列的傅里叶变换有重要的作用。这是由于，周期序列可以看作有限长序列的周期延拓，而延拓的过程可以用有限长序列与周期脉冲序列卷积实现。下面运用式(5.1.19)推导周期序列的傅里叶变换。

周期序列 $\tilde{x}(n)$ 的周期为 N，用 $x(n)$ 表示 $\tilde{x}(n)$ 的一个周期：

$$x(n) = \begin{cases} \tilde{x}(n), & M \leqslant n \leqslant M + N - 1 \\ 0, & \text{其余 } n \text{ 值} \end{cases} \tag{5.1.20}$$

其中，M 可以为任意整数。$\tilde{x}(n)$ 可以由 $x(n)$ 以 N 为周期延拓得到：

$$\tilde{x}(n) = \sum_{l=-\infty}^{\infty} x(n - lN) = x(n) * \sum_{l=-\infty}^{\infty} \delta(n - lN)$$

根据卷积性质，可以求得周期序列的傅里叶变换

$$\tilde{x}(n) \leftrightarrow X(\Omega) \cdot \frac{2\pi}{N} \sum_{k=-\infty}^{\infty} \delta\left(\Omega - \frac{2\pi}{N}k\right)$$

$$= \frac{2\pi}{N} \sum_{k=-\infty}^{\infty} X\left(\frac{2\pi}{N}k\right) \delta\left(\Omega - \frac{2\pi}{N}k\right) \tag{5.1.21}$$

式(5.1.21)表明，周期序列的傅里叶变换是一个周期性冲激序列，在 $[0, 2\pi)$ 区间内，

这些冲激位于以下 N 个频率点上:

$$\Omega_1 = 0, \Omega_2 = \frac{2\pi}{N}, \Omega_3 = 2\left(\frac{2\pi}{N}\right), \cdots, \Omega_N = (N-1)\left(\frac{2\pi}{N}\right)$$

周期序列的傅里叶变换仍然是以 2π 为周期的函数,因此与以上 N 个频率点相距 2π 整数倍的所有频率点上,也存在强度相同的冲激。冲激的强度可以根据一个周期内的序列 $x(n)$ 的傅里叶变换 $X(\Omega)$ 在以上频率点的值求得。

$$X\left(\frac{2\pi}{N}k\right) = \sum_{n=M}^{M+N-1} x(n) \mathrm{e}^{-\mathrm{j}\frac{2\pi}{N}kn} \tag{5.1.22}$$

虽然由于 M 的变化,$x(n)$ 和 $X(\Omega)$ 都会有变化,但是可以证明,$X(\Omega)$ 在采样频率点 $2\pi k/N$ 上的值与 M 无关。因此,M 的取值不会影响式(5.1.22),从而 $x(n)$ 在 $\tilde{x}(n)$ 中的截取起始位置不影响式(5.1.21)的结果。

图 5.1.9 给出了 $x(n)$、$\tilde{x}(n)$ 及其频谱的示意图。

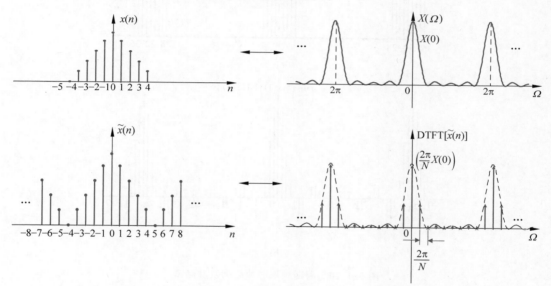

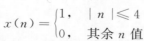

图 5.1.9 周期序列和非周期序列的频谱

从图 5.1.9 可以看出,周期序列的频谱不但是周期的,而且是离散的。频谱的离散性正是由时域的周期性造成的。离散间隔 $\Omega_0 = 2\pi/N$ 与序列的周期成反比,也称作周期序列的基本频率。

例 5.1.6 求图 5.1.10(a)所示周期矩形脉冲序列 $\tilde{x}(n)$ 的离散时间傅里叶变换。

解:由图 5.1.10(a)可见其周期为 $N = 32$,不妨截取 $n = -16, \cdots, 15$ 的一个周期形成 $x(n)$,有

$$x(n) = \begin{cases} 1, & |n| \leqslant 4 \\ 0, & \text{其余 } n \text{ 值} \end{cases}$$

它的傅里叶变换已经在例 5.1.2 中求过。

仿真求解

$$X(\Omega) = \frac{\sin(4.5\Omega)}{\sin(0.5\Omega)}$$

根据式(5.1.21)，有

$$\tilde{X}(\Omega) = \frac{2\pi}{N} \sum_{k=-\infty}^{\infty} X\left(\frac{2\pi}{N}k\right) \delta\left(\Omega - \frac{2\pi}{N}k\right)$$

其中，$N=32$。记 $\Omega_0 = 2\pi/32 = \pi/16$，求得 $\tilde{x}(n)$ 的离散时间傅里叶变换为

$$\tilde{x}(n) \leftrightarrow \frac{\pi}{16} \sum_{k=-\infty}^{\infty} \frac{\sin(4.5k\Omega_0)}{\sin(0.5k\Omega_0)} \delta(\Omega - k\Omega_0)$$

图5.1.10(b)给出了频谱的示意图。

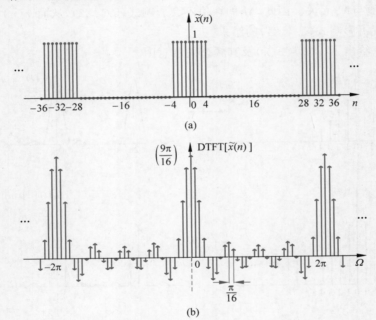

(a)

(b)

图 5.1.10　周期矩形脉冲序列及其频谱

仿真求解

例 5.1.7　讨论序列 $x(n) = \cos\Omega_0 n$ 的傅里叶变换。

解：$x(n) = \cos\Omega_0 n = \frac{1}{2}e^{jn\Omega_0} + \frac{1}{2}e^{-jn\Omega_0}$

由于 $1 \leftrightarrow 2\pi \sum_{k=-\infty}^{\infty} \delta(\Omega - 2\pi k)$ 和 $e^{j\Omega_0 n}x(n) \leftrightarrow X(\Omega - \Omega_0)$

求得其傅里叶变换 $X(\Omega)$ 为

$$X(\Omega) = \sum_{l=-\infty}^{\infty} [\pi\delta(\Omega - \Omega_0 - 2\pi l) + \pi\delta(\Omega + \Omega_0 + 2\pi l)] \tag{5.1.23}$$

$X(\Omega)$ 如图5.1.11所示。

这个例题并没有从周期序列傅里叶变换的一般形式来求解，这是因为 $x(n) = \cos\Omega_0 n$ 并不一定是周期序列。如果它是周期序列并且周期为 N，则必有

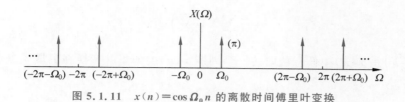

图 5.1.11 $x(n)=\cos\Omega_0 n$ 的离散时间傅里叶变换

$$\cos\Omega_0(n+N)=\cos\Omega_0 n, \quad \text{对任意整数 } n \text{ 成立}$$

因此要求 $\Omega_0 N=2\pi m$，其中 m 为一个整数，由于离散时间信号的频率可以约束在一个 2π 主值区间内，不妨假定 $0\leqslant\Omega_0<2\pi$，则有 $0\leqslant m<N$。由此推得

$$\Omega_0=\frac{2\pi}{N}m, \quad 0\leqslant m<N \tag{5.1.24}$$

仅当 Ω_0 满足式(5.1.24)时，$x(n)=\cos\Omega_0 n$ 才是周期信号。此时式(5.1.23)中冲激发生的位置满足周期序列频谱通式(5.1.21)的要求。不难验证，当 Ω_0 满足式(5.1.24)时，式(5.1.21)中的

$$X\left(\frac{2\pi}{N}k\right)=\sum_{n=0}^{N-1}\cos(\Omega_0 n)\mathrm{e}^{-\mathrm{j}\frac{2\pi}{N}kn}=\begin{cases}N/2, & k=Nl\pm m, l \text{ 为整数} \\ 0, & \text{其余 } k \text{ 值}\end{cases}$$

此时采用式(5.1.21)也能得到与式(5.1.23)相同的结果。

若 Ω_0 不满足式(5.1.24)，$x(n)=\cos\Omega_0 n$ 不是周期序列，它的频谱仍然可以用式(5.1.23)描述，也是一串冲激函数。但由于信号不是周期的，不存在基本频率，而冲激发生的位置也不存在与基本频率的整数倍关系，因此并不符合周期序列频谱的通式(5.1.21)。

5.2 离散时间信号的傅里叶级数

5.2.1 周期序列的分解与合成

将式(5.1.21)给出的频谱代入式(5.1.8)，得到

$$\tilde{x}(n)=\frac{1}{N}\int_{2\pi}\sum_{k=-\infty}^{\infty}X\left(\frac{2\pi}{N}k\right)\delta\left(\Omega-\frac{2\pi}{N}k\right)\mathrm{e}^{\mathrm{j}\Omega n}\mathrm{d}\Omega \tag{5.2.1}$$

注意，积分可以在任意一个长度为 2π 的区间内进行，因此能对积分产生贡献的冲激谱线只有 N 个，不妨取 $\Omega\in[0,2\pi)$ 区间，则能对积分产生贡献的 k 满足 $0\leqslant k\leqslant N-1$，因此式(5.2.1)可以写为

$$\tilde{x}(n)=\frac{1}{N}\int_0^{2\pi}\sum_{k=0}^{N-1}X\left(\frac{2\pi}{N}k\right)\delta\left(\Omega-\frac{2\pi}{N}k\right)\mathrm{e}^{\mathrm{j}\Omega n}\mathrm{d}\Omega$$

在傅里叶变换存在的前提下，可以将积分与求和换序：

$$\tilde{x}(n)=\frac{1}{N}\sum_{k=0}^{N-1}X\left(\frac{2\pi}{N}k\right)\int_0^{2\pi}\delta\left(\Omega-\frac{2\pi}{N}k\right)\mathrm{e}^{\mathrm{j}\Omega n}\mathrm{d}\Omega$$

$$= \frac{1}{N} \sum_{k=0}^{N-1} X\left(\frac{2\pi}{N}k\right) e^{j\frac{2\pi}{N}kn} \tag{5.2.2}$$

其中，$X\left(\dfrac{2\pi}{N}k\right)$ 是 $\tilde{x}(n)$ 中任意截取的一个周期 $x(n)$ 的傅里叶变换在离散频点上的值：

$$X\left(\frac{2\pi}{N}k\right) = \sum_{n=<N>} \tilde{x}(n) e^{-j\frac{2\pi}{N}kn} \tag{5.2.3}$$

求和限 $n=<N>$ 表示可以在任意一个长度为 N 的周期内求和。

将 $X\left(\dfrac{2\pi}{N}k\right)$ 转换为以 k 为自变量的函数，记为 $\tilde{X}(k)$，即 $\tilde{X}(k) = X\left(\dfrac{2\pi}{N}k\right)$。由于 $X(\Omega)$ 以 2π 为周期，$\tilde{X}(k)$ 将以 N 为周期。根据式(5.2.3)，有

$$\tilde{X}(k) = \sum_{n=<N>} \tilde{x}(n) e^{-j\frac{2\pi}{N}kn} \tag{5.2.4}$$

采用 $\tilde{X}(k)$ 函数，式(5.2.2)可以写为

$$\tilde{x}(n) = \frac{1}{N} \sum_{k=0}^{N-1} \tilde{X}(k) e^{j\frac{2\pi}{N}kn} \tag{5.2.5}$$

由于 $\tilde{X}(k)$ 将以 N 为周期，并且 $e^{j\frac{2\pi}{N}(k+mN)n} = e^{j\frac{2\pi}{N}kn}$，因此求和区间不必局限为 $0 \leqslant k \leqslant N-1$，可以在任意一个长度为 N 的周期内求和。这一点也可以从式(5.2.1)关于 Ω 的积分限的讨论得到验证，积分区间选择不同的 2π 区间，相应位置处 N 根冲激谱线就会对积分产生贡献，但不管积分限或相继的 N 根谱线如何选取，最终结果是相同的。因此式(5.2.5)可以进一步写成

$$\tilde{x}(n) = \frac{1}{N} \sum_{k=<N>} \tilde{X}(k) e^{j\frac{2\pi}{N}kn} \tag{5.2.6}$$

式(5.2.6)说明，周期序列可以分解为 N 个复指数序列之和，每个复指数序列的系数可以按照式(5.2.4)求得。实际上，这 N 个复指数序列 $\{\phi_k(n) = e^{j\frac{2\pi}{N}kn}, k \in <N>\}$ 构成了一组完备正交基。任何一个以 N 为周期的时间序列都可以在这组基上进行表示，这与 4.2 节对连续时间周期信号进行正交分解的思想是完全一致的。不同之处在于，连续时间周期信号需要在一个无穷维的空间中才能得到精确的表示，而离散时间周期信号只有 N 个自由度，在一个 N 维空间中就可以得到精确的表示，因此式(5.2.6)是一个由 N 项组成的求和式。

不妨选取 $k=0,1,\cdots,N-1$，则

$$\tilde{x}(n) = \frac{1}{N}\tilde{X}(0) + \frac{1}{N}\tilde{X}(1)e^{j\frac{2\pi}{N}n} + \frac{1}{N}\tilde{X}(2)e^{j\frac{4\pi}{N}n} + \cdots + \frac{1}{N}\tilde{X}(N-1)e^{j\frac{2\pi}{N}(N-1)n}$$

其中，右边第一项为直流分量，第二项为与基本频率 $2\pi/N$ 对应的基波分量，后续的项分别对应各高次谐波分量。由于数字频率的周期性，第 N 次谐波分量 $e^{j\frac{2\pi}{N}Nn}$ 将等同于直流分量，因此展开式中最高次谐波为第 $N-1$ 次谐波分量。

5.2.2 离散傅里叶级数展开

式(5.2.4)和式(5.2.6)描述了一个周期为 N 的时域周期序列 $\tilde{x}(n)$ 和一个周期为 N 的频域周期序列 $\tilde{X}(k)$ 之间的相互转换关系,称为离散傅里叶级数展开(Discrete Time Fourier Series),简写为 DTFS 或 DFS。$\tilde{X}(k)$ 称为离散傅里叶级数展开的系数。

$$\tilde{x}(n) \overset{\text{DFS}}{\longleftrightarrow} \tilde{X}(k)$$

$$\tilde{x}(n) = \frac{1}{N} \sum_{k=\langle N \rangle} \tilde{X}(k) e^{j\frac{2\pi}{N}kn}$$

$$\tilde{X}(k) = \sum_{n=\langle N \rangle} \tilde{x}(n) e^{-j\frac{2\pi}{N}kn}$$

$\tilde{x}(n)$ 和 $\tilde{X}(k)$ 都是周期的和离散的,这再次说明,周期序列的谱是离散的并且是周期的。从信号分解与合成的观点看,合成周期离散序列只需要 N 个复指数信号 $\{e^{j\Omega_k n}\}$,这些复指数信号的频率是基本频率 $\Omega_0 = 2\pi/N$ 的整数倍,即 $\Omega_k = k\Omega_0$,倍数 k 在一个长度为 N 的周期内取值。

至此给出了周期序列的两种频域表示方法,一种是 5.1.4 节导出的周期序列的傅里叶变换,另一种是本节导出的傅里叶级数展开。对比式(5.1.21)和式(5.2.4),两种频域表示方法的结果是可以相互转换的。它们的区别在于:式(5.1.21)是以数字频率 Ω 为自变量的频谱(实际为频谱密度),其周期为 2π,每个合成周期信号所需要的分量在频谱中都会对应一根冲激谱线;式(5.2.4)是以谱线序号为自变量的绝对谱,每根谱线直接代表了周期信号中对应的复指数分量,因此其周期为 N,谱线的函数值是有限值,合成周期信号所需要的复指数分量的复振幅就是 $\tilde{X}(k)/N$。

采用傅里叶级数展开描述周期序列的频谱有几个好处:①直观理解周期序列与复指数序列的分解与合成关系;②谱线的函数值是有限值,便于计算。在讨论计算问题时,经常引入以下记号:

$$W_N = e^{-j2\pi/N}$$

于是式(5.2.4)、式(5.2.6)变为

$$\tilde{X}(k) = \sum_{n=\langle N \rangle} \tilde{x}(n) W_N^{kn}$$

$$\tilde{x}(n) = \frac{1}{N} \sum_{k=\langle N \rangle} \tilde{X}(k) W_N^{-kn}$$

其中,$W_N = e^{-j2\pi/N}$ 称为旋转因子,它的特性在设计快速计算方法时有重要的作用。

例 5.2.1   求图 5.1.10(a)所示周期矩形脉冲序列的离散时间傅里叶级数。

解:由图 5.1.10(a)可见其周期为 $N=32$,则其基频 $\Omega_0 = 2\pi/32 = \pi/16$,由式(5.2.6),得

仿真求解

$$\tilde{x}(n) = \frac{1}{32} \sum_{k=\langle 32 \rangle} \widetilde{X}(k) e^{jk\frac{\pi}{16}n}$$

在例 5.1.6 中已经求过该周期矩形脉冲序列的离散时间傅里叶变换，根据周期序列两种频域表示之间的关系

$$\widetilde{X}(k) = X\left(\frac{2\pi}{N}k\right)$$

可以直接得到

$$\widetilde{X}(k) = \frac{\sin(4.5k\Omega_0)}{\sin(0.5k\Omega_0)}$$

按照式（5.2.4）计算，也可以得到同样的结果。于是图 5.1.10(a) 所示的周期矩形脉冲序列的傅里叶级数展开为

$$\tilde{x}(n) = \frac{1}{32} \sum_{k=\langle 32 \rangle} \frac{\sin(4.5k\Omega_0)}{\sin(0.5k\Omega_0)} e^{jk\frac{\pi}{16}n}$$

图 5.2.1 给出了该序列的傅里叶级数展开谱，将它与图 5.1.10(b) 进行对比，可以验证周期序列的傅里叶变换与傅里叶级数展开的区别。

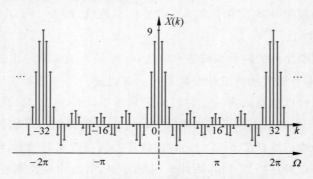

图 5.2.1　周期矩形脉冲序列的傅里叶级数展开

例 5.2.2　试求图 5.2.2(a) 所示序列 $\tilde{x}(n) = \sin 0.1\pi n$ 的离散时间傅里叶级数，并画出其幅度谱和相位谱。

解：正弦序列 $\tilde{x}(n) = \sin 0.1\pi n$ 的频率 $\Omega_0 = 0.1\pi = \frac{2\pi}{20}$，满足式（5.1.24），此时 $m = 1$，$N = 20$。因此它是一个周期 $N = 20$ 的周期序列，其基波频率 $\Omega_0 = 2\pi/N = 0.1\pi$。根据式（5.2.6），有

$$\tilde{x}(n) = \frac{1}{20} \sum_{k=\langle 20 \rangle} \widetilde{X}(k) e^{j0.1\pi kn}$$

其中，求和是在任意 20 个 k 的相继值上进行。现将这个范围选为 $-10 \leqslant k < 10$，这样选取对应于利用基本频率范围 $-\pi \leqslant \Omega < \pi$ 内的频率分量合成 $x(n)$，于是有

$$\tilde{x}(n) = \frac{1}{20} \sum_{k=-10}^{9} \widetilde{X}(k) e^{j0.1\pi kn}$$

注意例 5.1.7 分析的是余弦信号，而本题讨论的是正弦信号。本题中按照式（5.2.4）计

算，傅里叶级数展开的系数

$$\widetilde{X}(k) = \sum_{n=-10}^{9} \sin 0.1\pi n\, e^{-j0.1\pi kn} = \sum_{n=-10}^{9} \frac{1}{2j}(e^{j0.1\pi n} - e^{-j0.1\pi n})\, e^{-j0.1\pi kn}$$

$$= \frac{1}{2j} \sum_{n=-10}^{9} (e^{j0.1\pi n(1-k)} - e^{-j0.1\pi n(1+k)})$$

在这些和式中，k 取 $-10 \sim 9$ 的全部值。上式右边第一个和式除 $k=1$ 时有值为 20 外，对于其余的 k 值均为 0。同理，第二个和式除 $k=-1$ 时有值为 20 外，对于其余的 k 值均为 0。因此

$$\widetilde{X}(1) = \frac{10}{j}, \quad \widetilde{X}(-1) = -\frac{10}{j}$$

而所有其他系数都为 0。对应的傅里叶级数为

$$\widetilde{x}(n) = \sin 0.1\pi n = \frac{1}{2j}(e^{j0.1\pi n} - e^{-j0.1\pi n}) \tag{5.2.7}$$

这里的基波频率 $\Omega_0 = 0.1\pi$，仅有两个非零分量：

$$\widetilde{X}(1) = \frac{10}{j} = 10e^{-j\frac{\pi}{2}}, \quad \widetilde{X}(-1) = -\frac{10}{j} = 10e^{j\frac{\pi}{2}}$$

因此

$$|\widetilde{X}(1)| = |\widetilde{X}(-1)| = 10$$

$$\angle \widetilde{X}(1) = -\pi/2, \quad \angle \widetilde{X}(-1) = \pi/2$$

以上推导的是在区间 $-10 \leqslant k < 10$ 内的频谱，对应的频率区间是 $-\pi \leqslant \Omega < \pi$。按照式(5.2.7)，总共仅有两个分量分别对应于 $k=1$ 和 $k=-1$，剩下 18 个分量都是 0。频谱 $\widetilde{X}(k)$ 是 k 的周期函数，周期为 $N=20$，为此，将这个频谱以周期为 $N=20$（或 $\Omega=2\pi$）重复，结果如图 5.2.2(b)和图 5.2.2(c)所示。可以看到，幅度谱和相位谱分别为 k（或 Ω）的偶函数和奇函数。

再次观察式(5.2.7)，它本身就是正弦函数的欧拉公式展开，可以直接得到而不用求傅里叶级数展开。本题的目的是加深对离散时间傅里叶级数及其周期性的理解。由于傅里叶级数分量可以在任意长度为 $N=20$（或 $\Omega=2\pi$）的范围内选取，例如若选这个频率范围为 $0 \leqslant \Omega < 2\pi$（或 $0 \leqslant k < 20$），得到的傅里叶级数为

$$\widetilde{x}(n) = \sin 0.1\pi n = \frac{1}{2j}(e^{j0.1\pi n} - e^{j1.9\pi n}) \tag{5.2.8}$$

这个级数与式(5.2.7)的级数是等效的，因为这两个指数 $e^{j1.9\pi n}$ 和 $e^{-j0.1\pi n}$ 是等效的，这是由于 $e^{j1.9\pi n} = e^{j1.9\pi n} \cdot e^{-j2\pi n} = e^{-j0.1\pi n}$ 的缘故。傅里叶级数是利用复指数序列表示周期信号 $x(n)$ 的一种方法。从这个角度理解，式(5.2.8)的结果表明：在合成 $\sin 0.1\pi n$ 所需要的 20 个谐波分量中，除 1 次谐波和 19 次谐波外，直流分量和其余的谐波分量都为 0。

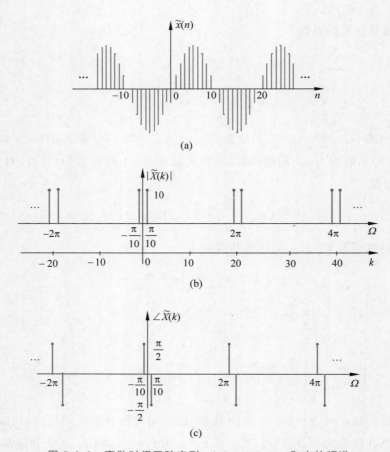

图 5.2.2　离散时间正弦序列 $x(n) = \sin 0.1\pi n$ 和它的频谱

5.2.3　离散傅里叶级数的主要性质

1. 线性

设 $\tilde{x}_1(n)$ 和 $\tilde{x}_2(n)$ 为两个离散时间周期序列，它们的离散傅里叶级数系数分别为 $\tilde{X}_1(k)$ 和 $\tilde{X}_2(k)$，两个序列的每个周期的长度均为 N。如果另一个周期序列 $\tilde{x}_3(n)$ 为 $a\tilde{x}_1(n)$ 与 $b\tilde{x}_2(n)$ 之和，即

$$\tilde{x}_3(n) = a\tilde{x}_1(n) + b\tilde{x}_2(n)$$

其中，a、b 为常数，则 $\tilde{x}_3(n)$ 的离散傅里叶级数系数为

$$\tilde{X}_3(k) = a\tilde{X}_1(k) + b\tilde{X}_2(k)$$

且 $\tilde{X}_3(k)$ 的一个周期的长度亦为 N。

证明：
$$\begin{aligned}
\tilde{X}_3(k) &= \mathrm{DFS}[\tilde{x}_3(n)] \\
&= \mathrm{DFS}[a\tilde{x}_1(n) + b\tilde{x}_2(n)] \\
&= a\tilde{X}_1(k) + b\tilde{X}_2(k)
\end{aligned}$$

由于 $\tilde{X}_1(k)$ 与 $\tilde{X}_2(k)$ 的每个周期的长度皆为 N，所以二者相加后，每周期长度仍为 N。

2. 序列的移位

一个周期序列全体左移(或右移)时对一个整数周期来说从左(或右)侧移出去的恰好等于从右(或左)侧补进来的。

1) 时间序列的移位

若

$$\tilde{x}(n) \overset{\text{DFS}}{\longleftrightarrow} \tilde{X}(k)$$

则

$$\tilde{x}(n+m) \overset{\text{DFS}}{\longleftrightarrow} W_N^{-km}\tilde{X}(k) \qquad (5.2.9)$$

证明：

$$\text{DFS}[\tilde{x}(n+m)] = \sum_{n=0}^{N-1}\tilde{x}(n+m)W_N^{kn}$$

令

$$n+m=r$$

则

$$\text{DFS}[\tilde{x}(n+m)] = \sum_{r=m}^{N-1+m}\tilde{x}(r)W_N^{k(r-m)}$$

但

$$\sum_{r=m}^{N-1+m}\tilde{x}(r)W_N^{kr} = \sum_{r=m}^{N-1}\tilde{x}(r)W_N^{kr} + \sum_{r=N}^{N+m-1}\tilde{x}(r)W_N^{kr}$$

$$= \sum_{r=m}^{N-1}\tilde{x}(r)W_N^{kr} + \sum_{r=0}^{m-1}\tilde{x}(r)W_N^{kr} = \tilde{X}(k)$$

所以

$$\text{DFS}[\tilde{x}(n+m)] = W_N^{-km}\tilde{X}(k)$$

如果移位点数 $|m| > N$，则由于 $\tilde{x}(n)$ 为周期序列，其离散傅里叶级数系数与 $\tilde{x}(n)$ 移位点数为 $(m-PN)$ 时相同，这里 P 为正或负的整数。

如果整个序列左(或右)移 l 个整周期，即 $m=lN$，则整个序列与没有移位相同，即

$$\text{DFS}[\tilde{x}(n+lN)] = \tilde{X}(k)$$

2) 频域序列的移位

若

$$\tilde{x}(n) \overset{\text{DFS}}{\longleftrightarrow} \tilde{X}(k)$$

则

$$W_N^{qn}\tilde{x}(n) \overset{\text{DFS}}{\longleftrightarrow} \tilde{X}(k+q) \qquad (5.2.10)$$

证明：

$$\text{IDFS}[\tilde{X}(k+q)] = \frac{1}{N}\sum_{k=0}^{N-1}\tilde{X}(k+q)W_N^{-kn}$$

令

$$k+q=r$$

则

$$\text{IDFS}[\tilde{X}(k+q)] = \frac{1}{N}\sum_{r=q}^{N-1+q}\tilde{X}(r)W_N^{-(r-q)n}$$

$$= W_N^{qn}\tilde{x}(n)$$

3. 离散傅里叶级数的对称性质

当已知 $\tilde{x}(n)$ 和 $\tilde{X}(k)$ 是一个傅里叶级数变换对时，可以利用离散傅里叶级数变换对的一些性质，不必再进行计算就能直接写出某些其他的离散傅里叶级数变换对。例如 $\tilde{x}^*(n)$ 与 $\tilde{X}^*(-k)$ 是一个离散傅里叶级数变换对，可以直接写出 $\tilde{x}^*(-n)$ 与 $\tilde{X}^*(k)$ 也

是一个变换对等。这些性质称为离散傅里叶级数的对称性质。

(1) 若
$$\tilde{x}(n) \overset{\text{DFS}}{\longleftrightarrow} \tilde{X}(k)$$

则
$$\tilde{x}^*(n) \overset{\text{DFS}}{\longleftrightarrow} \tilde{X}^*(-k) \tag{5.2.11}$$

证明：
$$\text{DFS}[\tilde{x}^*(n)] = \sum_{n=0}^{N-1} \tilde{x}^*(n) W_N^{kn}$$
$$= \Big[\sum_{n=0}^{N-1} \tilde{x}(n) W_N^{-kn}\Big]^*$$
$$= \tilde{X}^*(-k)$$

(2) 用相同的方法可以证明：
$$\tilde{x}^*(-n) \overset{\text{DFS}}{\longleftrightarrow} \tilde{X}^*(k) \tag{5.2.12}$$

(3) 在 $\tilde{x}(n)$ 为实序列的情况下，还可以证明下列的对称性质：
$$\tilde{X}(-k) \overset{N}{\longleftrightarrow} \tilde{X}^*(k) \tag{5.2.13a}$$
$$\text{Re}[\tilde{X}(k)] = \text{Re}[\tilde{X}(-k)] \tag{5.2.13b}$$
$$\text{Im}[\tilde{X}(k)] = -\text{Im}[\tilde{X}(-k)] \tag{5.2.13c}$$
$$|\tilde{X}(k)| = |\tilde{X}(-k)| \tag{5.2.13d}$$
$$\angle \tilde{X}(k) = -\angle \tilde{X}(-k) \tag{5.2.13e}$$

式(5.2.13a)说明当 $\tilde{x}(n)$ 是实序列时，其离散傅里叶级数系数的共轭等于 $\tilde{X}(-k)$。式(5.2.13b)和式(5.2.13c)说明当 $\tilde{x}(n)$ 是实序列时，其离散傅里叶级数系数的实部是偶函数，虚部是奇函数。式(5.2.13d)和式(5.2.13e)说明其离散傅里叶级数系数的模为偶函数，相角为奇函数。

4. 周期卷积

设 $\tilde{x}_1(n)$ 和 $\tilde{x}_2(n)$ 是周期为 N 的两个周期序列，它们的离散傅里叶级数系数分别为 $\tilde{X}_1(k)$ 和 $\tilde{X}_2(k)$，周期长度亦为 N。令
$$\tilde{x}_3(n) = \sum_{m=0}^{N-1} \tilde{x}_1(m) \tilde{x}_2(n-m) \tag{5.2.14}$$

式(5.2.14)中的序列 $\tilde{x}_1(m)$ 和 $\tilde{x}_2(n-m)$ 都是变量 m 的周期函数，周期为 N，因而乘积也是周期为 N 函数。另外，求和也只在一个周期上进行。这类卷积通常称为周期卷积。图 5.2.3 举例说明了对应式(5.2.14)的两个周期序列的周期卷积的形成过程。在作这种卷积过程中，当一个周期移出计算区间时，下一周期就移入计算区间。

1) 时域周期卷积定理

令 $\tilde{x}_3(n) = \sum\limits_{m=0}^{N-1} \tilde{x}_1(m) \tilde{x}_2(n-m)$，$\tilde{x}_3(n)$ 的离散傅里叶级数系数为
$$\tilde{X}_3(k) = \sum_{n=0}^{N-1} \tilde{x}_3(n) W_N^{kn}$$

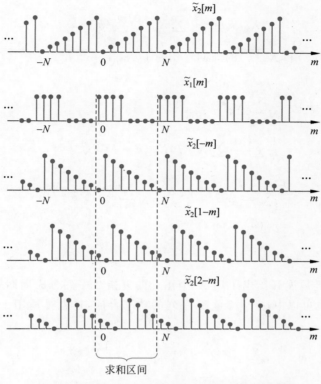

图 5.2.3　形成两个周期序列之周期卷积的步骤

则

$$\widetilde{X}_3(k) = \widetilde{X}_1(k)\widetilde{X}_2(k)$$

(5.2.15)

证明：

$$\widetilde{X}_3(k) = \sum_{n=0}^{N-1} \widetilde{x}_3(n) W_N^{kn}$$

$$= \sum_{n=0}^{N-1} \sum_{m=0}^{N-1} \widetilde{x}_1(m) \widetilde{x}_2(n-m) W_N^{kn}$$

$$= \sum_{m=0}^{N-1} \widetilde{x}_1(m) \sum_{n=0}^{N-1} \widetilde{x}_2(n-m) W_N^{k(n-m)} W_N^{km}$$

$$= \widetilde{X}_1(k)\widetilde{X}_2(k)$$

上述推导中，$\sum\limits_{n=0}^{N-1} \widetilde{x}_2(n-m) W_N^{k(n-m)}$ 是从 $\widetilde{x}_2(-m)$ 到 $\widetilde{x}_2(N-1-m)$ 的 N 个点分别乘

以 $W_N^{k(-m)} \cdots W_N^{k(N-1-m)}$ 求和，由于 $\widetilde{x}_2(n)$ 是周期的，所以求和的结果与 $\sum\limits_{n=0}^{N-1} \widetilde{x}_2(n) W_N^{kn}$ 是

相同的。

2）频域周期卷积定理

令 $\widetilde{x}_3(n) = \widetilde{x}_1(n)\widetilde{x}_2(n)$，$\widetilde{x}_3(n)$ 的离散傅里叶级数系数为 $\widetilde{X}_3(k) = \sum\limits_{n=0}^{N-1} \widetilde{x}_3(n) W_N^{kn}$，则

$$\tilde{X}_3(k) = \frac{1}{N} \sum_{l=0}^{N-1} \tilde{X}_1(l) \tilde{X}_2(k-l) \tag{5.2.16}$$

即 $\tilde{X}_3(k)$ 等于 $\tilde{X}_1(k)$ 和 $\tilde{X}_2(k)$ 的周期卷积的 $1/N$ 倍。

证明：

$$\tilde{x}_3(n) = \frac{1}{N} \sum_{n=0}^{N-1} \tilde{X}_3(k) W_N^{-kn}$$

$$= \frac{1}{N} \sum_{n=0}^{N-1} \frac{1}{N} \sum_{l=0}^{N-1} \tilde{X}_1(l) \tilde{X}_2(k-l) W_N^{-kn}$$

$$= \left[\frac{1}{N} \sum_{l=0}^{N-1} \tilde{X}_1(l) W_N^{-ln} \right] \left[\frac{1}{N} \sum_{k=0}^{N-1} \tilde{X}_2(k-l) W_N^{-(k-l)n} \right]$$

$$= \tilde{x}_1(n) \tilde{x}_2(n)$$

5. 帕塞瓦尔定理

由于傅里叶级数展开给出了用 N 个正交的复指数序列合成周期序列的方法，因此周期序列的功率也可以由这 N 个正交序列的功率合成，这就是适用于周期序列的帕塞瓦尔定理：

$$\sum_{n=\langle N \rangle} |\tilde{x}(n)|^2 = \frac{1}{N} \sum_{k=\langle N \rangle} |\tilde{X}(k)|^2 \tag{5.2.17}$$

5.3 几种傅里叶变换的关系

所谓傅里叶变换，就是在以时间为自变量的"信号"与以频率为自变量的"频谱"函数之间的某种变换关系。从前面的分析已经看到，傅里叶变换的离散性和周期性在时域与频域中表现出巧妙的对称关系，即当自变量"时间"或"频率"取连续形式和离散形式的不同组合，就可以形成各种不同的傅里叶变换对。具体来说，呈周期性的连续时间函数，其傅里叶变换为离散的非周期频率函数（傅里叶级数，离散频谱）；而非周期性的离散时间函数，其傅里叶变换为连续的周期性函数（抽样信号的频谱呈周期性）。本节对可能出现四种类型的时域和频域组合进行讨论，给出示意图形，着重说明各种组合的不同特点。

5.3.1 连续时间傅里叶变换

连续时间函数 $x(t)$ 的傅里叶变换 $X(\mathrm{j}\omega)$ 可以表示为

$$X(\mathrm{j}\omega) = \int_{-\infty}^{\infty} x(t) \mathrm{e}^{-\mathrm{j}\omega t} \, \mathrm{d}t \tag{5.3.1}$$

反变换可表示为

$$x(t) = \frac{1}{2\pi} \int_{-\infty}^{\infty} X(\mathrm{j}\omega) \mathrm{e}^{\mathrm{j}\omega t} \, \mathrm{d}\omega \tag{5.3.2}$$

这种时间函数及其频谱函数的形式如图 5.3.1(a) 所示。这里的 $x(t)$ 和 $X(\mathrm{j}\omega)$ 都是连续的,也都是非周期的。

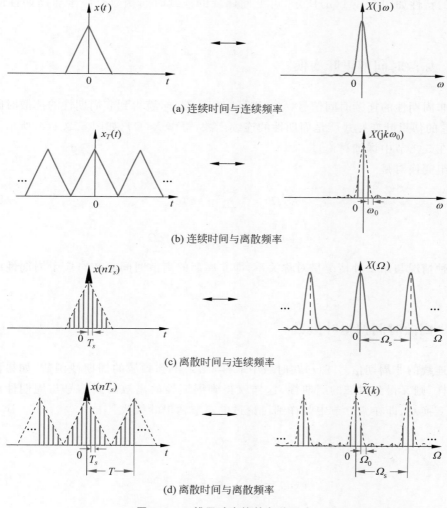

(a) 连续时间与连续频率

(b) 连续时间与离散频率

(c) 离散时间与连续频率

(d) 离散时间与离散频率

图 5.3.1 傅里叶变换的各种形式

5.3.2 连续时间傅里叶级数

当连续时间信号为周期函数时,其傅里叶变换具有离散特性,呈冲激序列。在这种情况下,表示信号频谱的另一种方法是写作傅里叶级数的形式。令 $x(t)$ 代表一周期为 $T=2\pi/\omega_0$ 的周期性连续时间函数,傅里叶级数的系数写作 X_k ,这组变换对是

$$X_k = \frac{1}{T}X(\mathrm{j}k\omega_0) = \frac{1}{T}\int_{-\frac{T}{2}}^{\frac{T}{2}} x(t)\mathrm{e}^{-\mathrm{j}k\omega_0 t}\,\mathrm{d}t \qquad (5.3.3)$$

和

$$x(t) = \sum_{k=-\infty}^{\infty} X_k e^{jk\omega_0 t} \tag{5.3.4}$$

两函数的特性如图 5.3.1(b)所示,可见周期性的连续时间函数对应于非周期性的离散频谱。

5.3.3　离散时间傅里叶变换

将非周期性的连续时间信号 $x(t)$ 进行等间隔取样,就得到非周期性的离散时间函数 $x(n)$,它的傅里叶变换式就是周期性的连续函数,写作 $X(\Omega)$,如图 5.3.1(c)所示。这种情况曾在 5.1 节中详细讨论过。

这组变换对是

$$X(\Omega) = \sum_{n=-\infty}^{\infty} x(n) e^{-j\Omega n} \tag{5.3.5}$$

和

$$x(n) = \frac{1}{2\pi} \int_{2\pi} X(\Omega) e^{j\Omega n} d\Omega \tag{5.3.6}$$

此种情况与第二种情况呈对称关系,即非周期的离散时间函数对应于周期性的连续频谱。

5.3.4　离散时间傅里叶级数

对连续的非周期信号 $x(t)$ 在时域中取样,结果得到频域的周期性函数,如果再在频域中取样,则又得到时域的周期性,这样就得到周期性的离散时间信号与周期性离散频率间的变换对,即在 5.2 节中曾详细讨论过的离散傅里叶级数

$$\widetilde{X}(k) = \sum_{n=0}^{N-1} \widetilde{x}(n) e^{-jk(2\pi/N)n} \tag{5.3.7}$$

和

$$\widetilde{x}(n) = \frac{1}{N} \sum_{n=0}^{N-1} \widetilde{X}(k) e^{jk(2\pi/N)n} \tag{5.3.8}$$

它们是图 5.3.1(d)所示函数图形的数学描述。

综上可知,傅里叶变换的四种形式中,只有第四种离散傅里叶级数可以借助计算机从时频对信号进行分析,对于数字信号处理有实用价值;前三种形式中或者信号是时间的连续函数,或者频谱是频率的连续函数,或者信号及频谱二者都是变量的连续函数,因此都不适合用计算机进行计算。要使前三种形式能用计算机进行计算,必须针对每种形式的具体情况,或者在时域与频域上同时取样,或者在时域上取样,或者在频域上取样。信号在时域上取样导致频域的周期函数,而在频域上取样导致时域的周期函数,最后都将使原时间函数和频率函数二者都成为周期离散的函数,即由于取样的结果,前三种形式都能变为第四种形式——离散傅里叶级数形式。即便是离散傅里叶级数,由于其时频都是周期序列,仍不便于计算机计算。但是离散傅里叶级数虽是周期序列,却只有 N 个

独立的复值,只要知道它的一个周期内容,其他内容也就知道了,故时频各取一个周期,建立一种对应关系,这就是离散傅里叶变换(DFT)的思想,有关此部分内容将在相关课程中学习。

5.4　离散时间系统频域分析

5.4.1　系统响应的频域表示

考虑一个离散时间线性时不变系统,其单位样值响应为 $h(n)$,要求系统对输入 $x(n)$ 的零状态响应 $y_{zs}(n)$。有 $y_{zs}(n)=x(n)*h(n)$。令

$$x(n)\leftrightarrow X(\Omega),\quad h(n)\leftrightarrow H(\Omega),\quad y_{zs}(n)\leftrightarrow Y(\Omega)$$

根据离散时间傅里叶变换的卷积性质,有

$$Y(\Omega)=X(\Omega)H(\Omega) \tag{5.4.1}$$

其中,$H(\Omega)$ 称为系统的频率响应,且

$$H(\Omega)=\sum_{n=-\infty}^{\infty}h(n)\mathrm{e}^{-\mathrm{j}\Omega n} \tag{5.4.2}$$

$H(\Omega)$ 一般是复数,可以用幅度和相位表示为 $H(\Omega)=|H(\Omega)|\mathrm{e}^{\mathrm{j}\angle H(\Omega)}$,其中 $|H(\Omega)|$ 称为系统的"幅频特性",$\angle H(\Omega)$ 称为系统的"相频特性"。与连续时间系统频率响应的地位与作用相类似,它表示输出序列频谱的幅度和相位相对于输入序列的变化,即输出幅度谱是输入幅度谱和系统幅频特性的乘积,而输出相位谱是输入相位谱和系统相频特性的和。离散时间系统的幅频特性也是频率的偶函数,相频特性也是频率的奇函数。但与连续时间系统频率响应 $H(\mathrm{j}\omega)$ 显著不同的是,$H(\Omega)$ 是 Ω 的周期函数,且周期为 2π。

5.4.2　系统的频率响应和单位样值响应的计算

对于一个线性时不变系统,其输出 $y(n)$ 和输入 $x(n)$ 之间满足如下形式的线性常系数差分方程:

$$\sum_{i=0}^{k}a_iy(n-i)=\sum_{r=0}^{m}b_rx(n-r)$$

两边进行傅里叶变换,并应用傅里叶变换的线性和时移性质,就可得到如下表示式:

$$\sum_{i=0}^{k}a_i\mathrm{e}^{-\mathrm{j}i\Omega}Y(\Omega)=\sum_{r=0}^{m}b_r\mathrm{e}^{-\mathrm{j}r\Omega}X(\Omega) \tag{5.4.3}$$

或者,等效为

$$H(\Omega)=\frac{Y(\Omega)}{X(\Omega)}=\frac{\displaystyle\sum_{r=0}^{m}b_r\mathrm{e}^{-\mathrm{j}r\Omega}}{\displaystyle\sum_{i=0}^{k}a_i\mathrm{e}^{-\mathrm{j}i\Omega}} \tag{5.4.4}$$

从式(5.4.4)可看到,与连续时间情况一样,$H(\Omega)$是两个多项式之比,但是在此情况下它们是以 $\mathrm{e}^{-\mathrm{j}\Omega}$ 为变量的多项式。同样,分子多项式的系数就是式(5.4.3)右边的系数,而分母多项式的系数就是式(5.4.3)左边的系数。因此,根据式(5.4.3)就可直接确定系统的频率响应。对系统频率响应求傅里叶反变换就得到了系统的单位样值响应 $h(n)$。

仿真求解

例 5.4.1 有一线性时不变系统,初始状态为 0,且由下列差分方程表征:

$$y(n) - \frac{3}{4}y(n-1) + \frac{1}{8}y(n-2) = 2x(n)$$

试求其系统频率响应和单位样值响应。

解：根据式(5.4.4),该系统的频率响应为

$$H(\Omega) = \frac{2}{1 - \dfrac{3}{4}\mathrm{e}^{-\mathrm{j}\Omega} + \dfrac{1}{8}\mathrm{e}^{-2\mathrm{j}\Omega}}$$

为了确定相应的单位样值响应,就需要求 $H(\Omega)$ 的反变换。与连续时间情况一样,有效的方法是利用部分分式展开法,即

$$H(\Omega) = \frac{2}{\left(1 - \dfrac{1}{2}\mathrm{e}^{-\mathrm{j}\Omega}\right)\left(1 - \dfrac{1}{4}\mathrm{e}^{-\mathrm{j}\Omega}\right)} = \frac{4}{1 - \dfrac{1}{2}\mathrm{e}^{-\mathrm{j}\Omega}} - \frac{2}{1 - \dfrac{1}{4}\mathrm{e}^{-\mathrm{j}\Omega}}$$

其中每一项的反变换都能直接求出来,其结果为

$$h(n) = 4\left(\frac{1}{2}\right)^n u(n) - 2\left(\frac{1}{4}\right)^n u(n)$$

例 5.4.1 中采用的求解步骤与连续时间情况在形式上是一样的,尤其是在 $H(\Omega)$ 展开成部分分式以后,其每一项的反变换都能直接写出来。因此,这种方法可用来求取任何一个由常系数差分方程所表征的线性时不变系统的单位样值响应。同样,若已知系统的输入序列的傅里叶变换 $X(\Omega)$ 和系统的单位样值响应 $h(n)$,可以用频域分析法求系统对 $x(n)$ 的零状态响应 $y_{zs}(n)$。

仿真求解

例 5.4.2 已知一离散 LTI 系统的单位样值响应为 $h(n) = (0.5)^n u(n)$,输入信号为 $x(n) = (0.8)^n u(n)$,试求零状态响应 $y_{zs}(n)$。

解：由例 5.1.1 可知

$$x(n) = (0.8)^n u(n) \leftrightarrow X(\Omega) = \frac{1}{1 - 0.8\mathrm{e}^{-\mathrm{j}\Omega}}$$

$$h(n) = (0.5)^n u(n) \leftrightarrow H(\Omega) = \frac{1}{1 - 0.5\mathrm{e}^{-\mathrm{j}\Omega}}$$

又因为

$$y_{zs}(n) = x(n) * h(n)$$

根据时域卷积性质有

$$Y_{zs}(\Omega) = X(\Omega)H(\Omega) = \frac{1}{1 - 0.8\mathrm{e}^{-\mathrm{j}\Omega}} \cdot \frac{1}{1 - 0.5\mathrm{e}^{-\mathrm{j}\Omega}}$$

$$= \frac{8/3}{1 - 0.8\mathrm{e}^{-\mathrm{j}\Omega}} - \frac{5/3}{1 - 0.5\mathrm{e}^{-\mathrm{j}\Omega}}$$

求离散时间傅里叶反变换,有

$$y_{zs}(n) = \left[\frac{8}{3}(0.8)^n - \frac{5}{3}(0.5)^n \right] u(n)$$

例 5.4.3 已知某系统的单位样值响应 $h(n) = \beta^n u(n)$,当输入为 $x(n) = \alpha^n u(n)$ 时,试求其零状态响应 $y_{zs}(n)$。(α、β 为绝对值小于 1 的非零实数。)

解: 由例 5.1.1 可知 $x(n) = \alpha^n u(n) \leftrightarrow X(\Omega) = \dfrac{1}{1 - \alpha e^{-j\Omega}}$

$$h(n) = \beta^n u(n) \leftrightarrow H(\Omega) = \frac{1}{1 - \beta e^{-j\Omega}}$$

由式(5.4.1),有 $Y(\Omega) = X(\Omega)H(\Omega) = \dfrac{1}{1 - \alpha e^{-j\Omega}} \cdot \dfrac{1}{1 - \beta e^{-j\Omega}}$

若 $\alpha \neq \beta$,则

$$Y(\Omega) = \frac{\dfrac{\alpha}{\alpha - \beta}}{(1 - \alpha e^{-j\Omega})} - \frac{\dfrac{\beta}{\alpha - \beta}}{(1 - \beta e^{-j\Omega})} \qquad (5.4.5)$$

因此,$Y(\Omega)$ 的离散时间傅里叶反变换为

$$y(n) = \frac{\alpha}{\alpha - \beta} \alpha^n u(n) - \frac{\beta}{\alpha - \beta} \beta^n u(n)$$

$$= \frac{1}{\alpha - \beta} [\alpha^{n+1} u(n) - \beta^{n+1} u(n)]$$

若 $\alpha = \beta$,式(5.4.5)的部分分式展开就不适用了,在此情况下有

$$Y(\Omega) = \left(\frac{1}{1 - \alpha e^{-j\Omega}} \right)^2$$

该式可写为

$$Y(\Omega) = \frac{j}{\alpha} e^{j\Omega} \frac{d}{d\Omega} \left(\frac{1}{1 - \alpha e^{-j\Omega}} \right)$$

根据频域微分性质,以及如下的傅里叶变换对

$$\alpha^n u(n) \leftrightarrow \frac{1}{1 - \alpha e^{-j\Omega}}$$

可以得到

$$n\alpha^n u(n) \leftrightarrow j \frac{d}{d\Omega} \left(\frac{1}{1 - \alpha e^{-j\Omega}} \right)$$

再利用时移性质得

$$(n+1)\alpha^{n+1} u(n+1) \leftrightarrow j e^{j\Omega} \frac{d}{d\Omega} \left(\frac{1}{1 - \alpha e^{-j\Omega}} \right)$$

再除以 α,可得到

$$y(n) = (n+1)\alpha^{n+1} u(n+1) \leftrightarrow \frac{j}{\alpha} e^{j\Omega} \frac{d}{d\Omega} \left(\frac{1}{1 - \alpha e^{-j\Omega}} \right) = \left(\frac{1}{1 - \alpha e^{-j\Omega}} \right)^2$$

上式中的 $u(n+1)$ 开始于 $n = -1$,但由于 $(n+1)$ 在 $n = -1$ 时为 0,所以 $y(n)$ 在 $n < 0$ 时

仿真求解

仍为 0，可写成

$$y(n) = (n+1)\alpha^{n+1}u(n)$$

在离散时间线性时不变系统中，频率响应 $H(\Omega)$ 所起的作用与连续时间线性时不变系统中的 $H(j\omega)$ 是一样的。同样，两个系统级联后的频率响应就是两者频率响应的乘积。也如同连续时间系统一样，不是每一个离散时间线性时不变系统都有一个频率响应特性，例如单位样值响应 $h(n) = 2^n u(n)$ 的线性时不变系统对正弦输入就没有一个有限的响应，这是因为 $h(n)$ 的傅里叶变换不收敛，即不满足绝对可和的条件。

如果一个线性时不变系统是稳定的，那么它的单位样值响应就是绝对可和的，即

$$\sum_{n=-\infty}^{\infty} |h(n)| < \infty \tag{5.4.6}$$

也就保证了 $h(n)$ 的傅里叶变换的收敛。因此一个稳定的线性时不变系统就一定存在系统频率响应。

5.4.3　滤波特性

与连续系统的滤波特性一样，离散系统的滤波特性也有低通、带通、高通、带阻、全通之分，由于频响特性 $H(\Omega)$ 的周期性，这些特性只能限于在 $-\pi \leqslant \Omega \leqslant \pi$ 范围内来区分，图 5.4.1 给出了理想时域离散低通、带通、高通、带阻、全通滤波器的频率响应的幅频特性。

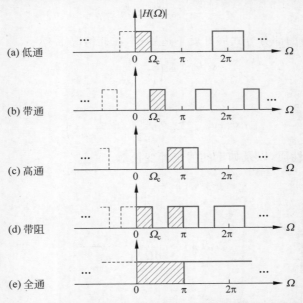

图 5.4.1　理想低通、带通、高通、带阻、全通数字滤波器的幅频特性

图 5.4.1(a)给出了理想时域离散低通滤波器的幅频特性。对于 $-\pi \leqslant \Omega \leqslant \pi$，有

$$|H(\Omega)| = \begin{cases} 1, & |\Omega| \leqslant \Omega_c \\ 0, & \Omega_c < |\Omega| \leqslant \pi \end{cases} \tag{5.4.7}$$

因为 $H(\Omega)$ 是周期性的，所以式(5.4.7)规定了对于所有 Ω 的频率响应。这个系统把输

入信号频率在 $\Omega_c < |\Omega| \leqslant \pi$ 范围内的所有分量全部滤掉。显然,理想低通滤波器不是因果性的,但是它在概念上极其重要。同样,可以用可实现的系统来逼近理想滤波器特性。

5.5　案例：DTFT 在多天线通信系统和阵列雷达系统中的应用

动画

多天线通信系统和阵列雷达系统都具有规则排列的多个天线单元。通过对多天线通信系统各个发射天线单元发射的信号进行控制,可以实现对波束特定指向;而对阵列雷达各接收天线单元收到的信号进行处理,可以进行目标角度测量。空间位置不同的各个天线对电磁波进行了空间采样,可以用离散信号来描述。本节将采用离散时间信号与系统的理论与方法,对多天线通信系统的波束形成和阵列雷达的目标波达方向估计等内容进行说明。从这些案例中可以看到,运用本章所学的基本原理,就可以理解多天线通信系统和阵列雷达系统中的很多关键技术,这也再次体现了信号与系统这门课程的基础性作用。

5.5.1　多天线通信系统的波束形成

通信信号在空间传播过程中会出现衰减,特别是对于毫米波波段的 5G 通信系统,高达几十 dB 的信号衰减可能会导致系统无法正常工作。为了满足未来海量的无线通信业务的需求,大规模阵列技术成为 5G 的核心技术之一。5G 基站可以通过调节各天线的相位使信号进行有效叠加,提高天线增益来保证无线信号传输质量。这种通过调节各发射天线的相位使信号在某个方向进行有效叠加的技术称为波束形成技术。图 5.5.1 给出了一个通信系统发射天线阵的示意图,它是一个均匀线阵,每个阵元可以发射频率相同的余弦波信号。由于每个阵元都连接了一个移相器,各个阵元发射的信号的初始相位可以改变,我们将看到,通过调整初始相位,可以控制阵列合成波束指向用户。

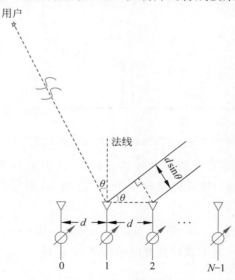

图 5.5.1　发射均匀线阵示意图

首先假设基站各个阵元发射的都是初始相位相同的余弦信号，频率为 f_0，波长为 λ。由于用户不一定位于阵面的法线方向，各个阵元的信号到达目标存在时间延迟，从而造成相位差异。对于方位角为 θ 的目标，相邻阵元与用户的距离差为 $d\sin\theta$，因此用户接收到相邻阵元的信号的相位差同为

$$\phi = 2\pi\frac{d\sin\theta}{\lambda} \tag{5.5.1}$$

从而用户收到的第 n 个阵元的信号可以建模为

$$x(n) = e^{-j\phi n}, \quad n = 0,1,\cdots,N-1 \tag{5.5.2}$$

此时用户收到的总的信号是各个阵元的信号的叠加，即

$$A(\theta) = \sum_{n=0}^{N-1} x(n) = \sum_{n=0}^{N-1} e^{-j\phi n} = e^{-j\frac{(N-1)\phi}{2}}\frac{\sin\frac{N\phi}{2}}{\sin\frac{\phi}{2}} \tag{5.5.3}$$

由于各个阵元发射的是同频率的余弦信号，用户收到的也是同频率的余弦信号（忽略用户运动引起的多普勒频谱），式(5.5.3)给出的是这个信号的复幅度，它同时描述了该信号的强度和初始相位。式(5.5.3)是 θ 的函数，因此不同方向的用户接收到的通信信号功率不同，$|A(\theta)|^2$ 描述了通信系统发射功率在空间的分配情况，也称为通信系统的天线阵列方向图。

实际上，式(5.5.3)可以看作一个离散时间信号的傅里叶变换，这个离散时间信号反映的是阵列的几何构型。例如含有 N 个阵元的均匀线阵，可以用 N 点的门函数表示，而式(5.5.3)恰恰是离散时间门函数的傅里叶变换。

图 5.5.2 给出了 $d = 0.5\lambda$，$N = 20$ 的情况下，同相发射的均匀线阵的方向图。从图中可以看到，由于同相发射，通信系统合成波束指向阵面的法线方向。根据门函数傅里叶变换的性质可知，阵列越长，合成的波束宽度将会越窄。

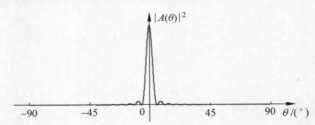

图 5.5.2　同相发射的均匀线阵的方向图

那么，怎样才能使波束指向法线以外的方向呢，可以通过改变各个阵元发射信号的初始相位实现。如果在相邻阵元间增加一个 ϕ_0 的相移，则用户接收到的各个阵元的信号为

$$x(n) = e^{j\phi_0 n}e^{-j\phi n}, \quad n = 0,1,\cdots,N-1$$

根据傅里叶变换的性质不难得到此时的阵列方向图：

$$A(\theta) = \sum_{n=0}^{N-1} x(n) = \sum_{n=0}^{N-1} e^{-j(\phi-\phi_0)n} = e^{-j\frac{(N-1)(\phi-\phi_0)}{2}} \frac{\sin\dfrac{N(\phi-\phi_0)}{2}}{\sin\dfrac{\phi-\phi_0}{2}}$$

此时使 $|A(\theta)|^2$ 取最大值的目标方向为

$$\theta_0 = \arcsin\left(\frac{\phi_0\lambda}{2\pi d}\right)$$

这就是移相以后均匀线阵的波束指向。通过改变各个发射阵元发射信号的相位,可以控制阵列的合成波束指向特定的方向。

图 5.5.3 给出了移相值为 0.7π 时的方向图,阵列参数与图 5.5.2 相同。对比图 5.5.2 可以发现,除了波束中心指向发生了偏转,波束宽度也有所展宽。波束展宽是由于在用户方向的等效阵列长度缩短了。

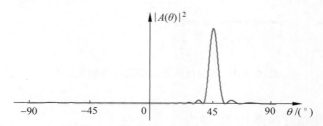

图 5.5.3　相邻阵元移相 0.7π 的均匀线阵的方向图

5.5.2　阵列雷达系统的目标波达方向估计

图 5.5.4 给出了一个均匀线阵的天线布置,天线之间的间距为 d。对距离雷达很远的目标,它辐射或散射的电磁波信号到达雷达阵列时可以认为是平面波,波前平面的垂线指向目标。由于波前平面与阵列有一定的夹角,因此相邻天线接收到的电磁波存在相位延迟。假设目标辐射或散射的是单频连续波,频率为 f_0,波长为 λ,根据图 5.5.4 的几何关系可知,相邻天线的信号的相位差也可以表示为式(5.5.1)。以第一个天线(序号为 0)的回波相位为基准,则第 n 个天线(序号为 $n-1$)相对于第一个天线的回波相位为 $(n-1)\phi$,因此可以将 n 个天线的信号记为

$$x(n) = e^{j\phi n}, \quad n = 0, \cdots, N-1 \tag{5.5.4}$$

需要说明的是,由于目标辐射或散射的信号是单频连续波,因此各个天线的回波都是同频率的余弦信号,它们之间仅有初始相位不同,因此我们可以仅采用一个复数而不是一个时间信号描述同一时刻每个天线的接收信号。

从表达式看,式(5.5.4)是一个典型的离散时间复正弦信号,但此时序号 n 不代表时间,而代表空间位置。通过对这个信号进行频谱分析,可以估计它的频率 ϕ,从而估计目标的方向角 θ,这是阵列雷达的一个重要应用:估计波达方向(Direction of Arrival,DOA)。下面将对式(5.5.4)进行离散时间傅里叶变换,说明估计 DOA 的基本原理和主

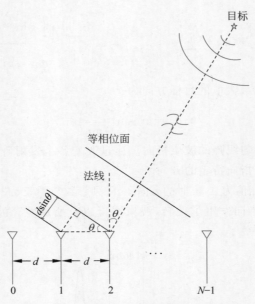

图 5.5.4 均匀线阵及目标回波的相位延迟

要的性能参数。

式(5.5.4)的离散时间傅里叶变换为

$$X(\Omega) = e^{-j\frac{(N-1)(\Omega-\phi)}{2}} \frac{\sin\frac{N(\Omega-\phi)}{2}}{\sin\frac{(\Omega-\phi)}{2}} \tag{5.5.5}$$

$|X(\Omega)|$ 在 $\Omega = \phi + 2k\pi, k = \cdots, -1, 0, 1, \cdots$ 时取到最大值。但是由于离散时间信号的频谱具有周期性，最大值的位置不唯一。为了避免测角结果模糊，通常要求：

$$d \leqslant \frac{\lambda}{2} \tag{5.5.6}$$

此时根据式(5.5.1)，有

$$-\pi < \phi < \pi$$

其中排除了 $\theta = \pm\frac{\pi}{2}$ 的极端情况。

当阵列间距满足式(5.5.6)时，根据幅度谱峰值的位置 $\Omega_{\max}$，可以解算信号源的波达方向：

$$\theta = \arcsin\left(\frac{\Omega_{\max}}{2\pi} \cdot \frac{\lambda}{d}\right) \tag{5.5.7}$$

式(5.5.5)的主瓣宽度约为

$$\Delta\Omega = \frac{2\pi}{N}$$

主瓣宽度决定了谱峰的定位精度和对邻近谱峰的分辨能力。将它代入式(5.5.7)，

可以得到以 θ 为自变量的主瓣宽度：

$$\Delta\theta = \frac{\lambda}{Nd} \cdot \frac{1}{|\cos\theta|} \tag{5.5.8}$$

式(5.5.8)说明，阵列长度越长，测向精度和分辨能力越高；目标偏离阵列法线方向越远，测向精度和分辨能力越低。实际上，$Nd\cos\theta$ 可以视为阵列在波前平面上的投影长度，也是对该方向的目标测向的有效阵列长度，因此 式(5.5.8)说明测向性能与有效阵列长度成反比。

图 5.5.5 给出了空间中有两个信号源时，均匀线阵接收信号的幅度谱。两个信源的波达方向分别为 $\theta = 10°$ 和 $\theta = 60°$，仿真参数取 $\lambda = 3\text{cm}$，$d = 1.5\text{cm}$，阵元数目分别为 $N = 20$ 和 $N = 50$。图 5.5.5(a)和(b)的横坐标为数字频率，图 5.5.5(c)和(d)是根据数字频域与波达方向的关系将横坐标转换为波达方向。对比图 5.5.5 的左右子图可以看到阵列长度对测向性能的影响，对比图 5.5.5(c)、(d)子图中的两个峰值可以看到不同方向信源的测向性能差异。

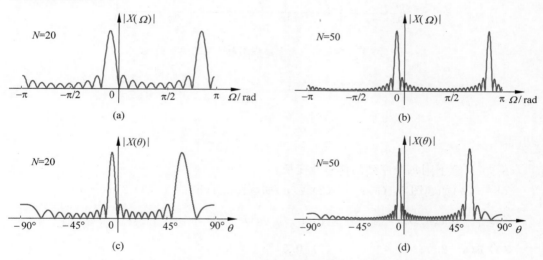

图 5.5.5　均匀阵列接收信号的幅度谱

式(5.5.6)可以保证对阵列雷达整个上半平面的信源无模糊测向。但在实际应用中，关注的信源方向不一定在整个 $-\frac{\pi}{2} < \theta < \frac{\pi}{2}$ 区间内，这时可以把每个天线的波束都对准关注的区间，从而使得关注区间之外的信号不被阵列接收到。由于目标区间收缩，阵元间距 d 可以扩大，这有利于在阵元数目不变的情况下增加阵列长度，提高测向精度和分辨力，同时有利于在实现时降低阵元间的互耦，提高测向性能。

当阵元间距 $d > \frac{\lambda}{2}$ 时，如果仍取 $-\pi < \phi < \pi$ 作为解的主值区间，则根据式(5.5.7)，此时能无模糊测向的角度区间为

$$-\theta_{\max} < \theta < \theta_{\max}, \quad \theta_{\max} = \arcsin\left(\frac{\lambda}{2d}\right) \tag{5.5.9}$$

图 5.5.6 给出了不同的 d/λ 数值下对应的 $\theta_{\max}$ 取值，可以看到从 $d = 0.5\lambda$ 开始，无模糊测角范围随阵列间距的增大迅速降低，当 $d = \lambda$ 时，无模糊测向范围已经缩小到 $\pm 30°$。

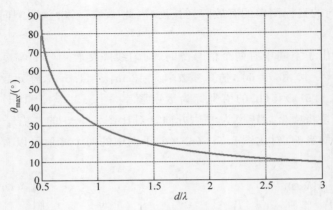

图 5.5.6 阵元间距与无模糊测角范围的关系曲线

习　　题

基础题

5-1 计算下列每个序列的傅里叶变换：

(1) $x(n)$ 如题图 5-1(a)；　　(2) $x(n)$ 如题图 5-1(b)；　　(3) $2^n u(-n)$；

(4) $\left(\dfrac{1}{4}\right)^n u(n+2)$；　　(5) $\left(\dfrac{1}{2}\right)^n [u(n+3) - u(n-2)]$；

(6) $\delta(4-2n)$；　　(7) $0.5^{|n|}$。

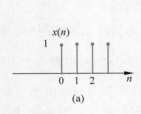
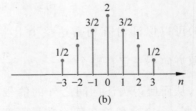

题图 5-1

5-2 计算下列频谱的傅里叶反变换。

(1) $X(\Omega) = 1 - 2e^{-j3\Omega} + 4e^{j2\Omega} + 3e^{-j6\Omega}$；

(2) $X(\Omega) = \cos^2\Omega$；

(3) $X(\Omega) = \cos(\Omega/2) + j\sin\Omega$。

5-3 设 $X(\Omega)$ 是 $x(n)$ 的傅里叶变换。将下列信号的傅里叶变换表示成 $X(\Omega)$ 的形式(不限制 $x(n)$ 一定为实信号):

(1) $\mathrm{Re}[x(n)]$;　　　　　　　　(2) $x^{*}(-n)$。

5-4 推导离散时间傅里叶变换的卷积性质 $x(n) * h(n) \leftrightarrow X(\Omega)H(\Omega)$。

5-5 下列 9 个离散时间信号:

(a) $x(n)$ 如题图 5-2(a)所示;　　　　(b) $x(n)$ 如题图 5-2(b)所示;

(c) $x(n) = \left(\dfrac{1}{2}\right)^{n} u(n)$;　　　　　(d) $x(n) = \left(\dfrac{1}{2}\right)^{|n|}$;

(e) $x(n) = \delta(n-1) + \delta(n+2)$;　　(f) $x(n) = \delta(n-1) + \delta(n+3)$;

(g) $x(n)$ 如题图 5-2(c)所示;　　　　(h) $x(n)$ 如题图 5-2(d)所示;

(i) $x(n) = \delta(n-1) - \delta(n+1)$。

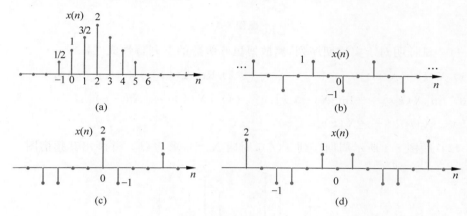

题图 5-2

如果存在傅里叶变换,确定其中哪些信号的傅里叶变换满足下列条件之一:

(1) $\mathrm{Re}[X(\Omega)] = 0$;　　　　(2) $\mathrm{Im}[X(\Omega)] = 0$;

(3) 对于某个整数 k,满足 $\mathrm{Im}\left[e^{jk\Omega}X(\Omega)\right] = 0$;

(4) $\displaystyle\int_{-\pi}^{\pi} X(\Omega)\mathrm{d}\Omega = 0$;　　(5) $X(\Omega)$ 是周期性的;　　　(6) $X(0) = 0$。

5-6 设信号 $x_1(n) = \cos\left(\dfrac{\pi n}{3}\right) + \sin\left(\dfrac{\pi n}{2}\right)$,$X_1(\Omega)$ 表示其傅里叶变换。计算下列频谱的傅里叶反变换:

(1) $X_2(\Omega) = X_1(\Omega)e^{j\Omega}$,$|\Omega| < \pi$;　　　(2) $X_3(\Omega) = X_1(\Omega)e^{-j3\Omega/2}$,$|\Omega| < \pi$。

5-7 判断下列序列是否具有周期性。如果具有周期性,确定其周期:

(1) $x(n) = A\cos\left(\dfrac{3\pi}{7}n - \dfrac{\pi}{8}\right)$;　　　　(2) $x(n) = e^{j\left(\frac{n}{8} - \pi\right)}$。

5-8 试求 $\tilde{x}(n) = 4\cos 2.4\pi n + 2\sin 3.2\pi n$ 的离散傅里叶级数,并对 $0 \leqslant k \leqslant N-1$ 画出它的频谱图。

5-9 $\tilde{x}(n) = 2\cos 3.2\pi(n-3)$ 的幅度谱在哪些角频率有非零值?

5-10　某离散时间周期信号 $\tilde{x}(n)$ 的频谱图如题图 5-3 所示，写出 $\tilde{x}(n)$ 的解析表达式。

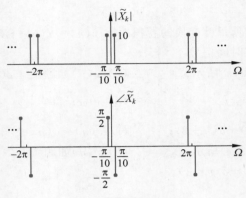

题图 5-3

5-11　试证明对于实周期序列，离散傅里叶级数的下列特性成立：

(1) $\tilde{X}(k)=\tilde{X}^*(-k)$；　　　　　　(2) $\mathrm{Re}[\tilde{X}(k)]=\mathrm{Re}[\tilde{X}(-k)]$；

(3) $\mathrm{Im}[\tilde{X}(k)]=-\mathrm{Im}[\tilde{X}(-k)]$；　　(4) $|\tilde{X}(k)|=|\tilde{X}(-k)|$；

(5) $\angle\tilde{X}(k)=-\angle\tilde{X}(k)$。

5-12　题图 5-4 所示周期序列 $\tilde{x}(n)$，周期 $N=4$，求 $\tilde{X}(k)$，并画出其频谱图。

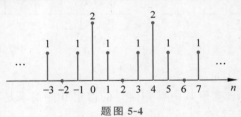

题图 5-4

5-13　若周期序列的周期为 N，那么它也是周期为 $2N$ 的周期序列。令 $\tilde{X}_1(k)$ 表示周期为 N 时的傅里叶系数，$\tilde{X}_2(k)$ 表示周期为 $2N$ 时的傅里叶系数，试以 $\tilde{X}_1(k)$ 表示 $\tilde{X}_2(k)$。

5-14　某离散时间线性时不变系统的单位样值响应 $h(n)=\left(\dfrac{1}{2}\right)^n u(n)$，求该系统对下列输入信号的响应 $y(n)$：

(1) $x(n)=\left(\dfrac{3}{4}\right)^n u(n)$；　(2) $x(n)=(n+1)\left(\dfrac{1}{4}\right)^n u(n)$；　(3) $x(n)=(-1)^n$。

5-15　某离散时间线性时不变系统的单位样值响应 $h(n)=\left[\left(\dfrac{1}{2}\right)^n \cos\left(\dfrac{\pi n}{2}\right)\right]u(n)$，求该系统对下列输入信号的响应 $y(n)$：

(1) $x(n)=\left(\dfrac{1}{2}\right)^n u(n)$；　(2) $x(n)=\cos\left(\dfrac{\pi n}{2}\right)$。

5-16　设 $x(n)$ 和 $h(n)$ 的傅里叶变换分别为 $X(\Omega)=3\mathrm{e}^{\mathrm{j}\Omega}-\mathrm{e}^{-\mathrm{j}\Omega}+2\mathrm{e}^{\mathrm{j}3\Omega}$ 和 $H(\Omega)=$

$-e^{j\Omega}+2e^{j2\Omega}+e^{j4\Omega}$。求 $y(n)=x(n)*h(n)$。

5-17 某离散线性时不变系统,当输入 $x(n)=\left(\dfrac{1}{2}\right)^n u(n)-\dfrac{1}{4}\left(\dfrac{1}{2}\right)^{n-1}u(n-1)$ 时,

输出 $y(n)=\left(\dfrac{1}{3}\right)^n u(n)$。(1)求该系统的频率响应和单位样值响应;(2)写出表征该系统的差分方程。

5-18 用计算机对测量数据 $x(n)$ 进行平均处理,当接收到一个测量数据后,就把这一次输入数据与前三次输入数据进行平均。试求这一运算过程的系统频率响应 $H(\Omega)$。

5-19 描述某线性时不变系统的方程为 $y(n)+\dfrac{1}{2}y(n-1)=x(n)$。

(1)确定该系统的频率响应 $H(\Omega)$;

(2)计算下列输入的响应 $y(n)$:

$\quad$(a) $x(n)=\left(\dfrac{1}{2}\right)^n u(n)$; $\qquad\qquad$ (b) $x(n)=\left(-\dfrac{1}{2}\right)^n u(n)$;

$\quad$(c) $x(n)=\delta(n)+\dfrac{1}{2}\delta(n-1)$; $\qquad$ (d) $x(n)=\delta(n)-\dfrac{1}{2}\delta(n-1)$。

(3)具有下列傅里叶变换的输入,求系统的响应 $y(n)$:

$\quad$(a) $X(\Omega)=\dfrac{1-\dfrac{1}{4}e^{-j\Omega}}{1+\dfrac{1}{2}e^{-j\Omega}}$; $\qquad\qquad$ (b) $X(\Omega)=\dfrac{1+\dfrac{1}{2}e^{-j\Omega}}{1-\dfrac{1}{4}e^{-j\Omega}}$;

$\quad$(c) $X(\Omega)=\dfrac{1}{\left(1-\dfrac{1}{4}e^{-j\Omega}\right)\left(1+\dfrac{1}{2}e^{-j\Omega}\right)}$; $\quad$ (d) $X(\Omega)=1+2e^{-j3\Omega}$。

5-20 某离散系统的幅频特性如题图 5-5 所示,判断该滤波器是何种类型滤波器。

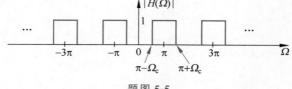

题图 5-5

5-21 (1)若 $x(n)\leftrightarrow X(\Omega)$,证明:$(-1)^n x(n)\leftrightarrow X(\Omega-\pi)$;

(2)若某滤波器的单位样值响应为 $(-1)^n x(n)$,其中 $x(n)$ 的傅里叶变换 $X(\Omega)=G_{2\Omega_c}(\Omega)$,画出该滤波器的频率响应,并判断其属于何种类型的滤波器。

提高/拓展题

T5-1 计算 $2\pi\displaystyle\sum_{k=-\infty}^{\infty}\left[\delta(\Omega-2\pi k)+\delta\left(\Omega-\dfrac{\pi}{4}-2\pi k\right)+\delta\left(\Omega+\dfrac{\pi}{4}-2\pi k\right)\right]$ 的傅里叶反变换。

T5-2 某序列 $x(n)$ 的离散时间傅里叶变换记作 $X(\Omega)$，已知其满足下面 4 个条件，求 $x(n)$。

(1) 当 $n > 0$ 时，$x(n) = 0$；

(2) $x(0) > 0$；

(3) $\operatorname{Im}[X(\Omega)] = \sin\Omega - \sin 3\Omega$；

(4) $\int_{-\pi}^{\pi} |X(\Omega)|^2 d\Omega = 6\pi$。

T5-3 某离散时间信号 $x(n)$ 的频谱如题图 T5-1 所示，试计算 $x(n)$。

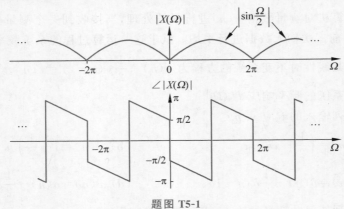

题图 T5-1

T5-4 计算下列周期序列的傅里叶变换：

(1) $\sin\dfrac{n\pi}{4}$；　　(2) $1 + \cos\left(\dfrac{n\pi}{2} + \dfrac{\pi}{4}\right)$。

T5-5 判断题图 T5-2 所示信号的频谱是否具有周期性和离散性，并说明原因。

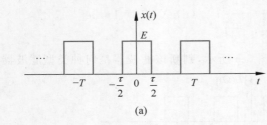

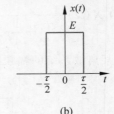

(a)   (b)

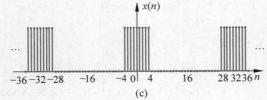

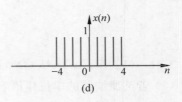

(c)   (d)

题图 T5-2

T5-6 某离散时间理想高通滤波器的频率响应 $H(\Omega) = \begin{cases} 1, & \pi - \Omega_c \leqslant |\Omega| \leqslant \pi \\ 0, & \text{其他} \end{cases}$。

(1) 若 $h(n)$ 是该滤波器的单位样值响应，确定函数 $g(n)$ 使得 $h(n) = \dfrac{\sin\Omega_c n}{n} g(n)$。

(2) 当 Ω_c 增加时，该滤波器的单位样值响应会更加向原点集中吗？

第

6

章

连续时间信号与系统复频域分析

第4章研究了连续时间信号的频域分析法,是以虚指数信号 $e^{j\omega t}$ 为基本信号,将信号 $x(t)$ 分解成具有不同频率的虚指数分量的叠加。这种分析方法在信号系统的分析和处理等领域占有重要地位。不过这种分析方法也有局限性,例如,虽然大多数实际信号都存在傅里叶变换,但也有些重要信号(如指数增长信号)不存在傅里叶变换;另外,傅里叶变换只能分析初始状态为零时系统的响应,即零状态响应。

本章引入复频率 $s = \sigma + j\omega(\sigma, \omega$ 均为实数),以复指数信号 e^{st} 为基本信号,将信号 $x(t)$ 分解成具有不同复频率的复指数分量之叠加。通过拉普拉斯变换,对信号与系统进行分析和处理,这种方法称为复频域分析法。

本章首先介绍拉普拉斯变换及其性质,并介绍用复频域分析法分析、求解微分方程和电系统,讨论系统函数及其系统特性。然后引入连续系统模拟(框图和信号流图)表示,简要介绍连续时间系统的状态变量分析法。最后介绍复频域分析法在通信系统、雷达系统分析中的应用。

6.1 拉普拉斯变换

6.1.1 拉普拉斯变换的定义

从第4章可知,当信号 $x(t)$ 满足绝对可积条件时,可以进行傅里叶变换和反变换:

$$X(j\omega) = \int_{-\infty}^{\infty} x(t)e^{-j\omega t} dt \tag{6.1.1}$$

$$x(t) = \frac{1}{2\pi} \int_{-\infty}^{\infty} X(j\omega)e^{j\omega t} d\omega \tag{6.1.2}$$

但有些信号不满足绝对可积条件,不能用上式进行傅里叶变换。这些信号不满足绝对可积条件的原因是由于衰减太慢或者不衰减,例如,单位阶跃信号 $x(t) = u(t), t \to \infty$, $x(t) = 1$ 不衰减。为了克服以上困难,可用一个收敛因子 $e^{-\sigma t}$ 与 $x(t)$ 相乘,只要 σ 值选择合适,就能保证 $x(t)e^{-\sigma t}$ 满足绝对可积条件,从而可求出 $x(t)e^{-\sigma t}$ 的傅里叶变换,即

$$\mathscr{F}\left[x(t)e^{-\sigma t}\right] = \int_{-\infty}^{\infty} x(t)e^{-\sigma t} \cdot e^{-j\omega t} dt$$

$$= \int_{-\infty}^{\infty} x(t)e^{-(\sigma+j\omega)t} dt \triangleq X(\sigma + j\omega) \tag{6.1.3}$$

将式(6.1.3)与傅里叶变换定义式比较,可写作

$$\mathscr{F}\left[x(t)e^{-\sigma t}\right] = X(\sigma + j\omega)$$

取傅里叶反变换

$$\mathscr{F}^{-1}\left[X(\sigma + j\omega)\right] = x(t)e^{-\sigma t} = \frac{1}{2\pi} \int_{-\infty}^{\infty} X(\sigma + j\omega)e^{j\omega t} d\omega$$

上式两边同除以 $e^{-\sigma t}$,有

$$x(t) = \frac{1}{2\pi} \int_{-\infty}^{\infty} X(\sigma + j\omega)e^{(\sigma+j\omega)t} d\omega \tag{6.1.4}$$

令 $s = \sigma + j\omega$,其中 σ 是常数,则 $d\omega = ds/j$,于是式(6.1.3)、式(6.1.4)可以写为

$$X(s) = \int_{-\infty}^{\infty} x(t)e^{-st} dt \tag{6.1.5}$$

$$x(t) = \frac{1}{2\pi j} \int_{\sigma-j\infty}^{\sigma+j\infty} X(s) e^{st} \, ds \qquad (6.1.6)$$

式(6.1.5)称为 $x(t)$ 的拉普拉斯变换,它是一个含参量 s 的积分,把关于时间 t 为变量的函数变换为以 s 为变量的函数 $X(s)$,称 $X(s)$ 为 $x(t)$ 的象函数。式(6.1.6)称为 $X(s)$ 的拉普拉斯反变换,称 $x(t)$ 为 $X(s)$ 的原函数。以上两式构成一变换对,可简记为

$$X(s) = \mathscr{L}[x(t)]$$
$$x(t) = \mathscr{L}^{-1}[X(s)] \qquad (6.1.7)$$
$$x(t) \leftrightarrow X(s)$$

由此可见,$x(t)$ 的拉普拉斯变换 $X(s)$ 是 $x(t)e^{-\sigma t}$ 的傅里叶变换。

6.1.2 拉普拉斯变换的收敛域

如前所述,选择合适的 σ 值才能使式(6.1.5)的积分收敛,$X(s)$ 才存在。首先看下面几个例子。

例 6.1.1 求信号 $x(t) = e^{at} u(t)$ 的拉普拉斯变换。

解: 由式(6.1.5),有

仿真求解

$$X(s) = \int_{-\infty}^{\infty} x(t) e^{-st} \, dt = \int_{-\infty}^{\infty} e^{at} u(t) e^{-st} \, dt = \int_{0}^{\infty} e^{(a-s)t} \, dt = \frac{1}{\alpha - s} e^{(\alpha-s)t}$$

$$= \frac{1}{s-\alpha} \left[1 - \lim_{t\to\infty} e^{(a-s)t} \right] = \frac{1}{s-\alpha} \left[1 - \lim_{t\to\infty} e^{(a-\sigma)t} \cdot e^{-j\omega t} \right]$$

$$= \begin{cases} \dfrac{1}{s-\alpha}, & \sigma = \mathrm{Re}[s] > \alpha \\ \text{不定}, & \mathrm{Re}[s] = \alpha \\ \text{无界}, & \mathrm{Re}[s] < \alpha \end{cases}$$

可见,只有当 $\mathrm{Re}[s] > \alpha$(也可写成 $\sigma > \alpha$)时,$e^{at} u(t)$ 的拉普拉斯变换才存在。

根据例 6.1.1 分析结果,得到一个常用的拉普拉斯变换对

$$e^{at} u(t) \leftrightarrow \frac{1}{s-\alpha}, \quad \mathrm{Re}[s] > \alpha \qquad (6.1.8)$$

例 6.1.2 求信号 $x(t) = -e^{at} u(-t)$ 的拉普拉斯变换。

解: 由式(6.1.5),有

$$X(s) = \int_{-\infty}^{\infty} x(t) e^{-st} \, dt = \int_{-\infty}^{\infty} -e^{at} u(-t) e^{-st} \, dt$$

$$= \int_{-\infty}^{0} -e^{(a-s)t} \, dt = \frac{1}{s-\alpha} e^{(a-s)t} \Big|_{-\infty}^{0}$$

$$= \frac{1}{s-\alpha} \left[1 - \lim_{t\to-\infty} e^{(a-s)t} \right]$$

$$= \frac{1}{s-\alpha} \left[1 - \lim_{t\to-\infty} e^{(a-\sigma)t} \cdot e^{-j\omega t} \right]$$

$$= \begin{cases} \dfrac{1}{s-\alpha}, & \sigma = \mathrm{Re}[s] < \alpha \\ \text{不定}, & \mathrm{Re}[s] = \alpha \\ \text{无界}, & \mathrm{Re}[s] > \alpha \end{cases}$$

可见,只有当 $\sigma < a$ 时,$-\mathrm{e}^{at}u(-t)$ 的拉普拉斯变换才存在。

根据例 6.1.2 分析结果,得到一个常用的拉普拉斯变换对:

$$-\mathrm{e}^{at}u(-t) \leftrightarrow \frac{1}{s-\alpha}, \quad \mathrm{Re}[s] < \alpha \tag{6.1.9}$$

例 6.1.3 求信号 $x(t) = \mathrm{e}^{at}u(t) + \mathrm{e}^{\beta t}u(-t)$ 的拉普拉斯变换。

解:按照例 6.1.1 和例 6.1.2 类似的分析方法,容易得到

当 $\alpha < \beta$ 时,$X(s) = \dfrac{1}{s-\alpha} - \dfrac{1}{s-\beta}$,$\alpha < \mathrm{Re}[s] < \beta$;

当 $\alpha \geqslant \beta$ 时,$X(s)$ 不存在。

把使 $X(s)$ 存在的 s 的范围(即 s 的实部 σ 的范围,因为 $\mathrm{e}^{-j\omega t}$ 不影响积分的收敛性)称为收敛域(Region of Convergence,ROC)。表示收敛域的一个方便直观的方法是:在 s 平面上把收敛域用阴影线表示出来,如图 6.1.1 所示,收敛域是一个区域,它是由收敛坐标 σ_c 决定的,σ_c 的取值与信号 $x(t)$ 有关。过 σ_c 平行于虚轴的一条直线称为收敛轴或收敛边界。

从以上三例分析可知,对于右边信号,拉普拉斯变换定义式中的积分上限为 ∞,所以,若对于某个 σ_1 该积分收敛,那么对于所有的 $\sigma > \sigma_1$,该积分一定也收敛,所以,右边信号的收敛域为右边收敛。同样,左边信号的收敛域为左边收敛,双边信号的收敛域为带状收敛。上面三个例子中拉普拉斯变换的收敛域如图 6.1.1 所示,其中虚线称为收敛轴。

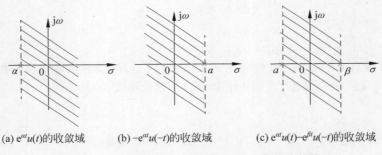

(a) $\mathrm{e}^{at}u(t)$ 的收敛域 (b) $-\mathrm{e}^{at}u(-t)$ 的收敛域 (c) $\mathrm{e}^{at}u(t) - \mathrm{e}^{\beta t}u(-t)$ 的收敛域

图 6.1.1 右边信号、左边信号、双边信号的收敛域

6.1.3 单边拉普拉斯变换

由例 6.1.1 和例 6.1.2 的求解可以看出一个问题:一个象函数,一定要考虑收敛域,其时域与复频域的对应才是唯一的。这个约束较为苛刻,这也限制了它的应用。

所幸的是,实际遇到的信号都有初始时刻,不妨设其初始时刻为 0 时刻。这样在 $t < 0$ 时 $x(t) = 0$,从而其拉普拉斯变换可以写为

$$X(s) = \int_{0^-}^{\infty} x(t)\mathrm{e}^{-st}\,\mathrm{d}t \tag{6.1.10}$$

式中,积分下限取 0^-,是考虑到 $x(t)$ 可能在 $t = 0$ 时刻包含冲激函数或其各阶导数,一般

情况下，认为 0 和 0^- 是等同的。式(6.1.10)称为单边拉普拉斯变换(简称拉氏变换)。为了区分，式(6.1.5)称为双边拉普拉斯变换，记为 $X_B(s)$。

显然，对于因果信号 $x(t)$，由于 $x(t)=0, t<0$，所以其双边、单边拉普拉斯变换相同。

式(6.1.10)对应的反变换可以写为

$$x(t)=\frac{1}{2\pi j}\int_{\sigma-j\infty}^{\sigma+j\infty} X(s)e^{st}\,ds, \quad t>0^- \tag{6.1.11}$$

下面，求几个常用信号的单边拉普拉斯变换。

例 6.1.4 求矩形脉冲信号 $x(t)=G_\tau\left(t-\dfrac{\tau}{2}\right)$ 的单边拉普拉斯变换。

解：由式(6.1.10)，有

$$X(s)=\int_{0^-}^\infty x(t)e^{-st}\,dt=\int_0^\tau e^{-st}\,dt=\frac{1-e^{-s\tau}}{s}$$

显然，由于该信号是时限信号，函数值非零的时间段为有限长，拉普拉斯变换定义式中的积分区间有限，故对所有的 s，$X(s)$ 都存在，即收敛域为整个 s 平面，$Re[s]>-\infty$，这种情况称为全 s 平面收敛。

例 6.1.5 求单位冲激信号 $\delta(t)$ 的单边拉普拉斯变换。

解：由式(6.1.10)，有

$$\delta(t)\leftrightarrow\int_{0^-}^\infty x(t)e^{-st}\,dt=\int_{0^-}^\infty \delta(t)e^{-st}\,dt=1$$

单位冲激信号 $\delta(t)$ 的收敛域是全 s 平面收敛。

即
$$\delta(t)\leftrightarrow 1, \quad Re[s]>-\infty \tag{6.1.12}$$

例 6.1.6 求复指数信号 $x(t)=e^{s_0 t}u(t)$(s_0 为复常数)的单边拉普拉斯变换。

解：由式(6.1.10)，有

$$X(s)=\int_{0^-}^\infty x(t)e^{-st}\,dt=\int_0^\infty e^{s_0 t}e^{-st}\,dt=\frac{1}{s-s_0}, \quad Re[s]>Re[s_0]$$

即

$$e^{s_0 t}u(t)\leftrightarrow\frac{1}{s-s_0}, \quad Re[s]>Re[s_0] \tag{6.1.13}$$

若 s_0 为实数，令 $s_0=a$(a 为实常数)，得到

$$e^{at}u(t)\leftrightarrow\frac{1}{s-a}, \quad Re[s]>a \tag{6.1.14}$$

若 $s_0=0$，得到

$$u(t)\leftrightarrow\frac{1}{s}, \quad Re[s]>0 \tag{6.1.15}$$

若 s_0 为虚数，令 $s_0=\pm j\omega_0$，得到

$$e^{\pm j\omega_0 t}u(t)\leftrightarrow\frac{1}{s\mp j\omega_0}, \quad Re[s]>0$$

利用欧拉公式，根据式(6.1.15)可以得出

$$\cos(\omega_0 t)u(t) \leftrightarrow \frac{s}{s^2 + \omega_0^2}, \quad \mathrm{Re}[s] > 0 \tag{6.1.16}$$

$$\sin(\omega_0 t)u(t) \leftrightarrow \frac{\omega_0}{s^2 + \omega_0^2}, \quad \mathrm{Re}[s] > 0 \tag{6.1.17}$$

可见,大部分常用信号的单边拉普拉斯变换都存在,但也有些信号不存在拉普拉斯变换,例如 t^t、e^{t^2} 等增长过快的信号,无法找到合适的 σ 值使其收敛,所以不存在拉普拉斯变换,这类信号称为超指数信号。但实际中遇到的一般都是指数阶信号,总能找到合适的 σ 值使其收敛,故常见信号的单边拉普拉斯变换总是存在的。

对比双边拉普拉斯变换的定义式(6.1.5)和单边拉普拉斯变换的定义式(6.1.10),以及前面几个例子,可以看出,双边拉普拉斯变换既可以分析因果信号,又可以分析非因果信号,但需要与收敛域一起才能与时域信号唯一对应。而单边拉普拉斯变换只能分析因果信号,其优势在于不需要指明收敛域就可以与时域——对应,这种唯一性大大简化了分析。并且在实际应用中,遇到的连续时间信号大都是因果信号。所以本书主要讨论单边拉普拉斯变换,如果不特别指明,拉普拉斯变换都是指单边拉普拉斯变换。

动画

6.1.4 拉普拉斯变换和傅里叶变换的关系

在本章的开始,用求 $x(t)e^{-\sigma t}$ 的傅里叶变换的方法,引入复变量 $s = \sigma + j\omega$,得出了拉普拉斯变换。随后又将时域信号 $x(t)$ 限制为因果信号,从而得到单边拉普拉斯变换。两种变换的定义式分别为

$$X(j\omega) = \int_{-\infty}^{\infty} x(t)e^{-j\omega t}\, dt$$

$$X(s) = \int_{0^-}^{\infty} x(t)e^{-st}\, dt$$

显然,$x(t)$ 的拉普拉斯变换 $X(s)$ 是 $x(t)e^{-\sigma t}$ 的傅里叶变换,而傅里叶变换即是 $\sigma = 0$ 时(即 s 平面虚轴上)的拉普拉斯变换。图6.1.2是它们之间关系的示意图。通过以下几个例子来深入理解。

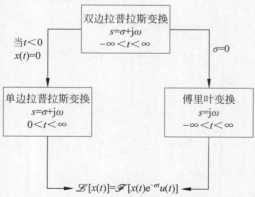

图6.1.2 拉普拉斯变换与傅里叶变换的关系

例 6.1.7 求指数衰减信号 $x(t)=e^{\alpha t}u(t)$，$\alpha<0$ 的傅里叶变换和拉普拉斯变换。

解：根据前面学习过的变换对，可以直接得到

$$X(j\omega)=\frac{1}{j\omega-\alpha}$$

$$X(s)=\frac{1}{s-\alpha},\quad \mathrm{Re}[s]>\alpha$$

因为 $\alpha<0$，收敛域包含虚轴，傅里叶变换和拉普拉斯变换都存在，并且

$$X(j\omega)=X(s)\big|_{s=j\omega}$$

例 6.1.8 求阶跃信号 $x(t)=u(t)$ 的傅里叶变换和拉普拉斯变换。

解：根据前面学习过的变换对，可以直接得到

$$X(j\omega)=\pi\delta(\omega)+\frac{1}{j\omega}$$

$$X(s)=\frac{1}{s},\quad \mathrm{Re}[s]>0$$

此时收敛域以虚轴为边界，傅里叶变换和拉普拉斯变换都存在，但

$$X(j\omega)\neq X(s)\big|_{s=j\omega}$$

例 6.1.9 求指数增长信号 $x(t)=e^{\alpha t}u(t)$，$\alpha>0$ 的傅里叶变换和拉普拉斯变换。

解：由于指数增长信号不满足绝对可积，傅里叶变换不存在。而拉普拉斯变换存在：

$$X(s)=\frac{1}{s-\alpha},\quad \mathrm{Re}[s]>\alpha$$

因为 $\alpha>0$，收敛域不包含虚轴。

综合以上分析，可以得出以下结论：

（1）当拉普拉斯变换的收敛域包含虚轴时，拉普拉斯变换和傅里叶变换都存在，并且 $X(j\omega)=X(s)\big|_{s=j\omega}$；

（2）当拉普拉斯变换的收敛域以虚轴为边界时，拉普拉斯变换和傅里叶变换都存在，但傅里叶变换中含有冲激函数，故 $X(j\omega)\neq X(s)\big|_{s=j\omega}$；

（3）当拉普拉斯变换的收敛域不包含虚轴并且不以虚轴为边界时，拉普拉斯变换存在，但傅里叶变换不存在。

6.2 拉普拉斯变换的性质

拉普拉斯变换有一些基本性质，这些性质反映了信号的时域特性和复频域特性的关系。掌握这些性质对求一些复杂信号的拉普拉斯变换和拉普拉斯反变换带来方便。这些性质与傅里叶变换的性质在很多情况下是相似的。

6.2.1 线性特性

若
$$x_1(t)\leftrightarrow X_1(s),\quad \sigma>\sigma_1$$

仿真求解

仿真求解

仿真求解

$$x_2(t) \leftrightarrow X_2(s), \quad \sigma > \sigma_2$$

则
$$a_1 x_1(t) + a_2 x_2(t) \leftrightarrow a_1 X_1(s) + a_2 X_2(s) \tag{6.2.1}$$

式中,a_1、a_2 为任意常数,收敛域为两函数收敛域的重叠部分。

6.2.2 时移(延时)特性

若
$$x(t) \leftrightarrow X(s), \quad \sigma > \sigma_c$$

则
$$x(t-t_0)u(t-t_0) \leftrightarrow X(s)e^{-st_0}, \quad \sigma > \sigma_c \tag{6.2.2}$$

式中,$t_0 > 0$。

证明:$\mathscr{L}[x(t-t_0)u(t-t_0)] = \int_{t_0}^{\infty} x(t-t_0)e^{-st}\,dt$

令 $\tau = t - t_0$,于是有

$$\mathscr{L}[x(t-t_0)u(t-t_0)] = \int_{0^-}^{\infty} x(\tau)e^{-s\tau}e^{-st_0}\,d\tau$$

$$= e^{-st_0}\int_{0^-}^{\infty} x(\tau)e^{-s\tau}\,d\tau = e^{-st_0}X(s)$$

例 6.2.1 求矩形脉冲信号

$$x(t) = \begin{cases} 1, & 0 < t < \tau \\ 0, & \text{其他} \end{cases}$$

的拉普拉斯变换。

解:由于
$$x(t) = u(t) - u(t-\tau)$$

所以
$$X(s) = \mathscr{L}[u(t) - u(t-\tau)]$$

$$= \frac{1}{s} - \frac{1}{s}e^{-s\tau} = \frac{1-e^{-s\tau}}{s}$$

在应用时移特性时,需要注意信号的几种时移情况,例如 $x(t-t_0)$,$x(t-t_0)u(t)$,$x(t)u(t-t_0)$,$x(t-t_0)u(t-t_0)$。设 $x(t) = \sin(\omega t)$,则 $\sin\omega(t-t_0)$、$\sin\omega(t-t_0)u(t)$、$\sin(\omega t)u(t-t_0)$、$\sin\omega(t-t_0)u(t-t_0)$ 这几种时移信号如图 6.2.1 所示。

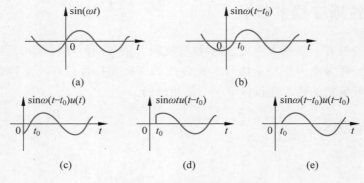

图 6.2.1 时移信号的波形图

时移特性只适用于求 $x(t-t_0)u(t-t_0)$ 的拉普拉斯变换，即图 6.2.1(e)所示的时移信号。

运用时移特性还可方便地求出周期信号的拉普拉斯变换。

例 6.2.2 求图 6.2.2 所示矩形脉冲信号的拉普拉斯变换。

解：该矩形脉冲信号可写作

$$x_T(t)=\sum_{n=0}^{\infty}x(t-nT)\cdot u(t-nT)$$

图 6.2.2 矩形脉冲信号

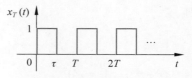

其中，$x(t)=u(t)-u(t-\tau)$ 为单个矩形脉冲。其拉普拉斯变换 $X(s)$ 已在例 6.2.1 中求出，即

$$X(s)=\frac{1-\mathrm{e}^{-s\tau}}{s}$$

利用时移特性，有

$$\begin{aligned}x_T(t)&=\sum_{n=0}^{\infty}x(t-nT)\cdot u(t-nT)\\&\leftrightarrow X(s)[1+\mathrm{e}^{-sT}+\mathrm{e}^{-2sT}+\cdots+\mathrm{e}^{-nsT}+\cdots]\\&=X(s)\frac{1}{1-\mathrm{e}^{-sT}}=\frac{1-\mathrm{e}^{-s\tau}}{s(1-\mathrm{e}^{-sT})}\end{aligned}$$

6.2.3 复频移特性

若 $$x(t)\leftrightarrow X(s),\quad \sigma>\sigma_c$$

则 $$x(t)\mathrm{e}^{s_0t}\leftrightarrow X(s-s_0),\quad \sigma-\sigma_0>\sigma_c \tag{6.2.3}$$

式中，$s_0=\sigma_0+\mathrm{j}\omega_0$ 为复常数。

证明：
$$\begin{aligned}\mathscr{L}[x(t)\mathrm{e}^{s_0t}]&=\int_{0^-}^{\infty}x(t)\mathrm{e}^{s_0t}\mathrm{e}^{-st}\mathrm{d}t\\&=\int_{0^-}^{\infty}x(t)\mathrm{e}^{-(s-s_0)t}\mathrm{d}t\\&=X(s-s_0)\end{aligned}$$

例 6.2.3 求 $\mathrm{e}^{-at}\sin(\omega_0t)u(t)$ 的拉普拉斯变换。

仿真求解

解：因为 $$\sin(\omega_0t)u(t)\leftrightarrow\frac{\omega_0}{s^2+\omega_0^2}$$

所以 $$\mathrm{e}^{-at}\sin(\omega_0t)u(t)\leftrightarrow\frac{\omega_0}{(s+a)^2+\omega_0^2} \tag{6.2.4}$$

类似可得 $$\mathrm{e}^{-at}\cos(\omega_0t)u(t)\leftrightarrow\frac{(s+a)}{(s+a)^2+\omega_0^2} \tag{6.2.5}$$

6.2.4　尺度变换特性

若
$$x(t) \leftrightarrow X(s), \quad \sigma > \sigma_c$$

则
$$x(at) \leftrightarrow \frac{1}{a} X\left(\frac{s}{a}\right), \quad \sigma > a\sigma_c, a > 0 \tag{6.2.6}$$

证明：
$$\mathscr{L}[x(at)] = \int_{0^-}^{\infty} x(at) e^{-st} \, dt$$

令 $\tau = at, \, d\tau = a \, dt$

所以 $\mathscr{L}[x(at)] = \int_{0^-}^{\infty} x(\tau) e^{-\frac{s}{a}\tau} \frac{1}{a} \, d\tau = \frac{1}{a} \int_{0^-}^{\infty} x(\tau) e^{-\frac{s}{a}\tau} \, d\tau = \frac{1}{a} X\left(\frac{s}{a}\right)$

如果信号函数既时移又变换时间尺度，其拉普拉斯变换结果具有普遍意义，即若
$$x(t) \leftrightarrow X(s), \quad \sigma > \sigma_c$$

则
$$x(at - t_0) u(at - t_0) \leftrightarrow \frac{1}{a} X\left(\frac{s}{a}\right) e^{-\frac{s}{a}t_0}, \quad \sigma > a\sigma_c \tag{6.2.7}$$

证明：方法一：按定义式求
$$\mathscr{L}[x(at - t_0) u(at - t_0)] = \int_{0^-}^{\infty} x(at - t_0) u(at - t_0) e^{-st} \, dt$$

令
$$at - t_0 = \tau, \quad d\tau = a \, dt$$

则
$$\mathscr{L}[x(at - t_0) u(at - t_0)] = \left[\int_{0}^{\infty} x(\tau) e^{-\frac{s}{a}\tau} \, d\tau\right] \frac{1}{a} e^{-\frac{s}{a}t_0}$$
$$= \frac{1}{a} X\left(\frac{s}{a}\right) e^{-\frac{s}{a}t_0}$$

方法二：
$$x(at - t_0) u(at - t_0) = x\left[a\left(t - \frac{t_0}{a}\right)\right] u\left[a\left(t - \frac{t_0}{a}\right)\right]$$

由尺度变换特性，有
$$x(at) u(at) \leftrightarrow \frac{1}{a} X\left(\frac{s}{a}\right)$$

由时移特性，有
$$x\left[a\left(t - \frac{t_0}{a}\right)\right] u\left[a\left(t - \frac{t_0}{a}\right)\right] \leftrightarrow \frac{1}{a} X\left(\frac{s}{a}\right) e^{-\frac{s}{a}t_0}$$

如果信号函数既时移又复频移，其结果也具有一般性，即若
$$x(t) \leftrightarrow X(s), \quad \sigma > \sigma_c$$

则
$$e^{-s_0(t - t_0)} x(t - t_0) u(t - t_0) \leftrightarrow e^{-st} X(s + s_0), \quad \sigma + \sigma_0 > \sigma_c \tag{6.2.8}$$

证明：$\mathscr{L}[e^{-s_0(t-t_0)} x(t - t_0) u(t - t_0)] = \int_{t_0}^{\infty} e^{-s_0(t-t_0)} x(t - t_0) e^{-st} \, dt$

令 $\tau = t - t_0, \, d\tau = dt$

所以 $\mathscr{L}[e^{-s_0(t-t_0)} x(t - t_0) u(t - t_0)]$

$$= \int_{0^-}^{\infty} \mathrm{e}^{-s_0\tau} x(\tau) \mathrm{e}^{-s\tau} \mathrm{e}^{-st_0} \mathrm{d}\tau = \mathrm{e}^{-st_0} \int_{0^-}^{\infty} x(\tau) \mathrm{e}^{-(s+s_0)\tau} \mathrm{d}\tau$$

$$= \mathrm{e}^{-st_0} X(s+s_0)$$

6.2.5 时域微分定理

若 $\qquad x(t) \leftrightarrow X(s), \quad \sigma > \sigma_c$,且 $\dfrac{\mathrm{d}x(t)}{\mathrm{d}t}$ 存在

则 $\qquad\qquad\qquad\qquad \dfrac{\mathrm{d}x(t)}{\mathrm{d}t} \leftrightarrow sX(s) - x(0^-) \qquad\qquad\qquad (6.2.9)$

证明: $\qquad\qquad \mathscr{L}\left[\dfrac{\mathrm{d}x(t)}{\mathrm{d}t}\right] = \int_{0^-}^{\infty} \dfrac{\mathrm{d}x(t)}{\mathrm{d}t} \mathrm{e}^{-st} \mathrm{d}t$

$$= x(t)\mathrm{e}^{-st}\bigg|_{0^-}^{\infty} + s\int_{0^-}^{\infty} x(t)\mathrm{e}^{-st}\mathrm{d}t$$

因为 $x(t)$ 是指数阶信号,在收敛域内有 $\lim\limits_{t\to\infty} x(t)\mathrm{e}^{-st} = 0$

所以 $\qquad\qquad\qquad \mathscr{L}\left[\dfrac{\mathrm{d}x(t)}{\mathrm{d}t}\right] = sX(s) - x(0^-)$

同理可以推证

$$\dfrac{\mathrm{d}^n x(t)}{\mathrm{d}t^n} \leftrightarrow s^n X(s) - s^{n-1} x(0^-) - s^{n-2} x'(0^-) - \cdots - x^{(n-1)}(0^-) \quad (6.2.10)$$

例 6.2.4 已知 $x(t) = \mathrm{e}^{-at}u(t)$,求 $\dfrac{\mathrm{d}x(t)}{\mathrm{d}t}$ 的拉普拉斯变换。

解:可用两种方法求解。

解法一:由基本定义式求。

因为 $\qquad\qquad \dfrac{\mathrm{d}x(t)}{\mathrm{d}t} = \dfrac{\mathrm{d}}{\mathrm{d}t}[\mathrm{e}^{-at}u(t)] = \delta(t) - a\mathrm{e}^{-at}u(t)$

所以 $\qquad\qquad \mathscr{L}\left[\dfrac{\mathrm{d}x(t)}{\mathrm{d}t}\right] = \mathscr{L}[\delta(t)] - \mathscr{L}[a\mathrm{e}^{-at}u(t)]$

$$= 1 - \dfrac{a}{s+a} = \dfrac{s}{s+a}$$

解法二:由微分性质求。

已知 $x(t) \leftrightarrow X(s) = \dfrac{1}{s+a}, \quad x(0^-) = 0$

则 $\qquad\qquad\qquad \mathscr{L}\left[\dfrac{\mathrm{d}x(t)}{\mathrm{d}t}\right] = sX(s) = \dfrac{s}{s+a}$

仿真求解

6.2.6 时域积分定理

若 $\qquad\qquad\qquad x(t) \leftrightarrow X(s), \quad \sigma > \sigma_c$

则
$$\mathscr{L}\left[\int_{-\infty}^{t}x(\tau)\mathrm{d}\tau\right]=\frac{X(s)}{s}+\frac{1}{s}x^{(-1)}(0^{-}) \tag{6.2.11}$$

其中，$x^{(-1)}(0^{-})=\int_{-\infty}^{0^{-}}x(t)\mathrm{d}t$ 为 $x(t)$ 积分的初始值。

证明：因为
$$\int_{-\infty}^{t}x(\tau)\mathrm{d}\tau=\int_{-\infty}^{0^{-}}x(\tau)\mathrm{d}\tau+\int_{0^{-}}^{t}x(\tau)\mathrm{d}\tau$$

所以
$$\mathscr{L}\left[\int_{-\infty}^{t}x(\tau)\mathrm{d}\tau\right]=\mathscr{L}\left[\int_{-\infty}^{0^{-}}x(\tau)\mathrm{d}\tau\right]+\mathscr{L}\left[\int_{0^{-}}^{t}x(\tau)\mathrm{d}\tau\right]$$

其中，右端第一项积分为常数，即
$$\mathscr{L}\left[\int_{-\infty}^{0^{-}}x(\tau)\mathrm{d}\tau\right]=\frac{1}{s}x^{(-1)}(0^{-})$$

第二项积分由分部积分可得
$$\mathscr{L}\left[\int_{0^{-}}^{t}x(\tau)\mathrm{d}\tau\right]=\int_{0^{-}}^{\infty}\left[\int_{0^{-}}^{t}x(\tau)\mathrm{d}\tau\right]\mathrm{e}^{-st}\mathrm{d}t$$
$$=\left[-\frac{\mathrm{e}^{-st}}{s}\int_{0^{-}}^{t}x(\tau)\mathrm{d}\tau\right]\Big|_{0^{-}}^{\infty}+\frac{1}{s}\int_{0^{-}}^{\infty}x(t)\mathrm{e}^{-st}\mathrm{d}t$$
$$=0+\frac{1}{s}X(s)$$

所以
$$\mathscr{L}\left[\int_{-\infty}^{t}x(\tau)\mathrm{d}\tau\right]=\frac{1}{s}X(s)+\frac{1}{s}x^{(-1)}(0^{-})$$

如果函数积分区间从零开始，则有
$$\mathscr{L}\left[\int_{0}^{t}x(\tau)\mathrm{d}\tau\right]=\frac{1}{s}X(s) \tag{6.2.12}$$

同理可推证
$$\underbrace{\int_{0}^{t}\int_{0}^{t}\cdots\int_{0}^{t}}_{n\text{个}}x(t)\underbrace{\mathrm{d}t\,\mathrm{d}t\cdots\mathrm{d}t}_{n\text{个}}\leftrightarrow\frac{1}{s^{n}}X(s) \tag{6.2.13}$$

例 6.2.5 求 $x(t)=t^{2}u(t)$ 的拉普拉斯变换。

仿真求解

解：因为
$$tu(t)=\int_{0}^{t}u(\tau)\mathrm{d}\tau$$
$$u(t)\leftrightarrow\frac{1}{s}$$

应用积分定理可得
$$tu(t)\leftrightarrow\frac{1}{s^{2}} \tag{6.2.14}$$

$$t^{2}u(t)\leftrightarrow\frac{2}{s^{3}} \tag{6.2.15}$$

6.2.7 s 域微分定理

若
$$x(t)\leftrightarrow X(s),\quad \sigma>\sigma_{\mathrm{c}}$$

则
$$-tx(t) \leftrightarrow \frac{\mathrm{d}X(s)}{\mathrm{d}s} \tag{6.2.16}$$

$$(-t)^n x(t) \leftrightarrow \frac{\mathrm{d}^n X(s)}{\mathrm{d}s^n} \tag{6.2.17}$$

证明：根据定义
$$X(s) = \int_{0^-}^{\infty} x(t)\mathrm{e}^{-st}\,\mathrm{d}t$$

所以
$$\frac{\mathrm{d}X(s)}{\mathrm{d}s} = \frac{\mathrm{d}}{\mathrm{d}s}\int_{0^-}^{\infty} x(t)\mathrm{e}^{-st}\,\mathrm{d}t$$

$$= \int_{0^-}^{\infty} x(t)\frac{\mathrm{d}}{\mathrm{d}s}\mathrm{e}^{-st}\,\mathrm{d}t = \int_{0^-}^{\infty} [-tx(t)]\mathrm{e}^{-st}\,\mathrm{d}t$$

$$= \mathscr{L}[-tx(t)]$$

同理可推出
$$\frac{\mathrm{d}^n X(s)}{\mathrm{d}s^n} = \int_{0}^{\infty} (-t)^n x(t)\mathrm{e}^{-st}\,\mathrm{d}t = \mathscr{L}[(-t)^n x(t)]$$

例 6.2.6 求 $x(t) = t\mathrm{e}^{-at}u(t)$ 的拉普拉斯变换。

解：因为 $\mathrm{e}^{-at}u(t) \leftrightarrow \dfrac{1}{s+a}$

仿真求解

根据式(6.2.16)可直接写出
$$-t\mathrm{e}^{-at}u(t) \leftrightarrow \frac{\mathrm{d}}{\mathrm{d}s}\left(\frac{1}{s+a}\right) = -\frac{1}{(s+a)^2}$$

即
$$t\mathrm{e}^{-at}u(t) \leftrightarrow \frac{1}{(s+a)^2} \tag{6.2.18}$$

6.2.8 s 域积分定理

若
$$x(t) \leftrightarrow X(s), \quad \sigma > \sigma_\mathrm{c}$$

则
$$\frac{x(t)}{t} \leftrightarrow \int_{s}^{\infty} X(s_1)\,\mathrm{d}s_1 \tag{6.2.19}$$

证明：
$$\int_{s}^{\infty} X(s_1)\,\mathrm{d}s_1 = \int_{s}^{\infty} \left[\int_{0^-}^{\infty} x(t)\mathrm{e}^{-s_1 t}\,\mathrm{d}t\right]\mathrm{d}s_1$$

$$= \int_{0^-}^{\infty} x(t)\left[\int_{s}^{\infty} \mathrm{e}^{-s_1 t}\,\mathrm{d}s_1\right]\mathrm{d}t = \int_{0^-}^{\infty} x(t)\frac{1}{t}\mathrm{e}^{-st}\,\mathrm{d}t$$

$$= \mathscr{L}\left[\frac{x(t)}{t}\right]$$

例 6.2.7 求 $x(t) = \dfrac{\sin t}{t}u(t)$ 的拉普拉斯变换。

解：因为
$$\sin t\, u(t) \leftrightarrow \frac{1}{s^2+1}$$

仿真求解

所以
$$\mathscr{L}\left[\frac{\sin t}{t}u(t)\right]=\int_s^\infty \frac{1}{s_1^2+1}\mathrm{d}s_1$$

$$=\arctan s_1\Big|_s^\infty=\frac{\pi}{2}-\arctan s$$

$$=\arctan(1/s)$$

6.2.9　初值定理

若 $x(t)\leftrightarrow X(s),\sigma>\sigma_c$，且 $x(t)$ 不含冲激或冲激和各阶导数

则
$$x(0^+)=\lim_{t\to 0^+}x(t)=\lim_{s\to\infty}sX(s) \tag{6.2.20}$$

证明：由时域微分定理可知

$$sX(s)-x(0^-)=\int_{0^-}^\infty \frac{\mathrm{d}x(t)}{\mathrm{d}t}\mathrm{e}^{-st}\mathrm{d}t$$

$$=\int_{0^-}^{0^+}\frac{\mathrm{d}x(t)}{\mathrm{d}t}\mathrm{e}^{-st}\mathrm{d}t+\int_{0^+}^\infty \frac{\mathrm{d}x(t)}{\mathrm{d}t}\mathrm{e}^{-st}\mathrm{d}t$$

因为在区间 $(0^-,0^+)$，$t=0$，$\mathrm{e}^{-st}\big|_{t=0}=1$

所以
$$sX(s)-x(0^-)=x(t)\Big|_{0^-}^{0^+}+\int_{0^+}^\infty \frac{\mathrm{d}x(t)}{\mathrm{d}t}\mathrm{e}^{-st}\mathrm{d}t$$

$$=x(0^+)-x(0^-)+\int_{0^+}^\infty \frac{\mathrm{d}x(t)}{\mathrm{d}t}\mathrm{e}^{-st}\mathrm{d}t$$

令 $s\to\infty$，对上式两边取极限有

$$x(0^+)=\lim_{s\to\infty}sX(s)$$

6.2.10　终值定理

若　　　　　$x(t)\leftrightarrow X(s)$，　　$\sigma>\sigma_c$，　　且 $sX(s)$ 的收敛域包含虚轴

则
$$\lim_{t\to\infty}x(t)=x(\infty)=\lim_{s\to 0}sX(s) \tag{6.2.21}$$

证明：由时域微分定理

$$sX(s)-x(0^-)=\int_{0^-}^\infty \frac{\mathrm{d}x(t)}{\mathrm{d}t}\mathrm{e}^{-st}\mathrm{d}t$$

令 $s\to 0$ 对上式取极限

$$\lim_{s\to 0}sX(s)-x(0^-)=\lim_{s\to 0}\int_{0^-}^\infty \frac{\mathrm{d}x(t)}{\mathrm{d}t}\mathrm{e}^{-st}\mathrm{d}t$$

$$=x(\infty)-x(0^-)$$

所以

$$x(\infty)=\lim_{s\to 0}sX(s)$$

6.2.11　卷积定理

若
$$x_1(t) \leftrightarrow X_1(s)，\quad \sigma > \sigma_1$$

$$x_2(t) \leftrightarrow X_2(s)，\quad \sigma > \sigma_2$$

则
$$x_1(t) * x_2(t) \leftrightarrow X_1(s) X_2(s) \tag{6.2.22}$$

其收敛域至少是 $X_1(s)$ 与 $X_2(s)$ 收敛域的重叠部分。

证明：$\mathscr{L}\left[x_1(t) * x_2(t)\right] = \int_0^{\infty}\left[\int_0^{\infty} x_1(\tau) x_2(t-\tau) \mathrm{d}\tau\right] \mathrm{e}^{-st}\,\mathrm{d}t$

因为　$t-\tau < 0$ 时，$x_2(t-\tau) = 0$

令　$t - \tau = h，\mathrm{d}h = \mathrm{d}t$

则

$$\mathscr{L}\left[x_1(t) * x_2(t)\right] = \int_0^{\infty} x_1(\tau) \mathrm{e}^{-s\tau}\,\mathrm{d}\tau \int_0^{\infty} x_2(h) \mathrm{e}^{-sh}\,\mathrm{d}h$$
$$= X_1(s) X_2(s)$$

例 6.2.8　已知 $x_1(t) = \mathrm{e}^{-\lambda t} u(t)，x_2(t) = u(t)$，求 $x_1(t) * x_2(t)$。

解：
$$x_1(t) \leftrightarrow \frac{1}{s+\lambda} = X_1(s)，\quad x_2(t) \leftrightarrow \frac{1}{s} = X_2(s)$$

而
$$X_1(s) X_2(s) = \frac{1}{s+\lambda} \cdot \frac{1}{s} = \frac{1}{\lambda}\left(\frac{1}{s} - \frac{1}{s+\lambda}\right)$$

所以
$$x_1(t) * x_2(t) = \mathscr{L}^{-1}\left[X_1(s) X_2(s)\right]$$
$$= \frac{1}{\lambda}\left[1 - \mathrm{e}^{-\lambda t}\right] u(t)$$

仿真求解

6.3　拉普拉斯反变换

在系统复频域分析中，会经常遇到求拉普拉斯反变换的问题。对于单边拉普拉斯变换，象函数 $X(s)$ 的拉普拉斯反变换为

$$x(t) = \begin{cases} 0，& t < 0 \\ \dfrac{1}{2\pi\mathrm{j}} \displaystyle\int_{\sigma-\mathrm{j}\infty}^{\sigma+\mathrm{j}\infty} X(s) \mathrm{e}^{st}\,\mathrm{d}s，& t \geqslant 0 \end{cases} \tag{6.3.1}$$

这是一个复变函数积分，直接积分比较困难。下面介绍对常遇到的 $X(s)$ 求拉普拉斯反变换的几种一般性方法。

6.3.1　利用拉普拉斯变换性质求反变换

如果 $X(s)$ 是一些比较简单的函数，可利用常见信号的拉普拉斯变换表（见附录 A.10），

查出对应的原函数号,或者借助拉普拉斯变换若干性质,配合查表,求出原函数,即信号。

例 6.3.1 已知 $X(s) = 2 + \dfrac{s+2}{(s+2)^2 + 2^2}$,求其拉普拉斯反变换 $x(t)$。

解:由式(6.1.12)和式(6.2.5)可知

$$2\delta(t) \leftrightarrow 2$$

$$\mathrm{e}^{-2t}\cos 2t\, u(t) \leftrightarrow \frac{s+2}{(s+2)^2 + 2^2}$$

所以
$$x(t) = \mathscr{L}^{-1}[X(s)] = 2\delta(t) + \mathrm{e}^{-2t}\cos 2t\, u(t)$$

例 6.3.2 求 $X(s) = \dfrac{1}{s^3}(1 - \mathrm{e}^{-st_0})$ 的拉普拉斯反变换,$t_0 > 0$。

解:$X(s) = \dfrac{1}{s^3}(1 - \mathrm{e}^{-st_0})$ 可写成

$$X(s) = \frac{1}{s^2}\frac{1}{s}(1 - \mathrm{e}^{-st_0})$$

由式(6.2.14)可知
$$tu(t) \leftrightarrow \frac{1}{s^2}$$

由式(6.1.15)可知
$$u(t) \leftrightarrow \frac{1}{s}$$

根据拉普拉斯变换的线性和时移性质可得

$$u(t) - u(t - t_0) \leftrightarrow \frac{1}{s}(1 - \mathrm{e}^{-st_0})$$

由卷积定理可知

$$
\begin{aligned}
x(t) &= \mathscr{L}^{-1}[X(s)] = [tu(t)] * [u(t) - u(t - t_0)] \\
&= \left[\int_{-\infty}^{t} \tau u(\tau)\mathrm{d}\tau\right] * [\delta(t) - \delta(t - t_0)] \\
&= \frac{1}{2}t^2 u(t) - \frac{1}{2}(t - t_0)^2 u(t - t_0)
\end{aligned}
$$

6.3.2 部分分式展开法求解反变换

分析线性时不变系统时,常常遇到的象函数 $X(s)$ 是 s 的有理分式,可以用长除法把 $X(s)$ 分解为关于 s 的有理多项式与真分式之和。有理真分式是 s 的两个多项式之比,可以写成

$$X_1(s) = \frac{A(s)}{B(s)} = \frac{a_m s^m + a_{m-1}s^{m-1} + \cdots + a_1 s + a_0}{s^n + b_{n-1}s^{n-1} + \cdots + b_1 s + b_0} \tag{6.3.2}$$

式中,$m < n$,各系数 $a_i(i = 0,1,2,\cdots,m)$,$b_j(j = 0,1,\cdots,n-1)$ 都是实数。

求 $X(s)$ 的反变换归结为求有理真分式 $X_1(s)$ 的反变换,可用将有理真分式展开成部分分式的方法来求。下面讨论用这种方法求反变换问题。

首先要求出 $B(s)=0$ 的 n 个根(称为 $X_1(s)$ 的极点),它有几种情况。

1. $B(s)=0$ 为单值根(单极点)

如果 $B(s)=0$ 的根都是单根,即 n 个根 $s_k(1,2,\cdots,n)$ 都互不相等,则 $X_1(s)$ 可以展开成如下部分分式:

$$X_1(s)=\frac{A(s)}{B(s)}=\frac{A(s)}{(s-s_1)(s-s_2)\cdots(s-s_n)}=\sum_{i=1}^{n}\frac{K_i}{s-s_i} \tag{6.3.3}$$

式中,K_i 为特定系数。

$$K_i=(s-s_i)X_1(s)\mid_{s=s_i}=(s-s_i)\frac{A(s)}{B(s)}\mid_{s=s_i} \tag{6.3.4}$$

或

$$K_i=\lim_{s\to s_i}\frac{A(s)}{B'(s)}=\frac{A(s_i)}{B'(s_i)} \tag{6.3.5}$$

将 K_i 代入式(6.3.3)得

$$X_1(s)=\sum_{i=1}^{n}\frac{A(s_i)}{B'(s_i)}\frac{1}{s-s_i} \tag{6.3.6}$$

则

$$x_1(t)=\sum_{i=1}^{n}\frac{A(s_i)}{B'(s_i)}e^{s_it},\quad t\geqslant 0 \tag{6.3.7}$$

例 6.3.3 求 $X(s)=\dfrac{2s^2+3s+3}{s^3+6s^2+11s+6}$ 的拉普拉斯反变换 $x(t)$。

仿真求解

解: $B(s)=s^3+6s^2+11s+6=(s+3)(s+2)(s+1)$

所以
$$X(s)=\frac{K_1}{s+3}+\frac{K_2}{s+2}+\frac{K_3}{s+1}$$
$$K_1=(s+3)X(s)\mid_{s=-3}=6$$
$$K_2=(s+2)X(s)\mid_{s=-2}=-5$$
$$K_3=(s+1)X(s)\mid_{s=-1}=1$$

因此
$$x(t)=(6e^{-3t}-5e^{-2t}+e^{-t})u(t)$$

例 6.3.4 求 $X(s)=\dfrac{3s^3+8s^2+7s+1}{s^2+3s+2}$ 的拉普拉斯反变换 $x(t)$。

解: 因为 $m>n$,$X(s)$ 不是真分式,应先用长除法将其化为多项式加分式,即

$$X(s)=3s-1+\frac{4s+3}{s^2+3s+2}$$

$$=3s-1+\frac{4s+3}{(s+2)(s+1)}=3s-1+X_1(s)$$

$$X_1(s)=\frac{K_1}{s+2}+\frac{K_2}{s+1}$$
$$K_1=(s+2)X_1(s)\mid_{s=-2}=5$$
$$K_2=(s+1)X_1(s)\mid_{s=-1}=-1$$

因为 $\qquad \mathscr{L}^{-1}[3s]=3\delta'(t), \quad \mathscr{L}^{-1}[-1]=-\delta(t)$

所以 $\qquad x(t)=3\delta'(t)-\delta(t)+5\mathrm{e}^{-2t}u(t)-\mathrm{e}^{-t}u(t)$

2. $B(s)=0$ 有重根

设 $B(s)=0$ 有一个 p 阶重根 s_1，$(n-p)$ 个单值根 $s_i(i=2,3,\cdots,n-p+1)$，则 $X_1(s)$ 可写成

$$X_1(s)=\frac{A(s)}{B(s)}=\frac{A(s)}{(s-s_1)^p B_2(s)} \qquad (6.3.8)$$

其中，$B_2(s)=(s-s_2)(s-s_3)\cdots(s-s_{n-p+1})$。

令 $X_2(s)=\displaystyle\sum_{i=2}^{n-p+1}\frac{K_i}{s-s_i}$，其原函数求法同前单值根相同。

这时 $X_1(s)$ 可分解成

$$X_1(s)=\frac{K_{11}}{(s-s_1)^p}+\frac{K_{12}}{(s-s_1)^{p-1}}+\cdots+\frac{K_{1p}}{(s-s_1)}+X_2(s) \qquad (6.3.9)$$

系数 $K_{1i}(i=1,2,\cdots,p)$ 求法如下：

$$K_{11}=(s-s_1)^p X_1(s)\big|_{s=s_1} \qquad (6.3.10)$$

$$K_{12}=\frac{\mathrm{d}}{\mathrm{d}s}[(s-s_1)^p X_1(s)]\big|_{s=s_1} \qquad (6.3.11)$$

$$\vdots$$

$$K_{1i}=\frac{1}{(i-1)!}\frac{\mathrm{d}^{i-1}}{\mathrm{d}s^{i-1}}[(s-s_1)^p X_1(s)]\big|_{s=s_1} \qquad (6.3.12)$$

因为 $\mathscr{L}[t^n u(t)]=\dfrac{n!}{s^{n+1}}$，利用复频移特性可得原函数：

$$x(t)=\mathscr{L}^{-1}\left[\sum_{i=1}^{p}\frac{K_{1i}}{(s-s_1)^{p+1-i}}\right]+\mathscr{L}^{-1}[X_1(s)]$$

$$=\mathrm{e}^{s_1 t}\sum_{i=1}^{n}\frac{K_{1i}}{(p-i)!}t^{p-i}+\mathscr{L}^{-1}[X_1(s)], \quad t\geqslant 0 \qquad (6.3.13)$$

例 6.3.5 求 $X(s)=\dfrac{2s^2+3s+3}{(s+1)(s+3)^3}$ 的拉普拉斯反变换 $x(t)$。

解：

$$X(s)=\frac{K_{11}}{(s+3)^3}+\frac{K_{12}}{(s+3)^2}+\frac{K_{13}}{s+3}+\frac{K_2}{s+1}$$

$$K_{11}=(s+3)^3 X(s)\big|_{s=-3}=-6$$

$$K_{12}=\frac{\mathrm{d}}{\mathrm{d}s}[(s+3)^3 X(s)]\big|_{s=-3}=\frac{3}{2}$$

$$K_{13}=\frac{1}{2}\frac{\mathrm{d}^2}{\mathrm{d}s^2}[(s+3)^3 X(s)]\big|_{s=-3}=-\frac{1}{4}$$

$$K_2=[(s+1)X(s)]\big|_{s=-1}=\frac{1}{4}$$

仿真求解

所以
$$x(t)=\left[\left(-\frac{6}{2}t^2+\frac{3}{2}t-\frac{1}{4}\right)e^{-3t}+\frac{1}{4}e^{-t}\right]u(t)$$

3. $B(s)=0$ 含有复根

因为 $X(s)$ 为实系数有理式,当出现复根时,必共轭成对。这时原函数将出现正弦或余弦项。把 $B(s)$ 作为一个整体来考虑,可使求解过程简化。

例 6.3.6 求 $X(s)=\dfrac{3s+5}{s^2+2s+2}$ 的拉普拉斯反变换 $x(t)$。

解:因为 $B(s)=s^2+2s+2$ 有一对共轭复根 $s_{1,2}=-1\pm j1$

把分母多项式统一处理,即
$$X(s)=\frac{3s+5}{s^2+2s+1+1}=\frac{3(s+1)}{(s+1)^2+1}+\frac{2}{(s+1)^2+1}$$

则
$$x(t)=(3\cos t+2\sin t)e^{-t}u(t)$$

仿真求解

4. 留数法(反演积分)

留数法就是直接计算式(6.3.1)的积分,现将该式重写如下:
$$\frac{1}{2\pi j}\int_{\sigma-j\infty}^{\sigma+j\infty}X(s)e^{st}ds,\quad t\geqslant 0 \tag{6.3.14}$$

这是复变函数积分问题。根据复变函数理论中的留数定理知,若函数 $x(z)$ 在区域 D 内除有限个奇点外处处解析,c 为 D 内包围诸奇点的一条正向简单闭合曲线,则有
$$\oint_c x(z)dz=2\pi j\sum \text{Res}[x(z),z_i] \tag{6.3.15}$$

为了能用留数定理计算式(6.3.14)的积分,可从 $\sigma-j\infty$ 到 $\sigma+j\infty$ 补足一条积分路径,构成一闭合围线积分,如图 6.3.1 所示。补足的这条路径 c,是半径为 ∞ 的圆弧,可以证明,沿该圆弧的积分应为零,即 $\int_c X(s)e^{st}ds=0$,这样上面的积分就可用留数定理求出,它等于围线中被积函数 $X(s)e^{st}$ 所有极点的留数和,即

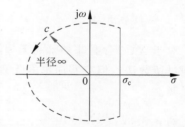

图 6.3.1 留数定理计算围线积分示意图

$$x(t)=\mathscr{L}^{-1}[X(s)]=\sum_{\text{极点}}[X(s)e^{st}\text{ 的留数}]\cdot u(t) \tag{6.3.16}$$

下面给出用留数法求拉普拉斯反变换的公式:

(1) $X(s)=\dfrac{A(s)}{B(s)}$ 为有理真分式,且只有 n 个单值极点。

$$x(t)=\sum_{k=1}^{n}\text{Res}[X(s)e^{st};s_k]\cdot u(t)$$

$$=\sum_{k=1}^{n}[(s-s_k)X(s)e^{st}]\Big|_{s=s_k}\cdot u(t) \tag{6.3.17}$$

或
$$x(t) = \sum_{i=1}^{n} \frac{A(s_i)}{B'(s_i)} e^{s_i t} \cdot u(t) \tag{6.3.18}$$

(2) $X(s) = \dfrac{A(s)}{B(s)}$ 为 n 阶有理真分式,且有 p 阶重极点 s_1 及 $(n-p)$ 阶单值极点。

$$x(t) = \frac{1}{(p-1)!} \lim_{s \to s_1} \frac{\mathrm{d}^{(p-1)}}{\mathrm{d}s^{(p-1)}} \left[(s-s_1)^p \frac{A(s)}{B(s)} e^{st} \right] \cdot u(t) +$$

$$\sum_{k=n-p}^{n} \left[(s-s_k) X(s) e^{st} \right] \big|_{s=s_k} \cdot u(t) \tag{6.3.19}$$

例 6.3.7 求 $X(s) = \dfrac{s+2}{s(s+3)(s+1)^2}$ 的拉普拉斯反变换 $x(t)$。

解:$X(s)$ 有两个单值极点 $s_1 = 0$,$s_2 = -3$ 和一个二重极点 $s_3 = -1$,留数分别为

$$\mathrm{Res}[s_1] = [(s-s_1)X(s)e^{st}]_{s=s_1} = \frac{(s+2)e^{st}}{(s+3)(s+1)^2} \bigg|_{s=0} = \frac{2}{3}$$

$$\mathrm{Res}[s_2] = [(s-s_2)X(s)e^{st}]_{s=s_2} = \frac{(s+2)e^{st}}{s(s+1)^2} \bigg|_{s=-3} = \frac{1}{12} e^{-3t}$$

$$\mathrm{Res}[s_3] = \frac{1}{1} \frac{\mathrm{d}}{\mathrm{d}s} \left[(s+1)^2 \frac{(s+2)}{s(s+3)(s+1)^2} e^{st} \right] \bigg|_{s=-1} = \left(-\frac{t}{2} - \frac{3}{4} \right) e^{-t}$$

所以
$$x(t) = \left[\frac{2}{3} + \frac{1}{12} e^{-3t} - \left(\frac{t}{2} + \frac{3}{4} \right) e^{-t} \right] u(t)$$

当象函数 $X(s)$ 为有理分式时,用留数法求拉普拉斯反变换并无突出的优点,但当 $X(s)$ 不能展开为部分分式时,就只能用留数法了。

5. 级数展开法

对于 $X(s)$ 含有非整幂的无理函数,不能展开成简单的部分分式。欲求其反变换,必须通过留数法。但有些简单的无理函数的反变换可用级数展开方式求出。以下通过例子说明。

例 6.3.8 求 $X(s) = \dfrac{1}{\sqrt{s^2 + a^2}}$ 的拉普拉斯反变换 $x(t)$。

解:因为

$$\frac{1}{\sqrt{s^2 + a^2}} = \frac{1}{s \sqrt{1 + \left(\dfrac{a}{s} \right)^2}} = \frac{1}{s} \left[1 + \left(\frac{a}{s} \right)^2 \right]^{-\frac{1}{2}}$$

可将其展开成幂级数

$$\frac{1}{s \sqrt{1 + \left(\dfrac{a}{s} \right)^2}} = \frac{1}{s} - \frac{a^2}{2s^3} + \frac{3a^4}{2! \, 2^2 s^5} - \frac{3 \cdot 5 a^6}{3! \, 2^3 s^7} + \cdots$$

因为
$$\mathscr{L}[t^n u(t)] = \frac{n!}{s^{n+1}}$$

所以 $$\mathscr{L}^{-1}\left[\frac{1}{\sqrt{s^2+a^2}}\right]=1-\frac{1}{2^2}(at)^2+\frac{1}{2^2 4^2}(at)^4-\frac{1}{2^2 4^2 6^2}(at)^6+\cdots$$

$$=\sum_{k=0}^{\infty}\frac{(-1)^k}{(k!)^2}\left(\frac{at}{2}\right)^{2k}=J_0(at)$$

J_0 称为零阶的第一类贝赛尔函数。

6.4 双边拉普拉斯变换

如果时间函数信号 $x(t)$ 为双边信号，则其拉普拉斯变换式为

$$X_B(s)=\int_{-\infty}^{\infty}x(t)e^{-st}\,dt \tag{6.4.1}$$

$$x(t)=\frac{1}{2\pi j}\int_{\sigma-j\infty}^{\sigma+j\infty}X_B(s)e^{st}\,ds,\quad -\infty<t<\infty \tag{6.4.2}$$

上两式称为双边拉普拉斯变换。将单边拉普拉斯变换中所讨论的问题稍加修改，即可用于分析双边拉普拉斯变换。

6.4.1 收敛域

当采用单边拉普拉斯变换时，只限于 $t>0$，若选 $\mathrm{Re}[s]=\sigma>\sigma_1$（$\sigma_1$ 为收敛坐标）则 $t\to\infty$ 时，$x(t)e^{-\sigma t}\to 0$。对于双边拉普拉斯变换还应考虑 $t<0$ 的情况，这时 $e^{-\sigma t}$ 将随着 $|t|$ 的增大而增大，因此 σ 又不能选得过大。为使式(6.4.1)的积分收敛，σ 应小于另一收敛坐标 σ_2，即应使

$$\lim_{t\to-\infty}x(t)e^{-\sigma t}=0,\quad \sigma<\sigma_2$$

因此，双边拉普拉斯变换的收敛条件为

$$\lim_{t\to\infty}x(t)e^{-\sigma t}=0,\quad \sigma>\sigma_1 \tag{6.4.3}$$

$$\lim_{t\to-\infty}x(t)e^{-\sigma t}=0,\quad \sigma<\sigma_2 \tag{6.4.4}$$

则其双边拉普拉斯变换在 $\sigma_1<\sigma<\sigma_2$ 区域上存在。在复平面上，区域 $\sigma_1<\sigma<\sigma_2$ 称为双边拉普拉斯变换的收敛域。

例 6.4.1 确定下列信号的拉普拉斯变换的收敛域：

(1) $x_1(t)=\begin{cases}e^{at}, & t<0,a>0 \\ e^{-at} & t>0,a>0\end{cases}$

(2) $x_2(t)=\begin{cases}e^{-at}, & t<0,a>0 \\ e^{at}, & t>0,a>0\end{cases}$

(3) $x(t)=\begin{cases}1, & |t|<\dfrac{\tau}{2} \\ 0, & |t|>\dfrac{\tau}{2}\end{cases}$

解：(1) $\lim\limits_{t \to \infty} x_1(t) e^{-\sigma t} = \lim\limits_{t \to \infty} e^{-at} e^{-\sigma t} = 0, \quad \sigma + a > 0$

即 $\qquad\qquad\qquad\qquad \sigma > -a, \quad \sigma_1 = -a$

$\qquad\qquad \lim\limits_{t \to -\infty} x_1(t) e^{-\sigma t} = \lim\limits_{t \to -\infty} e^{at} e^{-\sigma t} = 0, \quad \sigma - a < 0$

即 $\qquad\qquad\qquad\qquad \sigma < a, \quad \sigma_2 = a$

所以其收敛域为 $-a < \sigma < a$。

(2) $\lim\limits_{t \to \infty} x_2(t) e^{-\sigma t} = \lim\limits_{t \to \infty} e^{at} e^{-\sigma t} = 0, \quad \sigma - a > 0$

即 $\qquad\qquad\qquad\qquad \sigma > a, \quad \sigma_1 = a$

$\qquad\qquad \lim\limits_{t \to -\infty} x_2(t) e^{-\sigma t} = \lim\limits_{t \to -\infty} e^{-at} e^{-\sigma t} = 0, \quad \sigma + a < 0$

即 $\qquad\qquad\qquad\qquad \sigma < -a, \quad \sigma_2 = -a$

以上两项无公共收敛域，所以对 $x_2(t)$ 而言，$X(s)$ 不存在。

(3) $\lim\limits_{t \to \infty} x_3(t) e^{-\sigma t} = \lim\limits_{t \to \infty} 0 e^{-\sigma t} = 0, -\infty < \sigma$

$\qquad\qquad \lim\limits_{t \to -\infty} x(t) e^{-\sigma t} = \lim\limits_{t \to -\infty} 0 e^{-\sigma t} = 0, \sigma < \infty$

所以其收敛域为 $-\infty < t < \infty$，即全平面收敛，可写为 $\sigma > -\infty$。

6.4.2 双边拉普拉斯变换的求法及基本性质

分析双边拉普拉斯变换，不妨把双边信号分成两个单边信号，即

$$x_1(t) = x(t)u(t) \tag{6.4.5}$$

$$x_2(t) = x(t)u(-t) \tag{6.4.6}$$

这样， $\qquad\qquad x(t) = x_1(t) + x_2(t)$

$$= x(t)u(t) + x(t)u(-t) \tag{6.4.7}$$

对式(6.4.7)进行双边拉普拉斯变换，有

$$X_B(s) = \int_{-\infty}^{0} x(t)u(-t) e^{-st}\, dt + \int_{0}^{\infty} x(t)u(t) e^{-st}\, dt \tag{6.4.8}$$

式(6.4.8)中第二个积分正是函数 $x(t)$ 的单边拉普拉斯变换，即

$$X_2(s) = \int_{0}^{\infty} x(t)u(t) e^{-st}\, dt, \quad \sigma > \sigma_1$$

$$X_{B_2}(s) = X_2(s), \quad \sigma > \sigma_1$$

式(6.4.8)的第一个积分中，令 $t = -\tau$，代入得

$$X_{B_1}(s) = -\int_{\infty}^{0} x(-\tau)u(\tau) e^{-(-s)\tau}\, d\tau$$

$$= \int_{0}^{\infty} x(-\tau)u(\tau) e^{-(-s)\tau}\, d\tau \tag{6.4.9}$$

令 $\qquad\qquad X_1(s) = \int_{0}^{\infty} x(-t)u(t) e^{-st}\, dt, \quad \sigma > \sigma_2 \tag{6.4.10}$

则 $\qquad\qquad X_{B_1}(s) = X_1(-s), \quad \sigma < -\sigma_2 \tag{6.4.11}$

于是函数 $x(t)$ 的双边拉普拉斯变换为

$$X_B(s) = X_{B_1}(s) + X_{B_2}(s) \tag{6.4.12}$$
$$= X_1(-s) + X_2(s), \quad \sigma_1 < \sigma < -\sigma_2$$

例 6.4.2 求信号 $x(t) = \begin{cases} e^{at}, & t<0, a>0 \\ e^{-bt}, & t>0, b>0 \end{cases}$ 的双边拉普拉斯变换,并说明其收敛域。

解:
$$x(t) = x_1(t) + x_2(t)$$
$$= e^{at}u(-t) + e^{-bt}u(t)$$
$$X_1(s) = \mathscr{L}[x_1(-t)u(t)] = \int_0^\infty e^{-at}e^{-st}\,dt$$
$$= \frac{1}{s+a}, \quad \sigma > -a$$

所以有
$$X_{B_1}(s) = X_1(-s) = \frac{1}{-s+a}, \quad \sigma < a$$
$$X_2(s) = \mathscr{L}[x_2(t)u(t)] = \int_0^\infty e^{-bt}e^{-st}\,dt$$
$$= \frac{1}{s+b}, \quad \sigma > -b$$
$$X_{B_2}(s) = X_2(s) = \frac{1}{s+b}, \quad \sigma > -b$$

最后得 $x(t)$ 的双边拉普拉斯变换
$$X_B(s) = \mathscr{L}[x(t)] = X_{B_1}(s) + X_{B_2}(s)$$
$$= \frac{1}{-s+a} + \frac{1}{s+b}$$
$$= \frac{1}{s+b} - \frac{1}{s-a}, \quad -b < \sigma < a$$

例 6.4.3 求 $x(t) = (-e^{at} + e^{-bt})u(t), a>0, b>0$ 的双边拉普拉斯变换,并说明其收敛域。

解: 此函数为单边函数,其双边拉普拉斯变换和单边拉普拉斯变换相同。
$$X_B(s) = \int_0^\infty [e^{-bt} - e^{at}]e^{-st}\,dt$$
$$= \frac{1}{s+b} - \frac{1}{s-a}, \quad \sigma > a$$

由上两例的结果可见,这两例虽是不同的时间信号波形,但它们的双边拉普拉斯变换在形式上却是相同的。可见相同的双边拉普拉斯变换式,当取不同的收敛域时,其 $x(t)$ 是各异的。这说明确定双边拉普拉斯变换收敛域尤为重要。

前面讨论的单边拉普拉斯变换的性质也适用于双边拉普拉斯变换,所不同的是要注意收敛域的确定。这里不作详细的讨论,其性质列于表 6.4.1 中以供查阅。

表 6.4.1　双边拉普拉斯变换的性质

名　称	$x(t)\leftrightarrow X_B(s)$	
	时域	s 域
定义	$x(t)=\dfrac{1}{2\pi j}\displaystyle\int_{\sigma-j\infty}^{\sigma+j\infty}X_B(s)e^{st}\,ds$	$X_B(s)=\displaystyle\int_{-\infty}^{\infty}x(t)e^{-st}\,dt$ $\alpha<\sigma<\beta$
线性	$a_1x_1(t)+a_2x_2(t)$	$a_1X_{B_1}(s)+a_2X_{B_2}(s)$ $\max(\alpha_1,\alpha_2)<\sigma<\min(\beta_1,\beta_2)$
尺度变换	$x(at)$	$\dfrac{1}{\vert a\vert}X_B\left(\dfrac{s}{a}\right),\alpha<\dfrac{\sigma}{\vert a\vert}<\beta$
时移	$x(t-t_0)$	$e^{-st_0}X_B(s),\alpha<\sigma<\beta$
复频移	$e^{-s_0t}x(t)$	$X_B(s+s_0)$ $\alpha-\mathrm{Re}[s_0]<\sigma<\beta-\mathrm{Re}[s_0]$
时域微分	$\dfrac{dx(t)}{dt}$	$sX_B(s),\alpha<\sigma<\beta$
时域积分	$\displaystyle\int_{-\infty}^{t}x(\tau)d\tau$ $\displaystyle\int_{0}^{t}x(\tau)d\tau$	$\dfrac{1}{s}X_B(s),\max(\alpha,0)<\sigma<\beta$ $\dfrac{1}{s}X_B(s),\alpha<\sigma<\min(\beta,0)$
时域卷积	$x_1(t)*x_2(t)$	$X_{B_1}(s)X_{B_2}(s)$ $\max(\alpha_1,\alpha_2)<\sigma<\min(\beta_1,\beta_2)$
频域卷积	$x_1(t)x_2(t)$	$\dfrac{1}{2\pi j}\displaystyle\int_{c-j\infty}^{c+j\infty}X_{B_1}(\eta)X_{B_2}(s-\eta)d\eta$ $\alpha_1+\alpha_2<\sigma<\beta_1+\beta_2$ $\alpha_1<c<\beta_1$
s 域微分	$(-t)^n x(t)$	$\dfrac{d^nX_B(s)}{ds^n},\alpha<\sigma<\beta$

6.4.3　双边拉普拉斯反变换

可以用求单边拉普拉斯反变换的方法求解双边拉普拉斯反变换。但要注意,在双边拉普拉斯反变换中,给出的 $X_B(s)$ 可以由不同的收敛条件而对应于不同的 $x(t)$,因此要依据收敛条件去求解 $x(t)$。下面举例说明。

例 6.4.4　已知象函数 $X_B(s)=\dfrac{2s+3}{(s+1)(s+2)}$,试分别求出其收敛域为以下三种情况的双边拉普拉斯反变换:

(1) $\sigma>-1$;

(2) $\sigma < -2$;

(3) $-2 < \sigma < -1$。

解：首先将 $X_B(s)$ 展开为部分分式：

$$X_B(s) = \frac{2s+3}{(s+1)(s+2)} = \frac{K_1}{s+1} + \frac{K_2}{s+2}$$

$$K_1 = (s+1)X_B(s)\big|_{s=-1} = 1$$

$$K_2 = (s+2)X_B(s)\big|_{s=-2} = 1$$

所以
$$X_B(s) = \frac{1}{s+1} + \frac{1}{s+2}$$

(1) 对于 $\sigma > -1$。这时 $X_1(-s) = 0$，其原函数仅在 $t > 0$ 时不等于零，故得

$$X_B(s) = X_2(s) = \frac{1}{s+1} + \frac{1}{s+2}$$

$$x(t) = \mathscr{L}^{-1}[X_2(s)] = (\mathrm{e}^{-t} + \mathrm{e}^{-2t})u(t)$$

(2) 对于 $\sigma < -2$。这时 $X_2(s) = 0$，其原函数仅在 $t < 0$ 时不等于零，故得

$$X_B(s) = X_1(-s) = \frac{1}{s+1} + \frac{1}{s+2}$$

$$X_1(s) = \frac{1}{-s+1} + \frac{1}{-s+2} = \frac{-1}{s-1} + \frac{-1}{s-2}$$

$$x(-t) = \mathscr{L}^{-1}[X_1(s)] = (-\mathrm{e}^{t} - \mathrm{e}^{2t})u(t)$$

所以原函数为
$$x(t) = (-\mathrm{e}^{-t} - \mathrm{e}^{-2t})u(-t)$$

(3) 对于 $-2 < \sigma < -1$。这时

$$X_B(s) = \frac{1}{s+1} + \frac{1}{s+2}$$

其中，极点 $s = -1$ 在收敛域的右边界，因而上式中第一项应在 $\sigma < -1$ 时收敛，其原函数在 $t > 0$ 时等于零；$X_B(s)$ 中的极点 $s = -2$ 是收敛域的左边界，因而上式中第二项应在 $\sigma > -2$ 时收敛，其原函数在 $t < 0$ 时等于零。

故得

$$X_1(-s) = \frac{1}{s+1}, \quad X_2(s) = \frac{1}{s+2}$$

所以
$$X_1(s) = \frac{1}{-s+1} = \frac{-1}{s-1}$$

$$x_1(-t) = \mathscr{L}^{-1}[X_1(s)] = -\mathrm{e}^{t}u(t)$$

$$x_1(t) = -\mathrm{e}^{-t}u(-t)$$

$$x_2(t) = \mathscr{L}^{-1}[X_2(s)] = \mathrm{e}^{-2t}u(t)$$

最后得原函数
$$x(t) = x_1(t) + x_2(t)$$

$$= -\mathrm{e}^{-t}u(-t) + \mathrm{e}^{-2t}u(t)$$

利用留数计算法求双边拉普拉斯反变换的计算公式为

若 $X_B(s)$ 的收敛域为 $\sigma_1 < \sigma < \sigma_2$，则

$$x(t) = \frac{1}{2\pi j}\int_{\sigma-j\infty}^{\sigma+j\infty} X(s)e^{st}\,ds$$

$$= \begin{cases} -\sum[\text{对 } \sigma \text{ 的右方 } X_B(s)e^{st} \text{ 极点的留数}], & t<0 \\ \sum[\text{对 } \sigma \text{ 的左方 } X_B(s)e^{st} \text{ 极点的留数}], & t>0 \end{cases} \qquad (6.4.13)$$

例 6.4.5 用留数法求象函数 $X_B(s) = \dfrac{2s+3}{(s+1)(s+2)}$，$-2 < \sigma < -1$ 的拉普拉斯反变换。

解： 根据函数的收敛域 $-2 < \sigma < -1$ 可知极点 $s=-2$ 在 σ 的左边，极点 $s=-1$ 在 σ 的右边，根据式(6.4.13)，有

$$x(t) = \begin{cases} -\operatorname*{Res}_{s=-1}[X_B(s)e^{st}], & t<0 \\ \operatorname*{Res}_{s=-2}[X_B(s)e^{st}], & t>0 \end{cases}$$

其中，

$$-\operatorname*{Res}_{s=-1}[X_B(s)e^{st}] = -(s+1)X_B(s)e^{st}\big|_{s=-1} = -e^{-t}$$

$$\operatorname*{Res}_{s=-2}[X_B(s)e^{st}] = (s+2)X_B(s)e^{st}\big|_{s=-2} = e^{-2t}$$

故得 $x(t) = \begin{cases} -e^{-t}, & t<0 \\ e^{-2t}, & t>0 \end{cases}$，与例 6.4.4 结果相同。

6.5 系统的复频域分析

拉普拉斯变换是分析连续时间线性时不变系统的有力数学工具。本节讨论运用拉普拉斯变换，求解系统响应的一些问题。

6.5.1 微分方程的复频域求解

如前所述，描述连续时间线性时不变系统的是常系数微分方程，其一般形式如下：

$$a_n \frac{d^n}{dt^n}y(t) + a_{n-1}\frac{d^{n-1}}{dt^{n-1}}y(t) + \cdots + a_1 \frac{d}{dt}y(t) + a_0 y(t)$$

$$= b_m \frac{d^m}{dt^m}x(t) + b_{m-1}\frac{d^{m-1}}{dt^{m-1}}x(t) + \cdots + b_1 \frac{d}{dt}x(t) + b_0 x(t) \qquad (6.5.1)$$

式中，各系数均为实数，设系统的初始状态为 $y(0^-), y'(0^-), \cdots, y^{(n-1)}(0^-)$。

求解系统响应的计算过程就是求解此微分方程。第 3 章中讨论了微分方程的时域求解方法，求解过程较为烦琐。下面学习用拉普拉斯变换的方法求解微分方程。

令 $x(t) \leftrightarrow X(s), y(t) \leftrightarrow Y(s)$,根据拉普拉斯变换的时域微分特性,有

$$x^{(n)}(t) \leftrightarrow s^n X(s) - s^{n-1}x(0^-) - s^{n-2}x'(0^-) - \cdots - x^{(n-1)}(0^-) \qquad (6.5.2)$$

$$y^{(n)}(t) \leftrightarrow s^n Y(s) - s^{n-1}y(0^-) - s^{n-2}y'(0^-) - \cdots - y^{(n-1)}(0^-) \qquad (6.5.3)$$

若输入信号 $x(t)$ 为因果信号,则 $t=0^-$ 时刻 $x(t)$ 及其各阶导数为零,所以

$$x^{(n)}(t) \leftrightarrow s^n X(s) \qquad (6.5.4)$$

这样,将式(6.5.1)等号两边取拉普拉斯变换,就可以将描述 $y(t)$ 和 $x(t)$ 之间关系的微分方程变换为描述 $Y(s)$ 和 $X(s)$ 之间关系的代数方程,并且初始状态已自然地包含在其中,可直接得出系统的全响应解,求解步骤简明且有规律。现举例说明。

例 6.5.1 某线性时不变系统 $y''(t)+3y'(t)+2y(t)=2x'(t)+x(t)$,输入信号 $x(t)=\mathrm{e}^{-3t}u(t)$,初始状态 $y(0^-)=1, y'(0^-)=1$,求全响应。

解: 对微分方程两边取拉普拉斯变换,可得

$$s^2 Y(s) - sy(0^-) - y'(0^-) + 3[sY(s) - y(0^-)] + 2Y(s) = 2sX(s) + X(s) \qquad (6.5.5)$$

将 $y(0^-)=1, y'(0^-)=1, X(s)=\dfrac{1}{s+3}$ 代入式(6.5.5)得

$$(s^2+3s+2)Y(s) - s - 4 = \frac{2s+1}{s+3}$$

$$Y(s) = \frac{s^2+9s+13}{(s+1)(s+2)(s+3)} = \frac{\dfrac{5}{2}}{s+1} + \frac{1}{s+2} + \frac{-\dfrac{5}{2}}{s+3}$$

求其反变换得

$$y(t) = \frac{5}{2}\mathrm{e}^{-t}u(t) + \mathrm{e}^{-2t}u(t) - \frac{5}{2}\mathrm{e}^{-3t}u(t)$$

在第 3 章中讨论了全响应中的零输入响应与零状态响应、自然响应与强迫响应的概念,这里从 s 域的角度来研究这一问题。

例 6.5.1 中,由式(6.5.5)可以得到

$$Y(s) = \frac{2s+1}{s^2+3s+2}X(s) + \frac{sy(0^-)+y'(0^-)+3y(0^-)}{s^2+3s+2}$$

$$= \frac{2s+1}{s^2+3s+2}\frac{1}{s+3} + \frac{s+4}{s^2+3s+2}$$

$$= \underbrace{\frac{-\dfrac{1}{2}}{s+1} + \frac{3}{s+2} + \frac{-\dfrac{5}{2}}{s+3}}_{\text{零状态响应}Y_{zs}(s)} + \underbrace{\frac{3}{s+1} + \frac{-2}{s+2}}_{\text{零输入响应}Y_{zi}(s)}$$

$$= \underbrace{\frac{\dfrac{5}{2}}{s+1} + \frac{1}{s+2}}_{\text{自然响应}Y_n(s)} + \underbrace{\frac{-\dfrac{5}{2}}{s+3}}_{\text{强迫响应}Y_f(s)}$$

相应地,有

仿真求解

$$y(t) = \underbrace{-\frac{1}{2}e^{-t}u(t) + 3e^{-2t}u(t) - \frac{5}{2}e^{-3t}u(t)}_{\text{零状态响应}\, y_{zs}(t)} + \underbrace{3e^{-t}u(t) - 2e^{-2t}u(t)}_{\text{零输入响应}\, y_{zi}(t)}$$

$$= \underbrace{\frac{5}{2}e^{-t}u(t) + e^{-2t}u(t)}_{\text{自然响应}\, y_n(t)} - \underbrace{\frac{5}{2}e^{-3t}u(t)}_{\text{强迫响应}\, y_f(t)}$$

可见，$Y(s)$ 的极点由两部分组成，一部分是系统特征根形成的极点 -1、-2（称为自然频率或固有频率），构成系统自然响应 $y_n(t)$；另一部分是激励信号的象函数 $X(s)$ 的极点 -3，构成强迫响应 $y_f(t)$。所以，自然响应 $y_n(t)$ 的函数形式由系统的特征根决定，强迫响应 $y_f(t)$ 的函数形式由激励信号决定。

由例 6.5.1 可见，用拉普拉斯变换求解微分方程有以下三步：

(1) 对微分方程逐项求拉普拉斯变换，利用微分性质代入初始状态；

(2) 对拉普拉斯变换方程进行代数运算，求出响应的象函数；

(3) 对响应的象函数进行拉普拉斯反变换，得到全响应的时域表示。

6.5.2　电路系统的复频域求解

对电路系统进行分析，除了用拉普拉斯变换解微分方程求响应外，还可以利用元件的 s 域模型，直接列出象函数对应的代数方程求解。本节首先讨论基尔霍夫定律在 s 域的形式和电路元件的 s 域模型。

1. 基尔霍夫定律的 s 域形式(运算形式)

基尔霍夫电流定律(KCL)指出：对任意节点，在任一时刻流入(或流出)该节点电流的代数和恒等于零，即

$$\sum i(t) = 0 \tag{6.5.6}$$

对式(6.5.6)进行拉普拉斯变换，可得

$$\sum I(s) = 0 \tag{6.5.7}$$

式中，$I(s)$ 为各相应电流 $i(t)$ 的象函数。

同理可得基尔霍夫电压定律(KVL)在 s 域的形式：

$$\sum U(s) = 0 \tag{6.5.8}$$

式中，$U(s)$ 为各相应支路电压 $u(t)$ 的象函数。式(6.5.8)表明沿任意闭合回路，各段电压象函数的代数和恒等于零。

2. R、L、C 的 s 域模型(运算阻抗)

1) 电阻 R

根据时域元件的伏安关系，有

$$u(t) = Ri(t) \tag{6.5.9}$$

对式(6.5.9)取拉普拉斯变换,得

$$U(s) = RI(s) \tag{6.5.10}$$

式(6.5.10)是电阻 R 上电压与电流在 s 域中的关系,称为 R 的 s 域模型。如图 6.5.1 所示,其元件的象电压(电压象函数)与象电流(电流象函数)之比定义为元件的运算阻抗。所以电阻 R 的运算阻抗可表示为

$$R = \frac{U(s)}{I(s)} \tag{6.5.11}$$

图 6.5.1 电阻及其 s 域模型

2) 电容 C

时域电容元件 C 的伏安关系为

$$u_C(t) = \frac{1}{C} \int_{-\infty}^{t} i_C(\tau) \mathrm{d}\tau \tag{6.5.12}$$

由拉普拉斯变换积分性质可得

$$U_C(s) = \frac{1}{Cs} I_C(s) + \frac{1}{s} u_C(0^-) \tag{6.5.13}$$

$$I_C(s) = Cs U_C(s) - C u_C(0^-) \tag{6.5.14}$$

式中,$u_C(0^-)$ 为电容上的初始电压。其 s 域模型如图 6.5.2 所示。

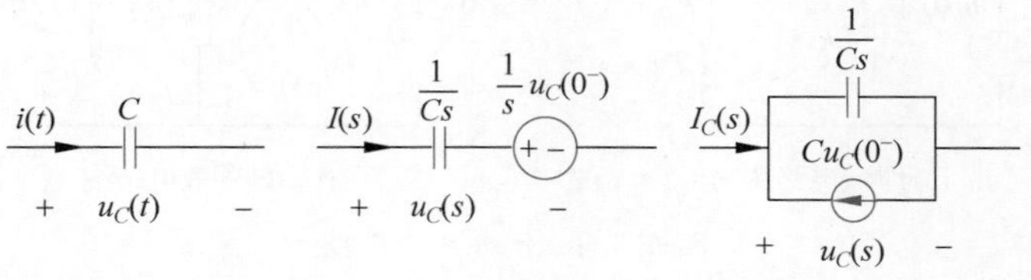

图 6.5.2 电容及其 s 域模型

式(6.5.13)表明,电容上象电压 $U_C(s)$ 和象电流 $I(s)$ 的关系可以看作由容抗(电容的运算阻抗)$1/Cs$ 与内部象电压源 $u_C(0^-)/s$ 相串联组成。式(6.5.14)表明,该电容上象电压 $U_C(s)$ 和象电流 $I(s)$ 的关系也可看作容抗 $1/Cs$ 与内部象电流源 $C u_C(0^-)$ 相并联组成。

3) 电感 L

时域电感元件 L 的伏安关系为

$$u_L(t) = L \frac{\mathrm{d} i_L(t)}{\mathrm{d}t} \tag{6.5.15}$$

取拉普拉斯变换,由微分性质可得

$$U_L(s) = Ls I_L(s) - L i_L(0^-) \tag{6.5.16}$$

或

$$I_L(s) = \frac{U_L(s)}{Ls} + \frac{i_L(0^-)}{s} \tag{6.5.17}$$

式中，$i_L(0^-)$ 为电感的初始电流。其 s 域模型如图 6.5.3 所示。

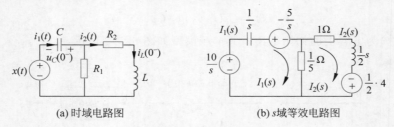

图 6.5.3　电感及其 s 域模型

式中，Ls 称为感抗(电感的运算阻抗)，$Li_L(0^-)$ 称为内部象电压源，$i_L(0^-)/s$ 称为内部象电流源。

　　利用 s 域模型求全响应是一种分析电路系统常用的方法。这种方法首先把电路中的元件用其 s 域模型来代替，然后利用基尔霍夫定律的 s 域形式，按电阻电路的分析方法，列出电路方程，直接求出响应的象函数，再进行反变换就得全响应的时域形式。因为这种方法的拉普拉斯变换已体现在 s 域模型中，避免了在时域列写微积分方程的过程。

　　例 6.5.2　如图 6.5.4 所示电路，$C=1\text{F}$，$R_1=1/5\,\Omega$，$R_2=1\,\Omega$，$L=1/2\text{H}$，$u_C(0^-)=5\text{V}$，$i_L(0^-)=4\text{A}$。当 $x(t)=10\text{V}$，求全响应电流 $i_1(t)$。

(a)时域电路图　　　　　(b)s域等效电路图

图 6.5.4　例 6.5.2 电路

　　解：将电路元件用其 s 域模型替代，激励用其象函数替代，作出该电路的 s 域等效电路，如图 6.5.4(b)所示。由基尔霍夫定律的 s 域形式可得

$$\begin{cases} \left(\dfrac{1}{5}+\dfrac{1}{s}\right)I_1(s) - \dfrac{1}{5}I_2(s) = \dfrac{10}{s} + \dfrac{5}{s} \\[2mm] -\dfrac{1}{5}I_1(s) + \left(\dfrac{1}{5}+1+\dfrac{1}{2}s\right)I_2(s) = 2 \end{cases}$$

消去 $I_2(s)$，经整理得

$$I_1(s) = -\frac{57}{s+3} + \frac{136}{s+4}$$

所以　　　　　　　　　　$$i_1(t) = (-57e^{-3t} + 136e^{-4t})u(t)$$

　　例 6.5.3　电路如图 6.5.5 所示，$u_C(t)$ 和 $x(t)$ 分别为输出和输入电压。(1)求系统的单位冲激响应；(2)为使系统的零输入响应等于单位冲激响应，试确定系统的初始状态 $i_L(0^-)$ 和 $u_C(0^-)$。

　　解：由图 6.5.5(a)可得其 s 域等效电路图如图 6.5.5(b)所示。

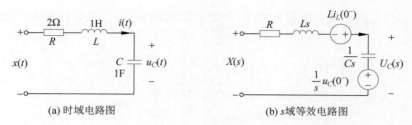

(a) 时域电路图　　　　　　　(b) s 域等效电路图

图 6.5.5　例 6.5.3 电路

(1) 求单位冲激响应 $h(t)$。

单位冲激响应为零状态响应,故等效电路中附加电压源为零,此时,

$$X(s) = \mathscr{L}[\delta(t)] = 1$$

$$H(s) = U_C(s) = \frac{\dfrac{1}{Cs}}{R + Ls + \dfrac{1}{Cs}} X(s) = \frac{\dfrac{1}{Cs}}{R + Ls + \dfrac{1}{Cs}}$$

代入参数,整理得

$$H(s) = \frac{1}{(s+1)^2}$$

所以

$$h(t) = \mathscr{L}^{-1}[H(s)] = t e^{-t} u(t)$$

(2) 考虑初始状态的作用,此时 $X(s) = 0$,输入端相当于短路,可得

$$I(s) = \frac{L i_L(0^-) - \dfrac{1}{s} u_C(0^-)}{R + Ls + \dfrac{1}{Cs}}$$

$$U_C(s) = \frac{1}{Cs} I_L(s) + \frac{1}{s} u_C(0^-)$$

$$= \frac{(s+2) u_C(0^-) + i_L(0^-)}{(s+1)^2}$$

根据要求

$$U_C(s) = H(s) = \frac{1}{(s+1)^2}$$

所以

$$(s+2) u_C(0^-) + i_L(0^-) = 1$$

由方程两端系数相等,可得初始状态为

$$i_L(0^-) = 1, \quad u_C(0^-) = 0$$

6.6　连续时间系统的系统函数及系统特性

6.6.1　系统函数

如前所述,线性时不变系统可用线性常系数微分方程描述,即

$$\sum_{i=0}^{n} a_i y^{(i)}(t) = \sum_{j=0}^{m} b_j x^{(j)}(t), \quad m \leqslant n \tag{6.6.1}$$

对式(6.6.1)两边同时取拉普拉斯变换,并设初始状态为零,可得零状态响应 $y_{zs}(t)$ 的象函数为

$$Y_{zs}(s) = \frac{N(s)}{D(s)} X(s) \qquad (6.6.2)$$

式中,$X(s)$ 为激励 $x(t)$ 的象函数,$N(s)$、$D(s)$ 分别为

$$N(s) = b_m s^m + b_{m-1} s^{m-1} + \cdots + b_1 s + b_0 \qquad (6.6.3)$$

$$D(s) = a_n s^n + a_{n-1} s^{n-1} + \cdots + a_1 s + a_0 \qquad (6.6.4)$$

其中,$D(s)$ 称为微分方程(6.6.1)的特征多项式,$D(s)=0$ 称为特征方程,它的根称为特征根。

定义系统零状态响应的象函数 $Y_{zs}(s)$ 与激励的象函数 $X(s)$ 之比为系统函数(或传递函数、网络函数),用 $H(s)$ 表示,即

$$H(s) = \frac{Y_{zs}(s)}{X(s)} \qquad (6.6.5)$$

由式(6.6.2)知,$H(s)$ 的一般形式是两个 s 的多项式之比,即

$$H(s) = \frac{N(s)}{D(s)} \qquad (6.6.6)$$

式(6.6.6)构成的有理分式与外界激励无关,与系统内部的初始状态也无关(即系统处于零状态),只取决于输入和输出所构成的系统本身,因此它决定了系统特性。一旦系统的结构已定,$H(s)$ 就可以计算出来。

引入系统函数的概念以后,零状态响应的象函数可写为

$$Y_{zs}(s) = H(s) X(s) \qquad (6.6.7)$$

式(6.6.7)和式(6.6.5)中的 $H(s)$ 是否就是单位冲激响应 $h(t)$ 的拉普拉斯变换呢?下面进行分析。

当输入为单位冲激信号时,即 $x(t)=\delta(t)$ 时,$X(s)=1$,此时的单位冲激响应即为 $h(t)$,根据式(6.6.7),其象函数为

$$\mathcal{L}[h(t)] = X(s) H(s) = H(s)$$

上式说明,单位冲激响应 $h(t)$ 与系统函数 $H(s)$ 是一对拉普拉斯变换对。

对式(6.6.7)取拉普拉斯反变换,并利用卷积定理,得到

$$y_{zs}(t) = \mathcal{L}^{-1}[X(s)H(s)] = \mathcal{L}^{-1}[X(s)] * \mathcal{L}^{-1}[H(s)] = x(t) * h(t)$$

这与时域分析中得到的结论是完全一致的。可见,拉普拉斯变换把时域中的卷积运算转变为 s 域中的乘积运算。这也提供了一种求解零状态响应的新方法。

例 6.6.1 设有 $x(t)=tu(t)$ 加到图 6.6.1 所示 RC 串联电路输入端,试求该系统的系统函数 $H(s)$ 以及电容上的电压 $u_C(t)$。

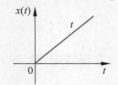 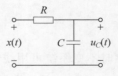

图 6.6.1 **RC 串联电路图**

解：由运算等效电路模型可得

$$U_C(s) = \frac{\dfrac{1}{Cs}}{R + \dfrac{1}{Cs}} \cdot X(s)$$

所以其系统函数为

$$H(s) = \frac{U_C(s)}{X(s)} = \frac{\dfrac{1}{Cs}}{R + \dfrac{1}{Cs}} = \frac{\dfrac{1}{RC}}{s + \dfrac{1}{RC}}$$

因

$$X(s) = \mathscr{L}\left[t \cdot u(t)\right] = \frac{1}{s^2}$$

则

$$U_C(s) = H(s)X(s)$$

$$= \frac{\dfrac{1}{RC}}{s + \dfrac{1}{RC}} \cdot \frac{1}{s^2} = \frac{RC}{s + \dfrac{1}{RC}} + \frac{1}{s^2} - \frac{RC}{s}$$

所以，系统的零状态响应，即电容上的电压为

$$u_C(t) = \mathscr{L}^{-1}\left[U_C(s)\right] = \left[t - RC\left(1 - \mathrm{e}^{-\frac{t}{RC}}\right)\right]u(t)$$

6.6.2 系统的极零点分析

本节首先说明极点、零点和极零点图的概念，然后讨论系统函数极零点在 s 平面的分布情况与系统性能的关系。本节所涉及的问题，在系统分析和综合中占有很重要的地位。

1. 系统的极点、零点和极零点图

对于 n 阶常系数微分方程描述的系统，由 6.6.1 节分析可知其系统函数可写为

$$H(s) = \frac{b_m s^m + b_{m-1}s^{m-1} + \cdots + b_1 s + b_0}{a_n s^n + a_{n-1}s^{n-1} + \cdots + a_1 s + a_0} = \frac{N(s)}{D(s)} \tag{6.6.8}$$

显然，除去一个常数因子外，$N(s)$、$D(s)$ 分别可以用它们的根来表示。即 $H(s)$ 又可以表示为

$$H(s) = \frac{N(s)}{D(s)} = K\frac{\displaystyle\prod_{j=1}^{m}(s - z_j)}{\displaystyle\prod_{j=1}^{n}(s - p_j)} \tag{6.6.9}$$

其中，K 为常数。分母多项式 $D(s) = 0$ 的根为 $p_j(j = 1,2,\cdots,n)$ 称为极点（即特征根），分子多项式 $N(s) = 0$ 的根为 $z_j(j = 1,2,\cdots,m)$ 称为零点。极点和零点可能为实数或复数。只要 $H(s)$ 表示一个实系统，则 $N(s)$、$D(s)$ 的系数都为实数，那么其复数零点或极

点必成共轭对出现。显然,如果不考虑常数 K,由系统的零点和极点可以得到系统函数 $H(s)$。

在 s 平面上标出 $H(s)$ 的极、零点位置,极点用×表示,零点用○表示,若为 n 重零点或极点,可在旁注以"(n)",就得到系统函数的极零点图。极零点图可以表示一个系统,常用来分析系统特性。

例 6.6.2 已知系统函数 $H(s) = \dfrac{(s-2)^2}{(s+\frac{3}{2})^2(s^2+s+\frac{5}{4})}$,求其极点和零点,并画出极零点图。

解:$H(s)$ 有一个二阶零点:$z_1 = 2$;

有一个二阶极点:$p_1 = -\dfrac{3}{2}$;

另有两个共轭极点:$p_2 = -\dfrac{1}{2}+j, p_3 = -\dfrac{1}{2}-j$。

极零点图如图 6.6.2 所示。

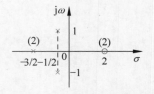

图 6.6.2 例 6.6.2 的极零点图

2. 系统的时域特性与极点位置的关系

系统函数 $H(s)$ 一般是关于 s 的有理分式,通过因式分解和部分分式展开,如果只含有一阶极点,可以将其分解成表 6.6.1 中各式的线性组合。也就是说,根据系统函数 $H(s)$ 的极点,可以得出时域 $h(t)$ 的函数形式。下面以一阶极点为例进行分析,不难得出如图 6.6.3 所示的对应关系。这样,根据 $H(s)$ 极点在 s 平面上的位置就可以得出单位冲激响应 $h(t)$ 的函数形式。

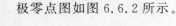
表 6.6.1 常用拉普拉斯变换对及其极点

$x(t)$	$X(s)$	极 点
$u(t)$	$\dfrac{1}{s}$	$p_1 = 0$
$e^{at}u(t)$	$\dfrac{1}{s-a}$	$p_1 = a$
$\sin(\omega_0 t)u(t)$	$\dfrac{\omega_0}{s^2+\omega_0^2}$	$p_{1,2} = \pm j\omega_0$
$\cos(\omega_0 t)u(t)$	$\dfrac{s}{s^2+\omega_0^2}$	$p_{1,2} = \pm j\omega_0$
$e^{at}\sin(\omega_0 t)u(t)$	$\dfrac{\omega_0}{(s-a)^2+\omega_0^2}$	$p_{1,2} = a \pm j\omega_0$
$e^{at}\cos(\omega_0 t)u(t)$	$\dfrac{s-a}{(s-a)^2+\omega_0^2}$	$p_{1,2} = a \pm j\omega_0$

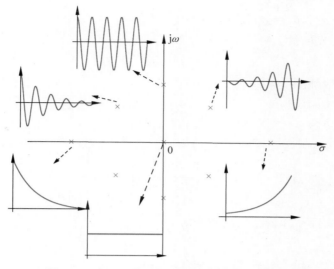

图 6.6.3　$H(s)$的极点分布与对应的波形关系

综合以上分析可以得出以下结论：

对于因果系统，$H(s)$在左半开平面的极点所对应的特征模式衰减（或振荡衰减），当$t \to \infty$时，这部分响应趋于零；在虚轴上的一阶极点对应的特征模式不随时间变化（或等幅振荡）；在右半开平面的极点对应的特征模式增长（或振荡增长）。

第 3 章中分析了系统自然响应的特征模式由系统的特征根决定，从复频域看就是由系统函数的极点决定，所以，系统自然响应的时域函数形式也可以用以上结论来分析。

注意：这里的 $H(s)$ 是单边拉普拉斯变换，相应的单位冲激响应 $h(t)$ 为因果信号，即仅针对因果系统给出的分析。

3. 系统的频率响应的极零点分析

本节研究系统的幅频和相频特性与极零点的关系。对于稳定的线性时不变系统，其系统函数 $H(s)$ 是 s 的实系数有理分式，以 $s = \mathrm{j}\omega$ 代入式(6.6.9)可得到系统的频率响应，即

动画

$$H(\mathrm{j}\omega) = K \frac{\displaystyle\prod_{j=1}^{m}(\mathrm{j}\omega - z_j)}{\displaystyle\prod_{j=1}^{n}(\mathrm{j}\omega - p_j)} \qquad (6.6.10)$$

可以看到，系统频响取决于零极点的分布，即取决于 p_j、z_j 的位置，而 K 是系数，对频响特性无关紧要。式(6.6.10)分母中任一极点因子 $\mathrm{j}\omega - p_j$ 相当于由极点 p_j 引向虚轴上某点 $\mathrm{j}\omega$ 的一个向量，称为极点向量；分子中任一零点因子 $\mathrm{j}\omega - z_j$ 相当于由零点 z_j 引向虚轴上某点 $\mathrm{j}\omega$ 的一个向量，称为零点向量。图 6.6.4 表示出了两个极点向量，记极点向量

$$\mathrm{j}\omega - p_j = A_j \mathrm{e}^{\mathrm{j}\theta_j}$$

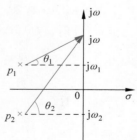

图 6.6.4　极点向量图

其中，$A_j = |j\omega - p_j|$，$\theta_j = \angle(j\omega - p_j)$。

类似地，记零点向量

$$j\omega - z_j = B_j e^{j\varphi_j}$$

其中，$B_j = |j\omega - z_j|$；$\varphi_j = \angle(j\omega - z_j)$。

则系统的频率响应为

$$H(j\omega) = |H(j\omega)| e^{j\angle H(j\omega)} \tag{6.6.11}$$

其中

$$|H(j\omega)| = K \frac{|B_1||B_2|\cdots|B_m|}{|A_1||A_2|\cdots|A_n|} = K \frac{\prod\limits_{j=1}^{m}|B_j|}{\prod\limits_{j=1}^{n}|A_j|} \tag{6.6.12}$$

$$\angle H(j\omega) = (\varphi_1 + \varphi_2 + \cdots + \varphi_m) - (\theta_1 + \theta_2 + \cdots + \theta_n)$$

$$= \sum_{j=1}^{m} \varphi_j - \sum_{j=1}^{n} \theta_j \tag{6.6.13}$$

$|H(j\omega)|$ 称为系统的幅频特性，等于 K 乘以所有零点向量的模除以所有极点向量的模；$\angle H(j\omega)$ 称为相频特性，等于所有零点相位的和减去所有极点相位的和。

例 6.6.3 求图 6.6.5 所示 RC 电路的频率响应 $H(j\omega)$。

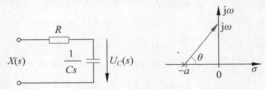

图 6.6.5 例 6.6.3 RC 电路及极零点图

解：由图 6.6.5 可得

$$H(s) = \frac{U_C(s)}{X(s)} = \frac{a}{s+a}, \quad a = \frac{1}{RC}$$

令 $s = j\omega$ 代入，则有

$$H(j\omega) = |H(j\omega)| e^{j\angle H(j\omega)}$$

其中，$|H(j\omega)| = \dfrac{a}{\sqrt{\omega^2 + a^2}}$；$\angle H(j\omega) = -\arctan\left(\dfrac{\omega}{a}\right)$。

下面根据一些特殊点近似画出幅频和相频特性。

当 $\omega = 0$ 时，$|H(j0)| = 1$，$\angle H(j0) = 0°$；

当 $|H(j\omega)| = \dfrac{1}{\sqrt{2}}|H(j0)|$ 时，$\omega = a = \dfrac{1}{RC}$，即 $\omega = \omega_c = \dfrac{1}{RC}$，

则有 $|H(j\omega_c)| = \dfrac{1}{\sqrt{2}}$，$\angle H(j0) = -45°$；

当 $\omega \to \infty$ 时，$|H(j\infty)| \to 0$，$\angle H(j\infty) \to -90°$。

其幅频和相频特性如图 6.6.6 所示。幅频特性关于纵轴对称（偶对称），相频特性关

于原点对称(奇对称)。

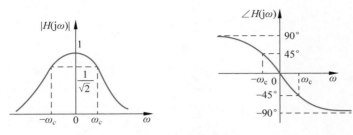

图 6.6.6   例 6.6.3 RC 电路的频率响应图

例 6.6.4   已知某稳定系统的系统函数为

$$H(s) = \frac{3s}{s+3}$$

画出其频率响应 $H(j\omega)$。

解:$H(s)$ 的极零点图和向量图如图 6.6.7(a) 和 (b) 所示。

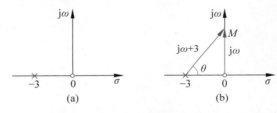

图 6.6.7   例 6.6.4 的极零点图和向量图

由图 6.6.7(b) 可见,当频率从正方向趋于 0(即 0^+)时,有

$$\lim_{\omega \to 0^+} |H(j\omega)| = \lim_{\omega \to 0^+} 3 \frac{|j\omega|}{|j\omega + 3|} = 0$$

$$\lim_{\omega \to 0^+} \angle H(j\omega) = \lim_{\omega \to 0^+} \angle j\omega - \lim_{\omega \to 0^+} \angle(j\omega + 3) = \frac{\pi}{2} - 0 = \frac{\pi}{2}$$

反之,当频率从负方向趋于 0(即 0^-)时,有

$$\lim_{\omega \to 0^-} |H(j\omega)| = \lim_{\omega \to 0^-} 3 \frac{|j\omega|}{|j\omega + 3|} = 0$$

$$\lim_{\omega \to 0^-} \angle H(j\omega) = \lim_{\omega \to 0^-} \angle j\omega - \lim_{\omega \to 0^-} \angle(j\omega + 3) = -\frac{\pi}{2} - 0 = -\frac{\pi}{2}$$

当频率趋向于正无穷大时,两个向量($j\omega$ 和 $j\omega + 3$)趋向于相同值,且总的频率响应幅值趋向于 3,同时 $j\omega$ 的相位为 $\pi/2$ 且 $j\omega + 3$ 的相位趋向于 $\pi/2$,因此,总的频率响应相位趋于零,即

$$\lim_{\omega \to \infty} |H(j\omega)| = \lim_{\omega \to \infty} 3 \frac{|j\omega|}{|j\omega + 3|} = 3$$

$$\lim_{\omega \to \infty} \angle H(j\omega) = \lim_{\omega \to \infty} \angle j\omega - \lim_{\omega \to \infty} \angle(j\omega + 3) = \frac{\pi}{2} - \frac{\pi}{2} = 0$$

同样，当频率趋于负无穷大时，有

$$\lim_{\omega \to -\infty} |H(j\omega)| = \lim_{\omega \to -\infty} 3 \frac{|j\omega|}{|j\omega+3|} = 3$$

$$\lim_{\omega \to -\infty} \angle H(j\omega) = \lim_{\omega \to -\infty} \angle j\omega - \lim_{\omega \to -\infty} \angle (j\omega+3)$$

$$= -\frac{\pi}{2} + \frac{\pi}{2} = 0$$

其频率响应 $H(j\omega)$ 如图 6.6.8 所示。

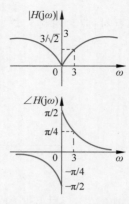

图 6.6.8 例 6.6.4 的频率响应 $H(j\omega)$

6.6.3 全通系统和最小相位系统

1. 全通系统

全通系统的幅频特性 $|H(j\omega)| = 1$，而相频特性可变。若将一个全通系统串接在电路中，可使被传输的信号的相位改变，通常作为相位补偿器，图 6.6.9(a) 为典型的全通系统，图 6.6.9(b) 为支臂的结构组成。

观察图 6.6.9 可直接得到

$$U_0(s) = I_a(s)Z_a - I_b(s)Z_b = \frac{Z_b - Z_a}{Z_b + Z_a} X(s)$$

$$H(s) = \frac{U_0(s)}{X(s)} = \frac{R - Ls - \dfrac{1}{Cs}}{R + Ls + \dfrac{1}{Cs}}$$

令 $\alpha = \dfrac{R}{2L}$，$\omega_0 = \dfrac{1}{\sqrt{LC}}$，$s_0 = \alpha + j\omega_0$，且 $\omega_0 \gg \alpha$，代入后可得

$$H(s) = \frac{-s^2 + \dfrac{R}{L}s - \dfrac{1}{LC}}{s^2 + \dfrac{R}{L}s + \dfrac{1}{LC}} = \frac{-s^2 + 2\alpha s - \omega_0^2}{s^2 + 2\alpha s + \omega_0^2} = \frac{-(s - s_0)(s - s_0^*)}{(s + s_0)(s + s_0^*)} \tag{6.6.14}$$

图 6.6.10 为全通系统的极零点图，由图可知，零点向量模与极点向量模相等，因此，$|H(j\omega)| = 1$，但相频特性随 ω 变化。

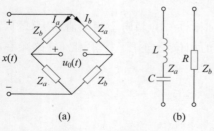

图 6.6.9 全通系统

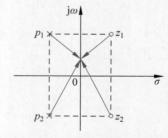

图 6.6.10 全通系统极零点图

2. 最小相移系统

考察图 6.6.11 所示的两个系统，它们有相同的极点，即

$$p_{1,2} = p_{3,4} = -2 \pm j2$$

但它们的零点不同，是关于纵轴成对称关系，即

$$z_{1,2} = -1 \pm j1 \ , \quad z_{3,4} = 1 \pm j1$$

不难看出，它们的幅频特性相同，但图 6.6.11(a) 的相位小于图 6.6.11(b) 的相位，因为图 6.6.11(b) 的相位角绝对值大。

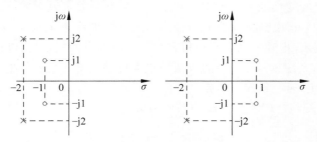

图 6.6.11 最小和非最小相移系统

最小相移系统定义如下：零点仅位于左半平面或纵轴上时的系统函数称为最小相移函数。该系统称作最小相移系统，如果系统函数有一个或多个零点在右半平面，就称该系统为非最小相移系统。

一个非最小相移系统，可用最小相移系统与全通系统级联来代替。

设非最小相移系统函数分子的复数因子为

$$[s - (\sigma_i + j\omega_i)][s - (\sigma_i - j\omega_i)] = (s - \sigma_i)^2 + \omega_i^2$$

于是 $H(s)$ 可写成

$$H(s) = H_{\min}(s)[(s - \sigma_i)^2 + \omega_i^2]$$

由于在 $H(s)$ 中已提出非最小相移这一项，余下部分必然是最小相移部分。分子分母同乘以 $(s + \sigma_i)^2 + \omega_i^2$，则有

$$H(s) = \underbrace{H_{\min}(s)[(s + \sigma_i)^2 + \omega_i^2]}_{\text{最小相移系统}} \underbrace{\frac{(s - \sigma_i)^2 + \omega_i^2}{(s + \sigma_i)^2 + \omega_i^2}}_{\text{全通系统}} \tag{6.6.15}$$

6.6.4 系统因果性和稳定性分析

1. 系统的因果性分析

第 1 章中已经学习过因果系统的概念。因果系统是指，响应不出现在激励之前的系统。显然，因果系统的单位冲激响应 $h(t)$ 满足

$$h(t) = 0, \quad t < 0 \tag{6.6.16}$$

对于因果系统,可以用单边拉普拉斯变换来分析。此时,其收敛域为 $\mathrm{Re}[s]>\sigma_c$,σ_c 是最右边极点的实部。

2. 系统稳定性分析

系统稳定性是系统一个极为重要的特性,也是大多数实际系统能够正常工作的基本条件。第 3 章中已经证明,系统稳定的充分必要条件是单位冲激响应 $h(t)$ 绝对可积,即

$$\int_{-\infty}^{\infty} |h(t)|\,\mathrm{d}t \leqslant M, \quad M\ \text{为有限正常数} \tag{6.6.17}$$

前面讨论傅里叶变换的收敛性时已经指出,对于一般来说有实际意义的信号,只要信号绝对可积,其傅里叶变换就存在。也就是说,如果冲激响应 $h(t)$ 绝对可积,那么 $H(s)$ 的收敛域就包含虚轴。结合系统稳定性与冲激响应的关系,可以得到结论:线性时不变系统稳定性与系统函数 $H(s)$ 的收敛域包含虚轴是等价的;如果 $H(s)$ 的收敛域包含虚轴,则系统稳定,否则系统不稳定。

例 6.6.5 已知线性时不变系统的系统函数为

$$H(s)=\frac{s-1}{(s+1)(s-3)}$$

试分析其系统的稳定性。

解: 由 $H(s)$ 可知该系统有两个极点:$p_1=-1$,$p_2=3$。

$H(s)$ 的收敛域可以有三种情况(见图 6.6.12):

(1) $\mathrm{Re}[s]>3$,收敛域位于右半平面,不包含虚轴,此时,系统是因果的、不稳定的;

(2) $\mathrm{Re}[s]<-1$,收敛域位于左半平面,不包含虚轴,此时,系统是非因果的、不稳定的;

(3) $-1<\mathrm{Re}[s]<3$,收敛域包含虚轴,此时,系统是稳定、非因果的。

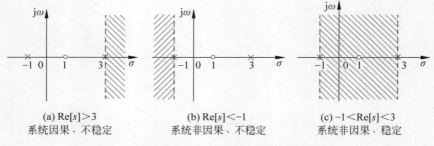

(a) Re[s]>3
系统因果、不稳定

(b) Re[s]<-1
系统非因果、不稳定

(c) -1<Re[s]<3
系统非因果、稳定

图 6.6.12　例 6.6.5 的收敛域(图中阴影部分)

进一步,假设 $H(s)$ 是因果系统(即 $h(t)=0$,$t<0$),它的收敛域位于 s 平面的右半平面。这时,若系统稳定,$H(s)$ 的收敛域必须位于包含虚轴的右半平面,或者说,$H(s)$ 的极点必须全部位于 s 平面的左半平面。因此,对于因果的线性时不变系统,通过判定系统函数 $H(s)$ 的极点位置,就可判定系统的稳定性;如果 $H(s)$ 的极点全部位于左半平面,则系统稳定,否则系统不稳定。

例 **6.6.6** 已知因果系统的系统函数为

$$H(s)=\frac{s^2+s+5}{s^3+6s^2+10s+8}$$

仿真求解

判定系统的稳定性。

解：求分母多项式的根，即解方程 $s^3+6s^2+10s+8=0$，得

$$s_0=-4,\ s_1=-1+\mathrm{j},\ s_2=-1-\mathrm{j}$$

由于这三个根的实部均小于零，它们全部位于 s 平面的左半平面，因此可以判定系统是稳定的。

要判定连续时间系统的稳定性，最直接的方法就是求出系统函数的分母多项式的所有根，然后通过判断所有这些根是否在 s 平面的左半平面来判定系统是否稳定。对于二阶以下的系统，求这些根并不困难。但是，对于高阶系统，直接求根就比较困难了。不过，借助于电子计算机，通常可以方便地求出高阶多项式的根。除此之外，还有许多其他的方法来判定系统的稳定性。

3. 劳斯-霍尔维茨稳定性判据

对于系统的稳定性判别，除了直接求系统函数分母多项式的根外，还有其他各种各样的方法。这里介绍一种适用于因果连续时间系统稳定性判别的方法，即劳斯-霍尔维兹稳定性判据。这种方法不需要解出系统函数分母多项式的根，只是判断这些根中有多少是位于 s 平面的右半平面。

具有实系数的 n 阶方程，其特征方程为

$$a_0s^n+a_1s^{n-1}+a_2s^{n-2}+\cdots+a_{n-1}s+a_n=0 \qquad (6.6.18)$$

首先，将特征方程的系数按顺序排成如下的两行：

$$
\begin{array}{cccc}
a_0 & a_2 & a_4 & a_6 \quad \cdots \\
\downarrow & \downarrow & \downarrow & \downarrow \qquad \text{（一直排到 } a_n \text{ 止）} \\
a_1 & a_3 & a_5 & a_7 \quad \cdots
\end{array}
$$

然后，以这两行为基础，计算下面各行，从而构成如下的一个阵列，称为劳斯-霍尔维茨阵列，这个阵列就是判别系统稳定性的依据。

A_0	B_0	C_0	D_0	$\cdots$
A_1	B_1	C_1	D_1	$\cdots$
A_2	B_2	C_2	$\cdots$	
A_3	B_3	C_3	$\cdots$	
$\vdots$	$\vdots$	$\vdots$	$\vdots$	
A_{n-2}	B_{n-2}	0	0	$\cdots$
A_{n-1}	0	0	$\cdots$	
A_n	0	0	$\cdots$	

上述阵列中，头两行就是前面由系数排成的两行，即 $A_0=a_0$，$A_1=a_1$，$B_0=a_2$，$B_1=a_3$，$C_0=a_4$，$C_1=a_5$，$\cdots$，其余各行按如下公式计算：

$$\begin{cases} A_2 = \dfrac{A_1 B_0 - A_0 B_1}{A_1}, & B_2 = \dfrac{A_1 C_0 - A_0 C_1}{A_1}, & C_2 = \dfrac{A_1 D_0 - A_0 D_1}{A_1} \\[3mm] A_3 = \dfrac{A_2 B_1 - A_1 B_2}{A_2}, & B_3 = \dfrac{A_2 C_1 - A_1 C_2}{A_2}, & C_3 = \dfrac{A_2 D_1 - A_1 D_2}{A_2} \\[2mm] \vdots & \vdots & \vdots \\[2mm] A_i = \dfrac{A_{i-1} B_{i-2} - A_{i-2} B_{i-1}}{A_{i-1}}, & B_i = \dfrac{A_{i-1} C_{i-2} - A_{i-2} C_{i-1}}{A_{i-1}}, & C_i = \dfrac{A_{i-1} D_{i-2} - A_{i-2} D_{i-1}}{A_{i-1}} \end{cases}$$

$$(6.6.19)$$

构成的阵列共有 $n+1$ 行。

劳斯-霍尔维茨阵列具有这样的特性:该阵列第一列的元素 $A_0, A_1, \cdots, A_n$ 的正负号变化次数与特征方程所具有的右半平面的根的数目相同。因此,根据劳斯-霍尔维茨阵列第一列元素符号的变化情况,就可判定系统的稳定性:当阵列第一列的元素无符号变化(同为正或同为负),则特征方程的全部根位于左半平面,系统稳定;反之,若有符号变化,则系统不稳定。

例 6.6.7 给出系统函数 $H(s) = \dfrac{\dfrac{K}{s(s+2)(s+4)}}{1 + \dfrac{K}{s(s+2)(s+4)}}$,为保证系统稳定,试确定 K 值允许变化的范围。

解:$H(s)$ 可化简为

$$H(s) = \frac{K}{s^3 + 6s^2 + 8s + K}$$

由特征方程 $s^3 + 6s^2 + 8s + K = 0$,可得劳斯-霍尔维茨阵列

1	8	0
6	K	0
$\dfrac{48-K}{6}$	0	0
K	0	0

为保证系统稳定,第一列的数值都要求为正,即 $\dfrac{48-K}{6} > 0$,$K > 0$,由此得到

$$0 < K < 48$$

由此例可以看出,采用劳斯-霍尔维茨判别法可以确定系统稳定时系统参数的取值范围,这对于系统设计是有好处的。

若劳斯-霍尔维茨阵列的第一列元素 A_i 出现零值,使计算下面的元素时分母为 0,对这种情况,可采用例 6.6.8 中的方法使劳斯-霍尔维茨判别法继续有效。

例 6.6.8 已知某因果系统的系统函数的特征方程为 $2s^4 + 2s^3 + s^2 + s + 1 = 0$,试分析该系统的稳定性。

解:由已知条件可得劳斯-霍尔维茨阵列:

$$\begin{matrix} 2 & 1 & 1 \\ 2 & 1 & 0 \\ 0 & 1 & 0 \end{matrix}$$

由于第一列出现了 0,无法继续计算下去;现用一个无穷小量 δ 代替 0,得到如下的劳斯-霍尔维茨阵列:

$$\begin{matrix} 2 & 1 & 1 \\ 2 & 1 & 0 \\ \delta & 1 & 0 \\ 1-\dfrac{2}{\delta} & 0 & 0 \\ 1 & 0 & 0 \end{matrix}$$

如果 δ 从正方向趋近于 0,则第四行第一列元素 $1-\dfrac{2}{\delta}$ 为负值,阵列的第一列元素有符号变化;如果 δ 从负方向趋近于 0,则阵列的第一列元素也有符号变化。因此,可以判定系统是不稳定的。

遇到这种情况时,可以把特征方程中的 s 换成 $1/s$,由此得到的根与原来的特征方程的根的实部的符号是相同的,因而不影响稳定性判别结果。这时,只需把特征方程中的系数全部颠倒,然后再采用劳斯-霍尔维茨判别法。

例 6.6.8 中,把特征方程的系数颠倒后,得到的劳斯-霍尔维茨阵列为

$$\begin{matrix} 1 & 1 & 2 \\ 1 & 2 & 0 \\ -1 & 2 & 0 \\ 4 & 0 & \\ 2 & 0 & \end{matrix}$$

同样可以判定系统是不稳定的。

6.7 信号流图和梅森公式

前面各章中,常常采用代数方法来描述一个系统所具有的输入-输出关系。这是描述系统的基本而有效的方法,但对于系统的设计和实现往往是不够的。

信号流图是一种描述系统的图解方法。一方面,它通过描述组成系统的各元部件之间信号传递的关系来表示系统中各变量的因果关系,从而进一步得到系统的输入-输出关系;另一方面,通过把系统分解成一些基本元部件的组合,得到系统模拟实现的结构和描述,从而为系统的设计和实现提供了一条有效的途径。

6.7.1 信号流图

信号流图是由若干节点和连接这些节点的有向支路组成的信号传递网络;节点代表

网络变量,用小圆圈表示;支路是连接两个节点的定向线段,用支路增益表示这两个节点之间的输入-输出关系。并且,节点变量的值等于所有流向该节点的支路输出之和,而支路输出值是流出节点变量的值乘以支路增益。

图 6.7.1 是一个典型的信号流图。它由 5 个节点、6 条支路组成。5 个节点分别代表 x_0,x_1,x_2,x_3,x_4 5 个节点变量,支路增益分别为 a、b、c、d、e、f。

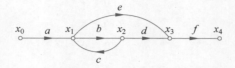

图 6.7.1　一个典型的信号流图

由图 6.7.1 可确定节点变量之间的输入-输出关系:

$$x_1 = ax_0 + cx_2$$
$$x_2 = bx_1$$
$$x_3 = dx_2 + ex_1$$
$$x_4 = fx_3$$

经化简,可得到 x_0 与 x_4 之间的输入-输出关系:$x_4 = \dfrac{a(bd+e)f}{1-cb}x_0$。

用信号流图表示一个系统时,节点变量就是系统变量,支路增益就是组成系统的各元部件的系统函数。

为了说明问题方便,下面将定义一些名词术语。

源节点:只有输出支路、没有输入支路的节点,如图 6.7.1 中的 x_0,它一般代表网络中的输入变量,故也称为输入节点。

阱节点:只有输入支路、没有输出支路的节点,如图 6.7.1 中的 x_4,它一般代表网络中的输出变量,故也称为输出节点。

混合节点:既有输入支路又有输出支路的节点,如图 6.7.1 中的其他节点。

前向通路:信号从源节点向阱节点传递时,每个节点只通过一次的通路,称为前向通路。前向通路上各支路增益之乘积,称为前向通路总增益;图 6.7.1 中有两条前向通路,一条的总增益为 aef,另一条为 $abdf$。

回路:起点和终点在同一节点且每个节点只通过一次的闭合通路称为简单回路,简称回路。回路中所有支路增益之乘积,称为回路增益。图 6.7.1 中只有一条回路,其增益为 bc。

不接触回路:回路与回路之间没有公共节点的回路称为不接触回路。图 6.7.1 中没有不接触回路。

6.7.2　流图代数

从上面的例子可以看出,从各个节点变量之间的输入-输出关系,经过化简,可以得到源节点与阱节点之间的输入-输出关系。这个化简过程可以直接在信号流图上进行,这就是本节要介绍的流图代数。首先,介绍最基本的化简规则。

(1) 支路级联:

$$X \circ \xrightarrow{H_1} \xrightarrow{H_2} \circ Y \quad \Longrightarrow \quad X \circ \xrightarrow{H_1 H_2} \circ Y$$

(2) 支路并联:

$$X \circ \overset{H_1}{\underset{H_2}{\diamond}} \circ Y \quad \Longrightarrow \quad X \circ \xrightarrow{H_1 + H_2} \circ Y$$

(3) 支路反馈连接:

$$X \circ \xrightarrow{H_1} \overset{}{\underset{H_2}{\smile}} \circ Y \quad \Longrightarrow \quad X \circ \xrightarrow{\frac{H_1}{1 - H_1 H_2}} \circ Y$$

(4) 支路节点的移动:

利用上述基本化简方法,可以把信号流图化简,最后得到流图的总增益。这种方法称为流图代数方法。

例 6.7.1 信号流图如图 6.7.2(a)所示,试用流图代数方法,求出最简信号流图。

解:根据流图代数化简图 6.7.2(a)所示信号流图,见图 6.7.2(b)、(c)、(d),最后得到总增益。图 6.7.2(d)为最简信号流图。

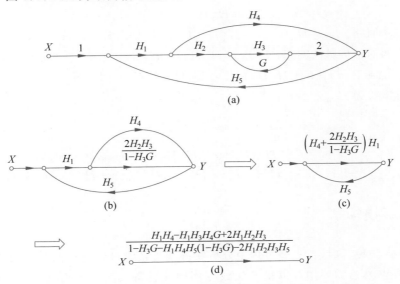

图 6.7.2 例 6.7.1 的信号流图化简过程

6.7.3　梅森公式

对于复杂的信号流图,通过化简求总增益往往非常烦琐,可以直接利用梅森(S. J. Mason)公式化简,求出流图的总增益,即系统函数。

梅森公式为

$$T = \frac{1}{\Delta} \sum_{k=1}^{n} T_k \Delta_k \qquad (6.7.1)$$

式中,T 为流图的总增益;

$$\Delta = 1 - \sum L_a + \sum L_b L_c - \sum L_d L_e L_f + \cdots$$

为流图的特征式,其中:

$\sum L_a$ ——所有回路增益之和;

$\sum L_b L_c$ ——在所有互不接触的回路中,每次取其中两个回路的回路增益的乘积之和;

$\sum L_d L_e L_f$ ——在所有互不接触的回路中,每次取其中三个回路的回路增益的乘积之和;

n ——前向通路总数;

T_k ——第 k 条前向通路总增益;

Δ_k ——流图因子式。它等于流图特征式中除去第 k 条前向通路相接触的回路增益项(包括回路增益的乘积项)以后的余子式。

例 6.7.2　用梅森公式重求例 6.7.1 的信号流图的总增益。

解:前向通路共有两条:$k=1, T_1 = 2H_1 H_2 H_3, \Delta_1 = 1$

$$k=2, T_2 = H_1 H_4, \Delta_2 = 1 - H_3 G$$

共有三个回路:$L_1 = H_3 G, L_2 = H_1 H_4 H_5, L_3 = 2H_1 H_2 H_3 H_5$

有一个两两不接触的回路:$L_1 L_2 = H_1 H_3 H_4 H_5 G$

$$\Delta = 1 - (H_3 G + H_1 H_4 H_5 + 2H_1 H_2 H_3 H_5) + H_1 H_3 H_4 H_5 G$$

系统总增益为

$$T = \frac{1}{\Delta}(T_1 \Delta_1 + T_2 \Delta_2)$$

$$= \frac{2H_1 H_2 H_3 + H_1 H_4 (1 - H_3 G)}{1 - (H_3 G + H_1 H_4 H_5 + 2H_1 H_2 H_3 H_5) + H_1 H_3 H_4 H_5 G}$$

6.8　系统模拟

在进行系统设计时,首先经过理论分析获得满足系统设计要求的系统函数或描述系统的微分方程,然后需要用计算机算法或专用硬件设备来实现该系统。一般情况下,计算机算法和硬件设备可以分解成一组基本的运算单元的组合。从系统函数得到由一组基本运算单元构成的网络，这一过程就称为系统模拟（或称系统实现）。常常选用加法器、标量乘法器和积分器作为基本运算单元。

一个连续时间线性时不变系统可以由下面的微分方程描述：

$$\sum_{i=0}^{n} a_i y^{(i)}(t) = \sum_{j=0}^{m} b_j x^{(j)}(t), \quad m \leqslant n \tag{6.8.1}$$

设系统的初始条件为零，两边取拉普拉斯变换，可得系统函数为

$$H(s) = \frac{Y(s)}{X(s)} = \frac{\displaystyle\sum_{j=0}^{m} b_j s^j}{\displaystyle\sum_{i=0}^{n} a_i s^i} \tag{6.8.2}$$

从微分方程可以看出，系统最基本的运算包括求和、乘系数和微分。可选择加法器、标量乘法器和微分器作为基本运算单元。但由于微分运算可能会带来较大的误差，而改用积分运算。因此，连续时间系统常常选用加法器、标量乘法器和积分器作为基本运算单元。这三种基本运算单元的方框图和信号流图分别如图 6.8.1 和图 6.8.2 所示。

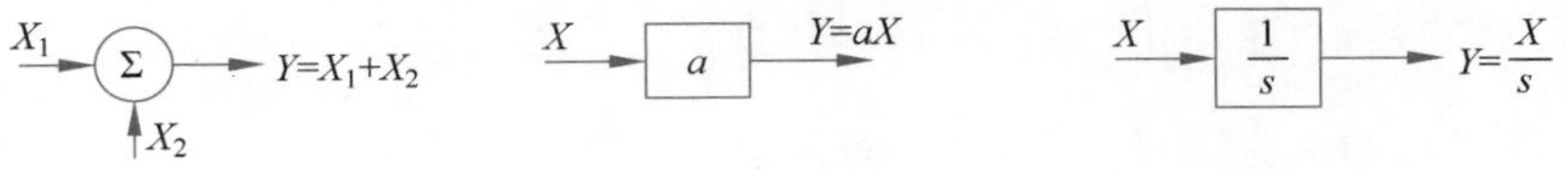

图 6.8.1　三种基本运算单元的方框图

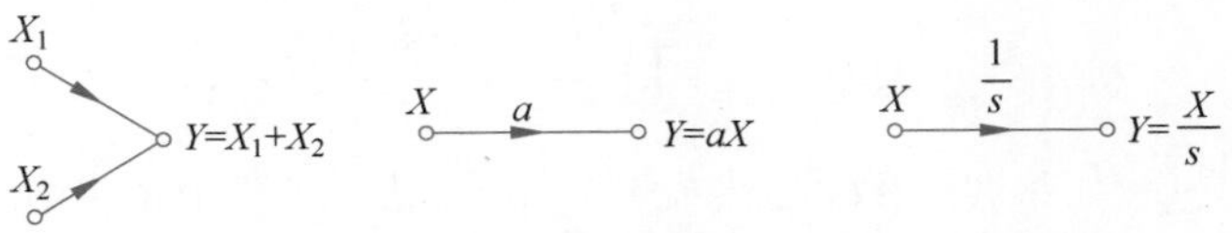

图 6.8.2　三种基本运算单元的信号流图

把系统函数变为下面的积分形式：

$$H(s) = \frac{\displaystyle\sum_{l=0}^{n} b_l s^{l-n}}{\displaystyle\sum_{k=0}^{n} a_k s^{k-n}} = \frac{b_0 s^{-n} + b_1 s^{-(n-1)} + \cdots + b_{n-1} s^{-1} + b_n}{a_0 s^{-n} + a_1 s^{-(n-1)} + \cdots + a_{n-1} s^{-1} + a_n} \tag{6.8.3}$$

注意：为简单起见，在式（6.8.3）中假设 $m = n$。如果实际情况不是这样，可以认为那些项的系数为零。

根据系统函数，可以得到由三种基本运算单元构成的网络。对于同一个系统函数，可以对应多种形式的网络，比较常用的有直接实现形式、级联实现形式和并联实现形式。

1. 直接实现形式

对于一般的由式（6.8.1）定义的系统，它的系统函数用式（6.8.3）表示。如果直接对照梅森公式画出它的信号流图，就得到它的直接实现形式，见图 6.8.3(a)。如果用方框图来表示该系统，可得到如图 6.8.3(b)所示的方框图实现形式。

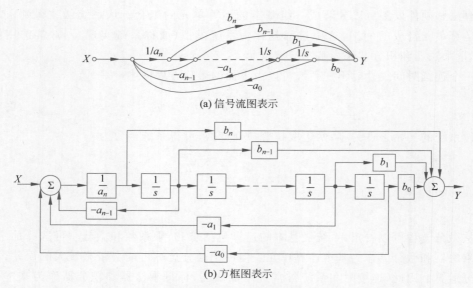

(a) 信号流图表示

(b) 方框图表示

图 6.8.3　连续时间系统的直接实现形式

　　需要注意的是,对于给定的系统函数,其直接实现形式并不是唯一的。

2. 级联实现形式

　　将式(6.8.3)化成若干一阶系统的级联,即

$$H(s) = A \prod_{k=1}^{n} \frac{(1 + \lambda_k s^{-1})}{(1 + \gamma_k s^{-1})} \tag{6.8.4}$$

λ_k、γ_k 有可能是复数,如果是复数,必然成共轭对出现。把两个成共轭对一次项因子合并,就得到一个实系数的二次项。这样,可以把系统化成由实系数的一阶系统与实系数的二阶系统的级联,即

$$H(s) = A \prod_{k=1}^{p} \frac{(1 + \lambda_k s^{-1})}{(1 + \gamma_k s^{-1})} \prod_{k=1}^{\frac{n-p}{2}} \frac{(1 + \beta_{0k} s^{-1} + \beta_{1k} s^{-2})}{(1 + \alpha_{0k} s^{-1} + \alpha_{1k} s^{-2})} \tag{6.8.5}$$

其中,每个一阶系统和二阶系统分别用直接实现形式来实现。最后,得到系统的级联实现形式。图 6.8.4 是一个六阶系统的级联实现形式,用三个二阶系统的级联来实现。需要注意,对于一个已知的 $H(s)$,其级联实现形式也不是唯一的。为简单起见,后面均采用信号流图来表示系统。

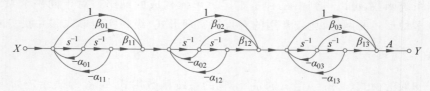

图 6.8.4　连续时间系统的级联实现形式

3. 并联实现形式

将式(6.8.3)化成若干一阶系统的并联,即

$$H(s) = A + \sum_{k=1}^{n} \frac{\lambda_k}{(1+\gamma_k s^{-1})} \tag{6.8.6}$$

λ_k、γ_k 有可能是复数,如果是复数,必然成共轭对出现。把两个成共轭对一次项因子合并,就得到一个实系数的二次项。这样,可以把系统化成由实系数的一阶系统与实系数的二阶系统的并联,即

$$H(s) = A + \sum_{k=1}^{p} \frac{\lambda_k}{(1+\gamma_k s^{-1})} + \sum_{k=1}^{\frac{n-p}{2}} \frac{(\beta_{0k}+\beta_{1k}s^{-1})}{(1+\alpha_{0k}s^{-1}+\alpha_{1k}s^{-2})} \tag{6.8.7}$$

其中,每个一阶系统和二阶系统分别用直接实现形式来实现,最后得到系统的并联实现形式。图 6.8.5 是一个六阶系统的并联实现形式,用三个二阶系统的并联来实现。显然,对于一个已知的 $H(s)$,其并联实现形式也不是唯一的。

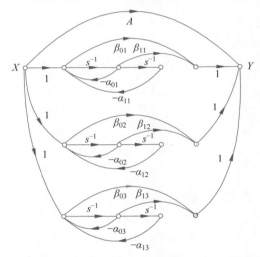

图 6.8.5　连续时间系统的并联实现形式

例 6.8.1　给出系统函数为

$$H(s) = \frac{5s+5}{s^3+7s^2+10s} = \frac{5s^{-2}+5s^{-3}}{1+7s^{-1}+10s^{-2}}$$

可以得到系统的直接实现形式,见图 6.8.6。

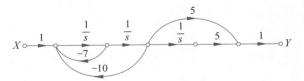

图 6.8.6　例 6.8.1 的直接实现形式

将系统函数化为下面的形式：

$$H(s) = \frac{5s+5}{s^3+7s^2+10s} = s^{-1}\left(\frac{5s^{-1}}{1+2s^{-1}}\right)\left(\frac{1+s^{-1}}{1+5s^{-1}}\right)$$

可以得到系统的级联实现形式，见图 6.8.7。

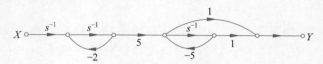

图 6.8.7　例 6.8.1 的级联实现形式

将系统函数化为下面的形式：

$$H(s) = \frac{5s+5}{s^3+7s^2+10s} = \frac{1}{2}s^{-1} + \frac{\frac{5}{6}s^{-1}}{1+2s^{-1}} - \frac{\frac{4}{3}s^{-1}}{1+5s^{-1}}$$

可以得到系统的并联实现形式，见图 6.8.8。

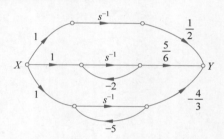

图 6.8.8　例 6.8.1 的并联实现形式

6.9　连续系统的状态变量分析

　　线性系统模型有微分方程、系统函数、单位冲激响应等，它们是描述系统的输入-输出关系的模型，描述的是系统的外部特性。状态空间模型不仅描述系统的输入-输出关系，还给出了系统的内部信息。

　　系统的状态变量分析包括：①选取系统内部一组未知量作为状态变量，并建立系统状态方程和输出方程，其中状态方程描述系统的内部特性，输出方程描述系统输出与输入和状态变量之间的关系；②解状态方程和输出方程。

6.9.1　连续系统状态方程和输出方程

　　动态系统的状态变量是确定动态系统状态的最小一组变量。状态变量用列向量 $\boldsymbol{v}$ 表示：

$$\boldsymbol{v}(t) = \left[v_1(t)\,v_2(t)\cdots v_n(t)\right]^{\mathrm{T}}$$

维数 n 与系统微分方程的阶数相等。

例如含有电容、电感等储能元件的二阶电路,采用二阶微分方程来描述该电路的输入-输出关系。若该二阶电路是线性时不变系统,则其全响应可分解为零输入响应与零状态响应之和,其初始状态有 2 个。选取 2 个与电路中电容电压、电感电流相关的未知量作为状态变量,写出 2 个一阶微分方程作为状态方程,用来描述该电路的内部特性,写出输出与输入和状态变量的方程作为输出方程,来描述该电路的外部特性。

例 6.9.1   如图 6.9.1 所示的电路系统,试列写微分方程组表示电流 i_1,i_2 的变化规律。

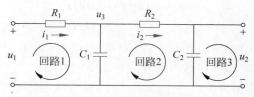

图 6.9.1   RC 电路图

解:由电路理论知,回路 1、回路 2、回路 3 的电压方程分别为

$$\frac{1}{C_1}\int[i_1(t)-i_2(t)]\mathrm{d}t + R_1i_1(t) = u_1(t)$$

$$\frac{1}{C_1}\int[i_1(t)-i_2(t)]\mathrm{d}t = R_2i_2(t) + \frac{1}{C_2}\int i_2(t)\mathrm{d}t$$

$$\frac{1}{C_2}\int i_2(t)\mathrm{d}t = u_2(t)$$

对方程组求导,可得

$$\frac{1}{C_1}[i_1(t)-i_2(t)] + R_1\frac{\mathrm{d}i_1(t)}{\mathrm{d}t} = \frac{\mathrm{d}u_1(t)}{\mathrm{d}t}$$

$$\frac{1}{C_1}[i_1(t)-i_2(t)] = R_2\frac{\mathrm{d}i_2(t)}{\mathrm{d}t} + \frac{1}{C_2}i_2(t)$$

$$\frac{1}{C_2}i_2(t) = \frac{\mathrm{d}u_2(t)}{\mathrm{d}t}$$

改写为

$$\begin{cases} \dfrac{\mathrm{d}i_1(t)}{\mathrm{d}t} = -\dfrac{1}{R_1C_1}i_1(t) + \dfrac{1}{R_1C_1}i_2(t) + \dfrac{1}{R_1}\dfrac{\mathrm{d}u_1(t)}{\mathrm{d}t} \\[3mm] \dfrac{\mathrm{d}i_2(t)}{\mathrm{d}t} = \dfrac{1}{R_2C_1}i_1(t) - \left(\dfrac{1}{R_2C_1} + \dfrac{1}{R_2C_2}\right)i_2(t) \\[3mm] \dfrac{\mathrm{d}u_2(t)}{\mathrm{d}t} = \dfrac{1}{C_2}i_2(t) \end{cases}$$

表示成矩阵形式

$$\begin{bmatrix} \dfrac{\mathrm{d}i_1(t)}{\mathrm{d}t} \\[3mm] \dfrac{\mathrm{d}i_2(t)}{\mathrm{d}t} \end{bmatrix} = \begin{bmatrix} -\dfrac{1}{R_1C_1} & \dfrac{1}{R_1C_1} \\[3mm] \dfrac{1}{R_2C_1} & -\dfrac{1}{R_2}\left(\dfrac{1}{C_1}+\dfrac{1}{C_2}\right) \end{bmatrix} \begin{bmatrix} i_1(t) \\[2mm] i_2(t) \end{bmatrix} + \begin{bmatrix} \dfrac{1}{R_1} \\[3mm] 0 \end{bmatrix} \dfrac{\mathrm{d}u_1(t)}{\mathrm{d}t} \qquad (6.9.1)$$

$$\frac{\mathrm{d}u_2(t)}{\mathrm{d}t} = \begin{bmatrix} 0 & \dfrac{1}{C_2} \end{bmatrix} \begin{bmatrix} i_1(t) \\[2mm] i_2(t) \end{bmatrix} \qquad (6.9.2)$$

式中,$i_1(t)$,$i_2(t)$是状态变量,方程(6.9.1)是状态方程,方程(6.9.2)是输出方程。

上述矩阵形式方程组写成一般形式为

$$\dot{\boldsymbol{v}}(t) = \boldsymbol{A}\boldsymbol{v}(t) + \boldsymbol{B}\boldsymbol{x}(t)$$
$$\boldsymbol{y}(t) = \boldsymbol{C}\boldsymbol{v}(t) + \boldsymbol{D}\boldsymbol{x}(t) \qquad (6.9.3)$$

方程 $\dot{\boldsymbol{v}}(t)=\boldsymbol{A}\boldsymbol{v}(t)+\boldsymbol{B}\boldsymbol{x}(t)$ 称为状态方程,方程 $\boldsymbol{y}(t)=\boldsymbol{C}\boldsymbol{v}(t)+\boldsymbol{D}\boldsymbol{x}(t)$ 称为输出方程。系统的状态方程和输出方程一起称为系统的状态空间模型。

例 6.9.1 中,状态变量为 $\boldsymbol{v}(t)=[i_1(t) \quad i_2(t)]^{\mathrm{T}}$,该电路是二阶的,故状态变量是二维的;

$$\boldsymbol{x}(t)=\frac{\mathrm{d}u_1(t)}{\mathrm{d}t},\boldsymbol{y}(t)=\frac{\mathrm{d}u_2(t)}{\mathrm{d}t},$$ 分别为输入和输出;

$$\boldsymbol{A} = \begin{bmatrix} -\dfrac{1}{R_1C_1} & \dfrac{1}{R_1C_1} \\[3mm] \dfrac{1}{R_2C_1} & -\dfrac{1}{R_2}\left(\dfrac{1}{C_1}+\dfrac{1}{C_2}\right) \end{bmatrix},$$ 称为状态矩阵或系统矩阵;

$$\boldsymbol{B} = \begin{bmatrix} \dfrac{1}{R_1} \\[3mm] 0 \end{bmatrix},$$ 称为输入矩阵或控制矩阵;

$$\boldsymbol{C} = \begin{bmatrix} 0 & \dfrac{1}{C_2} \end{bmatrix},$$ 称为输出矩阵;

$$\boldsymbol{D} = 0,$$ 称为前馈矩阵。

仿真求解

例 6.9.2 如图 6.9.2 所示的弹簧阻尼系统,作用力 $u(t)$ 是输入,质量块在外力作用下的位移 $y(t)$ 是输出,试确定该系统的状态变量,并写出该系统的状态方程和输出方程。

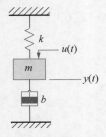

图 6.9.2 弹簧阻尼系统

解:质量块 m 受到作用力、弹簧弹力、阻尼器摩擦力和重力的作用。设无外力作用时质量块的位移为 0,由牛顿第二定律知

$$m\frac{\mathrm{d}^2 y(t)}{\mathrm{d}t^2} + b\frac{\mathrm{d}y(t)}{\mathrm{d}t} + ky(t) = u(t) \qquad (6.9.4)$$

该系统是二阶系统,状态变量是二维的。

取 $\boldsymbol{v}(t)=[v_1(t) \quad v_2(t)]^{\mathrm{T}}=\left[y(t) \quad \dfrac{\mathrm{d}y(t)}{\mathrm{d}t}\right]^{\mathrm{T}},$ 则有

$$\dot{v}_1(t) = v_2(t)$$

且根据式(6.9.4),有

$$\dot{v}_2(t) = \frac{1}{m}[u(t) - kv_1(t) - bv_2(t)]$$

得到该系统的状态方程为

$$\begin{bmatrix} \dot{v}_1(t) \\ \dot{v}_2(t) \end{bmatrix} = \begin{bmatrix} 0 & 1 \\ -k/m & -b/m \end{bmatrix} \begin{bmatrix} v_1(t) \\ v_2(t) \end{bmatrix} + \begin{bmatrix} 0 \\ 1/m \end{bmatrix} u(t)$$

输出方程为

$$y(t) = \begin{bmatrix} 1 & 0 \end{bmatrix} \begin{bmatrix} v_1(t) \\ v_2(t) \end{bmatrix}$$

例 6.9.3 如图 6.9.3 所示的 RLC 电路系统,$u(t)$ 是输入,电容电压 $u_{C_2}(t)$ 是输出,试选取该系统的状态变量,写出状态方程和输出方程。

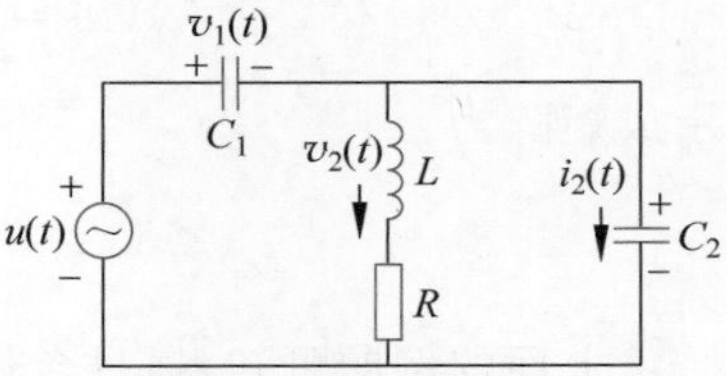

解:该电路有三个储能元件,但电容 C_1 和电容 C_2 是不独立的,因为

$$u_{C_1}(t) + u_{C_2}(t) = u(t) \qquad (6.9.5)$$

因此该电路是一个二阶系统,状态变量是二维的。取

$$\boldsymbol{v}(t) = [v_1(t) \ v_2(t)]^{\mathrm{T}} = [u_{C_1}(t) \ i_L(t)]^{\mathrm{T}},则有$$

图 6.9.3 RLC 电路系统

$$C_1 \dot{v}_1(t) = v_2(t) + i_2(t) = v_2(t) + C_2[\dot{u}(t) - \dot{v}_1(t)]$$

$$v_1(t) + L\dot{v}_2(t) + Rv_2(t) = u(t)$$

经整理后得

$$\dot{v}_1(t) = \frac{1}{C_1 + C_2}[v_2(t) + C_2 \dot{u}(t)] \qquad (6.9.6)$$

$$\dot{v}_2(t) = \frac{1}{L}[-v_1(t) - Rv_2(t) + u(t)] \qquad (6.9.7)$$

方程(6.9.6)含有输入的一阶导数,不满足状态方程的形式要求,将方程(6.9.6)改写为

$$\dot{v}_1(t) - \frac{C_2}{C_1 + C_2}\dot{u}(t) = \frac{1}{C_1 + C_2}v_2(t)$$

重新定义状态变量如下:

$$v_{1a}(t) = v_1(t) - \frac{C_2}{C_1 + C_2}u(t) \qquad (6.9.8)$$

代入方程(6.9.6)和方程(6.9.7),得到

$$\dot{v}_{1a}(t) = \frac{1}{C_1 + C_2}v_2(t)$$

$$\dot{v}_2(t) = \frac{1}{L}\left[-\left[v_{1a}(t) + \frac{C_2}{C_1 + C_2}u(t)\right] - Rv_2(t) + u(t)\right]$$

$$= \frac{1}{L}\left[-v_{1a}(t) - Rv_2(t) + \frac{C_1}{C_1 + C_2}u(t)\right]$$

整理得到该系统的状态方程为

$$\begin{bmatrix} \dot{v}_{1a}(t) \\ \dot{v}_2(t) \end{bmatrix} = \begin{bmatrix} 0 & \dfrac{1}{C_1+C_2} \\ -\dfrac{1}{L} & -\dfrac{R}{L} \end{bmatrix} \begin{bmatrix} v_{1a}(t) \\ v_2(t) \end{bmatrix} + \begin{bmatrix} 0 \\ \dfrac{1}{L}\dfrac{C_1}{C_1+C_2} \end{bmatrix} u(t)$$

下面求输出方程,已知

$$y(t) = u_{C_2}(t)$$

代入式(6.9.5),有

$$y(t) = u(t) - u_{C_1}(t) = u(t) - v_1(t)$$

代入式(6.9.8),有

$$y(t) = u(t) - \frac{C_2}{C_1+C_2}u(t) - v_{1a}(t)$$

表示成矩阵为

$$y(t) = \begin{bmatrix} -1 & 0 \end{bmatrix} \begin{bmatrix} v_{1a}(t) \\ v_2(t) \end{bmatrix} + \frac{C_1}{C_1+C_2}u(t)$$

由上面的例题可知,通过合理选取状态变量,得到的状态方程是一阶微分方程组,状态变量的维数等于系统的阶数。但状态变量的选取并不唯一,通常根据研究问题性质和需求来确定,比如选择能反映系统特性且便于观测或控制的物理量作为状态变量,如电路中电容电压、电感电流,机械系统中的位置、速度等。

6.9.2 由系统的输入-输出模型建立状态空间模型

由系统的输入-输出模型建立状态空间模型,先要进行系统的模拟实现(模拟框图、信号流图等),然后从中确定状态变量,得到的状态空间模型与该实现的结构等价。

微分方程、单位冲激响应等系统输入-输出模型,都可以转换为系统函数。根据系统函数进行系统模拟实现,常用的有直接实现形式、级联实现形式和并联实现形式。

1. 直接实现形式的状态空间模型

系统函数的一般形式为

$$H(s) = \frac{Y(s)}{X(s)} = \frac{c_m s^m + c_{m-1} s^{m-1} + \cdots + c_1 s + c_0}{s^n + a_{n-1} s^{n-1} + \cdots + a_1 s + a_0}, \quad n \geqslant m$$

当 $n=m$ 时,上式不妨改写为

$$H(s) = \frac{Y(s)}{X(s)} = \frac{b_{n-1} s^{n-1} + b_{n-2} s^{n-2} + \cdots + b_1 s + b_0}{s^n + a_{n-1} s^{n-1} + \cdots + a_1 s + a_0} + d_n \tag{6.9.9}$$

根据梅森公式,得其直接实现形式如图 6.9.4 所示。

按照图 6.9.4 标记的方式选取状态变量,得到如下方程组:

$$\dot{v}_1 = v_2$$

$$\dot{v}_2 = v_3$$

$$\vdots$$

$$\dot{v}_{n-1} = v_n$$

$$\dot{v}_n = x - a_{n-1} v_n - \cdots - a_1 v_2 - a_0 v_1$$

$$y = d_n x + b_{n-1} v_n + b_{n-2} v_{n-1} + \cdots + b_1 v_2 + b_0 v_1$$

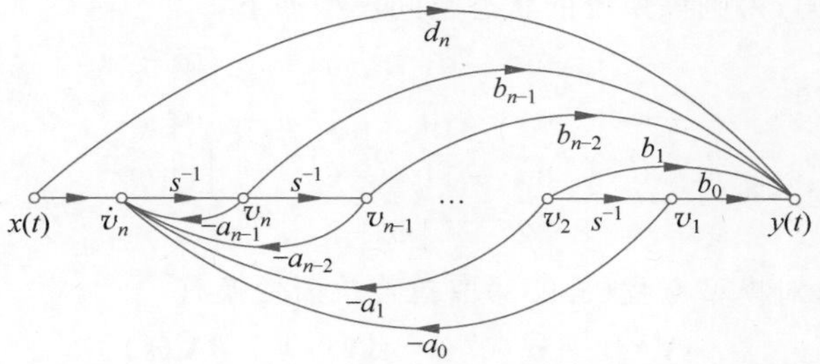

图 6.9.4　n 阶系统函数的直接实现形式

写成矩阵形式为

$$\begin{bmatrix} \dot{v}_1 \\ \dot{v}_2 \\ \vdots \\ \dot{v}_{n-1} \\ \dot{v}_n \end{bmatrix} = \begin{bmatrix} 0 & 1 & \cdots & 0 & 0 \\ 0 & 0 & \cdots & 0 & 0 \\ \vdots & \vdots & \ddots & \vdots & \vdots \\ 0 & 0 & \cdots & 0 & 1 \\ -a_0 & -a_1 & \cdots & -a_{n-2} & -a_{n-1} \end{bmatrix} \begin{bmatrix} v_1 \\ v_2 \\ \vdots \\ v_{n-1} \\ v_n \end{bmatrix} + \begin{bmatrix} 0 \\ 0 \\ \vdots \\ 0 \\ 1 \end{bmatrix} x$$

$$(6.9.10)$$

$$y = \begin{bmatrix} b_0 & b_1 & \cdots & b_{n-2} & b_{n-1} \end{bmatrix} \begin{bmatrix} v_1 \\ v_2 \\ \vdots \\ v_{n-1} \\ v_n \end{bmatrix} + d_n x$$

例 6.9.4　已知系统的微分方程为 $2y'''(t) + 4y''(t) + 6y'(t) + 8y(t) = x''(t) + 10x(t)$。试写出系统函数,并由此得到该系统直接实现形式的状态空间模型。

解: 根据微分方程写出系统函数为

$$H(s) = \frac{0.5s^2 + 5}{s^3 + 2s^2 + 3s + 4}$$

根据式(6.9.10),得到该系统的状态空间模型如下:

$$\dot{\boldsymbol{v}} = \begin{bmatrix} 0 & 1 & 0 \\ 0 & 0 & 1 \\ -4 & -3 & -2 \end{bmatrix} \boldsymbol{v} + \begin{bmatrix} 0 \\ 0 \\ 1 \end{bmatrix} x$$

$$y = \begin{bmatrix} 5 & 0 & 0.5 \end{bmatrix} \boldsymbol{v}$$

例 6.9.5　已知系统函数为

$$H(s) = \frac{s^3 + 13s^2 + 38s + 14}{s^3 + 6s^2 + 11s + 6}$$

仿真求解

仿真求解

写出该系统的状态空间模型。

解: $$H(s) = \frac{s^3 + 13s^2 + 38s + 14}{s^3 + 6s^2 + 11s + 6} = \frac{7s^2 + 27s + 8}{s^3 + 6s^2 + 11s + 6} + 1$$

根据式(6.9.10),得到该系统的状态空间模型如下:

$$\dot{\boldsymbol{v}} = \begin{bmatrix} 0 & 1 & 0 \\ 0 & 0 & 1 \\ -6 & -11 & -6 \end{bmatrix} \boldsymbol{v} + \begin{bmatrix} 0 \\ 0 \\ 1 \end{bmatrix} x$$

$$y = \begin{bmatrix} 8 & 27 & 7 \end{bmatrix} \boldsymbol{v} + x$$

对于因果系统,对模型方程(6.9.3)取拉普拉斯变换有

$$s\boldsymbol{V}(s) - \boldsymbol{v}(0^-) = \boldsymbol{A}\boldsymbol{V}(s) + \boldsymbol{B}\boldsymbol{X}(s)$$

$$\boldsymbol{Y}(s) = \boldsymbol{C}\boldsymbol{V}(s) + \boldsymbol{D}\boldsymbol{X}(s) \tag{6.9.11}$$

对于零初始状态有

$$\boldsymbol{Y}(s) = \boldsymbol{C}(s\boldsymbol{I} - \boldsymbol{A})^{-1}\boldsymbol{B}\boldsymbol{X}(s) + \boldsymbol{D}\boldsymbol{X}(s)$$

从而有

$$H(s) = \frac{\boldsymbol{Y}(s)}{\boldsymbol{X}(s)} = \boldsymbol{C}(s\boldsymbol{I} - \boldsymbol{A})^{-1}\boldsymbol{B} + \boldsymbol{D} \tag{6.9.12}$$

对于单输入-单输出系统,系统函数是标量,因而有

$$H(s) = H(s)^{\mathrm{T}} = \left[\boldsymbol{C}(s\boldsymbol{I} - \boldsymbol{A})^{-1}\boldsymbol{B} + \boldsymbol{D}\right]^{\mathrm{T}} = \boldsymbol{B}^{\mathrm{T}}(s\boldsymbol{I} - \boldsymbol{A}^{\mathrm{T}})^{-1}\boldsymbol{C}^{\mathrm{T}} + \boldsymbol{D}^{\mathrm{T}}$$

因此,该系统函数亦可用下列状态空间模型实现:

$$\dot{\boldsymbol{v}}(t) = \boldsymbol{A}^{\mathrm{T}}\boldsymbol{v}(t) + \boldsymbol{C}^{\mathrm{T}}x(t)$$

$$y(t) = \boldsymbol{B}^{\mathrm{T}}\boldsymbol{v}(t) + \boldsymbol{D}^{\mathrm{T}}x(t)$$

将上述结论应用于例6.9.5,得到该系统的另一个状态空间模型为

$$\dot{\boldsymbol{v}} = \begin{bmatrix} 0 & 0 & -6 \\ 1 & 0 & -11 \\ 0 & 1 & -6 \end{bmatrix} \boldsymbol{v} + \begin{bmatrix} 8 \\ 27 \\ 7 \end{bmatrix} x$$

$$y = \begin{bmatrix} 0 & 0 & 1 \end{bmatrix} \boldsymbol{v} + x$$

2. 并联实现形式的状态空间模型

将系统函数化为部分分式

$$H(s) = d_n + \sum_{i=1}^{l} H_i(s) \tag{6.9.13}$$

$H_i(s)$分子的阶次小于分母阶次。设与子系统 $H_i(s)$ 对应的状态空间模型为

$$\dot{\boldsymbol{v}}_i(t) = \boldsymbol{A}_i \boldsymbol{v}_i(t) + \boldsymbol{B}_i x_i(t)$$

$$y_i(t) = \boldsymbol{C}_i \boldsymbol{v}_i(t) \tag{6.9.14}$$

上述各子系统并联,因而有

$$x_i(t) = x(t)$$

$$y(t) = d_n x(t) + \sum_{i=1}^{l} y_i(t) = d_n x(t) + \sum_{i=1}^{l} \boldsymbol{C}_i \boldsymbol{v}_i(t)$$

由此可得式(6.9.13)所示系统函数的状态空间模型如下：

$$\begin{bmatrix} \dot{\boldsymbol{v}}_1 \\ \dot{\boldsymbol{v}}_2 \\ \vdots \\ \dot{\boldsymbol{v}}_l \end{bmatrix} = \begin{bmatrix} \boldsymbol{A}_1 & & & \\ & \boldsymbol{A}_2 & & \\ & & \ddots & \\ & & & \boldsymbol{A}_l \end{bmatrix} \begin{bmatrix} \boldsymbol{v}_1 \\ \boldsymbol{v}_2 \\ \vdots \\ \boldsymbol{v}_l \end{bmatrix} + \begin{bmatrix} \boldsymbol{B}_1 \\ \boldsymbol{B}_2 \\ \vdots \\ \boldsymbol{B}_l \end{bmatrix} x$$

$$\qquad\qquad\qquad (6.9.15)$$

$$y = \begin{bmatrix} \boldsymbol{C}_1 & \boldsymbol{C}_2 & \cdots & \boldsymbol{C}_l \end{bmatrix} \begin{bmatrix} \boldsymbol{v}_1 \\ \boldsymbol{v}_2 \\ \vdots \\ \boldsymbol{v}_l \end{bmatrix} + d_n x$$

设 $H(s)$ 所有系数为实数，则该系统函数的极点有 4 种类型：单实极点、共轭复极点、重实极点、重共轭复极点。下面以单实极点、共轭复极点和 3 重实极点为例讨论子系统 $H_i(s)$ 的状态空间模型。

对于单实极点情形，

$$H_i(s) = \frac{b}{s + a}$$

对应直接实现形式的状态模型为

$$\dot{\boldsymbol{v}}_i = -a v_i + x_i$$
$$y_i = b v_i$$

对于共轭复极点情形，

$$H_i(s) = \frac{b_1 s + b_0}{s^2 + a_1 s + a_0}$$

对应直接实现形式的状态模型为

$$\dot{\boldsymbol{v}}_i = \begin{bmatrix} 0 & 1 \\ -a_0 & -a_1 \end{bmatrix} \boldsymbol{v}_i + \begin{bmatrix} 0 \\ 1 \end{bmatrix} x_i$$
$$y_i = \begin{bmatrix} b_0 & b_1 \end{bmatrix} \boldsymbol{v}_i$$

对于 3 重实极点情形，不访设

$$H_i(s) = \frac{b_1}{(s+p)^3} + \frac{b_2}{(s+p)^2} + \frac{b_3}{s+p}$$

根据梅森公式，得其实现形式如图 6.9.5 所示。

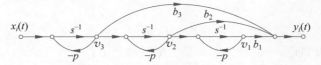

图 6.9.5 3 重实极点系统函数的模拟

按图 6.9.5 标记的方式选取状态变量,得到如下方程组:

$$\dot{\boldsymbol{v}}_i = \begin{bmatrix} -p & 1 & 0 \\ 0 & -p & 1 \\ 0 & 0 & -p \end{bmatrix} \boldsymbol{v}_i + \begin{bmatrix} 0 \\ 0 \\ 1 \end{bmatrix} x_i, \quad \boldsymbol{v}_i = \begin{pmatrix} v_1 \\ v_2 \\ v_3 \end{pmatrix}$$

$$y_i = \begin{bmatrix} b_1 & b_2 & b_3 \end{bmatrix} \boldsymbol{v}_i$$

例 6.9.6 已知系统函数为

$$H(s) = \frac{s^3 + 13s^2 + 38s + 14}{s^3 + 6s^2 + 11s + 6}$$

试写出该系统并联实现形式的状态空间模型。

解:将 $H(s)$ 化为部分分式

$$H(s) = \frac{s^3 + 13s^2 + 38s + 14}{s^3 + 6s^2 + 11s + 6} = \frac{-6}{s+1} + \frac{18}{s+2} + \frac{-5}{s+3} + 1$$

该系统有 3 个单实极点,应用前述分析结论,可得系统的状态空间模型如下:

$$\dot{\boldsymbol{v}} = \begin{bmatrix} -1 & 0 & 0 \\ 0 & -2 & 0 \\ 0 & 0 & -3 \end{bmatrix} \boldsymbol{v} + \begin{bmatrix} 1 \\ 1 \\ 1 \end{bmatrix} x$$

$$y = \begin{bmatrix} -6 & 18 & -5 \end{bmatrix} \boldsymbol{v} + x$$

例 6.9.7 已知系统函数为

$$H(s) = \frac{3}{(s+2)^2(s^2+s+1)}$$

写出该系统一个并联实现形式的状态空间模型。

解:将 $H(s)$ 化为部分分式

$$H(s) = \frac{1}{(s+2)^2} + \frac{1}{s+2} + \frac{-s}{s^2+s+1}$$

该系统有一个 2 重实极点和一对共轭复极点,其中 $H_1(s) = \dfrac{1}{(s+2)^2} + \dfrac{1}{s+2}$ 对应的
状态模型为

$$\dot{\boldsymbol{v}}_1 = \begin{bmatrix} -2 & 1 \\ 0 & -2 \end{bmatrix} \boldsymbol{v}_1 + \begin{bmatrix} 0 \\ 1 \end{bmatrix} x$$

$$y_1 = \begin{bmatrix} 1 & 1 \end{bmatrix} \boldsymbol{v}_1$$

$H_2(s) = \dfrac{-s}{s^2+s+1}$ 对应的状态模型为

$$\dot{\boldsymbol{v}}_2 = \begin{bmatrix} 0 & 1 \\ -1 & -1 \end{bmatrix} \boldsymbol{v}_2 + \begin{bmatrix} 0 \\ 1 \end{bmatrix} x$$

$$y_2 = \begin{bmatrix} 0 & -1 \end{bmatrix} \boldsymbol{v}_2$$

应用前述分析结论,可得系统的状态空间模型如下:

$$\dot{\boldsymbol{v}} = \begin{bmatrix} -2 & 1 & 0 & 0 \\ 0 & -2 & 0 & 0 \\ 0 & 0 & 0 & 1 \\ 0 & 0 & -1 & -1 \end{bmatrix} \boldsymbol{v} + \begin{bmatrix} 0 \\ 1 \\ 0 \\ 1 \end{bmatrix} x$$

$$y = \begin{bmatrix} 1 & 1 & 0 & -1 \end{bmatrix} \boldsymbol{v}$$

3. 级联实现形式的状态空间模型

将系统函数分解为因子形式如下：

$$H(s) = d_n + \prod_{i=1}^{l} H_i(s) \tag{6.9.16}$$

下列只讨论 $l = 2$ 的情况，即

$$H(s) = d_n + H_1(s) H_2(s) \tag{6.9.17}$$

约定 $H_1(s)$ 分子阶次小于分母阶次。这一分解用框图表示，如图 6.9.6 所示。

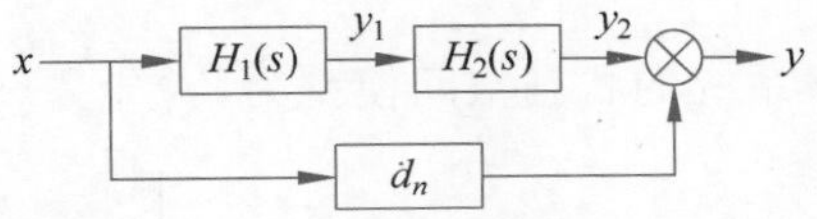

```
x ─────▶ H₁(s) ──y₁──▶ H₂(s) ──y₂──▶ ⊗ ────▶ y
    │                                  ▲
    └──────────────▶ dₙ ───────────────┘
```

图 6.9.6　式(6.9.17)对应的框图表示

设 $H_1(s)$，$H_2(s)$ 的状态空间模型分别为

$$\dot{\boldsymbol{v}}_1 = \boldsymbol{A}_1 \boldsymbol{v}_1 + \boldsymbol{B}_1 x, \qquad y_1 = \boldsymbol{C}_1 \boldsymbol{v}_1$$
$$\dot{\boldsymbol{v}}_2 = \boldsymbol{A}_2 \boldsymbol{v}_2 + \boldsymbol{B}_2 y_1, \qquad y_2 = \boldsymbol{C}_2 \boldsymbol{v}_2 + \boldsymbol{D}_2 y_1 \tag{6.9.18}$$

从而可推导系统的输出为

$$y = d_n x + y_2 = d_n x + \boldsymbol{C}_2 \boldsymbol{v}_2 + \boldsymbol{D}_2 \boldsymbol{C}_1 \boldsymbol{v}_1 = d_n x + \begin{bmatrix} \boldsymbol{D}_2 \boldsymbol{C}_1 & \boldsymbol{C}_2 \end{bmatrix} \begin{bmatrix} \boldsymbol{v}_1 \\ \boldsymbol{v}_2 \end{bmatrix}$$

由此可得该系统的状态空间模型如下：

$$\begin{bmatrix} \dot{\boldsymbol{v}}_1 \\ \dot{\boldsymbol{v}}_2 \end{bmatrix} = \begin{bmatrix} \boldsymbol{A}_1 & 0 \\ \boldsymbol{B}_2 \boldsymbol{C}_1 & \boldsymbol{A}_2 \end{bmatrix} \begin{bmatrix} \boldsymbol{v}_1 \\ \boldsymbol{v}_2 \end{bmatrix} + \begin{bmatrix} \boldsymbol{B}_1 \\ 0 \end{bmatrix} x$$

$$y = \begin{bmatrix} \boldsymbol{D}_2 \boldsymbol{C}_1 & \boldsymbol{C}_2 \end{bmatrix} \begin{bmatrix} \boldsymbol{v}_1 \\ \boldsymbol{v}_2 \end{bmatrix} + d_n x \tag{6.9.19}$$

例 6.9.8　已知系统函数为

$$H(s) = \frac{5s + 5}{s^3 + 7s^2 + 10s}$$

试写出该系统级联实现的状态空间模型。

解：将系统函数进行因式分解，得

$$H(s) = \frac{5s + 5}{s^3 + 7s^2 + 10s} = \frac{5}{s + 2} \frac{s + 1}{s^2 + 5s} = H_1(s) H_2(s)$$

仿真求解

$H_1(s) = \dfrac{5}{s+2}$,其直接实现形式的状态空间模型为

$$\dot{v}_1 = -2v_1 + x$$
$$y_1 = 5v_1$$

故有

$$\boldsymbol{A}_1 = -2, \quad \boldsymbol{B}_1 = 1, \quad \boldsymbol{C}_1 = 5$$

$H_2(s) = \dfrac{s+1}{s^2+5s}$,其直接实现形式的状态空间模型为

$$\dot{\boldsymbol{v}}_2 = \begin{bmatrix} 0 & 1 \\ 0 & -5 \end{bmatrix} \boldsymbol{v}_2 + \begin{bmatrix} 0 \\ 1 \end{bmatrix} y_1$$
$$y_2 = \begin{bmatrix} 1 & 1 \end{bmatrix} \boldsymbol{v}_2$$

系统的输出 $y = y_2$。因此有

$$\boldsymbol{A}_2 = \begin{bmatrix} 0 & 1 \\ 0 & -5 \end{bmatrix}, \quad \boldsymbol{B}_2 = \begin{bmatrix} 0 \\ 1 \end{bmatrix}, \quad \boldsymbol{C}_2 = \begin{bmatrix} 1 & 1 \end{bmatrix}, \quad \boldsymbol{D}_2 = 0, \quad d_n = 0$$

根据式(6.9.19)可得该系统的状态空间模型为

$$\dot{\boldsymbol{v}} = \begin{bmatrix} -2 & 0 & 0 \\ 0 & 0 & 1 \\ 5 & 0 & -5 \end{bmatrix} \boldsymbol{v} + \begin{bmatrix} 1 \\ 0 \\ 0 \end{bmatrix} x$$
$$y = \begin{bmatrix} 0 & 1 & 1 \end{bmatrix} \boldsymbol{v}$$

验证:将模型参数代入式(6.9.12),可验证该状态模型得到的系统函数。

$$H(s) = \boldsymbol{C}(s\boldsymbol{I} - \boldsymbol{A})^{-1}\boldsymbol{B} + \boldsymbol{D}$$
$$= \begin{bmatrix} 0 & 1 & 1 \end{bmatrix} \left(s\boldsymbol{I} - \begin{bmatrix} -2 & 0 & 0 \\ 0 & 0 & 1 \\ 5 & 0 & -5 \end{bmatrix} \right)^{-1} \begin{bmatrix} 1 \\ 0 \\ 0 \end{bmatrix} + 0 = \frac{5s+5}{s^3 + 7s^2 + 10s}$$

以上讨论了给定系统输入-输出模型求状态空间模型的几种方法。对于给定的输入-输出模型,可以有不同的状态空间模型。当给定系统函数的一个实现,则可以直接从该实现中选取状态变量,并写出状态方程和输出方程。

例 6.9.9 已知系统函数为

$$H(s) = \frac{5s+5}{s^3 + 7s^2 + 10s} = \frac{1}{s} \cdot \frac{5}{s+2} \cdot \frac{s+1}{s+5}$$

它的一个级联实现如图 6.9.7 所示。

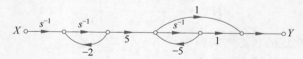

图 6.9.7 级联实现 $H(s)$ 的信号流图

试写出状态空间模型。

解:该系统是 3 阶的,状态变量有 3 个分量,在该信号流图中取 3 个积分器的输出作

为状态变量,如图 6.9.8 所示。

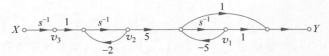

图 6.9.8　级联实现 $H(s)$ 的信号流图(标记状态变量)

根据图 6.9.8,可以写出下列方程:

$$\dot{v}_1 = -5v_1 + 5v_2$$

$$\dot{v}_2 = -2v_2 + v_3$$

$$\dot{v}_3 = x$$

$$y = v_1 + \dot{v}_1 = v_1 + (-5v_1 + 5v_2) = -4v_1 + 5v_2$$

写成矩阵形式为

$$\dot{\boldsymbol{v}} = \begin{bmatrix} -5 & 5 & 0 \\ 0 & -2 & 1 \\ 0 & 0 & 0 \end{bmatrix} \boldsymbol{v} + \begin{bmatrix} 0 \\ 0 \\ 1 \end{bmatrix} x$$

$$y = \begin{bmatrix} -4 & 5 & 0 \end{bmatrix} \boldsymbol{v}$$

验证:将模型参数代入式(6.9.12),可验证该状态模型得到的系统函数。

$$H(s) = \boldsymbol{C}(s\boldsymbol{I} - \boldsymbol{A})^{-1}\boldsymbol{B} + \boldsymbol{D}$$

$$= \begin{bmatrix} -4 & 5 & 0 \end{bmatrix} \left(s\boldsymbol{I} - \begin{bmatrix} -5 & 5 & 0 \\ 0 & -2 & 1 \\ 0 & 0 & 0 \end{bmatrix} \right)^{-1} \begin{bmatrix} 0 \\ 0 \\ 1 \end{bmatrix} = \frac{5s + 5}{s^3 + 7s^2 + 10s}$$

6.9.3　连续系统状态方程的 s 域求解

线性时不变系统的状态方程是一阶线性常微分方程组,采用 s 域求解,即对该方程求拉普拉斯变换,并整理得到状态变量的 s 域表达式,再求反变换得到其时域解。

对状态方程求拉普拉斯变换的结果如式(6.9.11)。将该式整理得

$$(s\boldsymbol{I} - \boldsymbol{A})\boldsymbol{V}(s) = \boldsymbol{B}\boldsymbol{X}(s) + \boldsymbol{v}(0^-)$$

进一步,有

$$\boldsymbol{V}(s) = (s\boldsymbol{I} - \boldsymbol{A})^{-1}\boldsymbol{B}\boldsymbol{X}(s) + (s\boldsymbol{I} - \boldsymbol{A})^{-1}\boldsymbol{v}(0^-) \tag{6.9.20}$$

求反变换得到其时域解如下,其中与输入相关的部分为零状态解,与初始状态相关的部分为零输入解。

$$\boldsymbol{v}_{zs}(t) = \mathcal{L}^{-1}\left[(s\boldsymbol{I} - \boldsymbol{A})^{-1}\boldsymbol{B}\boldsymbol{X}(s) \right]$$

$$\boldsymbol{v}_{zi}(t) = \mathcal{L}^{-1}\left[(s\boldsymbol{I} - \boldsymbol{A})^{-1}\boldsymbol{v}(0^-) \right] \tag{6.9.21}$$

将式(6.9.20)代入输出方程,即可得到系统的零状态响应和零输入响应:

$$\boldsymbol{y}_{zs}(t) = \boldsymbol{C}\boldsymbol{v}_{zs}(t) + \boldsymbol{D}\boldsymbol{x}(t)$$

$$\boldsymbol{y}_{zi}(t) = \boldsymbol{C}\boldsymbol{v}_{zi}(t) \tag{6.9.22}$$

例 6.9.10 已知因果系统的状态方程为

$$\dot{\boldsymbol{v}} = \begin{bmatrix} 0 & 1 \\ -2 & -3 \end{bmatrix} \boldsymbol{v} + \begin{bmatrix} 0 \\ 1 \end{bmatrix} x$$

输入信号 $x(t) = u(t)$，初始状态 $v_1(0^-) = 1$，$v_2(0^-) = 0$，试求状态方程的解。

解：

$$(s\boldsymbol{I} - \boldsymbol{A})^{-1} = \begin{bmatrix} s & -1 \\ 2 & s+3 \end{bmatrix}^{-1} = \frac{1}{(s+1)(s+2)} \begin{bmatrix} s+3 & 1 \\ -2 & s \end{bmatrix}$$

$$\boldsymbol{V}(s) = (s\boldsymbol{I} - \boldsymbol{A})^{-1} [\boldsymbol{B}\boldsymbol{X}(s) + \boldsymbol{v}(0^-)]$$

$$= \frac{1}{(s+1)(s+2)} \begin{bmatrix} s+3 & 1 \\ -2 & s \end{bmatrix} \left\{ \begin{bmatrix} 0 \\ 1 \end{bmatrix} \frac{1}{s} + \begin{bmatrix} 1 \\ 0 \end{bmatrix} \right\}$$

$$= \frac{1}{s(s+1)(s+2)} \begin{bmatrix} s+3 & 1 \\ -2 & s \end{bmatrix} \begin{bmatrix} s \\ 1 \end{bmatrix}$$

$$= \frac{1}{s(s+1)(s+2)} \begin{bmatrix} s^2 + 3s + 1 \\ -s \end{bmatrix}$$

$$= \begin{bmatrix} \dfrac{s^2 + 3s + 1}{s(s+1)(s+2)} \\ \dfrac{-s}{(s+1)(s+2)} \end{bmatrix} = \begin{bmatrix} \dfrac{0.5}{s} + \dfrac{1}{s+1} - \dfrac{0.5}{s+2} \\ -\dfrac{1}{s+1} + \dfrac{1}{s+2} \end{bmatrix}$$

求拉普拉斯反变换,得到

$$\boldsymbol{v}(t) = \begin{bmatrix} 0.5 + e^{-t} - 0.5e^{-2t} \\ -e^{-t} + e^{-2t} \end{bmatrix} u(t)$$

例 6.9.11 已知因果系统的状态方程和输出方程如下：

$$\dot{v}_1 = v_1 + x$$
$$\dot{v}_2 = v_1 - 3v_2$$
$$y = -v_1 + v_2$$

初始状态 $v_1(0^-) = 1$，$v_2(0^-) = 2$，输入信号 $x(t) = u(t)$，求系统函数、零状态响应和零输入响应。

解：将上述系统方程写成矩阵形式：

$$\dot{\boldsymbol{v}} = \begin{bmatrix} 1 & 0 \\ 1 & -3 \end{bmatrix} \boldsymbol{v} + \begin{bmatrix} 1 \\ 0 \end{bmatrix} x$$

$$y = \begin{bmatrix} -1 & 1 \end{bmatrix} \boldsymbol{v}$$

因而有

$$s\boldsymbol{I} - \boldsymbol{A} = \begin{bmatrix} s-1 & 0 \\ -1 & s+3 \end{bmatrix}$$

$$(s\boldsymbol{I} - \boldsymbol{A})^{-1} = \frac{1}{(s-1)(s+3)} \begin{bmatrix} s+3 & 0 \\ 1 & s-1 \end{bmatrix}$$

$$H(s) = \boldsymbol{C}(s\boldsymbol{I} - \boldsymbol{A})^{-1} \boldsymbol{B} + \boldsymbol{D}$$

$$= \frac{1}{(s-1)(s+3)} \begin{bmatrix} -1 & 1 \end{bmatrix} \begin{bmatrix} s+3 & 0 \\ 1 & s-1 \end{bmatrix} \begin{bmatrix} 1 \\ 0 \end{bmatrix}$$

$$= -\frac{s+2}{(s-1)(s+3)}$$

下面求系统的零状态响应,已经求得了 $H(s)$,因而有

$$Y_{zs}(s) = H(s)X(s) = -\frac{s+2}{s(s-1)(s+3)}$$

$$= \frac{2/3}{s} - \frac{3/4}{s-1} + \frac{1/12}{s+3}$$

$$y_{zs}(t) = \left(\frac{2}{3} - \frac{3}{4}e^t + \frac{1}{12}e^{-3t} \right) u(t)$$

根据式(6.9.21),有

$$V_{zi}(s) = (sI - A)^{-1} v(0^-)$$

因而有

$$Y_{zi}(s) = CV_{zi}(s) = C(sI - A)^{-1} v(0^-)$$

$$= \frac{1}{(s-1)(s+3)} \begin{bmatrix} -1 & 1 \end{bmatrix} \begin{bmatrix} s+3 & 0 \\ 1 & s-1 \end{bmatrix} \begin{bmatrix} 1 \\ 2 \end{bmatrix}$$

$$= \frac{s-4}{(s-1)(s+3)} = -\frac{3/4}{s-1} + \frac{7/4}{s+3}$$

$$y_{zi}(t) = \left(-\frac{3}{4}e^t + \frac{7}{4}e^{-3t} \right) u(t)$$

6.10 案例:运用复频域方法分析锁相环的动态性能

动画

在雷达、通信、导航设备中,为了便于远距离传输,信号被调制在频率很高的载波上发送出去。在接收端,则需要产生与发射载波完全同步的本地信号,以便对接收信号进行解调,进而通过基带处理提取其中的信息。傅里叶变换的频移性质可以解释调制-解调过程的原理,其中解调所用的信号与调制所用的信号具有完全相同的频率和初始相位,也就是说,在理论分析时,认为二者是完全同步的。但在实际应用中,调制器和解调器可能距离非常远,它们所使用的频率源是独立的,产生的高频正弦信号并不能完全同步,需要使用锁相环对接收端的频率源进行微调,从而在接收端产生与发射载波完全同步的信号。

锁相环是现代电子设备中广泛使用的电路模块,它通过负反馈系统调节振荡器的输出,使振荡器产生的信号的频率和相位与输入参考信号锁定,从而实现载波同步。本节首先介绍锁相环的组成和工作原理,然后在锁定状态下对系统进行线性化近似,导出锁相环的系统函数,从而运用复频域的分析方法,研究不同的环路滤波器对锁相环的频率和相位跟踪能力的影响。

6.10.1　锁相环的组成和工作原理

锁相环由鉴相器、环路滤波器、压控振荡器三部分组成,如图 6.10.1 所示。随着数字器件的发展,这几个模块既可以用模拟电路来实现,也可以用数字电路来实现,本节仅分析用模拟电路实现的锁相环。

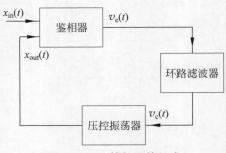

图 6.10.1　锁相环的组成

当输入信号与振荡器输出的信号不同步时,二者存在相位差。这个相位差被鉴相器提取,通过环路滤波器滤波后控制压控振荡器的输出,从而调整输出信号的频率,使其趋向于与输入信号同步。

6.10.2　锁定状态下的线性模型

1. 鉴相器的线性模型

假设锁相环处在锁定状态下,即输出信号与输入信号具有相同的频率。

$$x_{\text{in}}(t) = A\sin(\omega_c t + \theta_{\text{in}}(t)) \tag{6.10.1}$$
$$x_{\text{out}}(t) = B\cos(\omega_c t + \theta_{\text{out}}(t)) \tag{6.10.2}$$

当输出信号与输入信号有微小的频率差异时,可以用缓变的相位来描述这种频率差异,因此式(6.10.1)和式(6.10.2)的模型仍然适用。注意到锁定状态下输出信号与输入信号一个是余弦信号,另一个是正弦信号,二者有 90°的相位差。从后面的推导可以看到,这样鉴相器才能提取 $\theta_{\text{out}}(t)$ 与 $\theta_{\text{in}}(t)$ 之间的差异。

在模拟锁相环中,鉴相器由模拟混频器和低通滤波器组成,如图 6.10.2(a)所示。

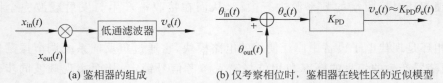

(a) 鉴相器的组成　　　　　(b) 仅考察相位时, 鉴相器在线性区的近似模型

图 6.10.2　鉴相器的组成与线性区的近似模型

由于

$$x_{\text{in}}(t)x_{\text{out}}(t) = \frac{1}{2}AB\left[\sin(2\omega_c t + \theta_{\text{in}}(t) + \theta_{\text{out}}(t)) + \sin(\theta_{\text{in}}(t) - \theta_{\text{out}}(t))\right]$$

因此经过低通滤波后的输出信号为

$$v_e(t) = \frac{1}{2}ABK_m \sin(\theta_{in}(t) - \theta_{out}(t))$$

其中,K_m 为低通滤波器的增益。当二者的相位差不大时,鉴相器工作在线性区,有

$$\begin{cases} \sin(\theta_{in}(t) - \theta_{out}(t)) \approx \theta_{in}(t) - \theta_{out}(t) \\ v_e(t) \approx \frac{1}{2}ABK_m(\theta_{in}(t) - \theta_{out}(t)) = K_{PD}(\theta_{in}(t) - \theta_{out}(t)) \end{cases} \quad (6.10.3)$$

由于输入信号和输出信号的频率相同、相位不同,如果仅考察相位,则鉴相器可以近似成图 6.10.2(b)所示的模型,其中 K_{PD} 为鉴相器增益。

2. 压控振荡器的线性模型

压控振荡器在正比于控制电压 $v_c(t)$ 的瞬时频率处振荡:

$$\omega_{out}(t) = \omega_0 + K_{VCO}v_c(t) \quad (6.10.4)$$

其中,ω_0 为压控振荡器的固有频率;K_{VCO} 为压控振荡器的增益常数。由于频率的微小差异可以用缓变的相位来描述,因此不妨认为 ω_0 是我们期待的输入信号频率,即式(6.10.1)和式(6.10.2)中的 $\omega_c = \omega_0$。对比式(6.10.4)和式(6.10.2),可以得到压控振荡器输出的过量相位 $\theta_{out}(t)$ 与压控振荡器控制电压 $v_c(t)$ 的关系:

$$\theta_{out}(t) = \int_0^t (\omega_{out}(\tau) - \omega_0)d\tau = \int_0^t K_{VCO}v_c(\tau)d\tau \quad (6.10.5)$$

式(6.10.5)说明,如果仅考察压控振荡器输出信号的过量相位,压控振荡器可以视为一个积分器。

3. 锁相环的线性模型

在锁定状态下,可以仅考察锁相环输入信号和压控振荡器输出信号相对于理想振荡频率的过量相位 $\theta_{in}(t)$ 和 $\theta_{out}(t)$,锁相环通过提取二者的相位差异并生成相应的控制信号调整压控振荡器输出信号的频率,使 $\theta_{out}(t)$ 跟踪 $\theta_{in}(t)$ 的变化,从而实现输出信号与输入信号的同步。联立式(6.10.3)和式(6.10.5),可以得到以相位作为输入-输出时锁相环的系统模型。不难验证,这是一个连续时间线性时不变系统,因此可以用复频域的方法来分析。图 6.10.3 分别给出了该系统的时域和复频域框图,其中 $F(s)$ 是环路滤波器的系统函数。在 6.10.3 节将看到,环路滤波器对锁相环的动态响应特性有重要的影响。

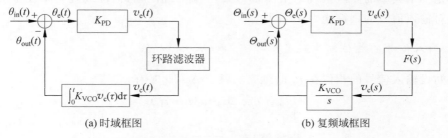

(a) 时域框图   (b) 复频域框图

图 6.10.3　锁相环的线性化模型

根据图 6.10.3,可以得到整个锁相环的系统函数为

$$H(s) = \frac{\Theta_{\text{out}}(s)}{\Theta_{\text{in}}(s)} = \frac{KF(s)}{s + KF(s)} \tag{6.10.6}$$

其中,$K = K_{\text{PD}}K_{\text{VCO}}$ 称为锁相环的环路增益。如果以输出相位与输入相位的相位差作为考察对象:

$$\theta_{\text{e}}(t) = \theta_{\text{in}}(t) - \theta_{\text{out}}(t)$$

$$\Theta_{\text{e}}(s) = \Theta_{\text{in}}(s) - \Theta_{\text{out}}(s)$$

则有

$$H_{\text{e}}(s) = \frac{\Theta_{\text{e}}(s)}{\Theta_{\text{in}}(s)} = 1 - H(s) = \frac{s}{s + KF(s)} \tag{6.10.7}$$

6.10.3 环路滤波器对锁相环特性的影响

图 6.10.4 给出了两种常用的环路滤波器电路。它们对应的锁相环分别是一阶系统和二阶系统。下面分别分析这两种锁相环的动态特性。

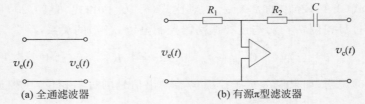

图 6.10.4 两种环路滤波器

6.10.3.1 一阶锁相环

当环路滤波器采用图 6.10.4(a)所示的全通滤波器时,$F(s) = 1$,式(6.10.6)和式(6.10.7)分别写为

$$H(s) = \frac{K}{s + K} \tag{6.10.8}$$

$$H_{\text{e}}(s) = \frac{s}{s + K} \tag{6.10.9}$$

这是一个典型的一阶系统。下面来考察,当输入信号的相位或者频率发生突变时,锁相环对输入信号的跟踪能力。

1. 输入信号的相位发生跳变

不妨设输入信号的相位在 t_0 时刻突然跳变 $\Delta\varphi$,此时有

$$\begin{cases} \theta_{\text{in}}(t) = \Delta\varphi \cdot u(t - t_0) \\ \Theta_{\text{in}}(s) = \dfrac{\Delta\varphi e^{-st_0}}{s} \end{cases} \tag{6.10.10}$$

因此输出相位为

$$\Theta_{\text{out}}(s) = \Theta_{\text{in}}(s) H(s) = \Delta\varphi \mathrm{e}^{-st_0} \frac{K}{s(s+K)}$$

对上式进行拉普拉斯反变换,得到

$$\theta_{\text{out}}(t) = \Delta\varphi(1 - \mathrm{e}^{-K(t-t_0)}) u(t - t_0)$$

图 6.10.5 给出了输入相位发生突变时,输出相位对输入相位的跟踪情况。绘图时取 $\Delta\varphi = 0.5$,$t_0 = 1$,$K = 1$ 或 $K = 10$。可以看到,环路增益越大,一阶锁相环对输入相位突变的响应速度越快。

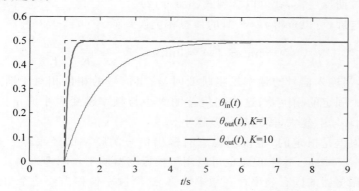

图 6.10.5　一阶锁相环对相位突变的跟踪情况

根据式(6.10.9)和式(6.10.10),还可以求出输入相位突变时锁相环的相位误差:

$$\Theta_{\text{e}}(s) = \Theta_{\text{in}}(s) H_{\text{e}}(s) = \Delta\varphi \mathrm{e}^{-st_0} \frac{1}{s+K}$$

根据终值定理,可以求出当 $t \to \infty$ 时的稳态误差:

$$\theta_{\text{e}}(\infty) = \lim_{s \to 0} s\Theta_{\text{e}}(s) = \lim_{s \to 0} \Delta\varphi \mathrm{e}^{-st_0} \frac{s}{s+K} = 0$$

因此一阶锁相环最终可以无误差地跟上输入信号的相位跳变,这与图 6.10.5 给出的结果是一致的。

2. 输入信号的频率发生跳变

如果输入信号的频率在 t_0 时刻突然跳变 $\Delta\omega$,固定的频率差会造成相位的线性变化:

$$\begin{cases} \theta_{\text{in}}(t) = \Delta\omega \cdot (t - t_0) \cdot u(t - t_0) \\ \Theta_{\text{in}}(s) = \dfrac{\Delta\omega \mathrm{e}^{-st_0}}{s^2} \end{cases} \qquad (6.10.11)$$

因此输出相位为

$$\Theta_{\text{out}}(s) = \Theta_{\text{in}}(s) H(s) = \Delta\omega \mathrm{e}^{-st_0} \frac{K}{s^2(s+K)}$$

对上式进行拉普拉斯反变换,得到

$$\theta_{\text{out}}(t) = \Delta\omega \left[(t-t_0) - \frac{1}{K}(1-e^{-K(t-t_0)}) \right] u(t-t_0)$$

此时观察输入相位与输出相位的相位差异更加直观：

$$\theta_e(t) = \theta_{\text{in}}(t) - \theta_{\text{out}}(t) = \frac{\Delta\omega}{K}(1-e^{-K(t-t_0)})u(t-t_0) \tag{6.10.12}$$

这个结果也可以通过复频域分析得到。将式(6.10.11)与式(6.10.9)相乘,有

$$\Theta_e(s) = \Theta_{\text{in}}(s)H_e(s) = \Delta\omega e^{-st_0}\frac{1}{s(s+K)}$$

对它进行拉普拉斯反变换,就可以得到式(6.10.12)。

运用终值定理,可以求得 $t\to\infty$ 时的稳态相位误差：

$$\theta_e(\infty) = \lim_{s\to 0}s\Theta_e(s) = \lim_{s\to 0}\Delta\omega e^{-st_0}\frac{1}{s+K} = \frac{\Delta\omega}{K} \tag{6.10.13}$$

上式表明,当输入信号的频率发生跳变时,输出信号的相位相对于输入信号的相位最终会存在一个固定的相位差,这个相位差的大小与频率跳变大小成正比,与锁相环增益成反比,锁相环增益越大,固定相位差越小。

稳态相位误差是恒定的,也说明稳态时输出信号的频率已经跟踪上输入信号的频率,即有 $\omega_{\text{out}} = \omega_0 + \Delta\omega$。这个现象也可以用压控振荡器的工作原理来解释：由于稳态输出频率与压控振荡器的固有频率存在频率偏移,这个频率偏移需要一个恒定的压控振荡器输入电压来维持。而环路滤波器是全通系统,压控振荡器输入直接来自鉴相器输出,因此输出信号与输入信号将会维持一个恒定的相位差,从而保证压控振荡器有非零的输入。锁相环增益大,较小的相位差异就能产生较大的压控振荡器控制电压,因此频率跳变后的稳态相位误差就会越小。

6.10.3.2 二阶锁相环

在 6.10.3.1 节中看到,采用全通型环路滤波器,锁相环跟踪输入信号的频率跳变时会存在固定的稳态相位差。而输入信号频率相对于压控振荡器固有频率的偏移是一定存在的,为了改善锁相环对频率跳变的跟踪能力,需要采用其他形式的环路滤波器,如图 6.10.4(b)所示的有源 π 型滤波器。

采用 6.5.2 节的方法,不难得到图 6.10.4(b)所示电路的系统函数为

$$F(s) = -\frac{1+sR_2C}{sR_1C}$$

这是一个单极点环路滤波器。为保证环路的负反馈特性,可以通过调整压控振荡器的极性抵消 $F(s)$ 中的负系数,因此对于图 6.10.3 所示的锁相环模型,仍然有

$$F(s) = \frac{1+sR_2C}{sR_1C} \tag{6.10.14}$$

将式(6.10.14)代入式(6.10.6)和式(6.10.7),可以得到锁相环的系统函数

$$H(s) = \frac{KF(s)}{s+KF(s)} = \frac{K(1+R_2Cs)}{R_1Cs^2+KR_2Cs+K}$$

$$H_e(s) = \frac{s}{s + KF(s)} = \frac{R_1Cs^2}{R_1Cs^2 + KR_2Cs + K}$$

采用单极点环路滤波器后,锁相环是一个二阶系统。二阶系统的时域响应表达式较为复杂,此处仅分析输入信号相位或频率跳变时,锁相环的稳态相位误差。

输入信号的相位发生跳变时,将式(6.10.10)与系统函数相乘,并运用终值定理,可以得到

$$\theta_e(\infty) = \lim_{s \to 0} s\Theta_e(s) = \lim_{s \to 0} \Delta\varphi e^{-st_0} \frac{R_1Cs^2}{R_1Cs^2 + KR_2Cs + K} = 0$$

因此,二阶锁相环最终也可以无误差地跟上输入信号的相位跳变。

当输入信号的频率发生跳变时,将式(6.10.11)与系统函数相乘,并运用终值定理,可以得到

$$\theta_e(\infty) = \lim_{s \to 0} s\Theta_e(s) = \lim_{s \to 0} \Delta\omega e^{-st_0} \frac{R_1Cs}{R_1Cs^2 + KR_2Cs + K} = 0 \qquad (6.10.15)$$

对比式(6.10.13)与式(6.10.15)可知,一阶锁相环跟踪频率跳变信号会存在固定的相位差,而二阶锁相环最终可以无误差地跟踪频率跳变信号。这一差异的原因在于,二阶锁相环采用了式(6.10.14)所示的单极点环路滤波器,单极点环路滤波器的直流增益为无穷大,因此在稳态时,即使输入的相位误差为 0,环路滤波器也可以产生维持压控振荡器频偏所需的控制电压。

通过本节的案例可以看到,运用复频域分析的方法可以对锁相环进行定量的分析,其中环路滤波器的特性对锁相环的动态性能有重要的影响。在这个过程中,首先对鉴相器进行了线性化近似,使之成为一个线性时不变系统,这是复频域分析方法运用的前提;其次,将分析对象从完整的载波信号转换为信号的过量相位,从而将鉴相器转换为加法器,将压控振荡器转换为积分器,得到了系统的数学模型。线性化近似要求输入信号和输出信号的相位差异不大,只考虑相位则要求输入信号和输出信号的频率差异不大,因此该分析结果只在锁相环的锁定状态下适用。这个案例也提醒我们,运用信号与系统的理论方法分析实际系统时,可能需要通过一定的近似和转换技巧抽象出实际系统的数学模型;另外,要认识到理论分析的结果有它的适用范围,建立数学模型的过程中应用的近似和假设,是影响结果适用性的重要因素。

习　　题

自测题

基础题

6-1　指出下列信号拉普拉斯变换的收敛域:

(1) $u(t)$;　　　　　　　(2) $\sin(2t)u(t)$;　　　　(3) $tu(t)$;　　　　(4) $e^{3t}u(t)$;

(5) $u(t) - u(t-4)$; (6) $e^{-|t|}$;　　　　　　　(7) $e^{|t|}$。

6-2　求下列信号的拉普拉斯变换,并指明其收敛域:

(1) $\delta(t)$;　　　　　　　　　　　(2) $u(t)$;

(3) $-u(-t)$;　　　　　　　　　(4) $x(t)=\begin{cases}e^{2t}, & t>0\\ e^{-3t}, & t<0\end{cases}$;

(5) $x(t)=\begin{cases}e^{-4t}, & t>0\\ e^{3t}, & t<0\end{cases}$。

6-3　判断下列信号的傅里叶变换是否存在？单边拉普拉斯变换是否存在？如果存在，请写出，并画出其收敛域。

(1) $x(t)=u(t)$;　　　　　　　　　(2) $x(t)=tu(t)$;

(3) $x(t)=\delta(t)$;　　　　　　　　(4) $x(t)=e^{-2t}u(t)$;

(5) $x(t)=e^{2t}u(t)$。

6-4　求下列信号的单边拉普拉斯变换：

(1) $\dfrac{1}{a}(1-e^{-at})u(t)$;　　　　　　　(2) $e^{-t}u(t-2)$;

(3) $e^{-t}[u(t)-u(t-2)]$;　　　　　(4) $u(t)-2u(t-1)+u(t-2)$;

(5) $2\delta(t)-3e^{-7t}u(t)$;　　　　　　(6) $(\sin t+2\cos t)u(t)$;

(7) $e^{-t}\sin 2tu(t)$;　　　　　　　(8) $e^{-(t+a)}\cos(\omega_0 t)u(t)$;

(9) $(1-\cos\alpha t)e^{-\beta t}u(t)$;　　　　(10) $e^{-at}\sin(\beta t+\theta)u(t)$;

(11) $(1+2t)e^{-t}u(t)$;　　　　　　(12) $t\delta'(t)$;

(13) $t^2 u(t-1)$;　　　　　　　　(14) $(t-1)[u(t-1)-u(t-2)]$;

(15) $(t-\tau)\sin[\omega_0(t-\tau)]u(t-\tau),\tau>0$;　(16) $(t^3+t^2+t+1)u(t)$;

(17) $te^{-at}\sin 2tu(t)$;　　　　　　(18) $\dfrac{1}{t}(e^{-3t}-e^{-4t})u(t)$;

(19) $e^{-2(t+1)}u(t+1)$。

6-5　若已知 $\mathscr{L}[x(t)]=X(s)$，求 $e^{-at}x\left(\dfrac{t}{a}\right)$ 的拉普拉斯变换($a>0$，且 a 为实数)。

6-6　求题图 6-1 中信号 $x_1(t)$ 的拉普拉斯变换，并将其他信号的拉普拉斯变换表示成 $X_1(s)$ 的形式。

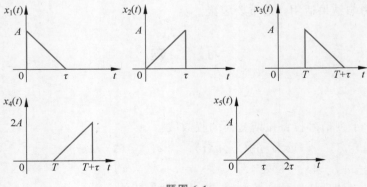

题图 6-1

6-7 求题图 6-2 中信号的拉普拉斯变换。

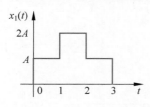
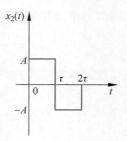

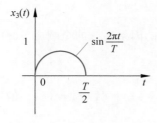
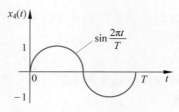

题图 6-2

6-8 已知因果信号 $x(t)$ 的单边拉普拉斯变换为 $X(s) = \dfrac{1}{s^2 + 2s + 5}$，求下列信号的单边拉普拉斯变换：

(1) $\displaystyle\int_0^t x(\tau)\mathrm{d}\tau$；　　　　(2) $x(t)\cos\omega_0 t$；　　　　(3) $x(2t-4)$；

(4) $\dfrac{1}{t}x(t)$；　　　　(5) $t\,\dfrac{\mathrm{d}^2 x(t)}{\mathrm{d}t^2}$。

6-9 已知因果信号的拉普拉斯变换如下，求 $x(0^+)$ 和 $x(\infty)$。

(1) $\dfrac{s-6}{(s+2)(s+5)}$；　　(2) $\dfrac{10(s+2)}{s(s+5)}$；　　(3) $\dfrac{1}{(s+3)^3}$；　　(4) $\dfrac{s+3}{(s+1)^2(s+2)}$。

6-10 用部分分式展开法求下列象函数的单边拉普拉斯反变换：

(1) $\dfrac{4}{s(2s+3)}$；　　　　(2) $\dfrac{3s}{(s+2)(s+4)}$；　　　　(3) $\dfrac{1}{s^2-3s+2}$；

(4) $\dfrac{1}{s(RCs+1)}$；　　　　(5) $\dfrac{4s+5}{s^2+5s+6}$；　　　　(6) $\dfrac{4s^2+11s+10}{2s^2+5s+3}$；

(7) $\dfrac{2s+4}{s^2+2s+5}$；　　　　(8) $\dfrac{2s+30}{s^2+10s+50}$；　　　　(9) $\dfrac{1}{s(s^2+5)}$；

(10) $\dfrac{1}{s(s^2+s+1)}$；　　　　(11) $\dfrac{\mathrm{e}^{-s}}{4s(s^2+1)}$；　　　　(12) $\dfrac{s-a}{(s+a)^2}$；

(13) $\dfrac{4s^2+17s+16}{(s+2)^2(s+3)}$；　　(14) $\dfrac{s+3}{(s+1)^3(s+2)}$；　　(15) $\dfrac{1}{(s+2)(s+3)^4}$；

(16) $\dfrac{1}{(s^2+3)^2}$。

6-11 用留数法求题 6-10 中各式的单边拉普拉斯反变换。

6-12 求下列象函数的单边拉普拉斯反变换。

(1) $\dfrac{1-e^{-sT}}{s+1}$ ；　　　　　　(2) $\dfrac{s(1-e^{-s})}{s^2+\pi^2}$ ；　　　　　　(3) $\left(\dfrac{1-e^{-s}}{s}\right)^2$ 。

6-13 求下列象函数的双边拉普拉斯反变换：

(1) $\dfrac{-2}{(s-1)(s-3)}$ ， $1<\sigma<3$ ；　　　　　　(2) $\dfrac{2}{(s+1)(s+3)}$ ， $-3<\sigma<-1$ ；

(3) $\dfrac{4}{s^2+4}$ ， $\sigma<0$ 。

6-14 试用拉普拉斯变换求解下列方程所描述的因果系统的全响应 $y(t)$ ：

(1) $y'(t)+2y(t)=u(t)$ ， $y(0^-)=1$ ；

(2) $y'(t)+2y(t)=0$ ， $y(0^-)=2$ 。

6-15 用拉普拉斯变换求解因果系统 $y''(t)+5y'(t)+6y(t)=3x(t)$ 的零输入响应 $y_{zi}(t)$ 和零状态响应 $y_{zs}(t)$ 。

(1) $x(t)=u(t)$ ， $y(0^-)=1$ ， $y'(0^-)=-1$ ；

(2) $x(t)=e^{-t}u(t)$ ， $y(0^-)=0$ ， $y'(0^-)=1$ 。

6-16 已知描述因果系统的微分方程为 $y'(t)+2y(t)=x(t)+x'(t)$ ，试求下列输入时的零状态响应 $y_{zs}(t)$ 。

(1) $x(t)=u(t)$ ；　　　　　(2) $x(t)=e^{-t}u(t)$ ；　　　　　(3) $x(t)=e^{-2t}u(t)$ 。

6-17 已知因果系统函数和初始状态如下,求系统零输入响应 $y_{zi}(t)$ 。

(1) $H(s)=\dfrac{s}{s^2+4}$ ， $y(0^-)=0$ ， $y'(0^-)=1$ ；

(2) $H(s)=\dfrac{s+4}{s(s^2+3s+2)}$ ， $y(0^-)=y'(0^-)=y''(0^-)=1$ 。

6-18 某线性时不变系统,输入 $x(t)=e^{-t}u(t)$ 时输出为

$$y_{zs}(t)=\left(\dfrac{1}{2}e^{-t}-e^{-2t}+e^{-3t}\right)u(t),求该系统的冲激响应 h(t)。$$

6-19 若系统的单位阶跃响应为 $s(t)=(1-e^{-2t})u(t)$ ，为使输出零状态响应为 $y_{zs}(t)=(1-e^{-2t}+te^{-2t})u(t)$ ，求输入信号 $x(t)$ 。

6-20 电路如题图 6-3 所示。输入电流源 $i(t)=u(t)$ ，求下列情况下的零状态响应 $u_C(t)$ ：

(1) $L=0.1\text{H}$, $C=0.1\text{F}$, $R=0.4\Omega$ ；

(2) $L=0.1\text{H}$, $C=0.1\text{F}$, $R=0.5\Omega$ ；

(3) $L=0.1\text{H}$, $C=0.1\text{F}$, $R=\dfrac{1}{1.2}\Omega$ 。

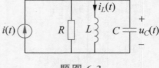

题图 6-3

6-21 若上题中 $i_L(0^-)=-1\text{A}$, $u_C(0^-)=1\text{V}$ ，求上题三种情况下的零输入响应 $y_{zi}(t)$ 。

6-22 电路如题图 6-4 所示,在 $t=0$ 前已处于稳定状态。开关 K 在 $t=0$ 时由"1"扳到"2",分别求 $u_L(t)$ 和 $u_C(t)$。

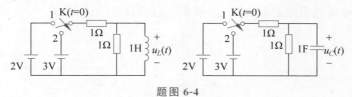

题图 6-4

6-23 电路如题图 6-5 所示,已知电容 C_1 上的初始电压为 3V,$t=0$ 时开关闭合,求全响应 $i(t)$。

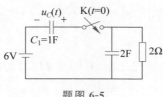

题图 6-5

6-24 求题图 6-6 所示 4 种 RC 网络的传递函数 $\dfrac{U_2(s)}{U_1(s)}$($R=1\Omega,C=1F$)。

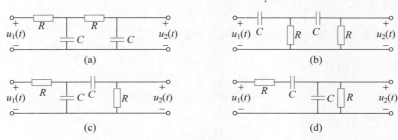

题图 6-6

6-25 分别求出题图 6-7 所示电路的系统函数 $H(s)$,并画出极零点图。

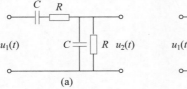

题图 6-7

6-26 利用平面几何求值法,粗略画出以下系统函数所描述的线性时不变系统的幅频和相频响应曲线(默认收敛域均包含虚轴)。

(1) $H(s)=\dfrac{s^2-2s+50}{s^2+2s+50}$;   (2) $H(s)=\dfrac{s-1}{s+2}$;   (3) $H(s)=\dfrac{1}{(s+1)(s+3)}$;

(4) $H(s)=\dfrac{s}{s^2+s+1}$;   (5) $H(s)=\dfrac{s^2}{s^2+2s+1}$。

6-27 某线性时不变系统的零极点图如题图 6-8 所示。

(1) 指出该系统所有可能的收敛域;

(2) 对(1)中所有可能的收敛域,判断系统是否稳定或因果。

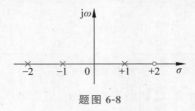

题图 6-8

6-28 某连续系统的微分方程为 $\dfrac{\mathrm{d}^2 y(t)}{\mathrm{d}t^2} - \dfrac{\mathrm{d}y(t)}{\mathrm{d}t} - 2y(t) = x(t)$,$H(s)$ 表示该系统的系统函数。

(1) 把 $H(s)$ 表示成 s 的多项式之比,并画出 $H(s)$ 的极零点图。

(2) 对下列三种情况中的每一种,确定 $h(t)$:

a. 系统是稳定的;

b. 系统是因果的;

c. 系统既不是稳定的,也不是因果的。

6-29 某控制系统结构如题图 6-9 所示,其中 $G(s) = \dfrac{K(0.5s+1)}{(s+1)(0.5s^2+s+1)}$,试确定该系统稳定时的 K 值范围。

题图 6-9

6-30 设系统有下列特征方程,用劳斯判据判别各系统的稳定性或求系统稳定时的 K 值范围,若系统不稳定,则指出系统特征方程具有的右半平面的根的数目。

(1) $s^4 + 5s^2 + 2s + 10 = 0$;

(2) $4s^5 + 6s^4 + 9s^3 + 2s^2 + 5s + 4 = 0$;

(3) $s^4 + 9s^3 + 10s^2 + Ks + K = 0$;

(4) $s^3 + 4s^2 + 4s + K = 0$;

(5) $s^5 + 2s^4 + 2s^3 + 4s^2 + 11s + 10 = 0$。

6-31 系统的信号流图如题图 6-10 所示,求系统函数。

6-32 设某连续系统的系统函数 $H(s)$ 如下,求它们的直接实现形式、级联实现形式和并联实现形式。

(1) $H(s) = \dfrac{5s+7}{s^3 + 5s^2 + 5s + 4}$;   (2) $H(s) = \dfrac{s+3}{(s+2)^2(s+1)}$。

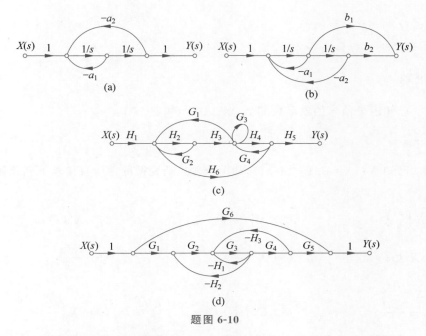

题图 6-10

6-33 建立题图 6-11 所示电路的状态方程。

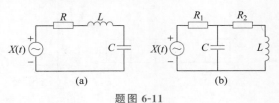

题图 6-11

6-34 建立题图 6-12 所示电路的状态方程和输出方程。

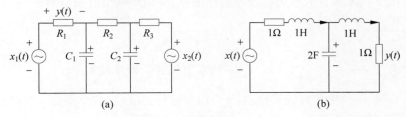

题图 6-12

6-35 将下列微分方程化为状态方程和输出方程：

（1）$y'''(t)+5y''(t)+7y'(t)+3y(t)=x(t)$；

（2）$y''(t)+4y'(t)=x(t)$；

（3）$y''(t)+4y'(t)+3y(t)=x'(t)+x(t)$。

6-36 将下列微分方程组化为状态方程和输出方程：

（1）$\begin{aligned} y_1'(t)+y_2(t)&=x_1(t)\\ y_2''(t)+y_1'(t)+y_2'(t)+y_1(t)&=x_2(t) \end{aligned}$；

(2) $\begin{aligned} y_1''(t) + y_2(t) &= x(t) \\ y_2''(t) + y_1(t) &= x(t) \end{aligned}$。

提高/拓展题

T6-1 已知因果信号的象函数如下,求 $x(0^+)$ 和 $x(\infty)$:

(1) $\dfrac{s}{s^2-2}$　　　　　　(2) $\dfrac{s}{s+2}$　　　　　　(3) $\dfrac{1}{s^2+1}$

T6-2 已知 $X(s) = \mathscr{L}\{e^{-2t}u(t)\}$,利用拉普拉斯变换的性质直接求下列象函数的反变换:

(1) $X\left(\dfrac{s}{3}\right)$;　　　　　(2) $X\left(\dfrac{s}{3}\right)e^{-2s}$;　　　　(3) $X'(s)$;

(4) $sX'(s)$;　　　　　(5) $X'\left(\dfrac{s}{3}\right)$;　　　　(6) $\dfrac{X(s)}{s}$;

(7) $\dfrac{X'\left(\dfrac{s}{3}\right)}{s}$;　　　　(8) $sX\left(\dfrac{s}{3}\right)$;　　　　(9) $sX\left(\dfrac{s}{3}\right)e^{-2s}$。

T6-3 求题图 T6-1 所示单边周期信号($t=0$ 时接入)的拉普拉斯变换。

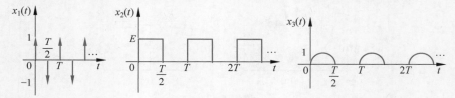

题图 T6-1

T6-4 求下列象函数的单边拉普拉斯反变换,并粗略画出时域波形。

(1) $\dfrac{1}{1+e^{-s}}$;　　　　　　　(2) $\dfrac{1}{s(1+e^{-s})}$。

T6-5 求 $\dfrac{-s+1}{(s^2+4)(s+1)}$,$-1<\sigma<0$ 的双边拉普拉斯反变换。

T6-6 信号 $x(t)$ 满足有以下特点:(1)因果信号;(2)有多个零点。其象函数 $X(s)$ 的极点个数有可能为 1 吗?

T6-7 某信号 $x(t)$ 具有以下特点:(1) $x(t)$ 为实偶信号;(2) $X(s)$ 有 4 个极点,没有零点;(3) $X(s)$ 有一个极点在 $0.5e^{j\frac{\pi}{4}}$;(4) $\int_{-\infty}^{+\infty} x(t)\mathrm{d}t = 4$。试确定 $x(t)$ 及其拉普拉斯变换收敛域。

T6-8 电路如题图 T6-2 所示,$u_o(t)$ 为输出信号。求:

(1) 系统函数;

(2) 输入为 $x_1(t)$ 时的零状态响应 $y_{zs}(t)$;

(3) 输入为 $x_2(t)$ 时的零状态响应 $y_{zs}(t)$。

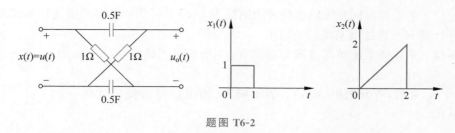

题图 T6-2

T6-9 求题图 T6-3 所示电路的系统函数,其中 $u_1(t)$ 为输入信号,$u_2(t)$ 为输出信号。

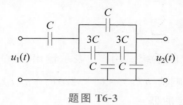

题图 T6-3

T6-10 电路如题图 T6-4 所示,$i_1(t)$ 为输出电流,$u_C(0^-)=8\text{V}$,$i_L(0^-)=4\text{A}$,$t=0$ 时开关闭合。

(1)画出该系统的 s 域等效电路图;

(2)计算全响应电流 $i_1(t)$;

(3)指出 $i_1(t)$ 的自然响应、强迫响应、瞬态响应和稳态响应分量。

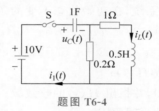

题图 T6-4

T6-11 电路如题图 T6-5 所示,求输出电压的冲激响应 $h(t)$ 和阶跃响应 $s(t)$。

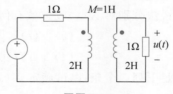

题图 T6-5

T6-12 电路如题图 T6-6 所示,求系统的冲激响应 $h(t)$。

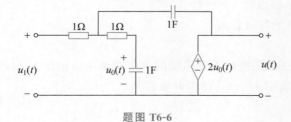

题图 T6-6

T6-13 某连续时间系统的单位冲激响应为 $h(t)=e^{-2|t|}$，试写出描述该系统的微分方程，并计算 e^{-t} 通过该系统后的输出。

T6-14 某连续系统极零点图如题图 T6-7 所示。当输入 $x(t)=$

$$\begin{cases} 1, & \cos t > \dfrac{1}{\pi} \text{ 时，若分别用 } X_k,Y_k \text{ 表示输入、输出信号的傅里叶级} \\ 0, & \text{其他} \end{cases}$$

数，$\dfrac{Y_0}{X_0}=1$，试计算 $\dfrac{Y_1}{X_1}$。

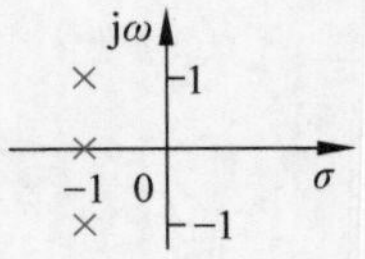

题图 T6-7

T6-15 周期信号 $x(t)=\displaystyle\sum_{k=-\infty}^{\infty}\big[\delta(t-3k)+\delta(t-1-3k)-\delta(t-2-3k)\big]$ 通过系统函数为 $H(s)=e^{s/4}-e^{-s/4}$ 的系统。用 Y_k 表示输出 $y(t)$ 的傅里叶级数，试计算 Y_3。

T6-16 某系统单位冲激响应 $h(t)=(1-2t)e^{-2t}u(t)$，试画出该系统的频率响应，并判断该系统为何种类型的滤波器。

T6-17 设计某二阶带通滤波器，其中心频率在 $\omega_0=10$，增益在 $\omega=0$ 和 $\omega=\infty$ 应该为零，将极点选在 $-a\pm j10$，试分析 a 对频率响应的影响。

T6-18 想设计一因果稳定的连续时间线性时不变系统。在低频段该系统的幅频特性近似为 5ω，在高频段该系统幅频特性近似为 $80/\omega$，且当 $\omega=4$ 时，该系统的幅频响应为 40。可以设计出满足上述条件的系统吗？若可以，请写出该系统的系统函数 $H(s)$。

T6-19 某因果线性时不变系统，在初始状态不变的条件下，当输入 $x(t)=e^{-t}u(t)$ 时，全响应为 $y(t)=1.5e^{-t}u(t)-2e^{-2t}u(t)+0.5e^{-3t}u(t)$；当输入 $x(t)=e^{-4t}u(t)$ 时，全响应为 $y(t)=2.5e^{-2t}u(t)-4e^{-3t}u(t)+1.5e^{-4t}u(t)$。

(1) 计算该系统的系统函数 $H(s)$；

(2) 画出该系统的零极点图，并指出 $H(s)$ 的收敛域；

(3) 判断该系统的稳定性并说明原因；

(4) 求该系统的单位冲激响应 $h(t)$。

T6-20 下列关于 $x(t)$ 的说法分别对 $X(s)$ 收敛域有何要求？

(1) $x(t)e^{2t}$ 绝对可积；　　　　　　　　(2) $x(t)*[e^{-2t}u(t)]$ 绝对可积；

(3) $x(t)=0,t<1$；　　　　　　　　　　(4) $x(t)=0,t>1$。

T6-21 某实信号 $x(t)$ 满足下列 5 个条件，试确定 $X(s)$ 并给出其收敛域。

(1) $X(s)$ 只有两个极点；

(2) $X(s)$ 在有限 s 平面没有零点；

(3) $X(s)$ 有一个极点在 $s=-1+j$；

(4) $e^{2t}x(t)$ 不是绝对可积的；

(5) $X(0)=8$。

T6-22 某因果稳定线性时不变系统的单位冲激响应记作 $h(t)$，系统函数 $H(s)$ 有理且满足以下条件，试确定 $H(s)$ 并给出其收敛域。

(1) $H(1)=0.2$；

（2）当输入为 $u(t)$ 时,输出绝对可积;

（3）当输入为 $tu(t)$ 时,输出不绝对可积;

（4）信号 $h''(t)+2h'(t)+2h(t)$ 是有限长的;

（5）$H(s)$ 在无限远点只有一个零点。

T6-23 建立题图 T6-8 所示电路的状态方程和输出方程。

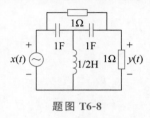

题图 **T6-8**

第7章

离散时间信号与系统复频域分析

7.1 引言

与连续时间信号与系统类似,离散时间信号与系统的分析方法也分为时域分析方法和变换域分析方法(包括频域和复频域分析方法)。在第 5 章中学习了离散时间信号与系统的频域分析方法,本章将学习其复频域分析方法,用到的数学工具是 z 变换。z 变换与第 6 章中学习的拉普拉斯变换类似,是离散时间傅里叶变换的推广。它将描述系统的差分方程变换为代数方程,而且包含了系统的初始状态,从而可以求解系统全响应。

z 变换的引入以及 z 变换所具有的性质等都与拉普拉斯变换类似,但由于连续时间与系统和离散时间信号与系统之间的差异,使得 z 变换和拉普拉斯变换也存在一些区别。

导图

另外,在学习拉普拉斯变换时曾指出,由于通常遇到的连续时间信号与系统大都是因果的,所以着重分析了单边拉普拉斯变换。但对于离散时间信号与系统,非因果性也有一定的应用,所以本章兼顾单边 z 变换和双边 z 变换。由于离散时间信号与系统的复频域分析使用的是 z 变换,因此后续也称为 z 域分析。

7.2 z 变换

7.2.1 从离散时间傅里叶变换到 z 变换

第 5 章中,离散时间信号 $x(n)$ 的傅里叶变换为

$$X(\Omega) = \sum_{n=-\infty}^{\infty} x(n) \mathrm{e}^{-\mathrm{j}\Omega n} \tag{7.2.1}$$

当 $x(n)$ 满足绝对可和条件时,即

$$\sum_{n=-\infty}^{\infty} |x(n)| < \infty \tag{7.2.2}$$

式(7.2.1)才收敛。而许多常用的离散时间信号不满足这个条件,如指数增长信号 $r^n u(n)$,$|r| > 1$。采用与连续时间信号同样的方法,将 $x(n)$ 乘以指数信号 r^{-n},使 $x(n)r^{-n}$ 满足绝对可和条件,再求其傅里叶变换,即

$$\mathrm{DTFT}\left[x(n)r^{-n}\right] = \sum_{n=-\infty}^{\infty} x(n) r^{-n} \mathrm{e}^{-\mathrm{j}\Omega n} = \sum_{n=-\infty}^{\infty} x(n) (r\mathrm{e}^{\mathrm{j}\Omega})^{-n} \tag{7.2.3}$$

引入复变量 z,令 $z = r\mathrm{e}^{\mathrm{j}\Omega}$,式(7.2.3)变为

$$\mathrm{DTFT}\left[x(n)r^{-n}\right] = \sum_{n=-\infty}^{\infty} x(n) z^{-n}$$

记为 $X(z)$,即

$$X(z) = \sum_{n=-\infty}^{\infty} x(n) z^{-n} \tag{7.2.4}$$

$X(z)$ 称为信号 $x(n)$ 的 z 变换。$x(n)$ 的 z 变换可记作 $\mathscr{Z}[x(n)]$，$x(n)$ 与 $X(z)$ 构成一对变换对，记为

$$x(n) \leftrightarrow X(z)$$

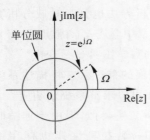

图 7.2.1　z 平面上的单位圆

从上面的讨论可以看出，一方面，$x(n)$ 的 z 变换就是 $x(n)r^{-n}$ 的离散时间傅里叶变换；另一方面，当 $x(n)$ 满足绝对可和条件时，令 $X(z)$ 中的 $|z|=1$（即 $z=\mathrm{e}^{\mathrm{j}\Omega}$）即可得到 $x(n)$ 的离散时间傅里叶变换 $X(\Omega)$，即

$$X(\Omega) = X(z)\big|_{z=\mathrm{e}^{\mathrm{j}\Omega}} \tag{7.2.5}$$

于是，离散时间傅里叶变换就是 z 平面中半径为 1 的圆上的 z 变换，如图 7.2.1 所示。在 z 平面中，这个圆称为单位圆，单位圆在 z 变换讨论中所起的作用类似于 s 平面上的虚轴在拉普拉斯变换讨论中的作用。

7.2.2　从拉普拉斯变换到 z 变换

动画

z 变换也可以由抽样信号的拉普拉斯变换引出。设想用一个由相隔 T_{s} 的冲激序列 $\delta_T(t)$，对连续时间信号 $x(t)$ 进行理想抽样，抽样得到的信号为 $x_{\mathrm{s}}(t)$，则

$$x_{\mathrm{s}}(t) = x(t)\delta_T(t)$$

$$= \sum_{n=-\infty}^{\infty} x(nT_{\mathrm{s}})\delta_T(t-nT_{\mathrm{s}})$$

对上式两端取拉普拉斯变换，有

$$X_{\mathrm{s}}(s) = \int_{-\infty}^{\infty} \Big[\sum_{n=-\infty}^{\infty} x(nT_{\mathrm{s}})\delta_T(t-nT_{\mathrm{s}}) \Big] \mathrm{e}^{-st}\,\mathrm{d}t$$

$$= \sum_{n=-\infty}^{\infty} x(nT_{\mathrm{s}}) \int_{-\infty}^{\infty} \delta_T(t-nT_{\mathrm{s}})\mathrm{e}^{-st}\,\mathrm{d}t$$

$$= \sum_{n=-\infty}^{\infty} x(nT)\mathrm{e}^{-snT_{\mathrm{s}}}$$

若令 $z=\mathrm{e}^{sT_{\mathrm{s}}}$，则

$$X_{\mathrm{s}}(s) = \sum_{n=-\infty}^{\infty} x(nT_{\mathrm{s}})z^{-n}$$

略去 $x(nT_{\mathrm{s}})$ 括号内的 T_{s}，而且由于表达式中不再出现 s，故可用 $X(z)$ 代替 $X_{\mathrm{s}}(s)$，有

$$X(z) = \sum_{n=-\infty}^{\infty} x(n)z^{-n} \tag{7.2.6}$$

可见拉普拉斯变换 $X_{\mathrm{s}}(s)$ 与 z 变换 $X(z)$ 的相互转换关系是

$$X_{\mathrm{s}}(s)\big|_{s=\frac{1}{T_{\mathrm{s}}}\ln z} = X(z) \tag{7.2.7}$$

$$X(z)\big|_{z=\mathrm{e}^{sT_{\mathrm{s}}}} = X_{\mathrm{s}}(s) \tag{7.2.8}$$

式中，T_s 是序列的时间间隔。

7.2.3　z 变换的收敛域

如前所述，选择合适的 r 值才能使 $x(n)r^{-n}$ 满足绝对可和条件，从而式（7.2.4）收敛，$X(z)$ 才存在。把使 $X(z)$ 存在的 z 的范围（即 z 的模 r 的范围，因为 $e^{-j\Omega}$ 不影响求和的收敛性）称为收敛域（ROC）。下面通过几个例子来分析 z 变换的收敛问题。

1. 有限长离散时间信号的 z 变换收敛域

例 7.2.1　求 $\delta(n)$ 的 z 变换。

解：$\delta(n) \leftrightarrow \sum\limits_{n=-\infty}^{\infty} \delta(n)z^{-n} = 1$，即

$$\delta(n) \leftrightarrow 1 \tag{7.2.9}$$

显然，对于所有的 z，$\delta(n)$ 的 z 变换都存在，称为全平面收敛。

例 7.2.2　求图 7.2.2 所示序列的 z 变换。

解：$X(z) = \sum\limits_{n=-\infty}^{\infty} x(n)z^{-n}$
$= x(-3)z^3 + x(-2)z^2 + x(-1)z + x(0) + x(1)z^{-1} + x(2)z^{-2} + x(3)z^{-3}$
$= z^3 + z^2 + z + 1 + z^{-1} + z^{-2} + z^{-3}$

显然，除了在 $z=0$ 和 $z=\infty$ 处外，$X(z)$ 都存在，所以其收敛域为 $0<|z|<\infty$，也称为全平面收敛，但不包含原点和无穷远点。

对于有限长离散时间信号的收敛域，可以得出以下结论：

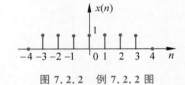

图 7.2.2　例 7.2.2 图

有限长离散时间信号，z 变换是有限项幂级数求和，其收敛域是全平面收敛（但在 $|z|=0$ 和 $|z|=\infty$ 处不一定收敛）。

进一步，如果 $x(n)$ 是因果的有限长序列（仅在 $n=0$ 处非零的序列除外），那么 $X(z)$ 是 z 的有限项负幂多项式，在 $|z|=\infty$ 处收敛，而在 $|z|=0$ 处不收敛，故其收敛域为 $0<|z|\leqslant\infty$。如果 $x(n)$ 是反因果的有限长序列，那么 $X(z)$ 是 z 的有限项正幂多项式，在 $|z|=0$ 处收敛，而在 $|z|=\infty$ 处不收敛，故收敛域为 $0\leqslant|z|<\infty$。

2. 无限长离散时间信号的 z 变换收敛域

例 7.2.3　求序列 $x(n)=a^n u(n)$ 的 z 变换。

解：
$$X(z) = \sum_{n=-\infty}^{\infty} a^n u(n)z^{-n} = \sum_{n=0}^{\infty} (az^{-1})^n$$

当 $|az^{-1}|<1$，即 $|z|>|a|$ 时，$X(z) = \dfrac{1}{1-az^{-1}} = \dfrac{z}{z-a}$

仿真求解

否则，$X(z)$不存在。

得到如下变换对：

$$a^n u(n) \leftrightarrow \frac{z}{z-a}, \quad |z| > |a| \tag{7.2.10}$$

例 7.2.4 求序列 $x(n) = -a^n u(-n-1)$ 的 z 变换。

解：$X(z) = -\sum_{n=-\infty}^{\infty} a^n u(-n-1) z^{-n} = -\sum_{n=-\infty}^{-1} a^n z^{-n} = -\sum_{m=1}^{\infty} (a^{-1} z)^m$

当 $|a^{-1} z| < 1$，即 $|z| < |a|$ 时，$X(z) = -\dfrac{a^{-1} z}{1 - a^{-1} z} = \dfrac{z}{z-a}$

否则，$X(z)$不存在。

得到如下变换对：

$$-a^n u(-n-1) \leftrightarrow \frac{z}{z-a}, \quad |z| < |a| \tag{7.2.11}$$

从例 7.2.3 和例 7.2.4 可见，两个不同的离散时间信号具有相同的 z 变换，但收敛域不同。因此，z 变换必须和收敛域一起才能与时域信号 $x(n)$ 一一对应。

例 7.2.5 求序列 $x(n) = a^n u(n) + b^n u(-n-1)$ 的 z 变换。

解：令 $x_1(n) = a^n u(n)$，$x_2(n) = b^n u(-n-1)$，则 $x(n) = x_1(n) + x_2(n)$

由式（7.2.10）得

$$X_1(z) = \frac{z}{z-a}, \quad |z| > |a|$$

当 $|a| < |b|$ 时，由式（7.2.11）得

$$X_2(z) = -\frac{z}{z-b}, \quad |z| < |b|$$

故
$$X(z) = \frac{z}{z-a} - \frac{z}{z-b} = \frac{z(a-b)}{(z-a)(z-b)}, \quad |a| < |z| < |b|$$

否则，$X(z)$不存在。

将以上三个例子的收敛域在 z 平面中表示，如图 7.2.3 所示。

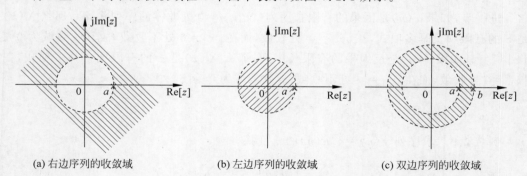

(a) 右边序列的收敛域　　　　　(b) 左边序列的收敛域　　　　　(c) 双边序列的收敛域

图 7.2.3　z 变换的收敛域

对于无限长离散时间信号的收敛域,可以得出以下结论。

(1) 右边序列的收敛域为圆外收敛,当为因果序列时,收敛域包含 $|z|=\infty$。

(2) 左边序列的收敛域为圆内收敛,当为反因果序列时,收敛域包含 $|z|=0$。

(3) 双边序列的收敛域为环状区域。

7.2.4 单边 z 变换

如果式(7.2.4)的求和以 $n=0$ 为起点,即

$$X(z) = \sum_{n=0}^{\infty} x(n)z^{-n} \tag{7.2.12}$$

称为单边 z 变换。为了区别,常又将式(7.2.4)称为双边 z 变换。

由式(7.2.12)可见,求和仅在 n 的非负值上进行,而不管 $n<0$ 时,$x(n)$ 是否为 0。这样 $x(n)$ 的单边 z 变换就可以看作 $x(n)u(n)$,也就是 $x(n)$ 乘以阶跃序列的双边 z 变换。若某序列 $x(n)$ 在 $n<0$ 时为 0,那么该序列的单边和双边 z 变换就一致了。为方便起见,序列 $x(n)$ 的单边 z 变换记作

$$x(n)u(n) \leftrightarrow X(z)$$

单边 z 变换的收敛域只有全平面收敛和圆外收敛两种情况,而且单边 z 变换可以与时域信号一一对应,所以可以不标注其收敛域。

7.3 z 变换的性质

与傅里叶变换和拉普拉斯变换一样,z 变换也具有许多性质,这些性质反映了时域信号与其复频域变换之间的关系。掌握这些性质有助于 $x(n)$ 和 $X(z)$ 的互求,也有助于更好地分析离散时间信号与系统。

7.3.1 线性

若
$$x(n) \leftrightarrow X(z), \quad r_{x^-} < |z| < r_{x^+}$$
$$y(n) \leftrightarrow Y(z), \quad r_{y^-} < |z| < r_{y^+}$$

则
$$ax(n)+by(n) \leftrightarrow aX(z)+bY(z), \quad r_- < |z| < r_+ \tag{7.3.1}$$

其中,a、b 为任意常数,$r_- = \max(r_{x^-}, r_{y^-})$,$r_+ = \min(r_{x^+}, r_{y^+})$,即线性组合后的收敛域至少是 $x(n)$ 和 $y(n)$ 收敛域的重叠部分。对于具有有理 z 变换的序列,如果 $aX(z)+bY(z)$ 的极点由 $X(z)$ 和 $Y(z)$ 的全部极点构成,也就是说线性组合后没有产生新的零点抵消了原来的极点,那么收敛域就一定是单个收敛域的重叠部分。如果线性组合后引入了新的零点抵消了原来的某些极点,那么收敛域就可能扩大。例如,$x(n)$ 和

$y(n)$都是无限长序列,但线性组合后成为有限长序列。在这种情况下,线性组合后序列的 z 变换,其收敛域就是整个 z 平面。例如,序列 $a^n u(n)$ 和 $a^n u(n-1)$ 的收敛域均为 $|z|>|a|$,但是它们的差序列,即 $a^n u(n)-a^n u(n-1)=\delta(n)$,其 z 变换收敛域却为整个 z 平面。显然这是由于差序列的 z 变换,$\frac{z}{z-a}-\frac{a}{z-a}=1$,引入了新的零点,抵消了原来的极点,使收敛域扩大为整个 z 平面。

7.3.2　时移特性

由于双边 z 变换和单边 z 变换定义中求和下限不同,二者的时移特性有显著不同。下面分别进行讨论。

1. 双边 z 变换的时移特性

若
$$x(n) \leftrightarrow X(z), \quad r_1 < |z| < r_2$$
则
$$x(n+n_0) \leftrightarrow z^{n_0} X(z), \quad n_0 \text{ 为整数}, r_1 < |z| < r_2 \tag{7.3.2}$$

证明:

$$x(n+n_0) \leftrightarrow \sum_{n=-\infty}^{\infty} x(n+n_0) z^{-n}$$

$$\xlongequal{\text{令}n+n_0=m} \sum_{m=-\infty}^{\infty} x(m) z^{-m+n_0}$$

$$= z^{n_0} \sum_{m=-\infty}^{\infty} x(m) z^{-m} = z^{n_0} X(z)$$

例 7.3.1　求 $\delta(n+1)$、$\delta(n-1)$ 的双边 z 变换。

解:因为
$$\delta(n) \leftrightarrow 1$$
利用时移特性,得
$$\delta(n+1) \leftrightarrow z$$
$$\delta(n-1) \leftrightarrow z^{-1}$$

以上三个 z 变换的收敛域分别为 $0 \leqslant |z| \leqslant \infty$、$0 \leqslant |z| < \infty$ 和 $0 < |z| \leqslant \infty$。时域移位可能会改变序列的因果性,从而使 z 变换的收敛情况在 $|z|=0$ 和 $|z|=\infty$ 处可能会发生变化。

另外,在时域分析中已经看到,如果某个系统的单位样值响应 $h(n)=\delta(n-1)$,那么零状态响应 $y_{zs}(n)=x(n)*h(n)=x(n-1)$,即系统完成单位延迟的功能。

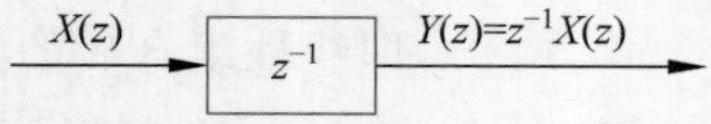

$$X(z) \longrightarrow \boxed{z^{-1}} \longrightarrow Y(z)=z^{-1}X(z)$$

图 7.3.1　单位延迟器 z 域模型

单位延迟器是构成离散时间系统的基本单元之一,其 z 域模型如图 7.3.1 所示。

2. 单边 z 变换的时移特性

设 m 为大于零的整数,首先求 $x(n)$ 左移序列 $x(n+m)$ 的单边 z 变换:

$$x(n+m) \leftrightarrow \sum_{n=0}^{\infty} x(n+m) z^{-n} \xrightarrow{\text{令} n+m=k} \sum_{k=m}^{\infty} x(k) z^{m-k} = z^m \sum_{k=m}^{\infty} x(k) z^{-k}$$

$$= z^m \left[\sum_{k=0}^{\infty} x(k) z^{-k} - \sum_{k=0}^{m-1} x(k) z^{-k} \right] = z^m \left[X(z) - \sum_{k=0}^{m-1} x(k) z^{-k} \right]$$

得到单边 z 变换的时移特性如下所述:

若
$$x(n) \leftrightarrow X(z), \quad |z| > r$$

则

$$x(n+m) \leftrightarrow z^m \left[X(z) - \sum_{k=0}^{m-1} x(k) z^{-k} \right] \tag{7.3.3}$$

式(7.3.3)表明,$x(n)$ 超前(左移)m 个单位后的单边 z 变换,是原来的 z 变换 $X(z)$ 与由纵轴右边移到左边部分的 z 变换之差乘以 z^m,如图 7.3.2(b)所示。

同理可得 $x(n)$ 的右移序列 $x(n-m)$ 的单边 z 变换:

$$x(n-m) \leftrightarrow z^{-m} \left[X(z) + \sum_{k=-m}^{-1} x(k) z^{-k} \right] \tag{7.3.4}$$

即 $x(n)$ 延迟(右移)m 个单位后的单边 z 变换,是原来的 z 变换 $X(z)$ 与由纵轴左边移到右边部分的 z 变换之和乘以 z^{-m},如图 7.3.2(c)所示。

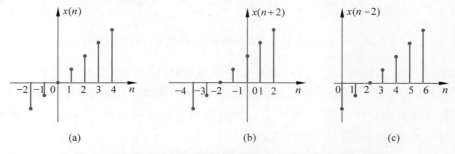

图 7.3.2　离散时间信号及其左移和右移两个单位后的信号

移位后序列的收敛域与原来相同,但在 $|z|=0$ 和 $|z|=\infty$ 处的收敛情况可能会发生变化。

观察式(7.3.2)～式(7.3.4)可见,单边 z 变换的时移特性比双边 z 变换复杂,这是因为单边 z 变换的求和下限为 $n=0$。

如果 $x(n)$ 是因果序列,则式(7.3.4)中的 $\sum\limits_{k=-m}^{-1} x(k) z^{-k}$ 项等于零。于是得到因果序列右移后的单边 z 变换为

$$x(n-m) \leftrightarrow z^{-m} X(z) \tag{7.3.5}$$

描述离散时间线性时不变系统的是常系数线性差分方程,显然可以利用 z 变换的时

移特性将差分方程转换到 z 域。在 7.5.1 节中将会看到，利用单边 z 变换的时移特性可以求解系统响应。

7.3.3　频移性质

若
$$x(n) \leftrightarrow X(z), \quad r_1 < |z| < r_2$$

则
$$e^{j\Omega_0 n} x(n) \leftrightarrow X(e^{-j\Omega_0} z), \quad r_1 < |z| < r_2 \tag{7.3.6}$$

可见 $x(n)$ 乘以一个虚指数序列，或看作被一个虚指数序列调制，则等效于在 z 平面的旋转，也就是全部极零点的位置在 z 平面内旋转一个角度 Ω_0，如图 7.3.3 所示。这一过程可以这样来解释：如果 $X(z)$ 分子或分母中有一个因子 $(1-az^{-1})$，那么 $X(e^{-j\Omega_0}z)$ 就将有一个因子 $(1-ae^{j\Omega_0}z^{-1})$，于是在 $z=a$ 处的一个极点或零点就变成 $X(e^{-j\Omega_0}z)$ 中在 $z=ae^{j\Omega_0}$ 处的一个极点或零点。而 z 变换在单位圆上的特性也将转动一个角度 Ω_0。

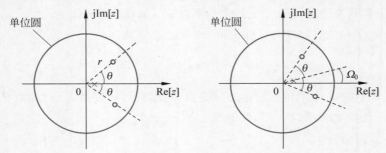

图 7.3.3　$x(n)$ 被虚指数序列 $e^{j\Omega_0 n}$ 调制前后的极零点图

如果 $x(n)$ 是实序列，$e^{j\Omega_0 n}x(n)$ 就不是一个实序列，除非 Ω_0 是 π 的整数倍。在这种情况下，如果 $X(z)$ 的零、极点是复数共轭成对的，则在频移以后就不再有这种对称性了，即不是复数共轭成对的了，这在图 7.3.3 中看得很清楚。一般地，与拉普拉斯变换频移性质相对应的离散时间情况下的性质是

$$z_0^n x(n) \leftrightarrow X\left(\frac{z}{z_0}\right), \quad |z_0| r_1 < |z| < r_2 |z_0| \tag{7.3.7}$$

其中，$z_0 = re^{j\Omega_0}$，则极点和零点的位置在 z 平面内旋转一个角度 Ω_0，并且在径向位置还要有一个 r 倍的变化。相应的收敛域也要有一个尺度上的变化，即 $r_1 < \dfrac{|z|}{r} < r_2$。若 $|z_0| = 1$，$z_0 = a^{j\Omega_0}$，这就变成了式 (7.3.6) 的情况。若 $\Omega_0 = 0, r = a \neq 0$，则有

$$a^n x(n) \leftrightarrow X\left(\frac{z}{a}\right), |a| r_1 < |z| < |a| r_2 \tag{7.3.8}$$

可见时域将 $x(n)$ 乘以实指数序列等效于 z 平面尺度展缩，故式 (7.3.8) 又称 z 域尺度变换特性。

式(7.3.8)中令 $a=-1$,得到

$$(-1)^n x(n) \leftrightarrow X(-z), r_1 < |z| < r_2 \qquad (7.3.9)$$

式(7.3.9)可称为 z 域翻转特性,显然,该性质只对双边 z 变换有意义。由该性质可以看出,如果 z_0、p_0 分别为 $x(n)$ 的 z 变换的零点和极点,则 $1/z_0$、$1/p_0$ 为 $x(-n)$ 的 z 变换的零点和极点。

例 7.3.2 求下列信号的 z 变换:

(1) $x(n) = \cos(\beta n) u(n)$;

(2) $x(n) = a^n \cos(\beta n) u(n)$。

解:(1) 由式(7.2.10) $\qquad a^n u(n) \leftrightarrow \dfrac{z}{z-a}$

令 $a = e^{\pm j\beta}$,得到 $\qquad e^{\pm j\beta n} u(n) \leftrightarrow \dfrac{z}{z - e^{\pm j\beta}}$

所以

$$\cos(\beta n) u(n) \leftrightarrow \frac{1}{2}\left[\frac{z}{z-e^{j\beta}} + \frac{z}{z-e^{-j\beta}}\right] = \frac{z^2 - z\cos\beta}{z^2 - 2z\cos\beta + 1}, |z| > 1 \quad (7.3.10)$$

(2) 利用式(7.3.8)、式(7.3.10),得到

$$a^n \cos(\beta n) u(n) \leftrightarrow \frac{\left(\dfrac{z}{a}\right)^2 - \dfrac{z}{a}\cos\beta}{\left(\dfrac{z}{a}\right)^2 - \dfrac{2z}{a}z\cos\beta + 1} = \frac{z(z - a\cos\beta)}{z^2 - 2az\cos\beta + a^2}, |z| > |a|$$

图 7.3.4 示出了 $\beta = \dfrac{\pi}{3}$ 的正弦序列和 $a = 0.7, \beta = \dfrac{\pi}{3}$ 的衰减正弦序列的波形及收敛域。

仿真求解

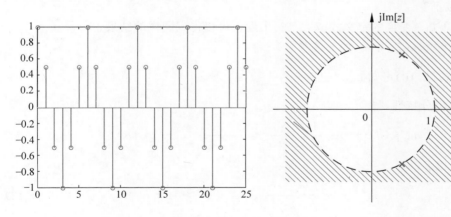

(a) $\cos\left(\dfrac{\pi}{3}n\right)u(n)$的波形及收敛域

图 7.3.4 正弦序列与衰减正弦序列及其收敛域

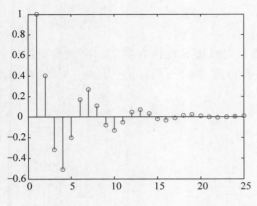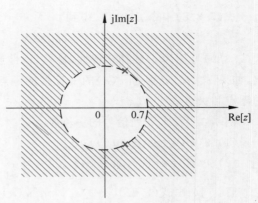

(b) $(0.7)^n \cos\left(\dfrac{\pi}{3}n\right)u(n)$ 的波形及收敛域

图 7.3.4 （续）

7.3.4 z 域微分（序列线性加权）

若 $$x(n)\leftrightarrow X(z), r_1 < |z| < r_2$$

则 $$nx(n)\leftrightarrow -z\frac{\mathrm{d}}{\mathrm{d}z}X(z), \quad r_1 < |z| < r_2 \tag{7.3.11}$$

这个性质只要将 z 变换表达式两边对 z 进行微分就可直接得出。说明如果有一序列 $x(n)$ 其 z 变换为 $X(z)$，则将其 z 变换求一阶导数并乘以 $(-z)$ 以后，所对应的新序列为 $nx(n)$，收敛域不变。

显然，从单边 z 变换的定义式(7.2.12)出发也可以得到同样的结果。

例 7.3.3 求 $na^{n-1}u(n)$ 的 z 变换。

解：由式(7.2.10)可知 $$a^n u(n)\leftrightarrow \frac{z}{z-a}, |z| > |a|$$

利用 z 域微分特性，得

$$na^n u(n)\leftrightarrow -z\frac{\mathrm{d}}{\mathrm{d}z}\left[\frac{z}{z-a}\right] = \frac{az}{(z-a)^2}, |z| > |a|$$

两边同除以 a，得

$$na^{n-1}u(n)\leftrightarrow \frac{z}{(z-a)^2}, \quad |z| > |a| \tag{7.3.12}$$

7.3.5 时域卷积定理

若 $$x(n)\leftrightarrow X(z), \quad r_{x^-} < |z| < r_{x^+}$$

$$h(n)\leftrightarrow H(z), \quad r_{h^-} < |z| < r_{h^+}$$

则 $$x(n)*h(n)\leftrightarrow X(z)H(z),\quad r_{-}<|z|<r_{+} \tag{7.3.13}$$

在一般情况下，其收敛域是 $X(z)$ 与 $H(z)$ 收敛域的重叠部分，即 $r_{-}=\max(r_{x^-},r_{h^-})$，$r_{+}=\min(r_{x^+},r_{h^+})$。若位于某一 z 变换收敛域边缘上的极点被另一 z 变换的零点抵消，则收敛域将会扩大。

证明：因为
$$\begin{aligned}\mathscr{Z}[x(n)*h(n)]&=\sum_{n=-\infty}^{\infty}[x(n)*h(n)]z^{-n}\\&=\sum_{n=-\infty}^{\infty}\Big[\sum_{m=-\infty}^{\infty}x(m)h(n-m)\Big]z^{-n}\\&=\sum_{m=-\infty}^{\infty}x(m)\Big[\sum_{n=-\infty}^{\infty}h(n-m)z^{-(n-m)}\Big]z^{-m}\\&=\Big[\sum_{m=-\infty}^{\infty}x(m)z^{-m}\Big]H(z)\end{aligned}$$

所以 $$\mathscr{Z}[x(n)*h(n)]=X(z)H(z)$$

或 $$x(n)*h(n)=\mathscr{Z}^{-1}[X(z)H(z)] \tag{7.3.14}$$

可见，两序列在时域中的卷积等效于在 z 域中两序列 z 变换的乘积。若 $x(n)$ 与 $h(n)$ 分别为离散线性时不变系统的激励和单位样值响应，那么在求系统的响应 $y(n)$ 时，可以避免卷积和运算，而借助于式(7.3.14)通过 $X(z)H(z)$ 的反变换求出 $y(n)$，在很多情况下这样会更方便。

仿真求解

例 7.3.4 求下列两单边指数序列的卷积和：

$$x(n)=a^n u(n),\quad h(n)=b^n u(n)$$

解：由式(7.2.10)，有

$$X(z)=\frac{z}{z-a},\quad |z|>a$$

$$H(z)=\frac{z}{z-b},\quad |z|>b$$

则 $$Y(z)=X(z)Y(z)=\frac{z^2}{(z-a)(z-b)}$$

显然，其收敛域为 $|z|>a$ 与 $|z|>b$ 的重叠部分，如图 7.3.5 所示。

图 7.3.5 例 7.3.4 的收敛域

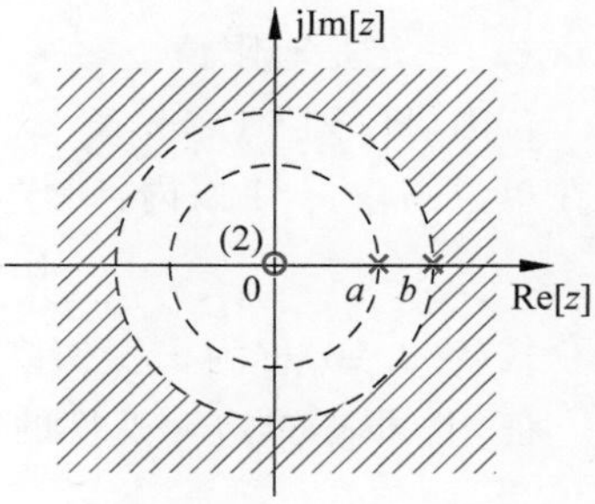

把 $Y(z)$ 展开成部分分式，得

$$Y(z)=\frac{1}{a-b}\left[\frac{az}{z-a}-\frac{bz}{z-b}\right]$$

其反变换为

$$\begin{aligned}y(n)&=x(n)*h(n)=\mathscr{Z}^{-1}[X(z)H(z)]\\&=\frac{1}{a-b}(a^{n+1}-b^{n+1})u(n)\end{aligned}$$

例 7.3.5 求下列两序列的卷积和：

$$x(n)=u(n),h(n)=a^n u(n)-a^{n-1}u(n-1)$$

解：已知
$$X(z)=\frac{z}{z-1},\quad|z|>1$$

由时移性质知
$$H(z)=\frac{z}{z-a}-\frac{z}{z-a}z^{-1}=\frac{z-1}{z-a},\quad|z|>|a|$$

则　　　$Y(z)=X(z)Y(z)$

$$=\frac{z}{z-1}\cdot\frac{z-1}{z-a}=\frac{z}{z-a},\quad|z|>|a|$$

其反变换为
$$y(n)=x(n)*h(n)=a^n u(n)$$

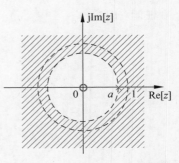

显然，$X(z)$ 的极点（$z=1$）被 $H(z)$ 的零点所抵消，若 $|a|<1$，$Y(z)$ 的收敛域比 $X(z)$ 与 $H(z)$ 收敛域的重叠部分要大，如图 7.3.6 所示。

图 7.3.6　例 7.3.5 的收敛域

7.3.6　初值定理和终值定理

对于因果序列 $x(n)$，其 z 变换初值定理为

若　　　　　　　　　　　　　　$x(n)\leftrightarrow X(z)$

则　　　　　　　　　　　　$\lim_{z\to\infty}X(z)=x(0)$　　　　　　　　　　　　（7.3.15）

证明：对于因果信号 $x(n)$，由于

$$X(z)=\sum_{n=0}^{\infty}x(n)z^{-n}=x(0)+x(1)z^{-1}+x(2)z^{-2}+\cdots$$

当 $z\to\infty$ 时，上式中的级数除了第一项 $x(0)$ 外，其他各项都趋近于 0，所以有

$$\lim_{z\to\infty}X(z)=x(0)$$

可见，对于因果序列 $x(n)$，可以直接由 $X(z)$ 求得时域序列的初始值，而不必求反变换。

另外，由初值定理不难得出，如果因果信号 $x(n)$ 在 $n=0$ 处取值为有限值，则 $z\to\infty$ 时 $X(z)$ 一定是有限值。

若因果序列 $x(n)\leftrightarrow X(z)$，且 $X(z)$ 除在 $z=1$ 处可以有一阶极点外，全部其他极点都在单位圆 $|z|=1$ 以内，则

$$\lim_{n\to\infty}x(n)=\lim_{z\to1}[(z-1)X(z)]\qquad\qquad（7.3.16）$$

式（7.3.16）称为 z 变换终值定理。

证明：根据单边 z 变换的定义

$$x(n+1)-x(n)\leftrightarrow\sum_{n=0}^{\infty}[x(n+1)-x(n)]z^{-n}$$

根据单边 z 变换的时移特性

$$x(n+1)-x(n)\leftrightarrow zX(z)-zx(0)-X(z)$$

因此有

$$\sum_{n=0}^{\infty} \left[x(n+1) - x(n) \right] z^{-n} = zX(z) - zx(0) - X(z) = (z-1)X(z) - zx(0)$$

即

$$(z-1)X(z) = \lim_{N \to \infty} \sum_{n=0}^{N} \left[x(n+1) - x(n) \right] z^{-n} + zx(0)$$

若 $(z-1)X(z)$ 的收敛域包含单位圆，则上式两边可以取 $z \to 1$ 的极限：

$$\lim_{z \to 1}(z-1)X(z) = \lim_{z \to 1} \left\{ \lim_{N \to \infty} \sum_{n=0}^{N} \left[x(n+1) - x(n) \right] z^{-n} \right\} + x(0)$$

$$= \lim_{N \to \infty} \left\{ \lim_{z \to 1} \sum_{n=0}^{N} \left[x(n+1) - x(n) \right] z^{-n} \right\} + x(0)$$

$$= \lim_{N \to \infty} \left\{ \sum_{n=0}^{N} \left[x(n+1) - x(n) \right] \right\} + x(0)$$

$$= \lim_{N \to \infty} \left[x(1) - x(0) + x(2) - x(1) + \cdots + x(N) - \right.$$
$$\left. x(N-1) + x(N+1) - x(N) \right] + x(0)$$

$$= \lim_{N \to \infty} x(N+1)$$

即

$$\lim_{z \to 1}(z-1)X(z) = \lim_{n \to \infty} x(n)$$

应用终值定理时要特别注意条件"$X(z)$ 除在 $z=1$ 处可以有一阶极点外，全部其他极点都在单位圆 $|z|=1$ 以内"，在以上证明的过程中可以看出，该条件是为了保证 $(z-1)X(z)$ 的收敛域包含单位圆，从而保证 $\lim_{n \to \infty} x(n)$ 存在。

更多的 z 变换的性质如表 7.3.1 所示。

表 7.3.1 z 变换性质

性 质 名 称		对 应 关 系
线性		$a_1 x_1(n) + a_2 x_2(n) \leftrightarrow a_1 X_1(z) + a_2 X_2(z)$
时移特性	双边	$x(n \pm n_0) \leftrightarrow X(z) z^{\pm n_0}$
	单边	$x(n+m) \leftrightarrow z^m \left[X(z) - \sum_{k=0}^{m-1} x(k) z^{-k} \right]$
		$x(n-m) \leftrightarrow z^{-m} \left[X(z) + \sum_{k=-m}^{-1} x(k) z^{-k} \right]$
z 域尺度变换		$a^n x(n) \leftrightarrow X\left(\dfrac{z}{a}\right), |a| r_1 < |z| < |a| r_2$
复频移特性		$x(n) e^{j\Omega_0 n} \leftrightarrow X(z e^{-j\Omega_0})$
z 域微分（序列线性加权）		$nx(n) \leftrightarrow -z \dfrac{\mathrm{d}}{\mathrm{d}z} X(z)$

续表

性 质 名 称	对 应 关 系
时域翻转	$x(-n) \leftrightarrow X(z^{-1}), \dfrac{1}{r_2} < |z| < \dfrac{1}{r_1}$
卷积特性	$x_1(n) * x_2(n) \leftrightarrow X_1(z)X_2(z)$
初值定理	$x(0) = \lim\limits_{z \to \infty} X(z)$
终值定理	若$(z-1)X(z)$的收敛域包含单位圆，则 $\lim\limits_{n \to \infty} x(n) = \lim\limits_{z \to 1}(z-1)X(z)$

利用 z 变换的性质，可以得到更多的 z 变换对，如表 7.3.2 所示。

表 7.3.2   常用 z 变换对

$x(n)$	$X(z)$	收 敛 域
$\delta(n)$	1	$0 \leqslant |z| \leqslant \infty$
$\delta(n+1)$	z	$0 \leqslant |z| < \infty$
$\delta(n-1)$	z^{-1}	$0 < |z| \leqslant \infty$
$a^n u(n)$	$\dfrac{z}{z-a}$	$|z| > |a|$
$-a^n u(-n-1)$	$\dfrac{z}{z-a}$	$|z| < |a|$
$na^n u(n)$	$\dfrac{az}{(z-a)^2}$	$|z| > |a|$
$-na^n u(-n-1)$	$\dfrac{z}{(z-a)^2}$	$|z| < |a|$
$\cos(\beta n)u(n)$	$\dfrac{z(z-\cos\beta)}{z^2 - 2z\cos\beta + 1}$	$|z| > 1$
$\sin(\beta n)u(n)$	$\dfrac{z\sin\beta}{z^2 - 2z\cos\beta + 1}$	$|z| > 1$
$a^n\cos(\beta n)u(n)$	$\dfrac{z(z-a\cos\beta)}{z^2 - 2az\cos\beta + a^2}$	$|z| > |a|$
$a^n\sin(\beta n)u(n)$	$\dfrac{za\sin\beta}{z^2 - 2za\cos\beta + a^2}$	$|z| > |a|$

7.4 z 反变换

z 变换在离散时间系统分析中的作用与拉普拉斯变换在连续时间系统分析中的作用类似，为了避免在时域中求解差分方程的困难，可以采用 z 变换把问题从时域转换到 z 域上来进行运算，但在 z 域运算所得的结果，必须再经过 z 反变换变回到时域。本节将

介绍求 z 反变换的三种方法：围线积分与极点留数法、幂级数展开法和部分分式展开法。

7.4.1 围线积分与极点留数法

由前面讨论可知，z 变换可以看作一个被指数加权的序列的傅里叶变换，如式(7.2.3)：

$$X(re^{j\Omega}) = \sum_{n=-\infty}^{\infty} \{x(n)r^{-n}\} e^{-j\Omega n}$$

$$= \mathscr{F}\{x(n)r^{-n}\} \tag{7.4.1}$$

其中，$|z| = r$ 在 ROC 内，对式(7.4.1)两边进行傅里叶反变换，得

$$x(n)r^{-n} = \mathscr{F}^{-1}\{X(re^{j\Omega})\}$$

也可写成

$$x(n) = r^n \mathscr{F}^{-1}\{X(re^{j\Omega})\} \tag{7.4.2}$$

根据傅里叶反变换表达式，可得

$$x(n) = r^n \frac{1}{2\pi} \int_{2\pi} X(re^{j\Omega}) e^{j\Omega n} d\Omega$$

将 r^n 因子移进积分号内，与 $e^{j\Omega n}$ 合并成 $(re^{j\Omega})^n$，则

$$x(n) = \frac{1}{2\pi} \int_{2\pi} X(re^{j\Omega})(re^{j\Omega})^n d\Omega \tag{7.4.3}$$

将积分变量 Ω 变为 z，取 $z = re^{j\Omega}$，r 固定不变，则 $dz = jre^{j\Omega}d\Omega = jz d\Omega$，或者写为 $d\Omega = (1/j)z^{-1}dz$。由于式(7.4.3)积分区间为 2π，利用 z 作积分变量后，就相应于沿 $|z| = r$ 的圆环绕一周，式(7.4.3)就可写成

$$x(n) = \frac{1}{2\pi j} \oint_c X(z)z^{n-1} dz \tag{7.4.4}$$

这就是从序列 z 变换 $X(z)$ 求序列 $x(n)$ 的 z 反变换的公式，应该注意其中围线 c 是在 $X(z)$ 的收敛域内环绕 z 平面原点反时针旋转的一条封闭围线。另外，推导过程中并未假定 n 是正值还是负值，所以式(7.4.4)对于正、负 n 值皆成立。

对于 $X(z)$ 是有理函数的情况，围线积分可以用留数定理来计算，即该围线积分等于围线内所有极点留数之和，表示为

$$x(n) = \sum \left[X(z)z^{n-1} \text{ 在围线内的极点上的留数} \right]$$

若 z_0 为一阶极点，则在该极点上的留数为

$$\text{Res}\left[X(z)z^{n-1}\right] = \left[X(z)z^{n-1}\right](z-z_0)\big|_{z=z_0} \tag{7.4.5}$$

式中，Res 表示极点的留数；z_0 为 $[X(z)z^{n-1}]$ 的极点。

若 z_1 为 s 阶极点，则

$$\text{Res}\left[X(z)z^{n-1}\right]$$

$$= \frac{1}{(s-1)!} \left\{ \frac{d^{s-1}}{dz^{s-1}} \left[X(z)z^{n-1}(z-z_1)^s\right] \right\} \Bigg|_{z=z_1} \tag{7.4.6}$$

这样，可以根据式(7.4.5)和式(7.4.6)，求出各种各样的极点上的留数值。

例 7.4.1　若已知序列 $x(n)$ 的 z 变换为

$$X(z) = \frac{z}{z-a}, \quad |z| > |a|$$

求序列 $x(n)$。

解：由式(7.4.4)

$$x(n) = \frac{1}{2\pi j} \oint_c \frac{z}{z-a} z^{n-1} dz$$

$$= \frac{1}{2\pi j} \oint_c \frac{z^n}{z-a} dz$$

围线 c 可以取半径大于 a 的一个圆。

对于 $n \geqslant 0$，围线 c 内只环绕 $z=a$ 一个一阶极点，因此，根据留数定理得

$$x(n) = \frac{z^n}{z-a}(z-a)\bigg|_{z=a} = a^n$$

对于 $n < 0$，除 $z=a$ 处的一个一阶极点以外，在 $z=0$ 处还有 n 阶重极点，若 $n=-1$，则

$$x(-1) = \frac{1}{2\pi j} \oint_c \frac{1}{(z-a)z} dz$$

有 $z=0$ 和 $z=a$ 两个一阶极点，分别计算其留数，即

$$\operatorname*{Res}_{z=a}\left[\frac{1}{(z-a)z}\right] = \frac{1}{(z-a)z}(z-a)\bigg|_{z=a} = \frac{1}{a}$$

$$\operatorname*{Res}_{z=0}\left[\frac{1}{(z-a)z}\right] = \frac{1}{(z-a)z} \cdot z\bigg|_{z=0} = -\frac{1}{a}$$

所以

$$x(-1) = \frac{1}{a} - \frac{1}{a} = 0$$

若 $n=-2$，则

$$x(-2) = \frac{1}{2\pi j} \oint_c \frac{1}{(z-a)z^2} dz$$

$z=a$ 为一阶极点，$z=0$ 为二阶极点，分别求留数，

$$\operatorname*{Res}_{z=a}\left[\frac{1}{(z-a)z^2}\right] = \frac{1}{(z-a)z^2}(z-a)\bigg|_{z=a} = \frac{1}{a^2}$$

$$\operatorname*{Res}_{z=0}\left[\frac{1}{(z-a)z^2}\right] = \frac{d}{dz}\left[\frac{1}{(z-a)z^2} \cdot z^2\right]\bigg|_{z=0} = -\frac{1}{a^2}$$

所以

$$x(-2) = \frac{1}{a^2} - \frac{1}{a^2} = 0$$

若 $n=-8$，则在 $z=0$ 处有八阶重极点，求留数时要求七阶导数，显然当 n 为负值时，求留数就不太方便。那么 n 为负值时，上述围线积分如何计算才方便些呢？

借助变量替换来修正式(7.4.4)，可使 $n<0$ 时留数计算简化，即令 $z=p^{-1}$，因为 $z=r\mathrm{e}^{\mathrm{j}\Omega}$，则 $p=\dfrac{1}{r}\mathrm{e}^{-\mathrm{j}\Omega}$，式(7.4.4)变为

$$x(n)=\frac{-1}{2\pi\mathrm{j}}\oint_{c'}X\left(\frac{1}{p}\right)p^{-n+1}p^{-2}\mathrm{d}p$$

由于式(7.4.4)中的围线是反时针环绕的，所以这个表示式中的围线是顺时针方向环绕的，将上式中的负号去掉，围线环绕方向又变为反时针，可以得到表示式

$$x(n)=\frac{1}{2\pi\mathrm{j}}\oint_{c'}X\left(\frac{1}{p}\right)p^{-n-1}\mathrm{d}p \tag{7.4.7}$$

若式(7.4.4)中的围线 c 是 z 平面上一个半径为 r 的圆，则式(7.4.7)中的围线 c' 在 p 平面上是一个半径为 $1/r$ 的圆。$X(z)$ 在围线 c 以外的极点相当于 $X(1/p)$ 在围线 c' 之内的极点，反之亦然。此外，在原点或无限远点可能增添一些新的零点或极点，但这些是无关紧要的。对于前面讨论过的例子，利用这种变量替换，$x(n)$ 化为

$$x(n)=\frac{1}{2\pi\mathrm{j}}\oint_{c'}\frac{p^{-n-1}}{1-ap}\mathrm{d}p$$

现在积分围线 c' 是一个半径小于 $1/a$ 的圆。$n<0$ 时在积分围线内部没有极点，从而很容易推得，$n<0$ 时 $x(n)=0$。

例 7.4.1 中，由于收敛域为 $|z|>|a|$，显然对应的为右边序列，而极点一定是在以 $|z|=|a|$ 为半径的圆的里面，作 $z=p^{-1}$ 变换后，极点就到圆外了。这样使围线 c' 内没有极点，那么反变换是否为零呢？对于右边序列收敛域有两种情况，$r_0<|z|\leqslant\infty$，ROC 包含 ∞ 点，在 ∞ 点上收敛，变换到 p 平面上 0 点也收敛，此时对应因果序列，显然 $n<0$ 时 $x(n)=0$；$r_0<|z|<\infty$，ROC 不包含 ∞ 点，则变换后 p 平面 0 点出现极点，围线积分不为 0。

例 7.4.1 中，由于收敛域包括 ∞ 点，序列一定是因果序列，用留数定理计算的结果也证实了这一点。所以在具体应用留数定理时，若能从收敛域判定序列是因果的，就可以不必考虑 $n<0$ 时出现的极点，因为它们的留数和一定总是 0。

例 7.4.2 若某序列的 z 变换为

$$X(z)=\frac{a^{-1}z}{1-az^{-1}},\qquad |z|>|a|$$

求序列 $x(n)$。

解：根据式(7.4.4)，有

$$x(n)=\frac{1}{2\pi\mathrm{j}}\oint_c\frac{a^{-1}z}{1-az^{-1}}z^{n-1}\mathrm{d}z=\frac{1}{2\pi\mathrm{j}}\oint_c\frac{z^{n+1}}{a(z-a)}\mathrm{d}z$$

显然，在 $z=a$ 处有一阶极点，在 $z=0$ 处有没有极点取决于 $n+1\geqslant0$ 还是 $n+1<0$，即 $n\geqslant-1$ 还是 $n<-1$。

若 $n+1\geqslant0$，则 z^{n+1} 在分子上，只有 $z=a$ 处的一阶极点，此时

$$x(n)=\frac{z^{n+1}}{a(z-a)}(z-a)\bigg|_{z=a}=a^nu(n+1)$$

对于 n 为负值时，可作变量替换 $z = p^{-1}$，则有

$$x(n) = \frac{1}{2\pi j} \oint_{c'} \frac{a^{-1} p^{-1}}{1 - ap} p^{-n-1} \mathrm{d}p = \frac{1}{2\pi j} \oint_{c'} \frac{a^{-1} p^{-n-2}}{1 - ap} \mathrm{d}p$$

由上式可见，当 $-n-2 \geqslant 0$，即 $n \leqslant -2$ 时，只有 $p = 1/a$ 一阶极点，且在围线 c' 的外面，所以 $x(n) = 0$。因此得到

$$x(n) = a^n u(n+1)$$

验证上述结果，在 $n = -1$ 这一点

$$x(-1) = \frac{1}{2\pi j} \oint_{c'} \frac{a^{-1} p^{-1}}{1 - ap} \mathrm{d}p$$

显然在 $p = 0$ 和 $p = 1/a$ 处有两个一阶极点，由于 $p = 1/a$ 在围线外面因此不考虑，求 $p = 0$ 处极点留数为

$$x(-1) = \frac{1}{2\pi j} \oint_{c'} \frac{a^{-1} p^{-1}}{1 - ap} \mathrm{d}p$$

$$= \left. \frac{a^{-1}}{(1 - ap) p} \cdot p \right|_{p=0} = a^{-1}$$

与上述结果一致，由于 $X(z)$ 在 $z = \infty$ 点不收敛，在 $p = 0$ 处引入了新的极点。

在应用留数定理时，收敛域是很重要的，同一形式的 $X(z)$，若收敛域不同则对应的序列就完全不同，例如，对例 7.4.1 改变其收敛域，可以看到结果完全不同。

例 7.4.3 若某序列的 z 变换 $X(z)$ 为

$$X(z) = \frac{1}{1 - az^{-1}}, \quad |z| < |a|$$

求序列 $x(n)$。

解：由

$$x(n) = \frac{1}{2\pi j} \oint_{c} \frac{z^n}{z - a} \mathrm{d}z$$

这时由于极点 $z = a$ 在围线 c 以外，所以当 $n > 0$ 时，围线 c 内无极点，而 $n < 0$ 时只在 $z = 0$ 处有一 n 阶极点，所以

$$x(n) = \begin{cases} 0, & n \geqslant 0 \\ \underset{z=0}{\mathrm{Res}} \left[\dfrac{z^n}{(z - a)} \right], & n \leqslant -1 \end{cases}$$

为求 $n < 0$ 时的序列 $x(n)$，作变量替换 $z = p^{-1}$，则

$$x(n) = \frac{1}{2\pi j} \oint_{c'} \frac{p^{-n-1}}{1 - ap} \mathrm{d}p$$

当 $-n-1 \geqslant 0$，即 $n \leqslant -1$ 时，有 $p = 1/a$ 一阶极点，且在围线 c' 之内，那么当 $n \leqslant -1$ 时，$x(n)$ 为

$$x(n) = \left. \frac{-p^{-n-1}/a}{p - \dfrac{1}{a}} \cdot \left(p - \frac{1}{a} \right) \right|_{p = \frac{1}{a}} = -a^n$$

所以 $x(n)$ 为

$$x(n) = -a^n u(-n-1)$$

从收敛域就能判断出一定是左边序列,计算的结果也证实了这个结论。

7.4.2 幂级数展开法

由 z 变换的定义式 $X(z) = \sum\limits_{n=-\infty}^{\infty} x(n) z^{-n}$ 可以看出,如果将 $X(z)$ 写成幂级数的形式,那么,该幂级数各相应项的系数就构成了序列 $x(n)$。如何求幂级数?假设 $X(z)$ 是一个 z 的有理函数,即

$$X(z) = \frac{a_0 z^m + a_1 z^{m-1} - 1 + \cdots + a_m}{b_0 z^n + b_1 z^{n-1} - 1 + \cdots + b_n}$$

可以用长除法得到幂级数。但是,要注意降幂或升幂的选择,取决于 $X(z)$ 的收敛域。为了便于说明,举一个熟悉的例子。

例 7.4.4 若某序列 z 变换 $X(z)$ 为

$$X(z) = \frac{z}{z-a}, \quad |z| > |a|$$

求序列 $x(n)$。

解:根据收敛域可知,对应的序列一定为右边序列,即

$$X(z) = \sum_{n=n_1}^{\infty} x(n) z^{-n}$$

对于本例,当 $z \to \infty$ 时 $X(z)$ 收敛,所以是因果序列,n_1 一定是大于或等于 0 的,即 $n_1 \geqslant 0$,$x(n)$ 可展开为

$$X(z) = x(0) + x(1) z^{-1} + \cdots$$

显然,$X(z)$ 展开成 z 的降幂次级数,因此要用降幂长除,在这种情况下作除法应从 z 的最高次幂开始,即

$$
\begin{array}{r}
1 + az^{-1} + a^2 z^{-2} + a^3 z^{-3} + \cdots \\
z-a \overline{\smash{\big)}\ z} \\
\underline{z-a} \\
a \\
\underline{a - a^2 z^{-1}} \\
a^2 z^{-1} \\
\underline{a^2 z^{-1} - a^3 z^{-2}} \\
a^3 z^{-2} \\
\underline{a^3 z^{-2} - a^4 z^{-3}} \\
a^4 z^{-3} \\
\vdots
\end{array}
$$

显然 $x(0)=1,x(1)=a,x(2)=a^2,\cdots$

所以有
$$x(n)=a^n u(n)$$

如果 z 变换 $X(z)$ 仍为 $X(z)=\dfrac{z}{z-a}$，而 ROC 变为 $|z|<|a|$，则对应为左边序列，$X(z)$ 展开式应为

$$X(z)=\sum_{n=-\infty}^{n_1} x(n)z^{-n}$$

又因为 $X(z)$ 在 $z=0$ 处收敛，所以 n_1 一定是小于 0 的，即

$$X(z)=x(-1)z+x(-2)z^2+x(-3)z^3+\cdots$$

则 $X(z)$ 应展开成 z 的升幂次级数，应用升幂长除，在这种情况下作除法应从 z 的最低次幂开始，即

$$
\begin{array}{r}
-\dfrac{1}{a}z-\dfrac{1}{a^2}z^2-\dfrac{1}{a^3}z^3\cdots \\[4pt]
-a-z\,\overline{\smash{\big)}\,z} \\[4pt]
\underline{z-\dfrac{1}{a^2}z^2} \\[4pt]
\dfrac{1}{a^2}z^2 \\[4pt]
\underline{\dfrac{1}{a^2}z^2-\dfrac{1}{a^2}z^3} \\[4pt]
\dfrac{1}{a^2}z^3 \\[4pt]
\underline{\dfrac{1}{a^2}z^3-\dfrac{1}{a^3}z^4} \\[4pt]
\dfrac{1}{a^3}z^4 \\[4pt]
\vdots
\end{array}
$$

所以得

$$X(z)=-\dfrac{1}{a}z-\dfrac{1}{a^2}z^2-\dfrac{1}{a^3}z^3-\cdots$$

$$=\sum_{n=-\infty}^{\infty}-a^n z^{-n}$$

因而序列为

$$x(n)=-a^n u(-n-1)$$

从上面两例可以看出，长除既可展成升幂级数也可展成降幂级数，这完全取决于收敛域，所以在进行长除以前，一定要先根据收敛域确定是左边序列还是右边序列，然后才能正确地决定是按升幂长除，还是按降幂长除，只有选择得当才能使长除的 $X(z)$ 收敛。

例 7.4.5 若某序列 $x(n)$ 的 z 变换 $X(z)$ 为

$$X(z) = \frac{5z}{6z^2 - z - 1}, \qquad \frac{1}{3} < |z| < \frac{1}{2}$$

求序列 $x(n)$。

解：由于 $X(z)$ 的收敛域为一圆环，因此 $X(z)$ 对应的序列为双边序列，这就意味着 $X(z)$ 的级数展开式中既包含 z 的正指数幂项也包含 z 的负指数幂项。如果把 $X(z)$ 展开成 z 的正幂指数级数，有

$$X(z) = -5z + 5z^2 - 35z^3 + 65z^4 - \cdots$$

这个级数当 $|z| < \frac{1}{3}$ 时绝对收敛。由于这些 z 值不在指定的收敛域内，因此这个展开式不能用来表示 $X(z)$。如果把 $X(z)$ 展开成 z 的负指数幂级数，则有

$$X(z) = \frac{5}{6}z^{-1} + \frac{5}{36}z^{-2} + \frac{35}{216}z^{-3} + \cdots$$

这个级数当 $|z| > \frac{1}{2}$ 时绝对收敛。同样，由于这个级数在指定的收敛域内不收敛，所以也不能用来表示 $X(z)$。

为了得到正确的展开式，把 $X(z)$ 写成两部分之和，即

$$X(z) = X_1(z) + X_2(z)$$

其中，使 $X_1(z)$ 在 $|z| > \frac{1}{3}$ 时收敛，$X_2(z)$ 在 $|z| < \frac{1}{2}$ 时收敛。

$$X(z) = \frac{5z}{6z^2 - z - 1}$$

$$= \frac{1}{3z + 1} + \frac{1}{2z - 1} = X_1(z) + X_2(z)$$

把 $X_1(z)$ 展开成 z 的负幂指数级数，即 z 的降幂次级数为

$$X_1(z) = \frac{1}{3}z^{-1} - \frac{1}{9}z^{-2} + \frac{1}{27}z^{-3} + \cdots - \frac{(-1)^n}{(3z)^n} + \cdots, \quad |z| > \frac{1}{3}$$

把 $X_2(z)$ 展开成 z 的正幂指数级数，即 z 的升幂次级数为

$$X_2(z) = -1 - 2z - 4z^2 - \cdots - (2z)^n - \cdots, \quad |z| < \frac{1}{2}$$

于是和式 $X_1(z) + X_2(z) = X(z)$，对于 $\frac{1}{3} < |z| < \frac{1}{2}$ 收敛，相应的序列为

$$x(n) = \begin{cases} -\left(-\dfrac{1}{3}\right)^n, & n > 0 \\ -\left(\dfrac{1}{2}\right)^n, & n \leqslant 0 \end{cases}$$

用幂级数展开法求 z 反变换对非有理的 z 变换式也适用。

7.4.3 部分分式展开法

若 $X(z)$ 为有理分式，可以先对其进行部分分式展开，然后逐项求其反变换，举例如下。

例 7.4.6 若 $X(z)$ 为

$$X(z) = \frac{3 - \frac{5}{6}z^{-1}}{\left(1 - \frac{1}{4}z^{-1}\right)\left(1 - \frac{1}{3}z^{-1}\right)}, \quad |z| > \frac{1}{3}$$

求序列 $x(n)$。

解：由 $X(z)$ 可知有两个极点，分别为 $z = \frac{1}{3}$ 和 $z = \frac{1}{4}$，因为 ROC 位于最大极点的外侧，因此 $X(z)$ 对应一个右边序列。现将 $X(z)$ 进行部分分式展开，并表示成 z^{-1} 的多项式，即

$$X(z) = \frac{1}{1 - \frac{1}{4}z^{-1}} + \frac{2}{1 - \frac{1}{3}z^{-1}}$$

这样，$x(n)$ 是两项的和，一项的 z 变换是 $\dfrac{1}{1 - \frac{1}{4}z^{-1}}$，另一项的 z 变换是 $\dfrac{2}{1 - \frac{1}{3}z^{-1}}$。

为了确定每一项的反变换，必须标出相应的收敛域。因为 $X(z)$ 的 ROC 是在最外层极点的外侧，所以对于和式中每一项的 ROC 都必须位于极点的外侧，于是有

$$x(n) = x_1(n) + x_2(n)$$

其中

$$x_1(n) \leftrightarrow \frac{1}{1 - \frac{1}{4}z^{-1}}, \quad |z| > \frac{1}{4}$$

$$x_2(n) \leftrightarrow \frac{2}{1 - \frac{1}{3}z^{-1}}, \quad |z| > \frac{1}{3}$$

根据例 7.2.3，可以确定这两个序列是

$$x_1(n) = \left(\frac{1}{4}\right)^n u(n)$$

$$x_2(n) = 2\left(\frac{1}{3}\right)^n u(n)$$

于是得到

$$x(n) = \left(\frac{1}{4}\right)^n u(n) + 2\left(\frac{1}{3}\right)^n u(n)$$

仿真求解

例 7.4.7　若 z 变换 $X(z)$ 与上例相同,而 ROC 变为 $\frac{1}{4} < |z| < \frac{1}{3}$,求序列 $x(n)$。

解:仍可将 $X(z)$ 表示为上述两项的和,但是与每一项有关的 ROC 将有变化。特别是,因为 $X(z)$ 的 ROC 现在是在极点 $z=1/4$ 的外边和极点 $z=1/3$ 的里边,显然相应于每一项 z 变换的序列是

$$x_1(n) \leftrightarrow \frac{1}{1 - \frac{1}{4} z^{-1}}, \quad |z| > \frac{1}{4}$$

$$x_2(n) \leftrightarrow \frac{2}{1 - \frac{1}{3} z^{-1}}, \quad |z| < \frac{1}{3}$$

这样一来,$x_1(n)$ 仍然不变,而 $x_2(n)$ 则根据例 7.2.4 为

$$x_2(n) = -2 \left(\frac{1}{3} \right)^n u(-n-1)$$

于是

$$x(n) = \left(\frac{1}{4} \right)^n u(n) - 2 \left(\frac{1}{3} \right)^n u(-n-1)$$

以上两例说明了利用部分分式展开法确定 z 反变换的基本步骤,与拉普拉斯变换相应的方法一样,将 $X(z)$ 展开为多个部分分式之和,使这些部分分式都是一些简单的常用的基本变换式,然后利用线性特性,把这些部分分式逐个进行 z 反变换之后再相加就可以得到原序列。

对于一般情况,若 $X(z)$ 为两个 z 的有理多项式之比,即

$$X(z) = \frac{\sum_{r=0}^{M} b_r z^{-r}}{\sum_{k=0}^{N} a_k z^{-k}}$$

将分子分母因式分解为

$$X(z) = \frac{(1 - q_1 z^{-1})(1 - q_2 z^{-1}) \cdots (1 - q_M z^{-1})}{(1 - z_1 z^{-1})(1 - z_2 z^{-1}) \cdots (1 - z_N z^{-1})} \tag{7.4.8}$$

其中,$q_1, q_2, \cdots, q_M$ 为 $X(z)$ 的零点,$z_1, z_2, \cdots, z_N$ 为 $X(z)$ 的一阶极点。将其展开为部分分式之和,即

$$X(z) = \sum_{k=1}^{N} \frac{A_k}{1 - z_k z^{-1}} \tag{7.4.9}$$

其中

$$A_k = \left[X(z)(1 - z_k z^{-1}) \right] \big|_{z=z_k} \tag{7.4.10}$$

如果 ROC 为 $|z| > |z_k|$,对应右边序列,则

$$x(n) = \sum_{k=1}^{N} A_k z_k^n u(n) \tag{7.4.11}$$

如果 ROC 为 $|z| < |z_k|$，对应左边序列，则

$$x(n) = \sum_{k=1}^{N} -A_k z_k^n u(-n-1) \tag{7.4.12}$$

如果 $X(z)$ 在 $z = z_i$ 处有 s 阶重极点，则 $X(z)$ 分子分母因式分解后为

$$X(z) = \frac{(1 - q_1 z^{-1})(1 - q_2 z^{-1}) \cdots (1 - q_M z^{-1})}{(1 - z_1 z^{-1})(1 - z_2 z^{-1}) \cdots (1 - z_{N-s} z^{-1})(1 - z_i z^{-1})^s}$$

令 $z^{-1} = p$，则上式变为

$$X(z) = \frac{(1 - q_1 p)(1 - q_2 p) \cdots (1 - q_M p)}{(1 - z_1 p)(1 - z_2 p) \cdots (1 - z_{N-s} p)(1 - z_i p)^s}$$

将上式部分分式展开为

$$X(p^{-1}) = \sum_{k=1}^{N-s} \frac{A_k}{p - \dfrac{1}{z_k}} + \sum_{k=1}^{s} \frac{C_k}{\left(p - \dfrac{1}{z_i}\right)^k} \tag{7.4.13}$$

其中

$$A_k = \left[x(p^{-1})\left(p - \frac{1}{z_k}\right) \right] \Bigg|_{p = \frac{1}{z_k}} \tag{7.4.14}$$

$$C_k = \frac{1}{(s-k)!} \frac{\mathrm{d}^{s-k}}{\mathrm{d}p^{s-k}} \left[x(p^{-1})\left(p - \frac{1}{z_i}\right)^s \right] \Bigg|_{p = \frac{1}{z_i}} \tag{7.4.15}$$

利用以上二式确定系数 A_k，C_k 后，再用 z 表示成为

$$X(z) = \sum_{k=1}^{N-s} \frac{A_k(-z_k)}{1 - z_k z^{-1}} + \sum_{k=1}^{s} \frac{C_k(-z_i)^k}{(1 - z_i z^{-1})^k} \tag{7.4.16}$$

若 ROC 为 $|z| > |z_k|$，则

$$x(n) = \sum_{k=1}^{N-s} A_k(-z_k) z_k^n u(n) + \sum_{k=1}^{s} C_k(-z_i)^k \frac{(n+1)(n+2) \cdots (n+k-1)}{(k-1)!} z_i^n u(n)$$

例 7.4.8　若 $X(z)$ 为

$$X(z) = \frac{1}{(1 - 0.5z^{-1})^2(1 - 0.75z^{-1})}, \quad |z| > 0.75$$

求序列 $x(n)$。

解：对 $X(z)$ 作变量替换

$$X(p^{-1}) = \frac{4 \times 4}{3(2-p)^2 \left(\dfrac{4}{3} - p\right)}$$

部分分式展开为

$$X(p^{-1}) = \frac{A_1}{\left(p - \dfrac{4}{3}\right)} + \sum_{k=1}^{2} \frac{C_k}{(p-2)^k}$$

其中　　　　　$A_1 = x(p^{-1})\left(p - \dfrac{4}{3}\right)\Bigg|_{p = \frac{4}{3}} = -12$

$$C_1 = \frac{\mathrm{d}}{\mathrm{d}p}\left[x(p^{-1})(p-2)^2\right]\Big|_{p=2} = 12$$

$$C_2 = x(p^{-1})(p-2)^2\big|_{p=2} = -8$$

代入上式,得

$$X(p^{-1}) = \frac{-12}{p-\dfrac{4}{3}} + \frac{12}{p-2} - \frac{8}{(p-2)^2}$$

$$X(z) = \frac{9}{1-0.75z^{-1}} - \frac{6}{1-0.5z^{-1}} - \frac{2}{(1-0.5z^{-1})^2}$$

所以

$$x(n) = 9(0.75)^n u(n) - 6(0.5)^n u(n) - 2(n+1)(0.5)^n u(n)$$

7.5　利用 z 变换分析线性时不变离散时间系统

　　与连续时间系统分析中拉普拉斯变换相对应,z 变换是分析离散时间线性时不变系统的有力数学工具。本节讨论运用 z 变换求解系统响应,分析系统特性的一些问题。

7.5.1　利用单边 z 变换求解线性时不变离散系统的响应

　　离散时间线性时不变系统可用如下的常系数差分方程描述:

$$\sum_{i=0}^{k} a_i y(n-i) = \sum_{j=0}^{m} b_j x(n-j) \tag{7.5.1}$$

式中,各系数均为实数,设系统的初始状态为 $y(-1),y(-2),\cdots,y(-k)$。

　　令 $x(n)\leftrightarrow X(z)$,$y(n)\leftrightarrow Y(z)$,根据单边 z 变换的时移特性,即式(7.3.4),将式(7.5.1)等号两边取 z 变换,就可以将描述 $y(n)$ 和 $x(n)$ 之间关系的差分方程变换为描述 $Y(z)$ 和 $X(n)$ 之间关系的代数方程,系统的求解就转换为对代数方程的求解。

　　例 7.5.1　某因果离散系统的差分方程为 $y(n)-\dfrac{3}{2}y(n-1)+\dfrac{1}{2}y(n-2)=x(n)$,初始条件为 $y(-1)=0,y(-2)=1,x(n)=\left(-\dfrac{1}{2}\right)^n u(n)$,求系统的全响应 $y(n)$。

仿真求解

　　解:对原差分方程两边取单边 z 变换,可得

$$Y(z) - \frac{3}{2}\left[z^{-1}Y(z) + y(-1)\right] + \frac{1}{2}\left[z^{-2}Y(z) + z^{-1}y(-1) + y(-2)\right] = X(z)$$

将 $y(-1)=0,y(-2)=1,X(z)=\dfrac{z}{z+\dfrac{1}{2}}$ 代入上式得

$$Y(z) = \frac{X(z)}{1-\dfrac{3}{2}z^{-1}+\dfrac{1}{2}z^{-2}} + \frac{\dfrac{3}{2}y(-1)-\dfrac{1}{2}z^{-1}y(-1)-\dfrac{1}{2}y(-2)}{1-\dfrac{3}{2}z^{-1}+\dfrac{1}{2}z^{-2}}$$

$$= \frac{z^2}{z^2 - \frac{3}{2}z + \frac{1}{2}} \cdot \frac{z}{z + \frac{1}{2}} + \frac{-\frac{1}{2}z^2}{z^2 - \frac{3}{2}z + \frac{1}{2}}$$

$$= \frac{\frac{1}{2}z^3 - \frac{1}{4}z^2}{\left(z^2 - \frac{3}{2}z + \frac{1}{2}\right)\left(z + \frac{1}{2}\right)} \tag{7.5.2}$$

$$= \frac{1}{6} \cdot \frac{z}{z + \frac{1}{2}} + \frac{1}{3} \cdot \frac{z}{z - 1}$$

所以

$$y(n) = \frac{1}{3}u(n) + \frac{1}{6} \times \left(-\frac{1}{2}\right)^n u(n)$$

从例 7.5.1 求解可见，用 z 变换求解差分方程，无须分解成零输入响应和零状态响应分别进行。所有的初始初始条件以及输入都根据 z 变换的右移定理全部代入了方程，直接解方程求 z 反变换就能求出系统响应。

另外，根据式(7.5.2)可见零输入响应的 z 变换为

$$Y_{zi}(z) = \frac{\frac{3}{2}y(-1) - \frac{1}{2}z^{-1}y(-1) - \frac{1}{2}y(-2)}{1 - \frac{3}{2}z^{-1} + \frac{1}{2}z^{-2}}$$

$$= \frac{1}{1 - z^{-1}} + \frac{1}{2}\frac{1}{1 - \frac{1}{2}z^{-1}}$$

求其反变换就可得其零输入响应，即

$$y_{zi}(n) = -u(n) + \frac{1}{2} \times \left(\frac{1}{2}\right)^n u(n)$$

零状态响应的 z 变换为

$$Y_{zs}(z) = \frac{X(z)}{1 - \frac{3}{2}z^{-1} + \frac{1}{2}z^{-2}}$$

$$= \frac{\frac{4}{3}}{1 - z^{-1}} - \frac{1}{2}\frac{1}{1 - \frac{1}{2}z^{-1}} + \frac{1}{6}\frac{1}{1 + \frac{1}{2}z^{-1}}$$

求其反变换就可得其零状态响应，即

$$y_{zs}(n) = \frac{4}{3}u(n) - \frac{1}{2} \times \left(\frac{1}{2}\right)^n u(n) + \frac{1}{6} \times \left(-\frac{1}{2}\right)^n u(n)$$

7.5.2 系统函数及系统特性分析

1. 系统函数

如前所述,可用常系数线性差分方程来描述离散时间线性时不变系统,其一般形式如下:

$$y(n+k)+a_{k-1}y(n+k-1)+\cdots+a_1y(n+1)+a_0y(n)$$
$$=b_mx(n+m)+b_{m-1}x(n+m-1)+\cdots+b_1x(n+1)+b_0x(n) \quad (7.5.3)$$

设系统初始状态为零,输入 $x(n)$ 的 z 变换记为 $X(z)$,零状态响应 $y_{zs}(n)$ 的 z 变换记为 $Y_{zs}(z)$,式(7.5.3)两边取 z 变换,得到

$$\sum_{i=0}^{k}a_iz^iY_{zs}(z)=\sum_{j=0}^{m}b_jz^jX(z)$$

令 $B(z)=\sum\limits_{i=0}^{k}a_iz^i, A(z)=\sum\limits_{j=0}^{m}b_jz^j$,得到

$$Y_{zs}(z)=\frac{B(z)}{A(z)}X(z)$$

令

$$H(z)=\frac{Y_{zs}(z)}{X(z)}=\frac{A(z)}{B(z)}=\frac{b_mz^m+b_{m-1}z^{m-1}+\cdots+b_1z+b_0}{a_kz^k+a_{k-1}z^{k-1}+\cdots+a_1z+a_0} \quad (7.5.4)$$

$H(z)$ 称为离散时间系统的系统函数。可见,根据描述系统的差分方程容易写出系统函数 $H(z)$,反之亦然。系统函数只取决于系统本身,而与激励无关,与系统内部的初始状态也无关。

因此,零状态响应

$$Y_{zs}(z)=H(z)X(z) \quad (7.5.5)$$

式(7.5.4)和式(7.5.5)中的 $H(z)$ 是否就是单位样值响应 $h(n)$ 的 z 变换呢?下面进行分析。

当输入为单位样值信号时,即 $x(n)=\delta(n)$ 时,$X(z)=1$,此时的零状态响应即为 $h(n)$,根据式(7.5.5),其 z 变换为

$$\mathscr{Z}[h(n)]=H(z)X(z)=H(z)$$

上式说明,单位样值响应 $h(n)$ 与系统函数 $H(z)$ 是一对 z 变换对。

例 7.5.2 设离散系统的差分方程为 $y(n)-0.6y(n-1)-0.16y(n-2)=5x(n)$,试求其系统函数 $H(z)$ 和单位样值响应 $h(n)$。

解: 设初始状态为零,对方程两边求 z 变换,得到

$$Y_{zs}(z)-0.6z^{-1}Y_{zs}(z)-0.16z^{-2}Y_{zs}(z)=5X(z)$$

所以

$$(1-0.6z^{-1}-0.16z^{-2})Y_{zs}(z)=5X(z)$$

所以系统函数为

仿真求解

$$H(z) = \frac{5}{1 - 0.6z^{-1} - 0.16z^{-2}} = \frac{5z^2}{z^2 - 0.6z - 0.16}$$

$$= \frac{5z^2}{(z + 0.2)(z - 0.8)} = \frac{z}{z + 0.2} + \frac{4z}{z - 0.8}$$

由于题目中未指明系统的因果性,应根据所有可能的收敛域进行讨论。显然收敛域存在三种可能:

(1) 当收敛域为 $|z| > 0.8$ 时,

$$h(n) = (-0.2)^n u(n) + 4 \times 0.8^n u(n)$$

(2) 当收敛域为 $|z| < 0.2$ 时,

$$h(n) = -(-0.2)^n u(-n-1) - 4 \times 0.8^n u(-n-1)$$

(3) 当收敛域为 $0.2 < |z| < 0.8$ 时,

$$h(n) = (-0.2)^n u(n) - 4 \times 0.8^n u(-n-1)$$

与第 3 章中在时域求解单位样值响应(例 3.2.9)的方法相对比,时域方法只能求解因果系统,z 变换的方法不仅能求解因果系统,也能求解非因果系统,而且求解方法简便。

一般来说,离散时间线性时不变系统的系统函数是关于 z 的有理分式,分母多项式 $A(z) = 0$ 的根称为极点(即特征根),分子多项式 $B(z) = 0$ 的根称为零点。

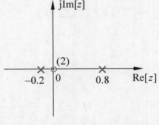

图 7.5.1　例 7.5.2 系统极零点图

在 z 平面标出 $H(z)$ 的极、零点位置,极点用 × 表示,零点用 ○ 表示,就得到 $H(z)$ 的极零点图。极零点图可以表示一个系统,常用来分析系统特性。例 7.5.2 中所示系统的极零点图如图 7.5.1 所示。

2. 系统因果性分析

若系统为因果系统,则单位样值响应 $h(n)$ 满足

$$h(n) = 0, \quad n < 0 \tag{7.5.6}$$

式(7.5.6)给出了因果系统的时域特征,显然,由于 $n < 0$ 时 $h(n)$ 的样值点均为 0,其系统函数 $H(z)$ 为 z 的负幂多项式,故其收敛域必定包含无穷远点。

3. 系统稳定性分析

第 3 章中已经证明,离散时间系统为稳定系统的充分必要条件是,单位样值响应 $h(n)$ 满足绝对可和,即

$$\sum_{n=-\infty}^{\infty} |h(n)| \leqslant M, \quad M \text{ 为有限正常数} \tag{7.5.7}$$

第 5 章介绍离散时间傅里叶变换的收敛性时已经指出,只要信号绝对可和,它的傅里叶变换就存在。也就是说,如果系统稳定,则单位样值响应 $h(n)$ 绝对可和,那么系统函数 $H(z)$ 的收敛域就应包含单位圆。

因此，从系统的单位样值响应 $h(n)$ 和系统函数 $H(z)$ 角度出发，可以得出系统因果和系统稳定的条件，如表 7.5.1 所示。

表 7.5.1　系统因果性和稳定性分析

系统特性	时域特点	z 域特点
因果系统	$h(n)=0,n<0$	收敛域必定包含无穷远点
稳定系统	$\sum\limits_{n=-\infty}^{\infty}h(n)\leqslant M,M$ 为有限正常数	收敛域就包含单位圆
因果稳定系统	$h(n)=0,n<0$，并且 $\sum\limits_{n=-\infty}^{\infty}h(n)\leqslant M,M$ 为有限正常数	所有极点都位于单位圆内

仿真求解

动画

例 7.5.3　已知某离散时间系统的系统函数为 $H(z)=\dfrac{z}{z^2-\dfrac{7}{2}z+3}$，画出收敛域，讨论其因果性和稳定性，并说明原因。

解：有两个一阶极点，$p_1=2$，$p_2=\dfrac{3}{2}$，收敛域可以有三种情况，如图 7.5.2 所示。

（1）收敛域为 $|z|>2$。因为收敛域不包含单位圆，故系统不稳定；因为收敛域包含无穷远点，故系统是因果系统。

（2）收敛域为 $|z|<\dfrac{3}{2}$。因为收敛域包含单位圆，故系统稳定；因为收敛域不包含无穷远点，故系统是非因果系统。

（3）收敛域为 $\dfrac{3}{2}<|z|<2$。因为收敛域不包含单位圆，故系统不稳定；因为收敛域不包含无穷远点，故系统是非因果系统。

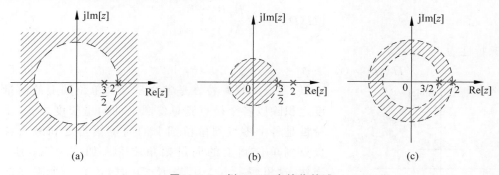

图 7.5.2　例 7.5.3 中的收敛域

7.5.3　由极零点确定系统频率响应的几何图解法

在学习连续时间信号的傅里叶变换和拉普拉斯变换时已经看到，对于连续时间信号

在 s 平面虚轴上的拉普拉斯变换就是其傅里叶变换,同时讨论了根据系统函数 $H(s)$ 的极零点图用几何的方法可确定频率响应 $H(j\omega)$。对于离散时间信号 $x(n)$,在 z 平面单位圆上的 z 变换就是其离散时间傅里叶变换,同样可以利用系统函数 $H(z)$ 的极零点图,用几何方法确定其频率响应 $H(\Omega)$。然而,由于在这种情况下,是在 $|z|=1$ 的单位圆上求值,所以应该考虑从极点和零点到单位圆上的向量,而不是到虚轴上的向量。

设系统函数为

$$H(z)=\frac{B(z)}{A(z)}=K\frac{\prod\limits_{i=1}^{m}(z-z_i)}{\prod\limits_{j=1}^{k}(z-p_j)}$$

当收敛域包含单位圆时,频率响应为

$$H(\Omega)=H(z)\big|_{z=\mathrm{e}^{\mathrm{j}\Omega}}=K\frac{\prod\limits_{i=1}^{m}(\mathrm{e}^{\mathrm{j}\Omega}-z_i)}{\prod\limits_{j=1}^{k}(\mathrm{e}^{\mathrm{j}\Omega}-p_j)}=|H(\Omega)|\mathrm{e}^{j\angle H(\Omega)}$$

令 $\mathrm{e}^{\mathrm{j}\Omega}-p_j=A_j\mathrm{e}^{\mathrm{j}\theta_j}$, $\mathrm{e}^{\mathrm{j}\Omega}-z_i=B_i\mathrm{e}^{\mathrm{j}\psi_i}$,则

$$H(\Omega)=|H(\Omega)|\mathrm{e}^{j\angle H(\Omega)}=K\frac{\prod\limits_{i=1}^{m}B_i\mathrm{e}^{\mathrm{j}\psi_i}}{\prod\limits_{j=1}^{k}A_j\mathrm{e}^{\mathrm{j}\theta_j}}$$

$$=K\frac{B_1B_2\cdots B_m\mathrm{e}^{\mathrm{j}(\psi_1+\psi_2+\cdots+\psi_m)}}{A_1A_2\cdots A_k\mathrm{e}^{\mathrm{j}(\theta_1+\theta_2+\cdots+\theta_k)}}=K\frac{B_1B_2\cdots B_m}{A_1A_2\cdots A_k}\mathrm{e}^{\mathrm{j}\left[(\psi_1+\psi_2+\cdots+\psi_m)-(\theta_1+\theta_2+\cdots+\theta_k)\right]}$$

故幅频特性为

$$|H(\Omega)|=K\frac{B_1B_2\cdots B_m}{A_1A_2\cdots A_k} \tag{7.5.8}$$

相频特性为

$$\angle H(\Omega)=(\psi_1+\psi_2+\cdots+\psi_m)-(\theta_1+\theta_2+\cdots+\theta_k) \tag{7.5.9}$$

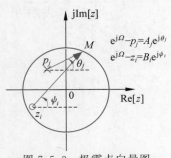

图 7.5.3 极零点向量图

所以,系统的幅频特性是各个零点到单位圆上的向量长度之积除以各个极点到单位圆上的向量长度之积,相频特性是各个零点到单位圆上的向量幅角之和减去各个极点到单位圆上的向量幅角之和。如图 7.5.3 所示。当然,这里假定 $K>0$,当 $K<0$ 时,还有一个附加的相位 π。

这样,利用式(7.5.8)和式(7.5.9),就可以根据极零点图利用几何图解法来分析系统的幅频特性和相频特性。

当 Ω 从 0 到 2π 变化时,即复变量 z 从 $z=1$ 沿单位圆逆时针方向旋转一周时,各极点向量和零点向量的模和幅角也随之变化,根据式(7.5.8)和式(7.5.9)就能得到系统的幅频特性和相频特性。当旋转到某个极点 p_i 附近,使得相应向量的长度最短时,则该极点对此 Ω 处的幅频响应有增强的作用。极点 p_i 越靠近单位圆,则幅频响应在峰值附近越尖锐。如果极点落在单位圆上,则峰值趋于无穷大。零点的作用恰好相反。

位于原点处的极零点对系统幅频特性不产生作用,因而在 $z=0$ 处加入或者去除极点或零点,幅频特性不变,而只会影响相频特性。

例 7.5.4 求图 7.5.4 所示一阶因果离散时间系统 $(0<a<1$ 为常数) 的频率响应,大致画出幅频特性图,并分析系统的滤波特性。

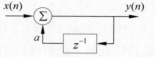

图 7.5.4 一阶离散时间系统

仿真求解

解: 由图 7.5.4 可得该系统的系统函数为

$$H(z) = \frac{1}{1-az^{-1}} = \frac{z}{z-a}$$

零点 $z_1=0$,极点 $p_1=a$。

由于 $0<a<1$,收敛域包含单位圆,$H(\Omega)$ 存在。

$$H(\Omega) = H(z)\big|_{z=\mathrm{e}^{\mathrm{j}\Omega}} = \frac{\mathrm{e}^{\mathrm{j}\Omega}}{\mathrm{e}^{\mathrm{j}\Omega}-a} = \frac{1}{1-a\mathrm{e}^{-\mathrm{j}\Omega}} = \frac{1}{1-a\cos\Omega + \mathrm{j}a\sin\Omega}$$

幅频特性

$$|H(\Omega)| = \frac{1}{\sqrt{(1-a\cos\Omega)^2 + a^2\sin^2\Omega}} = \frac{1}{\sqrt{1+a^2-2a\cos\Omega}}$$

相频特性

$$\angle H(\Omega) = -\arctan\frac{a\sin\Omega}{1-a\cos\Omega}$$

当 $a=0.2$ 和 $a=0.9$ 时幅频响应如图 7.5.5(a)、(b)所示,可见,系统完成低通滤波功能。

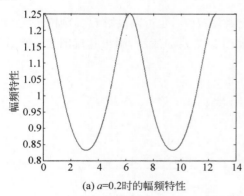

(a) $a=0.2$时的幅频特性

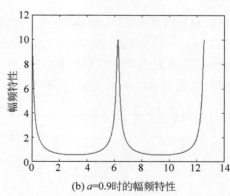

(b) $a=0.9$时的幅频特性

图 7.5.5 例 7.5.4 系统的幅频响应

下面用极零点图来分析系统的幅频特性。

该系统的极零点图如图 7.5.6 所示。在单位圆上取一点 M，对应的相角为 Ω，过极点和零点分别向 M 连线得到向量 $\boldsymbol{A}$ 和 $\boldsymbol{B}$，则由于零点位于原点，向量 $\boldsymbol{B}$ 的模始终为 1。而当 $\Omega=0$ 时，M 点与极点距离最近，即向量 $\boldsymbol{A}$ 的模最小，此时 $|H(\Omega)|$ 最大；当 Ω 从 0 逐渐增大到 π，向量 $\boldsymbol{A}$ 的模逐渐增大，所以系统幅频特性 $|H(\Omega)|$ 逐渐减小；当 $\Omega=\pi$ 时，$|H(\Omega)|$ 最小；Ω 从 π 继续逐渐增大到 2π，$\boldsymbol{A}$ 的模逐渐减小，所以 $|H(\Omega)|$ 逐渐增大。并且，a 越

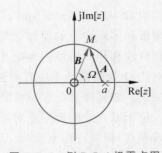

图 7.5.6 例 7.5.4 极零点图

接近 1，极点越靠近单位圆，$\Omega=2n\pi$ 时 $|H(\Omega)|$ 的峰值越尖锐，与图 7.5.5 中的分析结果是一致的。

7.5.4 系统的图形表示方法

与连续时间系统类似，离散时间系统也可以用方框图或信号流图来表示，二者可以相互转换。表 7.5.2 给出了基本运算单元的框图和流图表示。

表 7.5.2 基本运算单元的框图和流图表示

名　称	z 域框图表示	z 域信号流图表示
加法器	$X_1(z) \rightarrow \boxed{\Sigma} \rightarrow X_1(z)+X_2(z)$，$X_2(z)$	$X_1(z) \circ\!\!-\!\!\circ\!\!-\!\!\circ\, X_1(z)+X_2(z)$，$X_2(z)$
标量乘法器（数乘器）	$X(z) \rightarrow \boxed{a} \rightarrow aX(z)$	$X(z) \circ\!\!-\!\!\xrightarrow{a}\!\!-\!\!\circ\, aX(z)$
单位延时器	$X(z) \rightarrow \boxed{z^{-1}} \rightarrow z^{-1}X(z)$	$X(z) \circ\!\!-\!\!\xrightarrow{z^{-1}}\!\!-\!\!\circ\, z^{-1}X(z)$

可以根据信号流图，利用梅森公式求解系统函数 $H(z)$，也可以根据 $H(z)$ 画出信号流图。

例 7.5.5 已知某离散时间系统的框图如图 7.5.7(a) 所示，画出其流图表示形式，求出系统函数，并求出系统的差分方程。

解：流图表示如图 7.5.7(b) 所示。

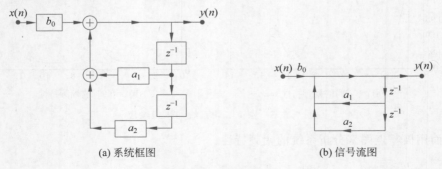

(a) 系统框图　　　　　　　　　(b) 信号流图

图 7.5.7 例 7.5.5 图

两个回路：$L_1 = a_1 z^{-1}$，$L_2 = a_2 z^{-2}$

流图特征式

$$\Delta = 1 - (L_1 + L_2) = 1 - a_1 z^{-1} - a_2 z^{-2}$$

只有一条前向通路，$T_1 = b_0$，拆除后，无回路，故 $\Delta_1 = 1$

所以，根据梅森公式，容易得出系统函数

$$H(z) = \frac{T_1 \Delta_1}{\Delta} = \frac{b_0}{1 - a_1 z^{-1} - a_2 z^{-2}}$$

所以有

$$Y(z) - a_1 z^{-1} Y(z) - a_2 z^{-2} Y(z) = b_0 X(z)$$

因此，该离散时间系统的差分方程为

$$y(n) - a_1 y(n-1) - a_2 y(n-2) = b_0 x(n)$$

7.5.5　系统模拟

根据系统函数 $H(z)$，选择加法器、标量乘法器和单位延迟单元作为基本运算单元可以进行系统模拟。对于同一个系统函数 $H(z)$，可以对应多种形式的系统模拟，比较常用的有直接实现形式、级联实现形式和并联实现形式。

由式(7.5.1)描述的线性时不变系统，设系统的初始条件为零，两边取 z 变换，可得系统函数为

$$H(z) = \frac{Y(z)}{X(z)} = \frac{\displaystyle\sum_{j=0}^{m} b_j z^{-j}}{\displaystyle\sum_{i=0}^{k} a_i z^{-i}} \tag{7.5.10}$$

同样，对于一个给定的系统函数，其系统实现形式可以有多种，常用的有直接实现形式、级联实现形式和并联实现形式。

1. 直接实现形式

系统函数用式(7.5.10)表示。如果直接按梅森公式画出它的信号流图，就得到它的直接实现形式，见图 7.5.8。

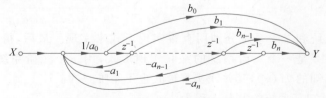

图 7.5.8　离散时间系统的直接实现形式

需要注意的是，对于给定的系统函数，其直接实现形式并不是唯一的。

2. 级联实现形式

将式(7.5.10)化成若干一阶系统的级联，即

$$H(z) = A \prod_{i=1}^{k} \frac{(1+\lambda_i z^{-1})}{(1+\gamma_i z^{-1})} \tag{7.5.11}$$

λ_i、γ_i 有可能是复数，如果是复数，必然成共轭对出现。把两个成共轭对的 λ_i 或 γ_i 一次项因子合并，就得到一个实系数的二次项。这样，可以把系统化成由实系数的一阶系统与实系数的二阶系统的级联所组成，即

$$H(z) = A \prod_{i=1}^{p} \frac{(1+\lambda_i z^{-1})}{(1+\gamma_i z^{-1})} + \prod_{i=1}^{\frac{(k-p)}{2}} \frac{(1+\beta_{0i} z^{-1} + \beta_{1i} z^{-2})}{(1+\alpha_{0i} z^{-1} + \alpha_{1i} z^{-2})} \tag{7.5.12}$$

其中，每个一阶系统和二阶系统分别用直接实现形式来实现。最后，得到系统的级联实现形式。图 7.5.9 是一个六阶系统的级联实现形式，用三个二阶系统的级联来实现。需要注意，对于一个已知的 $H(z)$，其级联实现形式也不是唯一的。

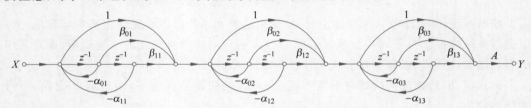

图 7.5.9　离散时间系统的级联实现形式

3. 并联实现形式

将式(7.5.10)化成若干一阶系统的并联，即

$$H(z) = A + \sum_{i=1}^{k} \frac{\lambda_i}{(1+\gamma_i z^{-1})} \tag{7.5.13}$$

其中，λ_i、γ_i 有可能是复数，如果是复数，必然成共轭对出现。把两个成共轭对的 λ_i 或 γ_i 一次项因子合并，就得到一个实系数的二次项。这样，可以把系统转换成由实系数的一阶系统与实系数的二阶系统的并联所组成，即

$$H(z) = A + \sum_{i=1}^{p} \frac{\lambda_i}{(1+\gamma_i z^{-1})} + \sum_{i=1}^{\frac{(k-p)}{2}} \frac{(\beta_{0i} + \beta_{1i} z^{-1})}{(1+\alpha_{0i} z^{-1} + \alpha_{1i} z^{-2})} \tag{7.5.14}$$

其中，每个一阶系统和二阶系统分别用直接实现形式来实现。最后，得到系统的并联实现形式。图 7.5.10 是一个六阶系统的并联实现形式，用三个二阶系统的并联来实现。显然，对于一个已知的 $H(z)$，其并联实现形式也不是唯一的。

　　例 7.5.6　已知某系统的差分方程为

$$y(n) - \frac{3}{4} y(n-1) + \frac{1}{8} y(n-2) = x(n) + \frac{1}{3} x(n-1)$$

试画出该系统 z 域的直接、级联和并联实现形式。

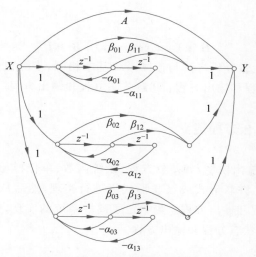

图 7.5.10　离散时间系统的并联实现形式

解：由差分方程可得

$$H(z)=\frac{1+\dfrac{1}{3}z^{-1}}{1-\dfrac{3}{4}z^{-1}+\dfrac{1}{8}z^{-2}}=\frac{1+\dfrac{1}{3}z^{-1}}{\left(1-\dfrac{1}{2}z^{-1}\right)\left(1-\dfrac{1}{4}z^{-1}\right)}=\frac{\dfrac{10}{3}}{1-\dfrac{1}{2}z^{-1}}+\frac{-\dfrac{7}{3}}{1-\dfrac{1}{4}z^{-1}}$$

上式对应的直接实现形式、级联实现形式和并联实现形式如图 7.5.11 所示。

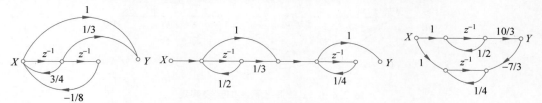

图 7.5.11　例 7.5.6 的三种实现形式

7.6　离散系统的状态变量分析

对于离散系统，状态变量 $\boldsymbol{v}$ 表示为 $\boldsymbol{v}(n)=\begin{bmatrix} v_1(n) & v_2(n) & \cdots & v_k(n)\end{bmatrix}^{\mathrm{T}}$，系统的状态方程和输出方程的一般形式为

$$\boldsymbol{v}(n+1)=\boldsymbol{Av}(n)+\boldsymbol{Bx}(n)$$
$$\boldsymbol{y}(n)=\boldsymbol{Cv}(n)+\boldsymbol{Dx}(n) \tag{7.6.1}$$

对于因果系统，对方程(6.6.1)取单边 z 变换得

$$z\boldsymbol{V}(z)-z\boldsymbol{v}(0)=\boldsymbol{AV}(z)+\boldsymbol{BX}(z)$$
$$\boldsymbol{Y}(z)=\boldsymbol{CV}(z)+\boldsymbol{DX}(z) \tag{7.6.2}$$

从而有

$$\boldsymbol{V}(z)=(z\boldsymbol{I}-\boldsymbol{A})^{-1}z\boldsymbol{v}(0)+(z\boldsymbol{I}-\boldsymbol{A})^{-1}\boldsymbol{BX}(z) \tag{7.6.3}$$

$$\boldsymbol{Y}(z)=\boldsymbol{C}(z\boldsymbol{I}-\boldsymbol{A})^{-1}z\boldsymbol{v}(0)+[\boldsymbol{C}(z\boldsymbol{I}-\boldsymbol{A})^{-1}\boldsymbol{B}+\boldsymbol{D}]\boldsymbol{X}(z) \tag{7.6.4}$$

对应的系统函数为

$$H(z) = C(zI - A)^{-1}B + D \tag{7.6.5}$$

离散系统的状态变量分析方法与连续系统基本相同，步骤包括：①选取系统状态变量，建立系统的状态方程和输出方程；②解状态方程和输出方程。

7.6.1 离散系统状态方程建立

给定系统的输入-输出模型，如差分方程、系统函数、单位样值响应等，先转换为系统函数，并采用直接形式、并联形式或级联形式等进行实现，然后从中选取状态变量，并依据该实现列写状态方程和输出方程。当给定了离散系统的实现，则直接从中选取状态变量，并依据该实现列写状态方程和输出方程。

不妨设系统函数为

$$H(z) = \frac{b_{k-1}z^{k-1} + b_{k-2}z^{k-2} + \cdots + b_1 z + b_0}{z^k + a_{k-1}z^{k-1} + \cdots + a_1 z + a_0} + A \tag{7.6.6}$$

根据梅森公式，得其直接实现形式如图 7.6.1 所示。

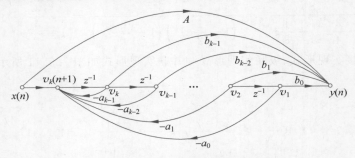

图 7.6.1　k 阶离散系统的直接实现

按图 7.6.1 标记的方式选取状态变量，得到如下方程组：

$$v_1(n+1) = v_2(n)$$
$$v_2(n+1) = v_3(n)$$
$$\vdots$$
$$v_{k-1}(n+1) = v_k(n)$$
$$v_k(n+1) = x(n) - a_{k-1}v_k(n) - \cdots - a_1 v_2(n) - a_0 v_1(n)$$
$$y(n) = Ax(n) + b_{k-1}v_k(n) + b_{k-2}v_{k-1}(n) + \cdots + b_1 v_2(n) + b_0 v_1(n)$$

写成矩阵形式为

$$\boldsymbol{v}(n+1) = \begin{bmatrix} 0 & 1 & \cdots & 0 & 0 \\ 0 & 0 & \cdots & 0 & 0 \\ \vdots & \vdots & \ddots & \vdots & \vdots \\ 0 & 0 & \cdots & 0 & 1 \\ -a_0 & -a_1 & \cdots & -a_{k-2} & -a_{k-1} \end{bmatrix} \boldsymbol{v}(n) + \begin{bmatrix} 0 \\ 0 \\ \vdots \\ 0 \\ 1 \end{bmatrix} x(n) \tag{7.6.7}$$

$$y(n) = \begin{bmatrix} b_0 & b_1 & \cdots & b_{k-2} & b_{k-1} \end{bmatrix} \boldsymbol{v}(n) + Ax(n)$$

例 7.6.1 离散系统的差分方程为

$$y(n+2) + 3y(n+1) + 2y(n) = 2x(n+1) + x(n)$$

试写出该系统的一个状态空间模型。

解：该系统的系统函数为

$$H(z) = \frac{2z+1}{z^2 + 3z + 2}$$

采用如图 7.6.1 的直接实现形式，则根据式(7.6.7)得到状态空间模型为

$$\boldsymbol{v}(n+1) = \begin{bmatrix} 0 & 1 \\ -2 & -3 \end{bmatrix} \boldsymbol{v}(n) + \begin{bmatrix} 0 \\ 1 \end{bmatrix} x(n)$$

$$y(n) = \begin{bmatrix} 1 & 2 \end{bmatrix} \boldsymbol{v}(n)$$

例 7.6.2 离散系统的系统函数为

$$H(z) = \frac{2z+1}{z^2 + 3z + 2}$$

试写出该系统并联实现形式对应的状态空间模型。

解：该系统的系统函数为

$$H(z) = \frac{2z+1}{z^2 + 3z + 2} = \frac{-1}{z+1} + \frac{3}{z+2}$$

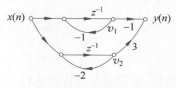

图 7.6.2 系统函数的并联实现

得到并联实现，如图 7.6.2 所示。

选取状态变量如图 7.6.2 中的标记所示，得到下列方程：

$$v_1(n+1) = -v_1(n) + x(n)$$

$$v_2(n+1) = -2v_2(n) + x(n)$$

$$y(n) = -v_1(n) + 3v_2(n)$$

写成矩阵形式为

$$\boldsymbol{v}(n+1) = \begin{bmatrix} -1 & 0 \\ 0 & -2 \end{bmatrix} \boldsymbol{v}(n) + \begin{bmatrix} 1 \\ 1 \end{bmatrix} x(n)$$

$$y(n) = \begin{bmatrix} -1 & 3 \end{bmatrix} \boldsymbol{v}(n)$$

验证：将模型参数代入式(7.6.5)，可验证该状态模型对应的系统函数。

$$H(z) = \boldsymbol{C}(z\boldsymbol{I} - \boldsymbol{A})^{-1}\boldsymbol{B} + \boldsymbol{D}$$

$$= \begin{bmatrix} -1 & 3 \end{bmatrix} \left(z\boldsymbol{I} - \begin{bmatrix} -1 & 0 \\ 0 & -2 \end{bmatrix} \right)^{-1} \begin{bmatrix} 1 \\ 1 \end{bmatrix} = \frac{2z+1}{z^2 + 3z + 2}$$

例 7.6.3 离散系统的信号流图如图 7.6.3 所示，试求该系统的系统函数和状态空间模型。

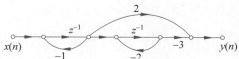

图 7.6.3 例 7.6.3 系统的信号流图

解：将图 7.6.3 信号流图标记状态变量如图 7.6.4 所示，该信号流图由两级联环节构成，应用梅森公式分别得两级联环节的系统函数，然后相乘得到该系统的系统函数为

$$H(z) = \frac{1}{z+1}\left(2 + \frac{-3}{z+2}\right) = \frac{2z+1}{z^2+3z+2}$$

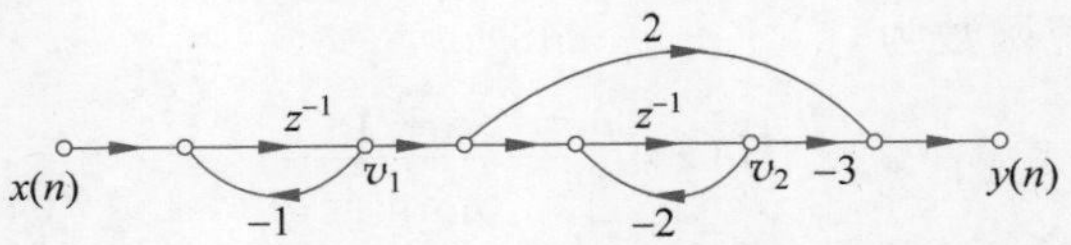

图 7.6.4　例 7.6.3 系统的信号流图（标记了状态变量）

选取状态变量如图 7.6.4 中的标记，可以写出下列方程：

$$v_1(n+1) = -v_1(n) + x(n)$$
$$v_2(n+1) = v_1(n) - 2v_2(n)$$
$$y(n) = 2v_1(n) - 3v_2(n)$$

写成矩阵形式为

$$\boldsymbol{v}(n+1) = \begin{bmatrix} -1 & 0 \\ 1 & -2 \end{bmatrix} \boldsymbol{v}(n) + \begin{bmatrix} 1 \\ 0 \end{bmatrix} x(n)$$

$$y(n) = \begin{bmatrix} 2 & -3 \end{bmatrix} \boldsymbol{v}(n)$$

验证：将模型参数代入式(7.6.5)，验证该状态模型对应的系统函数。

$$H(z) = \boldsymbol{C}(z\boldsymbol{I} - \boldsymbol{A})^{-1}\boldsymbol{B} + \boldsymbol{D}$$

$$= \begin{bmatrix} 2 & -3 \end{bmatrix}\left(z\boldsymbol{I} - \begin{bmatrix} -1 & 0 \\ 1 & -2 \end{bmatrix}\right)^{-1}\begin{bmatrix} 1 \\ 0 \end{bmatrix}$$

$$= \frac{2z+1}{z^2+3z+2}$$

7.6.2　离散系统状态方程的 z 域求解

对离散系统状态方程和输出方程(7.6.1)求 z 变换，得到系统状态变量的 z 变换如式(7.6.3)，系统输出的 z 变换如式(7.6.4)。对它们求 z 反变换即可得到相应的时域解。式(7.6.4)中系统输出由两部分相加组成，其中与初始状态 $\boldsymbol{v}(0)$ 相关的部分为零输入响应的 z 变换，与输入 $X(z)$ 相关的部分为零状态响应的 z 变换。

例 7.6.4　因果离散系统的状态方程、输入和初始状态如下：

$$\boldsymbol{v}(n+1) = \begin{bmatrix} 0 & 1 \\ 3 & 2 \end{bmatrix} \boldsymbol{v}(n) + \begin{bmatrix} 0 \\ 1 \end{bmatrix} x(n)$$

$$y(n) = \begin{bmatrix} 3 & 3 \end{bmatrix} \boldsymbol{v}(n) + x(n)$$

$$x(n) = \delta(n), \boldsymbol{v}(0) = \begin{bmatrix} 1 \\ 0 \end{bmatrix}$$

求该系统和系统函数和全响应。

解：

$$zI - A = \begin{bmatrix} z & -1 \\ -3 & z-2 \end{bmatrix}$$

$$(zI - A)^{-1} = \frac{1}{(z+1)(z-3)}\begin{bmatrix} z-2 & 1 \\ 3 & z \end{bmatrix}$$

得到系统函数为

$$\begin{aligned} H(z) &= C(zI-A)^{-1}B + D \\ &= \frac{1}{(z+1)(z-3)}\begin{bmatrix} 3 & 3 \end{bmatrix}\begin{bmatrix} z-2 & 1 \\ 3 & z \end{bmatrix}\begin{bmatrix} 0 \\ 1 \end{bmatrix} + 1 \\ &= \frac{z^2+z}{(z+1)(z-3)} = \frac{z}{z-3} \end{aligned}$$

将 $H(z)$ 代入式(7.6.4)，有

$$Y(z) = C(zI-A)^{-1}z\boldsymbol{v}(0) + H(z)X(z)$$

且 $X(z)=1, \boldsymbol{v}(0)=\begin{bmatrix} 1 \\ 0 \end{bmatrix}$，进一步有

$$\begin{aligned} Y(z) &= \frac{z}{(z+1)(z-3)}\begin{bmatrix} 3 & 3 \end{bmatrix}\begin{bmatrix} z-2 & 1 \\ 3 & z \end{bmatrix}\begin{bmatrix} 1 \\ 0 \end{bmatrix} + \frac{z}{z-3} \\ &= \frac{3z(z+1)}{(z+1)(z-3)} + \frac{z}{z-3} = \frac{4z}{z-3} \end{aligned}$$

求 z 反变换得

$$y(n) = 4 \cdot 3^n u(n)$$

7.7 案例：地杂波对消器

7.7.1 全相参脉冲雷达的离散时间信号模型

根据 2.6.3 节中的推导，可以写出运动目标的单频连续波雷达回波模型 $r(t) = AG_T(t-t_0) \cdot \cos((\omega_0+\omega_d)t - \omega_0 t_0)$，其中 $\omega_d = \dfrac{2v}{c}\omega_0$ 是目标运动造成的多普勒频移，一般情况下 $\omega_d \ll \omega_0$。由于雷达回波的载频 ω_0 很高而且是精确已知，通过图 7.7.1 所示的解调处理获得基带信号。

图 7.7.1　雷达回波的解调处理框图

经过解调处理后的基带信号表达式为

$$y(t) = AG_T(t-t_0)\cos(\omega_d t + \varphi_0) \tag{7.7.1}$$

其中 $\varphi_0 = -\omega_0 t_0$ 是回波延迟产生的相位。

为了在接收回波时不受发射信号的干扰，大部分雷达采用发射信号结束之后接收机才开机的脉冲工作模式，每个脉冲的持续时间受到需要探测的目标距离的制约，不能太长。为了达到高的速度测量和分辨能力，需要对脉冲串信号的回波进行处理。当雷达发射脉冲串时，目标的回波可以视为采用脉冲串 $P_{T_s}(t)$ 对式(7.7.1)进行抽样：

$$y_s(t) = A P_{T_s}(t - t_0) \cdot \cos(\omega_d t + \varphi_0) \tag{7.7.2}$$

其中 $P_{T_s}(t)$ 是持续时间为 T，脉冲重复周期为 T_s 的脉冲串。由于这个信号只在抽样脉冲发生时不为零，因此也可以采用离散时间信号进行建模。第 n 个脉冲的回波的函数值记为 $x(n)$，则有

$$x(n) = A \cos(\Omega_d n + \varphi_0) \tag{7.7.3}$$

对比式(7.7.2)发现

$$\Omega_d = \omega_d T_s \tag{7.7.4}$$

当目标速度满足 $v \leqslant \dfrac{\lambda}{4T_s}$ 时，$\Omega_d \leqslant \pi$，其中 $\lambda = c/f_0$ 为发射信号波长。对式(7.7.3)进行离散时间傅里叶变换，目标的频谱会落在数字频率 Ω 的主值区间 $(-\pi, \pi]$ 内。

脉冲多普勒雷达采用窄脉冲串对单频连续波雷达的回波抽样，仅有速度测量能力而没有距离测量能力，因此在式(7.7.3)中，每个脉冲的回波只需要用一个数据就可以描述。对于具有一定距离分辨能力的脉冲雷达，每个脉冲的回波在时间上有一定的宽度，但对于不同脉冲在相同延迟时间（相对于该脉冲发射时刻）的采样点，仍然可以用式(7.7.3)来描述。因此式(7.7.3)可以作为一般的全相参脉冲雷达在各个脉冲之间的回波模型，这里"全相参"是指各个脉冲具有相同的初始相位，因此式(7.7.3)中的 φ_0 不随 n 变化。

如果雷达波束照到了地面，地表的山、植被、建筑等都会散射雷达信号，其中一部分会返回雷达被雷达接收，形成地杂波。近处的地杂波往往有很大的回波功率，会掩盖目标的回波。图7.7.1(a)给出了一个脉冲的雷达回波，其中同时含有目标和地杂波。可以看到随着距离增大，回波总体幅度降低，这是由于地杂波的功率随距离增大而下降。在距离 3km 和 8km 处各有一个运动目标，两个目标的回波功率相同，但都远小于地杂波功率，因此从一个脉冲的雷达回波中很难直接观察到目标。图7.7.2(b)给出了连续 10 个脉冲的雷达回波。在目标所在的距离单元，其回波在不同脉冲之间的变化满足式(7.7.3)的模型，因此从叠画的多个脉冲回波中，可以看到目标所在距离单元发生了较为明显的起伏。另外，由于地表植被等并不完全静止，地杂波在不同脉冲间也存在起伏，但起伏远慢于目标回波。

图7.7.3画出了地杂波和两个动目标的频谱示意图。目标频谱是将目标所在距离单元的各个脉冲回波进行离散时间傅里叶变换的结果。对于地杂波，其频谱实际上是所有杂波单元的频谱平均后的结果。从图7.7.3中可以看到，两个目标的速度大于杂波的起伏速度。图7.7.3中横坐标给出的是数字频率，如果知道了脉冲雷达的脉冲重复周期 T_s，则可以按照式(7.7.4)换算目标和杂波的多普勒频率，从而得到它们的径向速度。虽然从频谱图可以辨别出目标和杂波，但频谱图丢失了目标的距离信息。因此，对一般的

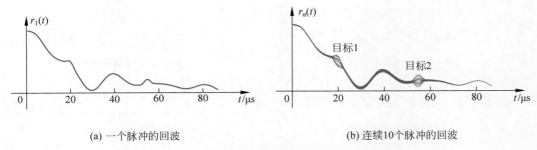

(a) 一个脉冲的回波   (b) 连续10个脉冲的回波

图 7.7.2　含有地杂波和动目标的全相参脉冲雷达回波

全相参脉冲雷达,常用的处理手段是将每个距离单元上不同脉冲间的信号送入一个离散时间滤波器,通过滤波器滤去地杂波,将每个距离单元滤波以后的结果连起来,就可以得到整个滤波以后的回波。这个离散时间滤波器也称为数字杂波对消器。

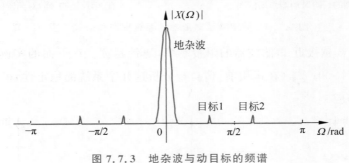

图 7.7.3　地杂波与动目标的频谱

7.7.2　数字杂波对消器

7.7.1 节可知,数字杂波对消器要滤除地杂波,保留运动目标回波,其依据是运动目标回波在脉冲间快起伏,地杂波在脉冲间慢起伏。因此数字杂波对消器应当是一个高通滤波器。

图 7.7.4 给出了三种数字杂波对消器的系统框图和信号流图。它们分别称为一阶对消器、二阶对消器和带反馈的一阶对消器。

根据本章所学的知识,可以分别写出这三种滤波器的系统函数。

$$H_a(z) = \frac{1}{2}(1 - z^{-1})$$

$$H_b(z) = \frac{1}{4}(1 - 2z^{-1} + z^{-2})$$

$$H_c(z) = \frac{1+k}{2} \cdot \frac{1 - z^{-1}}{1 - kz^{-1}} \quad 0 < k < 1$$

图 7.7.5 绘出了这几种滤波器的极零点图,运用 7.5 节的方法,可以判断,这几种滤波器都是高通滤波器。其中,带反馈的一阶对消器中的参数 k 可以调节极点位置,从而

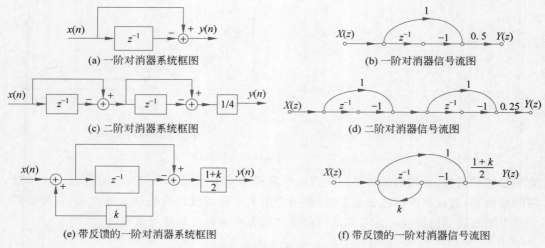

(a) 一阶对消器系统框图　　　　　　(b) 一阶对消器信号流图

(c) 二阶对消器系统框图　　　　　　(d) 二阶对消器信号流图

(e) 带反馈的一阶对消器系统框图　　(f) 带反馈的一阶对消器信号流图

图 7.7.4　数字杂波对消器的系统框图和信号流图

调节滤波性能。k 越接近 1，滤波器的阻带越窄，通带越宽。在下面的实例中取 $k=0.5$。根据 $H(\Omega)=H(z)\big|_{z=e^{j\Omega}}$（在运用前，请自行分析这几个系统的稳定性）可以求得这几种滤波器的频率响应。

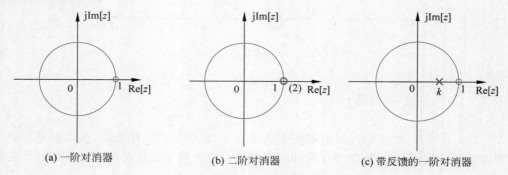

(a) 一阶对消器　　　　(b) 二阶对消器　　　　(c) 带反馈的一阶对消器

图 7.7.5　数字杂波对消器的极零点图

　　图 7.7.6 绘出了这三种数字杂波对消器在一个主值区间内的幅频特性曲线。可以看到，它们虽然都是高通滤波器，但滤波特性并不完全相同。二阶对消器阻带最宽，抑制杂波的效果好，但通带也最窄，对速度较低的目标也会有比较明显的抑制。带反馈的一阶对消器阻带最窄，过渡带上升最快，能更好地保留低速运动目标的信息，但对慢起伏杂波的抑制能力较弱。

　　图 7.7.7 给出了图 7.7.2(b) 中的脉冲雷达回波经过几种杂波对消器后的结果。需要说明的是，滤波是在脉冲之间进行的，对图 7.7.2(b) 中的每个距离单元都要分别通过滤波器，才能得到图 7.7.7 的整个距离图像。另外，对带反馈的一阶对消器，由于其单位样值响应是无限长的，每个脉冲的输出都需要这之前很多个脉冲（理论上是无限个）参与运算才能得到，而图 7.7.2(b) 和图 7.7.7 仅画出了非常长的脉冲串序列中连续 10 个脉冲的回波及其滤波后结果。

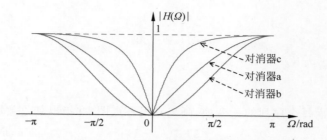

图 7.7.6　三种数字杂波对消器的幅频特性曲线

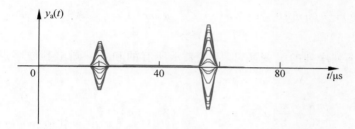

(a) 一阶对消器处理结果

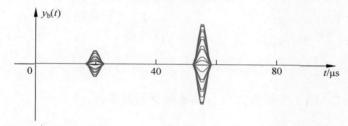

(b) 二阶对消器处理结果

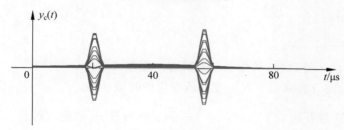

(c) 带反馈的一阶对消器处理结果

图 7.7.7　经过数字杂波对消器后的脉冲雷达回波

　　对比图 7.7.2(b) 和图 7.7.7 可以看到，数字杂波对消器显著地抑制了地杂波，保留了运动目标的回波，从滤波后的回波中可以清楚地判断目标所在的距离。比较图 7.7.7 的三幅子图，二阶对消器对杂波抑制最好，但对慢速目标也产生了较强的抑制，滤波后目标 1 的强度显著地小于目标 2；而带反馈的一阶对消器对慢速目标通过最好，更好地保留了目标 1 的强度信息，但同时对慢起伏杂波的抑制效果也差于其他两种滤波器。这与图 7.7.6 反映的滤波器频率特性是一致的。

自测题

习　题

基础题

7-1 确定下面每个序列的 z 变换，画出其极零点图，并指出其收敛域：

(1) $\delta(n-1)$；　　　　　　(2) $\delta(n+1)$；　　　　　(3) $2^n u(n)$；

(4) $(-2)^n u(n)+\delta(n)$；　　(5) $3^{-n} u(n)$；　　　　　(6) $(-2)^n u(n)+3^n u(n)$；

(7) $2^n[u(n)-u(n-10)]$；　　(8) $2^{n-1} u(n-1)$；　　　(9) $-2^n u(-n-1)$；

(10) $2^n u(-n)$；　　　　　　(11) $2^{|n|}$。

7-2 确定下列序列的 z 变换，以闭式表示所有的和式。画出其极零点图，并指出收敛域。

(1) $7\left(\dfrac{1}{3}\right)^n \cos\left(\dfrac{\pi n}{3}+\dfrac{\pi}{4}\right) u(n)$；　　　　(2) $x(n)=\begin{cases} 1, & 0\leqslant n\leqslant 9 \\ 0, & \text{其他} \end{cases}$。

7-3 不做任何计算，写出下列 z 变换所对应的时域序列：

(1) $X(z)=1,|z|\leqslant\infty$；　　　　　　(2) $X(z)=z^3,|z|<\infty$；

(3) $X(z)=z^{-1},0<|z|\leqslant\infty$；　　　(4) $X(z)=-2z^{-2}+2z+1,0<|z|<\infty$；

(5) $X(z)=\dfrac{1}{1-az^{-1}},|z|>a,a\neq 0$；　(6) $X(z)=\dfrac{1}{1-az^{-1}},|z|<a,a\neq 0$。

7-4 已知 $x(n)$ 的 z 变换为 $X(z)$，试证明下列关系：

(1) $\mathscr{L}[a^n x(n)]=X\left(\dfrac{z}{a}\right)$；　　　　(2) $\mathscr{L}[e^{-an} x(n)]=X(e^a z)$；

(3) $\mathscr{L}[n x(n)]=-z\left(\dfrac{\mathrm{d}X(z)}{\mathrm{d}z}\right)$；　　(4) $\mathscr{L}[x^*(n)]=X^*(z^*)$；

(5) $\mathscr{L}[x(-n)]=X(z^{-1})$。

（除(5)为双边 z 变换外，其他可以是双边 z 变换或单边 z 变换）

7-5 用指定的方法确定下列 z 变换所对应的时域序列：

(1) 部分分式展开法。$X(z)=\dfrac{1-2z^{-1}}{1-\dfrac{5}{2}z^{-1}+z^{-2}}$，且 $x(n)$ 绝对可和。

(2) 部分分式展开法。$X(z)=\dfrac{3}{z-\dfrac{1}{4}-\dfrac{1}{8}z^{-1}}$，且 $x(n)$ 绝对可和。

(3) 长除法。$X(z)=\dfrac{1-\dfrac{1}{2}z^{-1}}{1+\dfrac{1}{2}z^{-1}}$，且 $x(n)$ 为右边序列。

7-6 已知因果序列的 z 变换 $X(z)$，求序列的初值 $x(0)$ 与终值 $x(\infty)$。

(1) $X(z)=\dfrac{1+z^{-1}+z^{-2}}{(1-z^{-1})(1-2z^{-1})}$;　　　　(2) $X(z)=\dfrac{1}{(1-0.5z^{-1})(1+0.5z^{-1})}$;

(3) $X(z)=\dfrac{z^{-1}}{1-1.5z^{-1}+0.5z^{-2}}$。

7-7　求下列 $X(z)$ 的反变换 $x(n)$:

(1) $X(z)=\dfrac{1}{1+0.5z^{-1}}$, $|z|>0.5$;　(2) $X(z)=\dfrac{1-0.5z^{-1}}{1+\dfrac{3}{4}z^{-1}+\dfrac{1}{8}z^{-2}}$, $|z|>0.5$;

(3) $X(z)=\dfrac{1-\dfrac{1}{2}z^{-1}}{1-\dfrac{1}{4}z^{-2}}$, $|z|>0.5$;　(4) $X(z)=\dfrac{1-az^{-1}}{z^{-1}-a}$, $|z|>\left|\dfrac{1}{a}\right|$。

7-8　利用留数法求下列 $X(z)$ 的反变换 $x(n)$:

(1) $X(z)=\dfrac{z}{(z-1)^2(z-2)}$, $|z|>2$;　(2) $X(z)=\dfrac{z^2}{(ze-1)^3}$, $|z|>\dfrac{1}{e}$。

7-9　求下列 $X(z)$ 的反变换 $x(n)$

(1) $X(z)=\dfrac{10}{(1-0.5z^{-1})(1-0.25z^{-1})}$, $|z|>0.5$;　(2) $X(z)=\dfrac{z^{-2}}{1+z^{-2}}$, $|z|>1$;

(3) $X(z)=\dfrac{10z^2}{(z-1)(1+z)}$, $|z|>1$;　　　　(4) $X(z)=\dfrac{z^{-1}}{(1-6z^{-1})^2}$, $|z|>6$。

7-10　用部分分式展开法求下列 z 变换对应的时域序列:

(1) $X(z)=\dfrac{z\left(3z-\dfrac{5}{6}\right)}{\left(z-\dfrac{1}{4}\right)\left(z-\dfrac{1}{3}\right)}$, 且 $x(n)$ 绝对可和;

(2) $X(z)=\dfrac{z-1}{z^2-5z+6}$, 且 $x(n)$ 为因果信号。

7-11　一个右边序列 $x(n)$ 的 z 变换 $X(z)=\dfrac{1}{\left(1-\dfrac{1}{2}z^{-1}\right)(1-z^{-1})}$。

(1) 对表示为 z^{-1} 的多项式之比的 $X(z)$ 进行部分分式展开,并根据展开式确定 $x(n)$;

(2) 把上式改写成 z 的多项式之比,并对表示为 z 的多项式之比的 $X(z)$ 进行部分分式展开。由此展开式确定 $x(n)$,并证明所得到的序列与(1)中所得的序列完全相同。

7-12　一个左边序列 $x(n)$ 的 z 变换为 $X(z)=\dfrac{1}{\left(1-\dfrac{1}{2}z^{-1}\right)(1-z^{-1})}$,求 $x(n)$。

7-13　利用三种方法求 $X(z)=\dfrac{10z}{(z-1)(z-2)}$, $|z|>2$ 的反变换 $x(n)$。

7-14　画出 $X(z)=\dfrac{-3z^{-1}}{2-5z^{-1}+2z^{-2}}$ 的极零点图,在下列三种收敛域下,求对应的时

域序列。

(1) $|z|>2$；　　(2) $|z|<0.5$；　　(3) $0.5<|z|<2$。

7-15　已知 $x(n)$、$y(n)$ 的 z 变换如下，求 $x(n)*y(n)$ 的 z 变换。

(1) $X(z)=\dfrac{1}{1-0.5z^{-1}}$，$|z|>0.5$，　$Y(z)=\dfrac{1}{1-2z}$，$|z|<0.5$；

(2) $X(z)=\dfrac{0.99}{(1-0.1z^{-1})(1-0.1z)}$，$0.1<|z|<10$，　$Y(z)=\dfrac{1}{1-10z}$，$|z|>0.1$。

7-16　求解下列因果系统的零输入响应 $y_{zi}(n)$ 和零状态响应 $y_{zs}(n)$：

(1) $y(n)+3y(n-1)=x(n)$，$x(n)=\left(\dfrac{1}{2}\right)^n u(n)$，$y(-1)=1$；

(2) $y(n)-\dfrac{1}{2}y(n-1)=x(n)-\dfrac{1}{2}x(n-1)$，$x(n)=u(n)$，$y(-1)=0$；

(3) $y(n)-\dfrac{1}{2}y(n-1)=x(n)-\dfrac{1}{2}x(n-1)$，$x(n)=u(n)$，$y(-1)=1$。

7-17　求解下列因果系统的全响应 $y(n)$：

(1) $y(n)+0.1y(n-1)-0.02y(n-2)=10u(n)$，$y(-1)=4$，$y(-2)=6$；

(2) $y(n)-0.9y(n-1)=0.05u(n)$，$y(-1)=0$；

(3) $y(n)-0.9y(n-1)=0.05u(n)$，$y(-1)=1$；

(4) $y(n)=-5y(n-1)+nu(n)$，$y(-1)=0$；

(5) $y(n)+2y(n-1)=(n-2)u(n)$，$y(0)=1$。

7-18　某系统的系统函数 $H(z)=\dfrac{9.5z}{(z-0.5)(10-z)}$，在 $10<|z|\leqslant\infty$ 及 $0.5<|z|<10$ 两种收敛域情况下，分别计算该系统的单位样值响应 $h(n)$，并指出该系统的稳定性与因果性。

7-19　某因果线性时不变系统可描述为 $y(n)=\dfrac{1}{2}\big[x(n)-x(n-1)\big]$，试求该系统的系统函数 $H(z)$，并判断该系统为何种类型滤波器（低通、带通或高通等）。

7-20　对于差分方程 $y(n)+y(n-1)=x(n)$ 所描述的因果系统，

(1) 求系统函数 $H(z)$ 及单位样值响应 $h(n)$，并说明系统的稳定性；

(2) 若系统初始状态为零，且 $x(n)=10u(n)$，求系统的响应 $y(n)$。

7-21　某线性时不变系统的差分方程为 $y(n-1)-\dfrac{5}{2}y(n)+y(n+1)=x(n)$。

(1) 假设系统为因果系统，求单位样值响应 $h(n)$，并判断系统的稳定性；

(2) 假设系统为反因果系统，求单位样值响应 $h(n)$，并判断系统的稳定性；

(3) 假设系统为稳定系统，求单位样值响应 $h(n)$，并判断系统的因果性。

7-22　已知因果系统的系统函数 $H(z)=\dfrac{z}{z-k}$，k 为常数，且 $|k|<1$。

(1) 写出对应的差分方程；

（2）画出该系统的结构框图；

（3）求系统的频率响应 $H(\Omega)$。

7-23 设系统的系统函数 $H(z)$ 如下，分别画出它们的直接实现形式、级联实现形式和并联实现形式。

（1）$H(z)=\dfrac{1+\dfrac{1}{3}z^{-1}}{1-\dfrac{3}{4}z^{-1}+\dfrac{1}{8}z^{-2}}$；（2）$H(z)=\dfrac{1-2z^{-2}+z^{-4}}{1-\dfrac{1}{4}z^{-1}-\dfrac{1}{8}z^{-2}}$。

7-24 某离散系统的差分方程为 $y(n+2)+4y(n+1)+3y(n)=2x(n+1)+x(n)$，试写出该系统的两个状态空间模型。

7-25 某因果离散系统的信号流图如题图 7-1 所示。试写出该系统的状态空间模型和系统函数，判断该系统的稳定性。

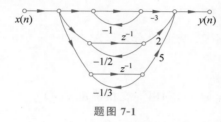

题图 7-1

提高/拓展题

T7-1 求序列 $x(n)=\left(\dfrac{1}{2}\right)^{|n|}$ 的双边 z 变换，绘出极零点图并标明收敛域。并在此基础上，指出 $x(n)=\left(\dfrac{1}{2}\right)^{|n|}\cos\left(\dfrac{\pi n}{4}\right)$ 的收敛域。

T7-2 确定序列 $x(n)=\delta(n)-0.95\delta(n-6)$ 的 z 变换。画出其极零点图，并近似画出 $x(n)$ 的幅度谱。

T7-3 序列 $x(n)$ 的 z 变换为 $X(z)$，收敛域为 $r_0<|z|<r_1$。将 $x(n)$ 进行奇偶分解，得到 $x(n)=x_e(n)+x_o(n)$，其中 $x_e(n)=x_e(-n)$，$x_o(n)=-x_o(-n)$。

（1）若 $x_e(n)$ 的 z 变换存在，r_0、r_1 应满足什么条件？

（2）假设满足上述条件，将 $x_e(n)$ 的 z 变换表示成 $X(z)$ 形式，并指出收敛域。

T7-4 如果 $x(n)$ 是一个反因果序列，即当 $n>0$ 时，$x(n)=0$，试叙述并证明相应的初值定理。同时证明：如果 $n<0$，$x(n)=0$，那么 $x(1)=\lim\limits_{z\to\infty}z[X(z)-x(0)]$。

T7-5 某偶序列 $x(n)$ 的 z 变换记作 $X(z)$。

（1）根据 z 变换的定义，证明 $X(z)=X(1/z)$；

（2）根据上述结果，证明：如果 $X(z)$ 的一个极点（零点）产生于 $z=z_0$，那么必然在 $z=1/z_0$ 也出现一个极点（零点）；

（3）对下面每个序列，验证（2）的结论：

(a) $\delta(n+1)+\delta(n-1)$；　　(b) $\delta(n+1)-\dfrac{5}{2}\delta(n)+\delta(n-1)$。

T7-6　设序列 $x(n)$ 绝对可和，且其 z 变换 $X(z)$ 有理。若已知 $X(z)$ 在 $z=2$ 有一个极点，判断 $x(n)$ 是否满足以下条件：（1）有限长信号；（2）左边信号；（3）右边信号；（4）双边信号。

T7-7　序列 $x(n)$ 的 z 变换为 $X(z)$，收敛域为 $r_0<|z|<r_1$。将 $x(n)$ 进行奇偶分解，得到 $x(n)=x_e(n)+x_o(n)$，其中 $x_e(n)=x_e(-n)$，$x_o(n)=-x_o(-n)$。

（1）若 $x_e(n)$ 的 z 变换存在，r_0、r_1 应满足什么条件？

（2）假设满足上述条件，将 $x_e(n)$ 的 z 变换表示成 $X(z)$ 形式，并指出收敛域。

T7-8　利用幂级数展开法求 $X(z)=e^z$，$|z|<\infty$ 所对应的时域序列。

T7-9　某因果系统差分方程为 $y(n+2)+y(n+1)+y(n)=u(n)$，$y(0)=1$，$y(1)=2$，试求系统全响应。

T7-10　某因果线性时不变系统的差分方程为 $y(n)-\dfrac{1}{2}y(n-1)+\dfrac{1}{4}y(n-2)=x(n)$，

（1）写出系统函数 $H(z)$；

（2）如果 $x(n)=\left(\dfrac{1}{2}\right)^n u(n)$，利用 z 变换确定 $y(n)$。

T7-11　某因果线性时不变系统的差分方程为 $y(n)-y(n-1)-y(n-2)=x(n-1)$，

（1）求系统函数 $H(z)$。画出极零点图，并指出收敛域。

（2）求该系统的单位样值响应 $h(n)$。

（3）判断系统稳定性。若稳定，试说明原因；若不稳定，试求出一个满足此差分方程的稳定系统的单位样值响应 $h(n)$，并判断其因果性。

T7-12　某因果线性时不变系统的差分方程为 $y(n)-y(n-1)-2y(n-2)=x(n)$。

（1）写出该系统的系统函数 $H(z)$ 并画出相应的极零点图；

（2）指出系统函数的收敛域并判断该系统的稳定性；

（3）若输入信号 $x(n)=u(n)$，初始条件 $y(1)=5$，$y(0)=4$，试求该系统的零状态响应 $y_{zs}(n)$、零输入响应 $y_{zi}(n)$、全响应 $y(n)$，并分别指出自然响应、强迫响应、瞬态响应、稳态响应。

T7-13　某离散系统的极零点图如题图 T7-1 所示。已知当输入为 1 时，输出也为 1。计算该系统的单位样值响应。

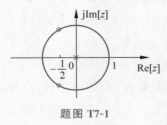

题图 T7-1

T7-14 某离散系统的极零点图如题图 T7-2 所示,且 $H(z)|_{z=1}=1$。试近似画出该系统的幅频特性图,并标出关键点的横坐标。

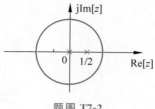

题图 T7-2

T7-15 某线性时不变系统的单位样值响应记作 $h(n)$,其系统函数记作 $H(z)$,满足下列 5 个条件。判断该系统的因果性和稳定性。

(1) $h(n)$ 为实序列;

(2) $h(n)$ 为右边序列;

(3) $\lim\limits_{z \to \infty} H(z)=1$;

(4) $H(z)$ 有两个零点;

(5) $H(z)$ 的极点有一个位于 $|z|=0.75$ 圆上的一个非实数位置。

T7-16 题表 T7-1 中,左列为离散时间线性时不变系统的极零点图,右列为 4 个系统对应的幅频响应。试确定不同极零点图对应的幅频响应标号。

题表 T7-1

极 零 点 图	幅 度 谱
![极零点图 A] jIm[z], 0, 1, Re[z]	A，$|H(\Omega)|$，20，10，$-\pi$，π，Ω
![极零点图 B] jIm[z], 0, 1, Re[z]	B，$|H(\Omega)|$，20，10，$-\pi$，π，Ω
![极零点图 C] jIm[z], 0, 1, Re[z]	C，$|H(\Omega)|$，20，10，$-\pi$，π，Ω

续表

极 零 点 图	幅 度 谱
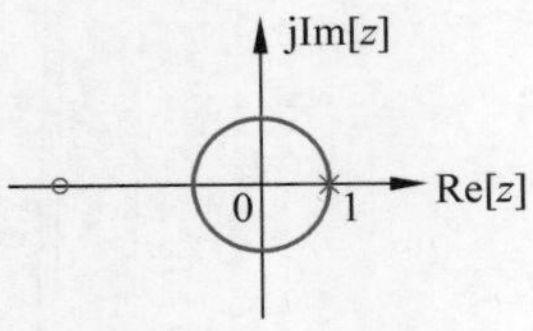 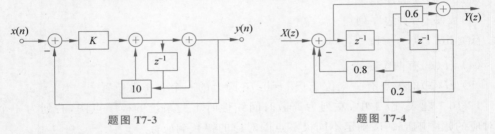	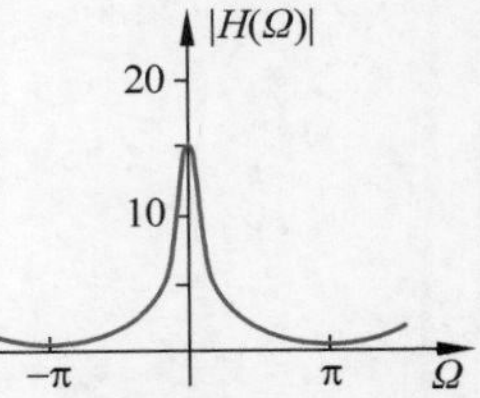

T7-17 某离散系统框图如题图 T7-3 所示,确定该系统稳定时 K 的取值范围。

T7-18 某因果离散线性时不变系统如题图 T7-4 所示。

题图 T7-3

题图 T7-4

(1) 试求系统函数 $H(z)$,并判断系统稳定性;

(2) 试求系统的单位样值响应 $h(n)$;

(3) 若输入为 $x(n)=(-0.8)^n$,试求该系统响应 $y(n)$。

T7-19 画出系统函数 $H(z)=\dfrac{3z^3-5z^2+10z}{z^3-3z^2+7z-5}$ 所表示系统的级联和并联实现形式。

T7-20 某离散时间线性时不变系统的单位样值响应 $h(n)=\begin{cases}\left(\dfrac{1}{2}\right)^{n/2}, & n=0,2,4,6,8,\cdots \\ 0, & \text{其他}\end{cases}$。

(1) 可以用有限个极点表示该系统吗?

(2) 若可以,写出该系统的系统函数并画出该系统的实现框图。

T7-21 因果离散系统的状态方程、输入和初始状态如下:

$$\boldsymbol{v}(n+1)=\begin{bmatrix}0 & 1 \\ -1/6 & 5/6\end{bmatrix}\boldsymbol{v}(n)+\begin{bmatrix}0 \\ 1\end{bmatrix}x(n), \quad x(n)=\frac{1}{6}u(n), \boldsymbol{v}(0)=\begin{bmatrix}1 \\ -2\end{bmatrix}$$

$$y(n)=\begin{bmatrix}1 & 1\end{bmatrix}\boldsymbol{v}(n)$$

求该系统的单位样值响应、零输入响应和零状态响应。

A.1 常用数学公式

1. 洛必达(L'Hôpital)法则

若对 $f(x)/g(x)$ 求极限,产生 $\dfrac{0}{0}$ 型或 $\dfrac{\infty}{\infty}$ 型的不定形式,那么 $\lim \dfrac{f(x)}{g(x)} = \lim \dfrac{f'(x)}{g'(x)}$。

2. 复数

$e^{\pm j\theta} = \cos\theta \pm j\sin\theta$	$a + jb = re^{j\theta}$ $\quad r = \sqrt{a^2 + b^2}$, $\tan\theta = \dfrac{b}{a}$
$\dfrac{r_1 e^{j\theta_1}}{r_2 e^{j\theta_2}} = \dfrac{r_1}{r_2} e^{j(\theta_1 - \theta_2)}$	$(r_1 e^{j\theta_1})(r_2 e^{j\theta_2}) = r_1 r_2 e^{j(\theta_1 + \theta_2)}$
$(re^{j\theta})^k = r^k e^{jk\theta}$	

3. 求和公式

$\displaystyle\sum_{k=m}^{n} r^k = \begin{cases} \dfrac{r^m - r^{n+1}}{1-r}, & r \neq 1 \\ n - m + 1, & r = 1 \end{cases}$	$\displaystyle\sum_{k=0}^{n} k = \dfrac{n(n+1)}{2}$
	$\displaystyle\sum_{k=0}^{n} k^2 = \dfrac{n(n+1)(2n+1)}{6}$

4. 三角恒等式

$\cos\theta = \dfrac{e^{j\theta} + e^{-j\theta}}{2}$	$\sin\theta = \dfrac{e^{j\theta} - e^{-j\theta}}{2j}$
$\cos\left(x \pm \dfrac{\pi}{2}\right) = \mp \sin x$	$\sin\left(x \pm \dfrac{\pi}{2}\right) = \pm \cos x$
$\sin(x \pm y) = \sin x \cos y \pm \cos x \sin y$	$\cos(x \pm y) = \cos x \cos y \mp \sin x \sin y$
$\sin x \sin y = \dfrac{1}{2}[\cos(x-y) - \cos(x+y)]$	$\cos x \cos y = \dfrac{1}{2}[\cos(x-y) + \cos(x+y)]$
$\sin x \cos y = \dfrac{1}{2}[\sin(x-y) + \sin(x+y)]$	$\tan(x \pm y) = \dfrac{\tan x \pm \tan y}{1 \mp \tan x \tan y}$

$$a\cos x + b\sin x = c\cos(x + \theta), c = \sqrt{a^2 + b^2}, \quad \tan\theta = \dfrac{-b}{a}$$

5. 常用导数

$\dfrac{\mathrm{d}}{\mathrm{d}x}(uv) = u\dfrac{\mathrm{d}v}{\mathrm{d}x} + v\dfrac{\mathrm{d}u}{\mathrm{d}x}$	$\dfrac{\mathrm{d}x^{n}}{\mathrm{d}x} = nx^{n-1}$
$\dfrac{\mathrm{d}}{\mathrm{d}x}\mathrm{e}^{bx} = b\,\mathrm{e}^{bx}$	$\dfrac{\mathrm{d}}{\mathrm{d}x}f(u) = \dfrac{\mathrm{d}}{\mathrm{d}u}f(u)\dfrac{\mathrm{d}u}{\mathrm{d}x}$
$\dfrac{\mathrm{d}}{\mathrm{d}x}\left(\dfrac{u}{v}\right) = \dfrac{v\dfrac{\mathrm{d}u}{\mathrm{d}x} - u\dfrac{\mathrm{d}v}{\mathrm{d}x}}{v^{2}}$	$\dfrac{\mathrm{d}}{\mathrm{d}x}\ln(ax) = \dfrac{1}{x}$
$\dfrac{\mathrm{d}}{\mathrm{d}x}\sin ax = a\cos ax$	$\dfrac{\mathrm{d}}{\mathrm{d}x}\cos ax = -a\sin ax$
$\dfrac{\mathrm{d}}{\mathrm{d}x}(\arcsin ax) = \dfrac{a}{\sqrt{1-a^{2}x^{2}}}$	$\dfrac{\mathrm{d}}{\mathrm{d}x}(\arccos ax) = \dfrac{-a}{\sqrt{1-a^{2}x^{2}}}$
$\dfrac{\mathrm{d}}{\mathrm{d}x}(\arctan ax) = \dfrac{a}{1+a^{2}x^{2}}$	

6. 不定积分

分部积分：$\displaystyle\int f(x)g'(x)\mathrm{d}x = f(x)g(x) - \int f'(x)g(x)\mathrm{d}x$

$\displaystyle\int \sin ax\,\mathrm{d}x = -\dfrac{1}{a}\cos ax + C$	$\displaystyle\int \cos ax\,\mathrm{d}x = \dfrac{1}{a}\sin ax + C$
$\displaystyle\int \mathrm{e}^{ax}\,\mathrm{d}x = \dfrac{1}{a}\mathrm{e}^{ax} + C$	$\displaystyle\int \dfrac{1}{x^{2}+a^{2}}\mathrm{d}x = \dfrac{1}{a}\arctan\dfrac{x}{a} + C$

7. 幂级数

$\sin x = x - \dfrac{x^{3}}{3!} + \dfrac{x^{5}}{5!} - \dfrac{x^{7}}{7!} + \cdots$	$\cos x = 1 - \dfrac{x^{2}}{2!} + \dfrac{x^{4}}{4!} - \dfrac{x^{6}}{6!} + \dfrac{x^{8}}{8!} - \cdots$
$\mathrm{e}^{x} = 1 + x + \dfrac{x^{2}}{2!} + \dfrac{x^{3}}{3!} + \cdots + \dfrac{x^{n}}{n!} + \cdots$	

A. 2 常用信号及表达式

类别	名称	表达式	波形图
连续时间信号	实指数信号	$e^{\sigma t}$ $(\omega=0,s=\sigma)$	
	正弦信号	$\cos\omega_0 t$ $(\sigma=0,s=\pm j\omega_0)$	
	指数变化的正弦信号	$e^{\sigma t}\cos\omega_0 t$ $(s=\sigma\pm j\omega_0)$	
	单位阶跃信号	$u(t)=\begin{cases}1, & t>0\\0, & t<0\end{cases}$	
	单位冲激信号	$\begin{cases}\delta(t)=0, & t\neq 0\\\delta(t)\to\infty, & t=0\\\int_{-\infty}^{\infty}\delta(t)\mathrm{d}t=1\end{cases}$	
	门信号	$G_\tau(t)=\begin{cases}1, & \vert t\vert<\dfrac{\tau}{2}\\0, & \vert t\vert>\dfrac{\tau}{2}\end{cases}$	

类别	名称	表 达 式	波 形 图
连续时间信号	三角信号	$\Lambda_{2\tau}(t) = \begin{cases} 1 - \dfrac{\|t\|}{\tau}, & \|t\| < \tau \\ 0, & \|t\| > \tau \end{cases}$	
	符号函数	$\operatorname{sgn}(t) = \begin{cases} 1, & t > 0 \\ -1, & t < 0 \end{cases}$	
	斜波信号	$r(t) = \begin{cases} t, & t \geqslant 0 \\ 0, & t < 0 \end{cases} = tu(t)$	
	抽样信号	$\operatorname{Sa}(t) = \dfrac{\sin t}{t}$	
离散时间信号	单位样值信号	$\delta(n) = \begin{cases} 1, & n = 0 \\ 0, & n \neq 0 \end{cases}$	
	单位阶跃信号	$u(n) = \begin{cases} 0, & n < 0 \text{ 的整数} \\ 1, & n \geqslant 0 \text{ 的整数} \end{cases}$	

类别	名称	表 达 式	波 形 图
离散时间信号	实指数信号	$x(n)=r^n$，$n\geqslant 0$	
	正弦信号	$x(n)=A\cos(\Omega_0 n+\theta)$	
	矩形序列	$R_N(n)=\begin{cases}1, & 0\leqslant n\leqslant N-1\\ 0, & \text{其他}\end{cases}$	

A.3 卷积积分/卷积和性质

序号	信 号	卷 积 结 果
1	$x_1(t) * x_2(t)$	$x_2(t) * x_1(t)$
2	$x_1(t) * [x_2(t)+x_3(t)]$	$x_1(t) * x_2(t)+x_1(t) * x_3(t)$
3	$[x_1(t) * x_2(t)] * x_3(t)$	$x_1(t) * [x_2(t) * x_3(t)]$
4	$x(t) * \delta(t)$	$x(t)$
5	$x(t) * \delta'(t)$	$x'(t)$
6	$x(t) * \delta^{(n)}(t)$	$x^{(n)}(t)$
7	$x(t) * u(t)$	$x^{(-1)}(t)$

序号	信　　号	卷　积　结　果
8	$\left[\dfrac{t^{n-1}}{(n-1)!}u(t)\right] * x(t)$	$\underbrace{\int_{-\infty}^{t}\cdots\int_{-\infty}^{t}}_{n\uparrow}x(t)\underbrace{\mathrm{d}t\cdots\mathrm{d}t}_{n\uparrow}\triangleq x^{(-n)}(t)$
9	$\dfrac{\mathrm{d}^n}{\mathrm{d}t^n}[x(t)*g(t)]$	$\left[\dfrac{\mathrm{d}^n}{\mathrm{d}t^n}x(t)\right]*g(t)=x(t)*\left[\dfrac{\mathrm{d}^n}{\mathrm{d}t^n}g(t)\right]$
10	$\underbrace{\int_{-\infty}^{t}\int_{-\infty}^{t}\cdots\int_{-\infty}^{t}}_{n\uparrow}[x(t)*g(t)]\underbrace{\mathrm{d}t\,\mathrm{d}t\cdots\mathrm{d}t}_{n\uparrow}$	$x(t)*\underbrace{\int_{-\infty}^{t}\cdots\int_{-\infty}^{t}}_{n\uparrow}g(t)\underbrace{\mathrm{d}t\cdots\mathrm{d}t}_{n\uparrow}$
11	$\left[\dfrac{\mathrm{d}}{\mathrm{d}t}x(t)\right]*\int_{-\infty}^{t}g(\tau)\mathrm{d}\tau$	$x(t)*g(t)$
12	$x(n)*\delta(n)$	$x(n)$
13	$x(n)*\delta(n-n_0)$	$x(n-n_0)$
14	$x(n-n_1)*\delta(n-n_2)$	$x(n-n_1-n_2)$
15	$x(n)*u(n)$	$\displaystyle\sum_{k=-\infty}^{n}x(k)$

A.4　常用信号的卷积积分/卷积和

序号	信　　号	卷　积　结　果
1	$[\mathrm{e}^{-at}u(t)]*[\mathrm{e}^{-bt}u(t)]$	$\begin{cases}\dfrac{\mathrm{e}^{-at}-\mathrm{e}^{-bt}}{b-a}u(t), & a\neq b\\[2mm] t\mathrm{e}^{-at}u(t), & a=b\end{cases}$
2	$u(t)*u(t)$	$tu(t)$
3	$[tu(t)]*u(t)$	$\dfrac{t^2}{2}u(t)$
4	$[\mathrm{e}^{-at}u(t)]*[\mathrm{e}^{-at}u(t)]$	$t\mathrm{e}^{-at}u(t)$
5	$[t\mathrm{e}^{-at}u(t)]*[\mathrm{e}^{-at}u(t)]$	$\dfrac{t^2}{2}\mathrm{e}^{-at}u(t)$
6	$x(t)*\delta_T(t)$	$x(t)*\displaystyle\sum_{m=-\infty}^{\infty}\delta(t-mT)=\sum_{m=-\infty}^{\infty}x(t-mT)$
7	$G_\tau(t)*G_\tau(t)$	$\tau\bigwedge_{2\tau}(t)$
8	$[a^n u(n)]*[b^n u(n)]$	$\begin{cases}\dfrac{a^{n+1}-b^{n+1}}{a-b}u(n), & a\neq b\\[2mm] (n+1)a^n u(n), & a=b\end{cases}$
9	$u(n)*u(n)$	$(n+1)u(n)$
10	$[nu(n)]*u(n)$	$\dfrac{n(n+1)u(n)}{2}$
11	$[a^n u(n)]*[a^n u(n)]$	$(n+1)a^n u(n)$

A.5 连续时间傅里叶变换性质

名　称	时域 $x(t)$	频域 $X(\mathrm{j}\omega)$
线性	$a_1 x_1(t) + a_2 x_2(t)$	$a_1 X_1(\mathrm{j}\omega) + a_2 X_2(\mathrm{j}\omega)$
共轭特性	$x^*(t)$	$X^*(-\mathrm{j}\omega)$
奇偶性	实信号 $x(t) = x^*(t)$	共轭对称函数 $X(\mathrm{j}\omega) = X^*(-\mathrm{j}\omega)$
		幅度谱偶函数 $\|X(\mathrm{j}\omega)\| = \|X(-\mathrm{j}\omega)\|$ 相位谱奇函数 $\angle X(\mathrm{j}\omega) = -\angle X(-\mathrm{j}\omega)$
		实部偶函数 $\mathrm{Re}[X(\mathrm{j}\omega)] = \mathrm{Re}[X(-\mathrm{j}\omega)]$ 虚部奇函数 $\mathrm{Im}[X(\mathrm{j}\omega)] = -\mathrm{Im}[X(-\mathrm{j}\omega)]$
	偶信号 $x(t) = x(-t)$	偶函数 $X(\mathrm{j}\omega) = X(-\mathrm{j}\omega)$
	奇信号 $x(t) = -x(-t)$	奇函数 $X(\mathrm{j}\omega) = -X(-\mathrm{j}\omega)$
	实偶信号	实偶函数 $X(\mathrm{j}\omega) = \mathrm{Re}[X(\mathrm{j}\omega)]$, $\mathrm{Im}[X(\mathrm{j}\omega)] = 0$
	实奇信号	虚奇函数 $X(\mathrm{j}\omega) = \mathrm{jIm}[X(\mathrm{j}\omega)]$, $\mathrm{Re}[X(\mathrm{j}\omega)] = 0$
对称性	$X(\mathrm{j}t)$	$2\pi x(-\omega)$
时频展缩特性	$x(at)$, $a \neq 0$	$\dfrac{1}{\|a\|} X\left(\mathrm{j}\dfrac{\omega}{a}\right)$
	$x(at+b)$, $a \neq 0$	$\dfrac{1}{\|a\|} X\left(\mathrm{j}\dfrac{\omega}{a}\right) e^{\mathrm{j}\frac{b}{a}\omega}$
时移特性	$x(t+t_0)$	$X(\mathrm{j}\omega) e^{\mathrm{j}\omega t_0}$
频移特性	$x(t) e^{\mathrm{j}\omega_0 t}$	$X[\mathrm{j}(\omega - \omega_0)]$
时域微分	$x^{(n)}(t)$	$(\mathrm{j}\omega)^n X(\mathrm{j}\omega)$
频域微分	$t^n x(t)$	$\mathrm{j}^n \dfrac{\mathrm{d}^n}{\mathrm{d}\omega^n} X(\mathrm{j}\omega)$
时域积分	$\displaystyle\int_{-\infty}^{t} x(\tau)\mathrm{d}\tau$	$\dfrac{X(\mathrm{j}\omega)}{\mathrm{j}\omega} + \pi X(0)\delta(\omega)$
时域卷积	$x_1(t) * x_2(t)$	$X_1(\mathrm{j}\omega) X_2(\mathrm{j}\omega)$
频域卷积	$x_1(t) x_2(t)$	$\dfrac{1}{2\pi} X_1(\mathrm{j}\omega) * X_2(\mathrm{j}\omega)$
帕塞瓦尔等式	$E = \displaystyle\int_{-\infty}^{\infty} \|x(t)\|^2 \mathrm{d}t = \dfrac{1}{2\pi}\int_{-\infty}^{\infty} \|X(\mathrm{j}\omega)\|^2 \mathrm{d}\omega$	

A.6　常用连续时间信号的傅里叶变换

序号	时域 $x(t)$	频域 $X(\mathbf{j}\omega)$
1	单边指数衰减信号 $\mathrm{e}^{-at}u(t), a>0$	$\dfrac{1}{\mathrm{j}\omega+a}$
2	单位冲激信号 $\delta(t)$	1
3	直流 1	$2\pi\delta(\omega)$
4	门信号 $G_\tau(t)$	$\tau\,\mathrm{Sa}\left(\dfrac{\omega\tau}{2}\right)$
5	采样信号 $\mathrm{Sa}(\omega_c t)$	$\dfrac{\pi}{\omega_c}G_{2\omega_c}(\omega)$
6	三角信号 $\Lambda_{2\tau}(t)$	$\tau\,\mathrm{Sa}^2\left(\dfrac{\omega\tau}{2}\right)$
7	符号函数 $\mathrm{sgn}(t)$	$\dfrac{2}{\mathrm{j}\omega}$
8	单位阶跃信号 $u(t)$	$\pi\delta(\omega)+\dfrac{1}{\mathrm{j}\omega}$
9	双边指数衰减信号 $\mathrm{e}^{-a|t|}, a>0$	$\dfrac{2a}{a^2+\omega^2}$
10	冲激偶信号 $\delta'(t)$	$\mathrm{j}\omega$
11	t	$\mathrm{j}2\pi\delta'(\omega)$
12	虚指数信号 $\mathrm{e}^{\mathrm{j}\omega_0 t}$	$2\pi\delta(\omega-\omega_0)$
13	余弦信号 $\cos(\omega_0 t)$	$\pi[\delta(\omega+\omega_0)+\delta(\omega-\omega_0)]$
14	正弦信号 $\sin(\omega_0 t)$	$\mathrm{j}\pi[\delta(\omega+\omega_0)-\delta(\omega-\omega_0)]$
15	单边余弦信号 $\cos(\omega_0 t)u(t)$	$\dfrac{\pi[\delta(\omega+\omega_0)+\delta(\omega-\omega_0)]}{2}+\dfrac{\mathrm{j}\omega}{\omega_0^2-\omega^2}$
16	单边正弦信号 $\sin(\omega_0 t)u(t)$	$\dfrac{\pi[\delta(\omega-\omega_0)-\delta(\omega+\omega_0)]}{2\mathrm{j}}+\dfrac{\omega_0}{\omega_0^2-\omega^2}$
17	周期冲激串 $\delta_T(t)$	$\displaystyle\sum_{k=-\infty}^{\infty}\omega_0\delta(\omega-k\omega_0), \omega_0=\dfrac{2\pi}{T}$

A.7   离散时间信号傅里叶变换性质

名　称	时域 $x(n)$	频域 $X(\Omega)$
线性	$ax_1(n)+bx_2(n)$	$aX_1(\Omega)+bX_2(\Omega)$
共轭	$x^*(n)$	$X^*(-\Omega)$
时频倒置	$x(-n)$	$X(-\Omega)$
求和	$\sum\limits_{k=-\infty}^{n} x(k)$	$\dfrac{X(\Omega)}{1-\mathrm{e}^{-\mathrm{j}\Omega}}+\pi X(0)\sum\limits_{l=-\infty}^{\infty}\delta(\Omega-2\pi l)$
时间频率尺度特性	$x_{(k)}(n)=\begin{cases}x\left(\dfrac{n}{k}\right),& n=km\\[2mm] 0,& n\neq km\end{cases}$	$X(k\Omega)$
时移特性	$x(n-m)$	$X(\Omega)\mathrm{e}^{-\mathrm{j}\Omega m}$
频移特性	$x(n)\mathrm{e}^{\mathrm{j}\Omega_c n}$	$X(\Omega-\Omega_c)$
频域微分	$nx(n)$	$\mathrm{j}\dfrac{\mathrm{d}X(\Omega)}{\mathrm{d}\Omega}$
时域卷积	$x_1(n)*x_2(n)$	$X_1(\Omega)\cdot X_2(\Omega)$
帕塞瓦尔定理	$E=\sum\limits_{n=-\infty}^{\infty}\lvert x(n)\rvert^2=\dfrac{1}{2\pi}\displaystyle\int_{2\pi}\lvert X(\Omega)\rvert^2\mathrm{d}\Omega$	

A.8   常用离散时间信号的傅里叶变换

序号	时域 $x(n)$	频域 $X(\Omega)$
1	$\delta(n)$	1
2	$\delta(n-r)$	$\mathrm{e}^{-\mathrm{j}r\Omega}$
3	$a^n u(n),\ \lvert a\rvert<1$	$\dfrac{1}{1-a\,\mathrm{e}^{-\mathrm{j}\Omega}}$
4	$-a^n u(-n-1),\lvert a\rvert>1$	$\dfrac{1}{1-a\,\mathrm{e}^{-\mathrm{j}\Omega}}$
5	$a^{\lvert n\rvert},\lvert a\rvert<1$	$\dfrac{1-a^2}{1-2a\cos\Omega+a^2}$
6	$na^n u(n),\lvert a\rvert<1$	$\dfrac{a\,\mathrm{e}^{-\mathrm{j}\Omega}}{(1-a\,\mathrm{e}^{-\mathrm{j}\Omega})^2}=\dfrac{a\,\mathrm{e}^{\mathrm{j}\Omega}}{(\mathrm{e}^{\mathrm{j}\Omega}-a)^2}$

序号	时域 $x(n)$	频域 $X(\Omega)$
7	$(n+1)a^n u(n), |a|<1$	$\dfrac{1}{(1-a\mathrm{e}^{-\mathrm{j}\Omega})^2}$
8	1	$2\pi \displaystyle\sum_{l=-\infty}^{\infty} \delta(\Omega-2\pi l)$
9	$\mathrm{e}^{\mathrm{j}\Omega_0 n}$	$2\pi \displaystyle\sum_{l=-\infty}^{\infty} \delta(\Omega-\Omega_0-2\pi l)$
10	$\cos\Omega_0 n$	$\pi \displaystyle\sum_{l=-\infty}^{\infty} \left[\delta(\Omega-\Omega_0-2\pi l)+\delta(\Omega+\Omega_0-2\pi l)\right]$
11	$u(n)$	$\dfrac{1}{1-\mathrm{e}^{-\mathrm{j}\Omega}}+\pi \displaystyle\sum_{l=-\infty}^{\infty} \delta(\Omega-2\pi l)$
12	$\dfrac{\Omega_c}{\pi}\mathrm{Sa}(\Omega_c n)$	$\displaystyle\sum_{l=-\infty}^{\infty} G_{2\Omega_c}(\Omega-2\pi l)$

A.9 连续时间拉普拉斯变换性质

性质名称		时域 $x(t)$	复频域 $X(s)$
线性	单、双边	$a_1 x_1(t)+a_2 x_2(t)$	$a_1 X_1(s)+a_2 X_2(s)$
时移特性	单边	$x(t-t_0)u(t-t_0), t_0>0$	$X(s)\mathrm{e}^{-st_0}$
	双边	$x(t-t_0)$	$X(s)\mathrm{e}^{-st_0}$
尺度变换特性	单边	$x(at), a>0$	$\dfrac{1}{a}X\left(\dfrac{s}{a}\right)$
	双边	$x(at)$	$\dfrac{1}{|a|}X\left(\dfrac{s}{a}\right)$
复频移特性	单、双边	$x(t)\mathrm{e}^{s_0 t}$	$X(s-s_0)$
时域微分特性	单边	$x'(t)$	$sX(s)-x(0^-)$
		$x''(t)$	$s^2 X(s)-sx(0^-)-x'(0^-)$
		$x^{(n)}(t)$	$s^n X(s)-s^{n-1}x(0^-)-s^{n-2}x'(0^-)-\cdots-x^{(n-1)}(0^-)$
	双边	$x^{(n)}(t)$	$s^n X(s)$
时域积分特性	单边	$\displaystyle\int_{-\infty}^{t} x(\tau)\mathrm{d}\tau$	$\dfrac{X(s)}{s}+\dfrac{1}{s}x^{(-1)}(0^-), x^{(-1)}(0^-)=\displaystyle\int_{-\infty}^{0^-} x(t)\mathrm{d}t$
	双边	$\displaystyle\int_{-\infty}^{t} x(\tau)\mathrm{d}\tau$	$\dfrac{X(s)}{s}$

性质名称		时域 $x(t)$	复频域 $X(s)$
s 域微分	单、双边	$tx(t)$	$-\dfrac{\mathrm{d}}{\mathrm{d}s}X(s)$
s 域积分	单边	$\dfrac{x(t)}{t}$	$\displaystyle\int_s^\infty X(s_1)\mathrm{d}s_1$
卷积特性	单、双边	$x_1(t)*x_2(t)$	$X_1(s)X_2(s)$
初值定理	单边	若 $x(t)$ 在 $t=0$ 处不包含冲激信号及其各阶导数,则 $$x(0^+)=\lim_{t\to 0^+}x(t)=\lim_{s\to\infty}sX(s)$$
终值定理	单边	若 $sX(s)$ 的收敛域包含虚轴,则 $$\lim_{t\to\infty}x(t)=\lim_{s\to 0}sX(s)$$

A.10 常用连续时间信号的单边拉普拉斯变换

序号	时域 $x(t)$	复频域 $X(s)$	收 敛 域
1	$\delta(t)$	1	全部 s
2	$\delta(t-t_0),t_0>0$	e^{-st_0}	全部 s
3	$\delta^{(n)}(t)$	s^n	全部 s
4	$u(t)$	$\dfrac{1}{s}$	$\mathrm{Re}[s]>0$
5	$u(t-t_0),t_0>0$	$\dfrac{1}{s}\mathrm{e}^{-st_0}$	$\mathrm{Re}[s]>0$
6	$tu(t)$	$\dfrac{1}{s^2}$	$\mathrm{Re}[s]>0$
7	$t^n u(t)$	$\dfrac{n!}{s^{n+1}}$	$\mathrm{Re}[s]>0$
8	$\mathrm{e}^{-at}u(t)$	$\dfrac{1}{s+a}$	$\mathrm{Re}[s]>-a$
9	$t\mathrm{e}^{-at}u(t)$	$\dfrac{1}{(s+a)^2}$	$\mathrm{Re}[s]>-a$
10	$\dfrac{1}{n!}t^n\mathrm{e}^{-at}u(t)$	$\dfrac{1}{(s+a)^{n+1}}$	$\mathrm{Re}[s]>-a$

序号	时域 $x(t)$	复频域 $X(s)$	收 敛 域
11	$\sin(\omega_0 t)u(t)$	$\dfrac{\omega_0}{s^2+\omega_0^2}$	$\mathrm{Re}[s]>0$
12	$\cos(\omega_0 t)u(t)$	$\dfrac{s}{s^2+\omega_0^2}$	$\mathrm{Re}[s]>0$
13	$\mathrm{e}^{-at}\sin(\omega_0 t)u(t)$	$\dfrac{\omega_0}{(s+a)^2+\omega_0^2}$	$\mathrm{Re}[s]>-a$
14	$\mathrm{e}^{-at}\cos(\omega_0 t)u(t)$	$\dfrac{s+a}{(s+a)^2+\omega_0^2}$	$\mathrm{Re}[s]>-a$

A.11 离散时间信号 z 变换性质

性 质 名 称		时 域	复 频 域
线性		$a_1 x_1(n)+a_2 x_2(n)$	$a_1 X_1(z)+a_2 X_2(z)$
时移特性	双边	$x(n\pm n_0)$	$X(z)z^{\pm n_0}$
	单边	$x(n+m)$	$z^m\left[X(z)-\displaystyle\sum_{k=0}^{m-1}x(k)z^{-k}\right]$
		$x(n-m)$	$z^{-m}\left[X(z)+\displaystyle\sum_{k=-m}^{-1}x(k)z^{-k}\right]$
z 域尺度变换		$a^n x(n)$	$X\left(\dfrac{z}{a}\right),\ |a|r_1<|z|<|a|r_2$
频移特性		$x(n)\mathrm{e}^{\mathrm{j}\Omega_0 n}$	$X\left(\dfrac{z}{\mathrm{e}^{\mathrm{j}\Omega_0}}\right)$
z 域微分(序列线性加权)		$nx(n)$	$-z\dfrac{\mathrm{d}}{\mathrm{d}z}X(z)$
时域翻转	双边	$x(-n)$	$X(z^{-1}),\dfrac{1}{r_2}<|z|<\dfrac{1}{r_1}$
卷积特性		$x_1(n)*x_2(n)$	$X_1(z)X_2(z)$
初值定理	单边	$x(0)=\lim\limits_{z\to\infty}X(z)$	
终值定理	单边	若$(z-1)X(z)$的收敛域包含单位圆,则 $$\lim_{n\to\infty}x(n)=\lim_{z\to 1}(z-1)X(z)$$	

A.12   常用离散时间信号的 z 变换

序号	时域 $x(n)$	复频域 $X(z)$	收 敛 域
1	$\delta(n)$	1	$0 \leqslant \|z\| \leqslant \infty$
2	$\delta(n+1)$	z	$0 \leqslant \|z\| < \infty$
3	$\delta(n-1)$	z^{-1}	$0 < \|z\| \leqslant \infty$
4	$a^n u(n)$	$\dfrac{z}{z-a}$	$\|z\| > \|a\|$
5	$-a^n u(-n-1)$	$\dfrac{z}{z-a}$	$\|z\| < \|a\|$
6	$na^n u(n)$	$\dfrac{az}{(z-a)^2}$	$\|z\| > \|a\|$
7	$(n+1)a^n u(n)$	$\dfrac{z^2}{(z-a)^2}$	$\|z\| > \|a\|$
8	$-na^n u(-n-1)$	$\dfrac{az}{(z-a)^2}$	$\|z\| < \|a\|$
9	$\cos(\beta n)u(n)$	$\dfrac{z(z-\cos\beta)}{z^2-2z\cos\beta+1}$	$\|z\| > 1$
10	$\sin(\beta n)u(n)$	$\dfrac{z\sin\beta}{z^2-2z\cos\beta+1}$	$\|z\| > 1$
11	$a^n \cos(\beta n)u(n)$	$\dfrac{z(z-a\cos\beta)}{z^2-2az\cos\beta+a^2}$	$\|z\| > \|a\|$
12	$a^n \sin(\beta n)u(n)$	$\dfrac{za\sin\beta}{z^2-2za\cos\beta+a^2}$	$\|z\| > \|a\|$

A.13   部分分式展开法

在线性时不变系统的各种反变换中经常遇到某个变量的多项式之比,且多项式系数均为有理数,这样的分式就是有理分式,其自变量可以是算子 p、E,或者 $j\omega$、$e^{-j\Omega}$、s、$z(z^{-1})$。这里用一个统一的变量 x 来代表。其有理分式 $F(x)$ 可以表示为

$$F(x) = \frac{b_m x^m + b_{m-1}x^{m-1} + \cdots + b_1 x + b_0}{x^n + a_{n-1}x^{n-1} + \cdots + a_1 x + a_0}$$

$$= \frac{N(x)}{D(x)} \tag{A.13.1}$$

若 $m \geqslant n$,$F(x)$ 是假分式;若 $m \leqslant n$,则 $F(x)$ 是真分式。一个假有理分式总可以化分为一个 x 的多项式和一个真分式之和。假如

$$F(x) = \frac{2x^4 + 3x^3 + x^2 + 2x}{x^2 + 4x + 3}$$

$$= \underbrace{2x^2 - 5x + 15}_{x\text{的多项式}} - \underbrace{\frac{43x + 45}{x^2 + 4x + 3}}_{\text{真分式}}$$

有理真分式又可进一步再展开成部分分式。下面将分三种情况讨论有理真分式的部分分式展开。

1. 无重根情况

假设 $F(x)$ 的分母多项式 $D(x)$ 的根全是单根，记为 $\lambda_1, \lambda_2, \cdots, \lambda_n$，则式(13.1)可重写成

$$F(x) = \frac{N(x)}{(x - \lambda_1)(x - \lambda_2) \cdots (x - \lambda_n)} \tag{A.13.2}$$

容易证明，上式又可改写成

$$F(x) = \frac{k_1}{(x - \lambda_1)} + \frac{k_2}{(x - \lambda_2)} + \cdots + \frac{k_n}{(x - \lambda_n)} \tag{A.13.3}$$

为求系数 k_1，只要将式(A.13.3)的两边同乘 $(x - \lambda_1)$，并令 $x = \lambda_1$，即

$$(x - \lambda_1)F(x)\big|_{x = \lambda_1} = \left[k_1 + \frac{k_2}{x - \lambda_2}(x - \lambda_1) + \cdots + \frac{k_n}{x - \lambda_n}(x - \lambda_1) \right] \Big|_{x = \lambda_1}$$

在上式右边，除 k_1 外其余各项均为零。因此

$$k_1 = (x - \lambda_1)F(x)\big|_{x = \lambda_1} \tag{A.13.4}$$

同样可证明

$$k_i = (x - \lambda_i)F(x)\big|_{x = \lambda_i}, \quad i = 1, 2, \cdots, n \tag{A.13.5}$$

上式也可以看作直接在式(A.13.2)分母中划去 $(x - \lambda_i)$ 的因子后，然后在剩余的表达式中代入 $x = \lambda_i$ 即可。这种方法称为留数法。

例 A.1 将下面有理真分式 $F(x)$ 展开为部分分式：

$$F(x) = \frac{4x + 9}{x^2 + 5x + 6}$$

解：

$$F(x) = \frac{4x + 9}{x^2 + 5x + 6} = \frac{4x + 9}{(x + 2)(x + 3)} \tag{A.13.6}$$

从式(A.13.6)中划去 $(x + 2)$，再在剩余表达式中代入 $x = -2$，即可得

$$k_1 = \frac{4x + 9}{(x + 3)}\Big|_{x = -2} = 1$$

同样，从式(A.13.6)中划去 $(x + 3)$，再在剩余表达式中代入，即可得

$$k_2 = \frac{4x + 9}{(x + 2)}\Big|_{x = -3} = 3$$

因此,

$$F(x) = \frac{1}{x+2} + \frac{3}{x+3}$$

2. 重根情况

如果有理真分式 $F(x)$ 的分母多项式 $D(x)$ 有一个 r 阶重根,其余都是单根,即

$$F(x) = \frac{N(x)}{(x-\lambda_1)^r(x-\lambda_{r+1})\cdots(x-\lambda_n)} \tag{A.13.7}$$

容易证明,其部分分式展开形式为

$$F(x) = \frac{a_0}{(x-\lambda_1)^r} + \frac{a_1}{(x-\lambda_1)^{r-1}} + \cdots + \frac{a_{r-1}}{(x-\lambda_1)} + \frac{k_{r+1}}{x-\lambda_{r+1}} + \cdots + \frac{k_n}{x-\lambda_n} \tag{A.13.8}$$

对于单根 $\lambda_{r+1}, \cdots, \lambda_n$ 等项的系数 $k_{r+1}, \cdots, k_n$,可以用留数法求解。下面讨论 r 阶重根 λ_1 所对应的 r 个系数 $a_0, a_1, \cdots, a_{r-1}$ 的求法。

将式(A.13.8)的两边乘 $(x-\lambda_1)^r$,可得

$$(x-\lambda_1)^r F(x) = a_0 + a_1(x-\lambda_1) + \cdots + a_{r-1}(x-\lambda_1)^{r-1}$$
$$+ \frac{k_{r+1}}{(x-\lambda_{r+1})}(x-\lambda_1)^r + \cdots + \frac{k_n}{(x-\lambda_n)}(x-\lambda_1)^r \tag{A.13.9}$$

在上式中直接令 $x = \lambda_1$,可得

$$a_0 = (x-\lambda_1)^r F(x) \big|_{x=\lambda_1} \tag{A.13.10}$$

因此在 $F(x)$ 中划去因式 $(x-\lambda_1)^r$,并在余下的表达式中令 $x=\lambda_1$,就可求得 a_0(即留数法)。如果将式(A.13.10)对 x 求微分,那么右边就是 a_1 加上在分子中含因式 $(x-\lambda_1)$ 的各项。再令 $x=\lambda_1$,可得到

$$a_1 = \frac{\mathrm{d}}{\mathrm{d}x}\left[(x-\lambda_1)^r F(x)\right]\bigg|_{x=\lambda_1} \tag{A.13.11}$$

依照此方法继续下去,可求得

$$a_i = \frac{1}{i!}\frac{\mathrm{d}^i}{\mathrm{d}x^i}\left[(x-\lambda_1)^r F(x)\right]\bigg|_{x=\lambda_1}, \quad i = 0,1,\cdots,(r-1) \tag{A.13.12}$$

例 A.2 将下面 $F(x)$ 展开成部分分式:

$$F(x) = \frac{4x^3 + 16x^2 + 23x + 13}{(x+1)^3(x+2)}$$

解: $F(x) = \dfrac{4x^3 + 16x^2 + 23x + 13}{(x+1)^3(x+2)} = \dfrac{a_0}{(x+1)^3} + \dfrac{a_1}{(x+1)^2} + \dfrac{a_2}{(x+1)} + \dfrac{k_4}{x+2}$

由留数法可得

$$k_4 = \frac{4x^3 + 16x^2 + 23x + 13}{(x+1)^3}\bigg|_{x=-2} = 1$$

在 $F(x)$ 中划去因式 $(x+1)^3$，对余下的表达式中令 $x=-1$，可得

$$a_0 = (x+1)^3 F(x)\big|_{x=-1} = \frac{4x^3 + 16x^2 + 23x + 13}{(x+2)}\bigg|_{x=-1} = 2$$

在 $F(x)$ 中划去因式 $(x+1)^3$，对余下的表达式求导，再令 $x=-1$，可得

$$a_1 = \frac{\mathrm{d}}{\mathrm{d}x}\left[\frac{4x^3 + 16x^2 + 23x + 13}{(x+2)}\right]\bigg|_{x=-1} = 1$$

同理

$$a_2 = \frac{1}{2!}\frac{\mathrm{d}^2}{\mathrm{d}x^2}\left[\frac{4x^3 + 16x^2 + 23x + 13}{(x+2)}\right]\bigg|_{x=-1} = 3$$

因此

$$F(x) = \frac{2}{(x+1)^3} + \frac{1}{(x+1)^2} + \frac{3}{(x+1)} + \frac{1}{x+2}$$

对于多重根，尤其是高阶的情况下，留数法要求重复微分，这是比较麻烦的。这里介绍一种消去分式法求多重根的系数。消去分式法的原理是方程两边相同幂次系数相等。对于含有几个重根和非重根的有理真分式，可将留数法和消去分式法混合使用，比较简单的系数用留数法求，而剩下的系数则用消去分式法求。现在将例 A.2 再做一次以说明这一过程。

例 A.3 将下面 $F(x)$ 展开为部分分式：

$$F(x) = \frac{4x^3 + 16x^2 + 23x + 13}{(x+1)^3(x+2)}$$

解：$F(x) = \dfrac{4x^3 + 16x^2 + 23x + 13}{(x+1)^3(x+2)} = \dfrac{a_0}{(x+1)^3} + \dfrac{a_1}{(x+1)^2} + \dfrac{a_2}{(x+1)} + \dfrac{k_4}{x+2}$

系数 a_0 和 k_4 相对简单，可由留数法求出，$k_4 = 1$，$a_0 = 2$。因此，

$$F(x) = \frac{2}{(x+1)^3} + \frac{a_1}{(x+1)^2} + \frac{a_2}{x+1} + \frac{1}{x+2}$$

将该方程两边各乘以 $(x+1)^3(x+2)$ 以消去分式，得

$$4x^3 + 16x^2 + 23x + 13 = 2(x+2) + a_1(x+1)(x+2) + a_2(x+1)^2(x+2) + (x+1)^3$$
$$= (1+a_2)x^3 + (a_1 + 4a_2 + 3)x^2 + (5 + 3a_1 + 5a_2)x$$
$$+ (4 + 2a_1 + 2a_2 + 1)$$

令两边 x 的三次幂和二次幂的系数相等可得到

$$\begin{cases} 1 + a_2 = 4 \\ a_1 + 4a_2 + 3 = 16 \end{cases} \Rightarrow \begin{cases} a_1 = 1 \\ a_2 = 3 \end{cases}$$

因此，

$$F(x) = \frac{2}{(x+1)^3} + \frac{1}{(x+1)^2} + \frac{3}{x+1} + \frac{1}{x+2}$$

与前面结果一致。

3. 复根情况

上面叙述的求展开系数的方法,无论对实根还是复根都是适用的。但对于 $D(x)$ 存在复根的情况,进一步的分析将使展开系数的求解更为方便。

例 A. 4 求下面 $F(x)$ 的部分分式展开:

$$F(x) = \frac{2x+3}{(x+1)(x^2+4x+5)}$$

解:

$$F(x) = \frac{2x+3}{(x+1)(x^2+4x+5)} = \frac{2x+3}{(x+1)(x+2-\mathrm{j})(x+2+\mathrm{j})}$$

$$= \frac{k_2}{x+2-\mathrm{j}} + \frac{k_3}{x+2+\mathrm{j}} + \frac{k_1}{x+1}$$

由留数法,可得

$$k_1 = \frac{2x+3}{(x^2+4x+5)}\bigg|_{x=-1} = \frac{1}{2}$$

$$k_2 = \frac{2x+3}{(x+1)(x+2+\mathrm{j})}\bigg|_{x=-2+\mathrm{j}} = -\frac{1}{4} + \mathrm{j}\frac{3}{4}$$

$$k_3 = \frac{2x+3}{(x+1)(x+2-\mathrm{j})}\bigg|_{x=-2-\mathrm{j}} = -\frac{1}{4} - \mathrm{j}\frac{3}{4}$$

因此

$$F(x) = \frac{\dfrac{1}{2}}{x+1} + \frac{-\dfrac{1}{4}+\mathrm{j}\dfrac{3}{4}}{x+2-\mathrm{j}} + \frac{-\dfrac{1}{4}-\mathrm{j}\dfrac{3}{4}}{x+2+\mathrm{j}}$$

对应于复数共轭因式的系数 k_2 和 k_3 也是互为共轭的。当有理函数的系数是实数时,这个结论总是对的。在这种情况下只需计算其中一个就行了。

当然,这样得出的展开式呈现了复数形式,无论由系数还是由展开式求相应的信号形式都 不方便。一种避免出现复数形式的方法是对共轭复根只分解到二次因式。下面举例说明。

例 A. 5 求下面 $F(x)$ 的部分分式展开:

$$F(x) = \frac{x+3}{x^3+3x^2+6x+4}$$

解:

$$F(x) = \frac{x+3}{x^3+3x^2+6x+4} = \frac{x+3}{(x+1)(x^2+2x+4)}$$

$$= \frac{Ax+B}{x^2+2x+4} + \frac{C}{x+1}$$

其中,C 利用留数法可求得 $C = \dfrac{x+3}{x^2+2x+4}\bigg|_{x=-1} = \dfrac{2}{3}$,$A$ 和 B 的值可利用消去分式法

求出。

$$x + 3 = (Ax + B)(x + 1) + \frac{2}{3}(x^2 + 2x + 4)$$

$$= \left(A + \frac{2}{3}\right)x^2 + \left(B + \frac{4}{3} + A\right)x + \frac{8}{3} + B$$

令同次幂相等, 得到 $A = -\frac{2}{3}, B = \frac{1}{3}$

最后有 $F(x) = \frac{1}{3}\left[\frac{1 - 2x}{x^2 + 2x + 4} + \frac{2}{x + 1}\right]$

附录 B

在线实训项目使用指南

　　为实现理论知识学习与实践能力一体化培养的教学目标,编者经过大量调研,优选 EduCoder 开放在线实践教学平台(简称头歌平台),开创性地将专业基础理论课程与在线实训相结合,为每个知识点都开发了对应的在线实训项目,用于课后巩固训练。特别是结合编者的大量科研实践经验,还开发了 16 个综合应用实训项目,为读者提供了大规模实验和实训案例资源,在电脑端可方便使用。

　　读者在头歌平台检索"信号与系统"即可进入编者建设的开放共享课程,其中每个章节对应有相应的在线实训测试题。读者也可通过 https://www.educoder.net/paths/2498 链接,或扫描左方二维码,直接进入课程。

　　16 个综合应用实训项目位于在线开放课程首页末端,具体实训项目如表 B.1 所示。各实训项目都提供了具体的应用背景知识,读者可以结合所学信号与系统知识要点,根据任务描述和要求,渐进完成闯关晋级。各实训项目主要包括三种类型任务,一是基础选择题或填空题,用于检验和巩固课程所学的相关知识要点,并辅助完成后续闯关任务;二是应用选择题,结合基础知识和应用背景,完成应用判断、选择或计算等闯关任务;三是代码填充题,进一步根据"任务描述"和上下文代码,填充核心关键代码行,完成终极闯关。

表 B.1　综合应用实训项目列表

序号	实 训 名 称	知 识 要 点
1	时域卷积法求解系统零状态响应	卷积积分/卷积和
2	雷达目标 CFAR 检测的卷积和实现	卷积积分/卷积和
3	空域信号与系统——方向图设计	信号时域运算
4	空域信号处理——自适应波束形成	信号时域运算/信号功率
5	雷达信号波形设计	信号功率/信号周期
6	雷达信号分析与处理	信号功率/滤波/卷积积分
7	傅里叶指数级数的运用与实现——解密图形边界绘制	傅里叶级数展开
8	天下武功 唯快不破——解密全光超快摄影术	傅里叶变换及其性质
9	图像信号的频谱特性与应用——隐藏水印技术	傅里叶变换/信号频谱
10	语音信号单音干扰滤波	滤波
11	雷达多普勒频移信号的时域抽样	时域抽样
12	基于 DFT 的雷达目标多普勒频移测量	时域抽样/模拟角频率/数字角频率
13	等效采样——突破奈奎斯特采样定理的等效技术	时域抽样
14	连续时间 LTI 系统零极点图分析实训——以自动巡航控制器设计为例	拉普拉斯变换/系统函数/极零点分析
15	固定翼飞行器的"异形"——垂直起降战机的奥秘	拉普拉斯变换/系统函数/稳定性分析
16	脉冲对消器频域特性分析	z 变换/系统函数/极零点分析
17	杂波环境下的雷达动目标检测	离散时间傅里叶变换/滤波器

参 考 文 献

[1] 吴京,安成锦,周剑雄,等.信号与系统分析[M].3 版.北京:清华大学出版社,2021.

[2] 吴京,等.信号与系统分析[M].2 版.长沙:国防科技大学出版社,2004.

[3] 吴京.信号分析与处理[M].修订版.北京:电子工业出版社,2008.

[4] Oppenheim A V.信号与系统[M].2 版.刘树棠,译.西安:西安交通大学出版社,2013.

[5] 拉兹 B P.线性系统与信号[M].2 版.刘树棠,等译.西安:西安交通大学出版社,2006.

[6] Roberts M J.信号与系统:使用变换方法和 MATLAB 分析[M].2 版.胡剑凌,等译.北京:机械
     工业出版社,2013.

[7] 吴湘淇.信号、系统与信号处理[M].北京:电子工业出版社,1996.

[8] 吴大正.信号与线性系统分析[M].4 版.北京:高等教育出版社,2005.

[9] 郭宝龙.工程信号与系统[M].北京:高等教育出版社,2014.

[10] 郑君里,等.信号与系统引论[M].北京:高等教育出版社,2009.

[11] 陈后金,等.信号与系统[M].2 版.北京:北京交通大学出版社,2005.

[12] Haykin S.信号与系统[M].2 版.林秩盛,等译.北京:电子工业出版社,2013.

[13] 吴京.信号与系统考试要点与真题精解[M].长沙:国防科技大学出版社,2007.

[14] 刘泉.信号与线性系统习题详解[M].武汉:华中科技大学出版社,2003.

[15] 张明友,吕幼.信号与系统复习考研例题详解[M].北京:电子工业出版社,2003.

[16] 郑君里,谷源涛.信号与系统课程历史变革与进展[J].电气电子教学学报,2012,34(02):1-6.

[17] 赵树杰.雷达信号处理技术[M].北京:清华大学出版社,2010.

[18] 莫西亚 M F.现代通信系统[M].谭明新,译.北京:电子工业出版社,2014.

[19] http://ocw.mit.edu/courses/electrical-engineering-and-computer-science/6-003-signals-and-systems-
     fall-2011/exams.

[20] 张志涌,等.精通 MATLAB6.5 版[M].北京:北京航空航天大学出版社,2003.

[21] 刘凡,袁伟杰,原进宏,等.雷达通信频谱共享及一体化:综述与展望[J].雷达学报,2016,10(3):
     467-484.

[22] 范崇祎,黄晓涛.基于编码项补偿的 OFDM 信号 SAR 成像[J].电子与信息学报,2012,34(8).